国家中等职业教育
改革发展示范学校建设系列成果

电子技术应用项目教程

DIANZI JISHU YINGYONG
XIANGMU JIAOCHENG

主　编　浦仕琳
副主编　赵英虎　周文丽
主　审　邓开陆　阳廷龙
参　编　丁红斌　沈淑炫

重庆大学出版社

内容提要

全书共分为 7 个项目,42 个任务。主要内容包括:常用电子仪器仪表的使用、常用电子元件识别与检测、电子元件焊接技术技能训练、电子基本电路技能训练、基本电力电子技术技能训练、数字基本逻辑电路安装与调试、电子技术综合应用。每个任务均和实际相结合,项目设计从简单到复杂,从单一类型到综合运用,符合学生认知规律。任务内容包括实训与原理说明,并附有思考题与练习。该书根据技工教育"教与学"的特点,结合编者多年的教学改革与实践探索后而编写。

本书主要供电气运行与控制、电气技术应用、机电技术应用、电子与信息技术等专业的学生学习使用,特别适合作为电类(机电类)专业中级、高级工电子考试的培训教材。

图书在版编目(CIP)数据

电子技术应用项目教程/浦仕琳主编.—重庆:
重庆大学出版社,2014.8(2018.2 重印)
国家中等职业教育改革发展示范学校建设系列成果
ISBN 978-7-5624-8350-2

Ⅰ.①电… Ⅱ.①浦… Ⅲ.①电子技术—中等专业学校—教材 Ⅳ.①TN

中国版本图书馆 CIP 数据核字(2014)第 153109 号

国家中等职业教育改革发展示范学校建设系列成果
电子技术应用项目教程
主 编 浦仕琳
副主编 赵英虎 周文丽
主 审 邓开陆 阳廷龙
策划编辑:王海琼
责任编辑:陈 力 姜 凤 版式设计:王海琼
责任校对:谢 芳 责任印制:张 策
＊
重庆大学出版社出版发行
出版人:易树平
社址:重庆市沙坪坝区大学城西路 21 号
邮编:401331
电话:(023)88617190 88617185(中小学)
传真:(023)88617186 88617166
网址:http://www.cqup.com.cn
邮箱:fxk@ cqup.com.cn(营销中心)
全国新华书店经销
重庆升光电力印务有限公司印刷
＊
开本:787mm×1092mm 1/16 印张:27.5 字数:686 千
2014 年 8 月第 1 版 2018 年 2 月第 2 次印刷
ISBN 978-7-5624-8350-2 定价:55.00 元

编审委员会

前　言

　　教材是影响教学效果的重要因素之一,项目化教材很好地体现了技工学校教育理论与实训融为一体的特点。它把一门学科所包含的知识有目的地分解,然后分配给一个个项目和任务,即理论完全为实践服务,学生要达到并完成实践操作的目标就必须先掌握与该实践有关的理论知识,而实践内容又是一个个能引起学生学习兴趣的可操作的项目。

　　本书根据技工教育"教与学"的特点,结合编者多年的教学改革与实践探索后而编写的。本书体现了编者对项目任务教学的理解,对学科知识的系统把握,对以工作过程为导向的教学改革的深刻领会。其中主要特点如下:

　　第一,专业课程的选择以市场需求为导向,以培养具备从事电子类产品和电气控制设备的安装、调试、维修的专业技能,并具有一定的子产品开发与制作能力和初步的生产作业能力的高素质技能型人才为目标。学生可从事制造类企业电类产品生产一线的操作,低压电气设备的保养和维修,电子整机产品的装配、调试、维修等工作;也可从事电类产品生产一线的相关检验、管理等工作;经过企业的再培养。还可以从事电类产品的工艺及营销、售后服务等工作。

　　第二,以任务引领、项目驱动为课程开发策略。把曾经系统、烦琐、难以理解的电子技术理论加实验学科知识通过一个个实践项目分解开来,使学生易于了解与掌握。书中的每个任务都包含完整的操作过程,使学生可以一步步完成任务。每次任务完成,均给学生按照劳动部国家职业技能鉴定标准进行评价。使教材很好的与学生职业技能鉴定相结合,同时使学生获得某工作任务所需要的综合职业能力;通过完成每个工作任务所获得的成果来激发学生的成就感。

　　本书由云南工业技师学院浦仕琳担任主编,赵英虎、周文丽老师担任副主编,丁红斌和沈淑炫老师参加编写。其中项目1和项目2由沈淑炫老师完成,项目4和项目5由赵英虎老师完成,项目6由丁红斌老师完成,项目3和项目7由浦仕琳老师完成并负责全书的统编工作,学院邓开陆副院长主审并给予本书提出重要意见和建议,技训中心阳廷龙主任、范纯副主任和罗家德老师参加审核。在编写过程中,得到了电气设备安装与维修专业委员会和云南工业技师学院技能训练中心等的大力支持,并提出了诸多宝贵意见和建议,在此一并表示衷心感谢。

　　由于编者水平有限,加上时间仓促,书中难免有疏漏、欠妥之处,敬请读者批评指正。若您有好的意见和建议欢迎发邮件至 PSL01@126.com,也可加编者 QQ:369156871,并提出您的宝贵意见,有您的参与本书将能再进一步,同时笔者将不胜感激!

编　者

2014 年 2 月

目　录

项目 1

常用电子仪器仪表的使用

● 项目思考讨论

使用电子仪器仪表进行相关的电子测量是学习电子技术的基本功,在经常使用的电子仪器仪表中,万用表、示波器、信号发生器以及直流稳压电源无疑是应用最为普遍的电子测量工具。掌握这些电子仪器仪表的使用方法和测量原理是掌握电子技术基本技能的一个重要项目之一,也是从事电子技术相关工种工作所必须掌握的技能。

● 项目实践意义

电子仪器仪表在工业生产、生活中的各个领域均被广泛应用。正确使用电子仪器仪表进行测量是为了能够保证更好地将电子技术应用于生产生活中。同时了解一些常用仪器仪表的工作原理也能够帮助我们对使用过程中的一些问题进行及时的处理。

●项目学习目标

1. 了解电子测量的基本知识和原理。

2. 了解万用表、信号发生器、双踪示波器、直流稳压电源的面板结构及主要技术指标。

3. 掌握 MF47 型指针式万用表、DT.890B 型数字万用表、信号发生器、双踪示波器、直流稳压电源的使用方法。

●项目任务分解

1. 能熟练使用 MF47 型指针式万用表、DT.890B 型数字万用表进行各种测量。

2. 能正确使用信号发生器、双踪示波器以及直流稳压电源进行实际测量。

任务 1.1　电子测量的基本知识和原理

【任务引入】

日常生活中,处处离不开测量;现代化的工业生产中,也处处离不开测量。测量是精细加工和生产过程自动化的基础,而电子测量就是以电子技术为手段的测量,它是衡量一个国家科学技术水平的重要标志之一。

【任务目标】

要想掌握电子测量的内容、方法及进行一些电子测量仪器的日常维护,就必须了解电子测量的一些基础知识。

【任务相关理论基础知识】

1.1.1　电子测量的内容

电子测量的内容主要包括5个方面,详见表1.1所列的电子测量的内容。

表1.1　电子测量的内容

序号	测量内容	具体实例
1	电路、元器件参数的测量	电阻、电感、电容、阻抗的品质因数、电子器件参数等
2	电能量的测量	电压、电流、电功率等
3	电信号特性的测量	频率、波形、周期、时间、相位、谐波失真度等
4	电路性能指标	放大倍数、衰减量、灵敏度、信噪比等
5	特性曲线的显示	频率特性、相频特性、器件特性等

1.1.2　电子测量的方法

选用哪一种电子测量方法是测量技术中至关重要的一步,要根据测量的目的选择恰当的测量方法,测量方法及其特点见表1.2。

表1.2　测量方法及其特点

测量方法	分类标准	定　义	特　点
按测量方式分	直接测量	用已标定的仪器,直接地测量出某一待测未知量的量值的方法,如用电压表直接测量电压,或将未知量与同类标准的量在仪器中进行比较,从而直接获得未知量的数值的方法	测量过程简单快速,它是一般测量中普遍采用的一种方式
	间接测量	利用直接测量的量与被测量之间的关系得到被测量的值的测量方式。例如,在直流电路中,电功率 P 的测量,可直接测出负载的电流 I 和电压 U,再根据功率 $P = I \cdot U$ 的函数关系,便可间接地求得负载消耗的电功率 P	间接测量比直接测量复杂费时,一般在直接测量很不方便、误差较大或缺乏直接测量的仪器等情况下才采用
	组合测量	如有若干个待求量,把这些待求量用不同方式组合(或改变测量条件来获得这种不同的组合)进行测量(直接或间接),并把测量值与待求量之间的函数关系列成方程组,只要方程式的数量大于待求量的个数,则可求出各待求量的数值	组合测量的测量过程比较复杂,花费时间较长,往往采用的测量方法与被测对象有较多关联而比较特殊,因此,一般用在不能单独进行直接测量或间接测量的场合
按被测信号性质分	时域测量	时域测量是以获取被测信号和系统在时间领域的特性为目的,采用测量被测对象的幅度—时间特性的方法,以得到信号波形和系统的瞬态响应(阶跃响应或冲激响应)	通过观察时域特性来调整被测系统时,能比频域测量更直接、更快速地获得瞬态响应
	频域测量	以获取被测信号和被测系统在频率领域的特性为目的,采用测量被测对象的复数频率特性(包括幅度—频率特性和相位—频率特性)的方法,以得到信号的频谱和系统的传递函数,包括正弦波点频法和正弦波扫频法	用于测量一个系统的灵敏度、增益、衰减、阻抗、无失真输出功率、谐波分析、延迟失真、噪声系数、幅频特性和相频特性等多种参数
	数据域测量	它是一门研究对数字系统进行高效故障寻迹的科学	被测量的对象是数字脉冲电路或工作于数字状态下的数字系统,其激励信号不是正弦信号、脉冲信号或噪声信号之类的模拟信号,而是二进制码的数字信号
	随机测量	利用噪声作为随机信号源进行的测量和检测	是认识含有不确定性的事物的重要手段

1.1.3　电子测量的特点

1）测量频率范围宽

在当今技术条件下，被测交流信号的频率范围低至 10^{-6} Hz 以下，高至太赫（THz）级别（1 THz = 10^{12} Hz）。

2）仪器量程宽

测量范围的上限值与下限值之间相差很大，仪器具有足够宽的量程。如数字万用表对电阻测量小到 10^{-5}，大到 10^{8}，量程达到 13 个数量级；电压测量由纳伏（nV）级至千伏（kV）级电压，量程达 12 个数量级；数字式频率计，其量程可达 17 个数量级。

3）测量准确度高

电子测量的准确度比其他测量方法高得多。例如，用电子测量方法对频率和时间进行测量时，可以使测量准确度达到 10^{-14} ~ 10^{-13} 的数量级。这是目前在测量准确度方面达到的最高指标。采用电子测量技术，长度测量和力学测量的最高精度均达到 10^{-9} 量级。

4）测量速度快

电子测量是通过电子运动和电磁波传播进行工作的，具有其他测量方法通常无法类比的高速度，这也是它广泛地用于各个领域的重要原因。

5）易于实现遥测

电子测量可通过电磁波进行信息传递，很容易实现遥测、遥控。

6）易于实现测量自动化和测量仪器计算机化

由于大规模集成电路和微型计算机的应用，使电子测量出现了崭新的局面。例如，在测量过程中能实现程控、遥控、自动转换量程、自动调节、自动校准、自动诊断故障和自动恢复，对于测量结果可进行自动记录，自动进行数据运算、分析和处理。

1.1.4　测量误差

测量的目的是获得真实反映被测对象的特性、状态变化过程的信息，由此信息作出某种判断并得出正确的评价或决策。但因为多方面的原因，使测量结果与被测对象的真实状况之间存在一定得偏差，即测量误差。测量误差超过了一定限度时，会给我们的工作带来很大危害。所以，要控制测量误差，首先要了解误差的来源，误差的来源见表1.3。

表 1.3　误差的来源

序号	名　称	定　义	举　例
1	仪器误差	仪器仪表本身引起的误差	①仪器仪表的刻度误差；②仪器仪表的量化误差

续表

序号	名　称	定　义	举　例
2	操作误差	在测量过程中,因使用仪器仪表方法不当引起的误差	①仪器仪表放置方法不对; ②接线太长; ③未按操作规程进行预热、调零、校准等
3	人为误差	由人的感觉器官及运动器官引起的误差	测试人员在读数时,读得偏高或偏低
4	环境误差	由外界环境因素的变化引起的误差	环境温度、湿度、电磁场噪声等的影响

误差表示方法见表1.4。

表 1.4　误差表示方法

误差表示方法		定　义	数字表达式表示	说　明
绝对误差		测量值与其真实值之差	$\Delta X = X - A$ X——测量值 A——真实值	测量结果的准确度一般总是低于仪器仪表的准确度。在仪器仪表准确度等级确定后,示值越接近最大量程,示值的相对误差就越小。所以,测量时应注意选择合适的量程,使指针的偏转位置尽可能处于满度值的2/3以上区域
相对误差(测量的绝对误差与其真实值之比)	实际相对误差	绝对误差与被测量的实际值的百分数	$r_A = \dfrac{\Delta X}{A} \times 100\%$	
	示值相对误差	绝对误差与仪器给出值的百分数	$r_X = \dfrac{\Delta X}{X} \times 100\%$	
	满度相对误差	绝对误差与仪器满刻度的百分数	$r_m = \dfrac{\Delta X}{X_m} \times 100\%$	

测量误差的类型、意义及产生原因见表1.5。

表 1.5　测量误差的类型、意义及产生原因

误差类型	意　义	产生原因
系统误差	在相同条件下重复测量同一量时,误差大小和符号保持不变或按照一定的规律变化的误差	仪器仪表误差、使用方法、人为误差、环境误差等
随机误差	在相同条件下重复测量同一量时,误差的大小和符号无规律变化的误差	仪器仪表内部元器件和零部件产生的噪声、温度及电源电压波动、电磁干扰、测量人员感觉器官的无规律变化等
粗大误差	在一定条件下测量结果明显偏离实际值所对应的误差	测量者对仪器仪表不了解、粗心,导致读数不正确或突发事故等

电子测量仪器由各种电子器件组成,它们的性能容易受温度、湿度、电网电压波动等因素的影响,导致其性能发生变化。为延长其使用寿命,应时常对它们进行如下维护。

①保持环境干燥通风。即放在通风、干燥、阳光充足但不能直射的房间,远离发热电器等。

②保持清洁。仪器外壳上的灰尘用干净布清除,内部的积尘及时清除。

③防腐蚀。远离酸、碱等腐蚀物质;有电池的仪器要定期检查电池,如果长期不用要及时取出。

④防震动。仪器要轻拿轻放,安放仪器设备的桌面要平稳。

⑤防漏电。机壳要接地,不能接在中线上。

⑥合理放置。仪器高度要尽可能与操作人员眼睛保持水平;仪器与被测电路之间的连线尽可能短,减少相互干扰。

●思考与练习

1. 填空题

(1)按测量方式分,电子测量可分为_____、_____、_____3种方法。

(2)被测量的真实值与测量值的偏差称为_____。

(3)如果10 kΩ的电阻的测量值为9.9 kΩ,则测量的绝对误差为_____,测量的相对误差为_____。

(4)测量时,选择量程的大小是使指针的偏转位置尽可能处于满刻度的_____以上的区域。

2. 简答题

(1)被测电压为5 V,现有两只电压表,一只量程为10 V,准确度为0.5级,另一只量程为50 V,准确度为10级。哪一只电压表测量结果较准确?为什么?

(2)简述电子测量仪器的日常维护。

任务1.2　万用表的使用和维修

【任务引入】

万用表是一种用途广泛、最常用的电子测量仪表。元器件的质量判别,电路的安装、检查和调试,电子整机产品的维修等,都需要用到万用表。因此,正确掌握万用表的使用是十分必要的。

【任务目标】

1. 正确、熟练地使用万用表对电阻、交流、直流、电容、电感、晶体管直流参数、音频电平等进行测量。

2. 清楚电阻、电流、电压等的基本概念,符号、单位换算等的概念。

【任务相关理论基础知识】

MF47 型指针式万用表、DT-890 型数字万用表都是一种多功能、多量程的便携式测量仪表,可测电阻、交流、直流、电容、电感、晶体管直流参数、音频电平等,用于电子仪器、无线电通信、工厂、实验室等多种场合。要正确、熟练地使用万用表,对于电阻、电流、电压等的基本概念,符号、单位换算必须要弄清楚。

1.2.1　MF47 型机械万用表的使用

MF47 型机械万用表面板图和万用表刻度盘分别如图 1.1 和图 1.2 所示。

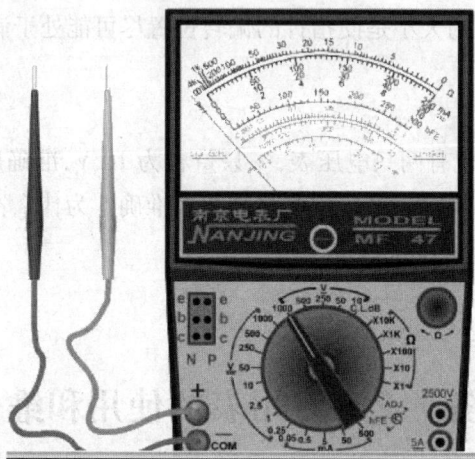

图 1.1　MF47 型机械万用表面板图

1)MF47 型万用表基本功能

MF47 型是设计新颖的磁电系整流便携式多量程万用电表。可供测量直流电流、交直流电压、直流电阻等,具有 26 个基本量程和电平、电容、电感、晶体管直流参数等 7 个附加参考量程。

2)刻度盘与挡位盘(见图 1.2)

刻度盘与挡位盘印制成红、绿、黑 3 色。表盘颜色分别按交流红色,晶体管绿色,其余黑色对应制成,使用时读数便捷。刻度盘共有 6 条刻度,第 1 条专供测电阻用;第 2 条供测交直流电压、直流电流之用;第 3 条供测晶体管放大倍数用;第 4 条供测量电容之用;第 5 条供测电感之用;第 6 条供测音频电平。刻度盘上装有反光镜,以消除视差。

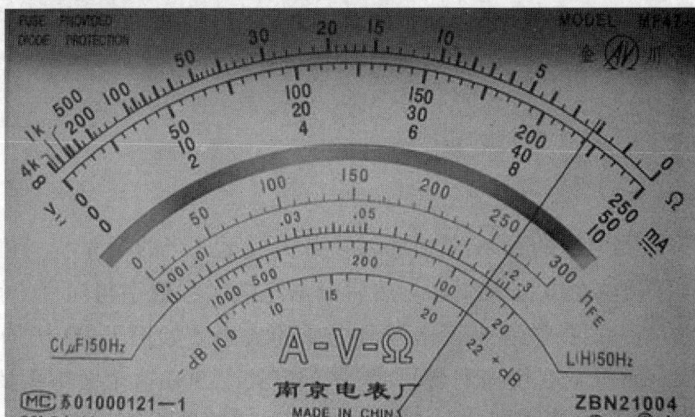

图 1.2　MF47 型机械万用表刻度盘

除交直流 2 500 V 和直流 5 A 分别有单独插座之外,其余各挡只须转动一个选择开关,使用方便。

3)使用方法

使用前的准备工作如下:

①在使用前应检查指针是否指在机械零位上,如不指在零位时,可旋转表盖的调零器使指针指示在零位上,称为机械调零。

②将测试棒红黑插头分别插入"＋""COM"插座中,如测量交流直流 2 500 V 或直流 5 A 时,红插头则应分别插入标有"2 500 V"或"5 A"的插座中。

(1)电阻测量

先将表棒搭在一起短路,使指针向右偏转,随即调整"Ω"调零旋钮,称为欧姆调零,使指针恰好指到 0(若不能指示欧姆零位,则说明电池电压不足,应更换电池)。然后将两根表棒分别接触被测电阻(或电路)两端,读出指针在欧姆刻度线(第一条线)上的读数,再乘以该挡标的数字,就是所测电阻的阻值。例如用 R ×100 挡测量电阻,指针指在 80,则所测得的电阻值为 80 ×100 = 8 K。

测量电阻应注意以下内容:

①由于"Ω"刻度线左部读数较密,难于看准,所以测量时应选择适当的欧姆挡,使指针尽量能够指向表刻度盘中间偏右 1/3 区域。

②测量电路中的电阻时,应先切断电路电源,如电路中有电容应先行放电。

③每次换挡,都应重新将两根表棒短接,重新调整指针到零位(欧姆调零),才能测准。

④测量电阻是不能两手同时接触电阻或表笔,否则测量时就接入了人体电阻,导致测量结果不准确(阻值偏小)。

⑤读数时,从右向左读,且目光应与表盘刻度垂直。

⑥测量电阻值的大小应为刻度数乘以量程。

测量电阻的步骤如下：

①进行机械调零。

②进行欧姆调零。

③选择合适的量程。

④进行测量。

⑤读数。

(2)测量直流电压

首先估计一下被测电压的大小,然后将转换开关拨至适当的 V 量程,将正表棒接被测电压"＋"端,负表棒接被测量电压"－"端。然后根据该挡量程数字与标直流符号"DC."刻度线(第二条线)上的指针所指数字来读出被测电压的大小。如用 V300 伏挡测量,可直接读 0.300 的指示数值。如用 V30 伏挡测量,只需将刻度线上 300 这个数字去掉一个"0",看成是 30,再依次把 200,100 等数字看成是 20,10,即可直接读出指针指示数值。例如,用 V500 伏挡测量直流电压,指针指在 22 刻度处,则所测得电压就应为 220 V。

(3)测量交流电压

测交流电压的方法与测直流电压相似,所不同的是因交流电没有正、负之分,所以测量交流时,表笔也就不需分正、负。首先估计一下被测电压的大小,然后将转换开关拨至适当的 ~V 量程(交流挡),必须注意的是,测量交流电压时必须选择"交流电压挡"(在测量前必须确认已选择交流电压挡后,方可进行测量)。读数方法与上述测量直流电压读法一样,只是数字应看标有交流符号"AC"的刻度线上的指针位置。

4)使用万用表时需注意的事项

①万用表虽有双重保护装置,但使用时仍应遵守下列规程,避免意外损失。

a.测量高压或大电流时,为避免烧坏开关,应在切断电源情况下,变换量限。

b.测未知量的电压或电流时,应先选择最高数,待第一次读取数值后,方可逐渐转至适当位置以取得较准读数并避免烧坏电路。

c.偶然发生因过载而烧断保险丝时,可打开表盒换上相同型号的保险丝(0.5 A/250 V)。

②测量高压时,要站在干燥绝缘板上,并一手操作,防止意外事故。

③电阻各挡用干电池应定期检查、更换,以保证测量精度。平时不用万用表应将挡位盘打到交流 250 V 挡;如长期不用应取出电池,以防止电液溢出腐蚀而损坏其他零件。

④每次测量时,须进行机械调零,否则测量结果不准确,测量电阻时每换一次挡位都要进行欧姆调零。

⑤使用万用表时,应使万用表水平放置在桌子上;读数时眼睛视线应与指针垂直,以免出现误差。

想一想,练一练

1.简述什么叫"机械调零"? 什么叫"欧姆调零"?

2.写出使用万用表测量电阻的步骤。

3.使用万用表测量电阻时应注意哪些事项?

4.读数时应注意哪些事项?

5.实验数据记录:

准备一块焊有各型电阻的测试板(或领取 5 个电阻),测量 5 个电阻并将所测量的电阻的值填入表 1.6 电阻测量表中。

表 1.6　电阻测量表

万用表量程 读数大小	R₁	R₂	R₃	R₄	R₅
量程					
读数					
大小					

(1)写出使用万用表测量电阻的步骤。

(2)使用万用表测量交流电压时应注意哪些事项?

(3)读数时应注意哪些事项?

(4)实验数据记录:

比较电阻测量准确度,取一个电阻测量 5 次并将所测量的电阻的值填入表 1.7 中,并求出平均值,看一看哪次测量要准确一些。

表 1.7

测量次数 量程读数	第 1 次	第 2 次	第 3 次	第 4 次	平均值
量程					
读数					

1.2.2　1/2 位数字万用表(DT9205 型)数字万用表(适合初学者)

1)概述

本仪表以大规模集成电路、双积分 A/D(模/数)转换器为核心,配以全功能过载保护电路,可用来测量直流和交流电压、电流、电阻、电容、二极管、三极管、温度、频率、电路通断等。正泰 DT890B + 数字万用表如图 1.3 所示。

①功能选择具有 32 个量程。量程与 LCD 有一定的对应关系:选择一个量程,如果量程是一位数,则 LCD 上显示一位整数,小数点后显示 3 位小数;如果是两位数,则 LCD 上显示

两位整数,小数点后显示两位小数;如果是 3 位数,则 LCD 上显示 3 位整数,小数点后显示 1 位小数;有几个量程,对应的 LCD 没有小数显示。

②测试数据显示在 LCD 中。

③过量程时,LCD 的第一位显示"1",其他位没有显示。

④最大显示值为 1 999(液晶显示的后 3 位可从 0 变到 9,第一位从 0 ~ 1 只有两种状态,这样的显示方式称为三位半。

⑤全量程过载保护。

⑥工作温度:0 ~ 40 ℃;储存温度:10 ~ +50 ℃。

⑦电池不足指示:LCD 液晶屏左下方显示 ⊟⊞。

2)直流电压测量

DT9205 直流电压挡如图 1.4 所示,DT9205 直流电压挡及参数见表 1.8。

这5个挡是直流电压测量用的。
上面的数字也是这5个挡位所能输入的最大电压值。表笔插入同交流测量。

图 1.3　正泰 DT890B + 数字万用表　　　　图 1.4　DT9205 直流电压挡图

表 1.8　DT9205 直流电压挡及参数表

量　程	分辨率	准确度
200 mV	100 μV	
2 V	1 mV	
20 V	10 mV	±(0.5% +2)
200 V	100 mV	
1 000 V	1 V	±(0.8% +2)

注:分辨率——感知微小电压变化的能力(大概在 1/2 000),并反映在万用表的最后一位读数上。

例如,在量程为 200 mV 的挡位,被测直流电源,其电压读数为 100 mV。当电压升高 50 μV 时,万用表读数仍为 100.0;当电压升高 150 μV 时,万用表读数的末位会增加一个字,变为 100.1。

测量示意图如图1.5所示。测量电压时,万用表如同一个电阻。红表笔插入"V/Ω"插孔中,根据电压的大小选择适当的电压测量量程,黑表笔接触电路"地"端,红表笔接触电路中待测点。

所有量程的输入阻抗为10 MΩ, 1 MΩ = 1 000 000 Ω。

- 过载保护:对于200 mV量程挡,能够承受的最大直流电压为250 V;能够承受的最大交流电压为250 V。其他量程挡位,能够承受的最大直流电压为250 V;能够承受的最大交流电压有效值为700 V,1 000 V的峰值。

图1.5　万用表测量直流
电压示意图

提示:正弦交流电的有效值是其峰值的0.74倍,例如,220 V的交流市电,其峰值为311 V左右。

交流电的有效值是用它的热效应规定的:311 V的交流电通过负载产生的热效应 = 220 V的直流电通过同一负载产生的热效应。

3)交流电压测量

DT9205交流电压测量如图1.6所示。正弦交流电波形如图1.7所示,表1.9列出了DT9205交流电压挡及参数值。

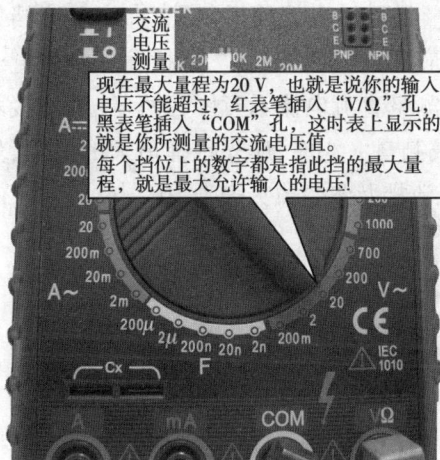

图1.6　DT9205交流电压挡图

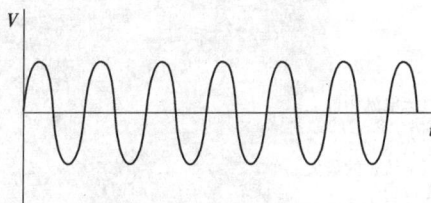

图1.7　正弦交流电波形图

表1.9　DT9205交流电压挡及参数表

量　程	分辨率	准确度
200 mV	100 μV	±(1.2% +3)
2 V	1 mV	±(0.8% +3)
20 V	10 mV	
200 V	100 mV	
700 V	1 V	±(1.2% +3)

交流电是随时间而改变流动方向和电压大小的物理量。

输入阻抗:同直流电压挡。

频率范围:40～400 Hz,市电为 50 Hz,即每秒钟振动 50 次。

过载保护:同直流电压挡。

显示:交流电的有效值。

交流电压的测量方法与直流电压的测量方法相同,由于交流电不分正负极,所以交流电压测量没有表笔极性要求。

例题　在 750 V 的挡位,测一交流电源,读数为 230 V。考虑到测量是有误差的,问实际电压值 a 应该在怎样的范围内?

解:因为 700 V 挡位的准确度指标为 ±(1.2% +3),这一挡位没有小数显示。所以

$$230 - (1.2\% \times 230 + 3) \leqslant a \leqslant 230 + (1.2\% \times 230 + 3)$$

因为 1.2% ×230 +3 =5.76,而万用表的分辨率不能感知不到 1 V 的电压,所以化简后为 $225 \leqslant a \leqslant 235$。

特别要注意:数字万用表测量交流电压的频率很低(45～500 Hz),中高频率信号的电压幅度应采用交流毫伏表来测量。

4)直流电流测量

根据被测电流的大小,选择适当的电流测量量程和红表笔的插入孔,直流电流挡如图 1.8 所示。数字表测量电流时需特别注意:红表笔应插入"mA"或者"A"插孔。测量直流电流时,应将万用表串联进电路中,如图 1.9 所示为测量直流电流示意图,并且红表笔接触电位高一端,黑表笔接触电位低的一端。若不清楚被测量大小时,应先选择最大的量程,然后再视情况降至合适量程精确测量。DT9205 直流电流挡及参数值见表 1.10。

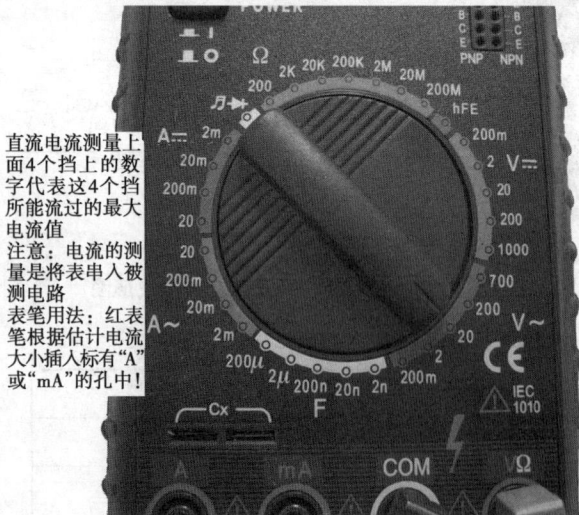

直流电流测量上面4个挡上的数字代表这4个挡所能流过的最大电流值
注意:电流的测量是将表串入被测电路
表笔用法:红表笔根据估计电流大小插入标有"A"或"mA"的孔中!

图 1.8　直流电流挡图

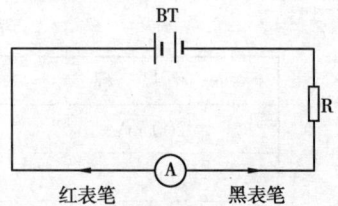

图 1.9　测量直流电流示意图

表1.10　DT9205 直流电流挡及参数表

量　程	分辨率	准确度
2 mA	1 μA	±(1.2% +2)
20 mA	10 μA	
200 mA	100 μA	±(1.4% +2)
20 A	10 mA	±(2.0% +2)

过载保护:A 量程无保险丝,因此,测量时不能超过 15 s;其他量程有最大 0.2 A/250 V 的保险丝。

测量电压降:测量直流电流时,万用表好似一个电阻,因此,会在万用表上产生电压降。如果被测电流的读数达到或接近满量程,则在万用表上产生的电压降为 200 mV。

例题　估计被测电流有 10 A,选择 20 A 量程挡。准确度为 ±(2.0% +2),因为这一挡位显示两位整数和两位小数,所以,实际电流值 a 的范围为:

$$10 - (2.0\% \times 10 + 0.02) \leqslant a \leqslant 10 + (2.0\% \times 10 + 0.02)$$

即:

$$9.78 \leqslant a \leqslant 10.22$$

5)交流电流测量

DT9205 交流电流挡及参数表见表1.11。

表1.11　DT9205 交流电流挡及参数表

量　程	分辨率	准确度
2 mA	1 μA	±(1.2% +3)
20 mA	10 μA	
200 mA	100 μA	±(1.8% +3)
20 A	10 mA	±(3.0% +7)

过载保护:20 A 量程无保险丝,因此,测量时不能超过 15 s;其他量程有最大 0.2 A/250 V 的保险丝。

测量电压降:测量交流电流时,万用表好似一个电阻,因此,会在万用表上产生电压降。如果被测电流的读数达到或接近满量程,则在万用表上产生的电压降为 200 mV。

频率范围:所测交流电的频率范围限于 40 ~ 400 Hz。市电为 50 Hz。

显示:交流电的有效值。

例题　测一个交流电流源,读数为 100 mA,该挡位精确度标示为 ±(1.8% +3),该挡位 LCD 显示有一位小数,则这个交流电流源的实际数据 a,介于不等式

$$100 - (1.8\% \times 100 + 0.3) \leqslant a \leqslant 100 + (1.8\% \times 100 + 0.3)$$

即:

$$97.9 \leqslant a \leqslant 102.1$$

6)电阻测量

与机械表不同的是,数字表不需要调零。

红表笔插入"V/Ω"插孔中,根据电阻的大小选择适当的电阻测量量程,红、黑两表笔分别接触电阻两端,观察读数即可。特别是测量电路电阻时(在电路板上的电阻),应关断电路电源。禁止用电阻挡测量电流或电压(特别是交流 220 V 电压),否则容易损坏万用表。图1.10 为电阻挡选择图示。表1.12 为 DT9205 电阻挡及参数表。

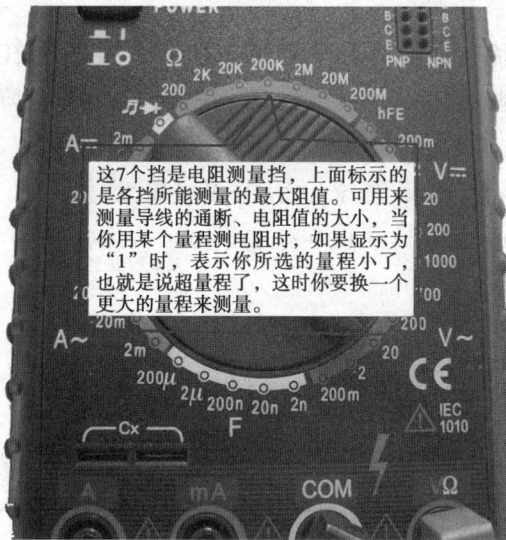

> 这7个挡是电阻测量挡,上面标示的是各挡所能测量的最大阻值。可用来测量导线的通断、电阻值的大小,当你用某个量程测电阻时,如果显示为"1"时,表示你所选的量程小了,也就是说超量程了,这时你要换一个更大的量程来测量。

图 1.10 电阻挡选择图示

表 1.12 DT9205 电阻挡及参数表

量　程	分辨率	准确度
200 Ω	0.1 Ω	±(1.0% +2)
2 kΩ	1 Ω	±(0.8% +2)
20 kΩ	10 Ω	
200 kΩ	100 Ω	
2 MΩ	1 kΩ	
20 MΩ	10 kΩ	±(1.2% +2)
200 MΩ	100 kΩ	±(5.0% +10)

开路电压:测量电阻时,万用表提供的开路电压为 700 mV,200 MΩ 挡位提供的开路电压为 3 V。电阻测量示意图如图 1.11 所示。

例题 一个电阻用 20 kΩ 量程测得阻值为 10 kΩ,它的实际电阻值 a 满足

$$10 - (0.8\% \times 10 + 0.02) \leqslant a \leqslant 10 + (0.8\% \times 10 + 0.02)$$

即:

$$9.90 \leqslant a \leqslant 10.10$$

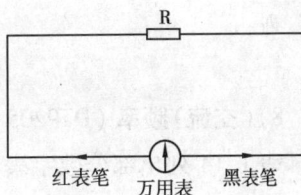

图 1.11 电阻测量示意图

7)电容测量

机械表区别于数字表的一个方面就是:数字表可以测量出电容量的大小(小容量电容),而机械表无此功能。电容测量挡选择图如图 1.12 所示,DT9205 电容挡及参数表见表 1.13。

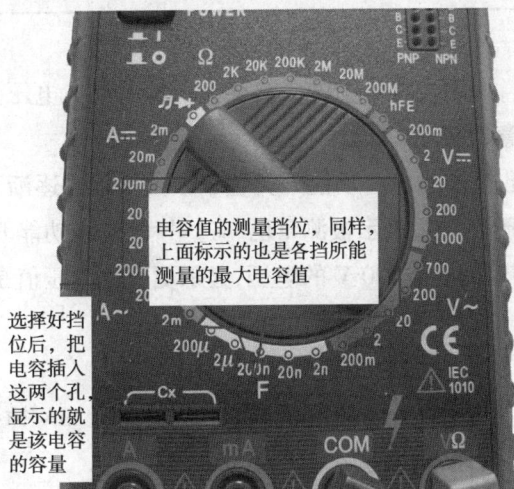

图 1.12 电容测量挡选择图

表 1.13 DT9205 电容挡及参数表

量 程	分辨率	准确度
2 nF	1 pF	
20 nF	10 pF	
200 nF	100 pF	
2 μF	1 nF	$\pm(4.0\% +5)$
20 μF	10 nF	
200 μF	100 nF	

常用的是微法和皮法:1 F = 1 000 000 μF,1 μF = 1 000 000 pF

例题 测一个电容,读数为 100 μF,该挡位精确度标示为 ±(4.0% +5),该挡位 LCD 显示一位小数,则这个电容的实际容量 a,介于不等式

$$100 - (4.0\% \times 100 + 0.5) \leqslant a \leqslant 100 + (4.0\% \times 100 + 0.5)$$

即：

$$94.5 \leqslant a \leqslant 104.5$$

8）（交流）频率（DT9205 表无频率挡）

表 1.14 列出部分数字表频率挡。

表 1.14 部分数字表频率挡

量　程/kHz	分辨率/Hz	准确度
2	1	±（2.0% +5）
20	10	±（1.5% +5）

过载保护：测频率时，万用表能承受的来自交流电源的最大电压为 220 V。

9）使用数字表应注意的事项

①如果不知被测参数范围时应将功能开关置于最大量程并逐渐下降。

②如果屏幕左边只显示"1"，表示被测量已超过量程，应将功能开关应置于更高量程。

③"⚠"表示不要测量高于 1 000 V 的电压，显示更高的电压值是可能的，但有损坏内部线路的危险。

④当测量高电压时，要格外注意避免触电。

⑤当测量电流最大值为 200 mA 的电流时，红表笔插入 mA 插孔，当测量最大值超过 200 mA 的电流时，红表笔插入 A 插孔。

⑥如果被测电阻值超出所选择量程的最大值，将显示过量程"1"，应选择更高的量程，对于大于 1 MΩ 或更高的电阻，要几秒钟后读数才能稳定，这是正常的。

⑦当没有连接好时，例如开路情况，仪表显示为"1"。

⑧当检查被测线路的阻抗时，要保证移开被测线路中的所有电源，所有电容放电。被测线路中，如有电源和储能元件，会影响线路阻抗测试正确性。

⑨万用表的 200 MΩ 挡位，短路时有 10 个字，测量一个电阻时，应从测量读数中减去这 10 个字。如测一个电阻时，显示为 101.0，应从 101.0 中减去 10 个字。被测元件的实际阻值为 100.0 即 100 MΩ。

⑩连接待测电容之前，注意每次转换量程时，复零需要时间，有漂移读数存在不会影响测试精度。

⑪仪器本身已对电容挡设置了保护，故在电容测试过程中不用考虑极性及电容充放电等情况。

⑫测量电容时，将电容插入专用的电容测试座中（不要插入表笔插孔 COM、V/Ω）。

10)二极管测试及蜂鸣器的连接性测试

①将黑表笔插入 COM 插孔,红表笔插入 V/Ω 插孔(红表笔极性为"＋")将功能开关置于"⊣⊢"挡,并将表笔连接到待测二极管,读数为二极管正向压降的近似值,其连接如图 1.13 所示。

②将表笔连接待测线路的两端,一般情况显示如下:

例题 普通硅材料整流二极管:0.6 V 左右;硅稳压二极管:0.7 V 左右;发光二极管:1.7 V 左右。

如果被测管两端之间电阻值低于约 70 Ω,内置蜂鸣器发声。用此挡位还可以检测电路的连接可知性,电路通断测试等。

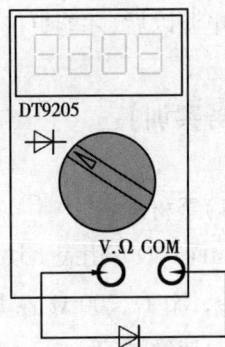

图 1.13 二极管测试连接图

⚠ 注意

正向连接时,显示出的是二极管的正向电压降值,一般为 0.2 ~ 0.8 V,硅管应比锗管大,而当二极管反接时,此时由于二极管的单向导电性原理,反向显示为"1"。即反应为开路。

11)晶体管 hFE 测试

①将功能开关置于 hFE 量程。

②确定晶体管是 NPN 或 PNP 型,将基极 b、发射极 e 和集电极 c 分别插入面板上相应的插孔。

③显示器上将读出 hFE 的近似值,测试条件:万用表提供的基极电流 I_b 为 10 μA,集电极到发射极电压为 $V_{ce} = 2.8$ V。

12)自动电源切断使用说明

①仪表设有自动电源切断电路,当仪表处于打开状而又未使用超过 30 min,电源自动切断,仪表进入休眠状态,这时仪表约消耗 7 μA 的电流。

②当仪表电源切断后若要重新开起电源请重复按动电源开关两次。

⚠ 注意

虽然数字表都具有自动断电进入休眠模式,但仍然耗电,由于数字表都用的是 9 V 叠层电池,价格比较高,当不用时,一定要将量程拨到交流 750 V 挡,并将电源开关键置弹出位置。

13)仪表保养

该数字多用表是一台精密电子仪器,不要随意更换线路,并注意以下几点:不要接高于 1 000 V 直流电压或高于 700 V 交流有效值电压;不要在功能开关处于 Ω 和"⊣⊢"位置时,将电压源接入;在电池没有装好或后盖没有上紧时,请不要使用此表;只有在测试表笔移开并切断电源以后,才能更换电池或保险丝。

【任务实训】

1)器材准备

MF47 型万用表 1 块,DT.890B 万用表一块,可调式稳压电源 1 台,电阻 280 kΩ,30 Ω,65 kΩ,100 Ω,200 Ω 各 1 只,常用电工工具 1 套、导线若干。

2)读数练习

选择万用表的位置,欲测量以下数据的参数,万用表应置于什么量程,请选择各相应的量程完成表 1.15 中的测试,并将结果填入表中。

表 1.15　数字万用表使用练习表

读取数据	7.6 V	1.9 mA	38 V	5.4 Ω	7.6 V	19 mA	760 V	190 V	5.4 kΩ	1.9 A
转换开关选择										
读取数据	54 kΩ	190 V	76 μA	54 Ω	1.9 V	760 V	540 Ω	190 mA	3.8 V	19 V
转换开关选择										

3)数据测量

MF47 型指针式万用表和 DT.890B(或 DT9205,UA9205 均可)型数字万用表各 1 块,可调式稳压电源 1 台,电阻 280 kΩ,30 Ω,65 kΩ,100 Ω,200 Ω 各 1 只,常用电工工具 1 套、导线若干。

如图 1.14 所示为万用表数据测量练习电路图,把电阻连接成串并联电路,a,b 两端接在直流稳压电源的输出端上,用指针式万用表和数字式万用表分别测量,并将测量结果分别填入表 1.15 和表 1.16 中。

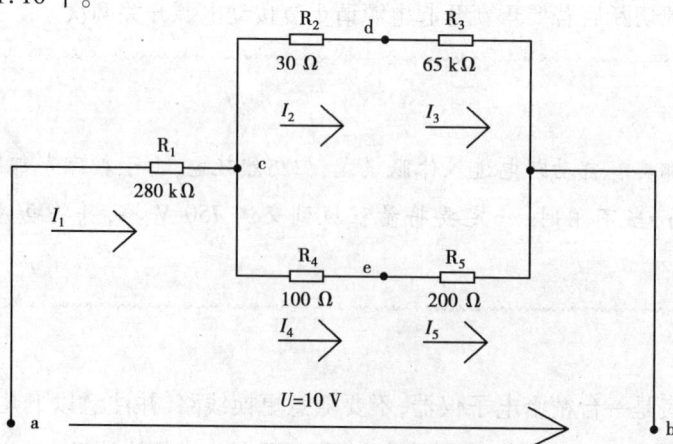

图 1.14　万用表数据测量练习电路图

（1）直流电压、直流电流测量（见表1.16）

表1.16　直流电压、直流电流测量

测量项目	万用量程	$R_1 = 280 \text{ k}\Omega, R_2 = 30\Omega, R_3 = 65 \text{ k}\Omega, R_4 = 100 \Omega, R_5 = 200 \Omega$				
直流电压/V	测量对象					
	计算数据					
	指针式万用表量程					
	指针式万用表测量					
	数字万用表量程					
	数字万用表测量					
直流电流/mA	测量对象	I	I_1	I_2	I_3	I_4
	计算数据					
	指针式万用表量程					
	指针式万用表测量					
	数字万用表量程					
	数字万用表测量					

（2）电阻的测量（见表1.17和表1.18）

表1.17　电阻的测量一

测量内容	R_1	R_2	R_3	R_4	R_5
电阻标称值					
指针式万用表量程					
指针式万用表测量数据					
数字万用表量程					
数字万用表测量数据					

表1.18　电阻的测量二

测量内容	R_{ab}	R_{ac}	R_{cd}	R_{db}	R_{ce}	R_{eb}
计算数据						
指针式万用表量程						
万用表测量数据						
数字万用表量程						
数字万用表测量数据						

【考核评价标准】

万用表的考核评价标准见表 1.19,满分为 100 分。

表 1.19　考核评价标准表

项目内容	分　值	评分标准(每个项目累计扣分不超过配分)	得　分
实训态度	10 分	态度好、认真计 10 分,较好计 7 分,差计 0 分	
万用表的读数	20 分	读数错误,每次扣 2 分	
直流电压测量	20 分	拨错挡每次扣 2 分,测量误差太大一次扣 2 分	
直流电流测量	20 分	拨错挡每次扣 2 分,测量误差太大一次扣 2 分	
电阻的测量	20 分	每按错一次旋钮扣 2 分,读数错误一次扣 2 分	
安全文明生产	10 分	在操作全过程中,不符合安全用电要求立即停工并扣 5 ~ 10 分	
合计	100 分	实训得分	

●思考练习题

1. 填空题

(1)MF47 型指针式万用表是一种多功能、多量程的便携式测量仪表,可以测量_____、_____、_____、_____、_____、_____、_____等参数。

(2)万用表测电流的方法是_____(并或串)入电路中进行测试,而万用表测电压的方法是_____(并或串)入电路中进行测试。

(3)万用表暂时不用时,应将转换开关打到_____挡。并_____,长期不用时应将_____。

(4)万用表测量直流电压和直流电流时,应将红表笔接_____端,黑表笔接_____端。

2. 简述题

(1)使用指针万用表测量电阻时,应注意哪些事项?

(2)使用数字万用表测量直流电流时,应注意哪些事项?

(3)简述指针式万用表测量电阻时的操作步骤。

(4)数字万用表和指针式万用表测量晶体管时是否一样,为什么?

(5)简述万用表的保养方法。

任务 1.3 便携式双踪示波器

【任务引入】

示波器是一种用途十分广泛的电子测量仪器,它能把肉眼看不见的电信号变换成看得见的图像,便于人们研究各种电现象的变化过程。利用示波器能观察各种不同信号幅度随时间变化的波形曲线,可以用它测试各种不同的电量,如电压、电流、频率、相位差、调幅度等。所以,示波器已成为一种直观、通用、精密的测量工具,广泛地用于科研、电子实验等领域。

【任务目标】

1. 了解双踪示波器的面板结构。
2. 熟悉各旋钮的功能。
3. 能正确熟练地使用双踪示波器测量电信号。

【任务相关理论基础知识】

1.3.1 示波器的主要特点

示波器与前面几种介绍过的测量仪器相比较,具有以下 5 个主要特点:
①示波器既能显示被测信号的波形,又可用于测量其瞬时值。
②测量灵敏度高,过载能力强。
③工作频带宽,显示速度快。
④输入阻抗高,对被测电路影响小。
⑤能方便地扩展测量功能;配以变换器,还可观测各种非电量。

1.3.2 示波器的分类

示波器品种繁多,按其用途及特点可分为以下几种。

1）通用示波器

它是采用单束示波管并根据波形显示原理而构成的示波器。这类示波器可对被测量信号进行定性、定量观测，占示波器总数的绝大多数。

通用示波器按其 Y 轴信道频带宽度的不同又可分为：

①简易示波器。频带宽度为 100～500 kHz，只能定性观测连续信号的波形。

②低频示波器。频带宽度在 1 MHz 以内。

③普通示波器。频带宽度为 5～60 MHz。

④宽带示波器。频带宽度大于 60 MHz。

2）多线示波器

多线示波器又称为多束示波器，是由多线示波管构成的，示波器内具有多个独立的 Y 轴信道。常见的多线示波器是双线示波器。这种示波器能同时接受并显示出两个被测信号的波形，以便于测量者对这两个波形进行测量和比较。双线示波器能显示的波形，是由双线示波管中的两个独立电子枪发出的电子束分别轰击荧光屏后产生的。需要指出的是，由于双线示波管的结构工艺复杂，价格高，加上示波器同时用于测量两个信号的机会不多，当作为单线使用时，另一 Y 轴信道将闲置不用会造成浪费。因此，这种示波器目前已很少生产。同时这也告诉我们购买示波器时一定要根据自身的需要而购买。

3）取样示波器

这是一类采用取样技术的示波器，它是首先对高频信号进行取样，使之变成与原来信号波形相似的低频信号，然后用与普通示波器类似方式进行显示。与通用示波器相比，取样示波器频带极宽等优点。例如，美国泰克公司最近生产的 TEKTDS820 型取样示波器，其频带宽度为 0～6 GHz，与功能扩展件配合还可以使上限频率达到 8 GHz。

4）记忆与存储示波器

由记忆示波管组成并具有保留信号波形功能的示波器称为记忆示波器；采用数字存储器并具有存储波形信息功能的示波器称为存储示波器。这种示波器共同的特点是，能长期存储被测信号的波形（前者存储时间可达数天，后者存储时间为无限）。因此，这种示波器特别适用于观测单次瞬变过程、非周期现象、超低频率信号。SJ-6 型、SJ-3 型、SS1 型示波器是这类示波器的典型代表。美国 LeCroy 公司近期开发出来的 93 系列数字化存储示波器更是将存储示波器（简称 RAM）提高到一个崭新的水平。这种示波器除了机内配置有一定容量的存储器外，还安装有 3 in 软盘驱动器，可无限地扩大存储容量并脱机保存波形信息；有的还配置有小型打印机，以便随时将被测信号的波形打印出来。

5）专用示波器

这是一种为满足某种特殊任务而专门设计或具有某种特殊装置的示波器，如电视示波器、矢量示波器、高压示波器等均属于专用示波器。

6）智能示波器

这是一类随着微处理器的出现而发展起来的新型示波器。它的最大特点是，示波器内部引入了微处理器，因而使得这类示波器具有智能化功能。目前，智能示波器有两种：一种智能化程度较低,微处理器仅起控制和计算作用;另一种智能化程度较高,它不仅能对波形信息进行数字化处理,而且具有自动操作、自动校准、数字存储及将测量结果通过字符进行显示等功能。

1.3.3　示波器及显示原理

1)示波管

示波管是阴极射线管(CRT)的简称,电子示波器的核心部件。它是一种能将电信号转换成光信号的真空电子管。示波管主要由电子枪、偏转系统和荧光屏 3 个部分构成。

(1)电子枪

电子枪的作用是产生一束高速、狭窄的电子流,用于轰击荧光屏使之发光。它主要由灯丝 F、阴极 K、控制栅极 G、第一阳极 A_1、第二阳极 A_2 和后加速极 A_3 组成(简易型示波管没有后加速极)。除灯丝和加速极外,其余电极的结构均为金属圆筒形,并且所有电极的轴心都保持在同一轴线上。

阴极 K 是一个表面涂有氧化物的镍制小圆筒,它套在灯丝外面。灯丝通电后发热烘烤阴极,使其氧化层受热发射电子。

控制栅极 G 又称调制栅极,是一个有前盖且中心开孔的镍制圆。控制栅极的主任务是控制射向荧光的电子密度,从而实现波形的"辉度"调节。由于从阴极发射出来的电子具有一定的初速度,同时阳极电场对电子具有吸引作用,因此,从阴极发射出来的电子有可能穿过栅极射向荧光屏。荧光上辉度的亮暗主要取决于两个方面:其一电子射向荧光屏时的速度,速度越高,辉度越亮;其二是电子射向荧光屏时的密度,密度越大,辉度越亮。所以,通过调节栅极相对于阴极电位的大小来改变栅—阴极之间负电场的强弱,便可改变射向荧光屏时的电子密度,达到辉度调节和目的。

第一阳极 A_1 和第二阳极 A_2 的形状与控制栅极相似,均是一个有盖、中心开孔的镍制圆筒。它们的作用有两个:其一是对电子起加速作用,使荧光屏上的辉度更加光亮;其二是对发散的电子束起集聚作用,使其射到荧光屏时能汇聚于一点,即聚焦。第一阳极 A_1 中放开孔隔板的目的,是为了拦截中途发散的电子。

需要指出的是,由于栅极与阴极形成的负电场对电子有减速作用,因此,在调节"辉度"时,将会在一定程度上改变电子进入阳极的速度,从而使聚焦受到影响。这说明,示波管的"辉度"与"聚焦"是有关系的,它们并非相互独立。

后加速极 A_3 位于荧光屏与偏转板之间,是在示波管锥部的内壁上涂上一层石墨导电层而构成。它的作用是对电子束作进一步加速,使屏幕上的辉度更加光亮。后加速极的工作电压很高,一般为数千伏。通常,在后加速极与第一阳极之间的那一段锥部内壁,也涂有一层石墨导电层,它与第二阳极相连,其作用是吸收荧光被电子轰击之后发出来的二次电子,以免二次电子堆积在锥部空间,也可屏蔽外电场对偏转板的干扰。

（2）偏转系统

示波管的偏转系统属于静电偏转方式，这一点与显示管不同。偏转的作用是控制电子束随外加信号而偏转。它位于第二阳极与荧光屏之间，由两对互相垂直的金属板组成。其中水平放置的一对金属板用于控制电子束的垂直偏转，称它为不垂直偏转板，简称为 Y 偏转板；垂直放置的一对金属板用于控制电子束的水平偏转，称它为水平偏转，简称为 X 偏转板。

（3）荧光屏

荧光屏的作用是显示外加信号的波形。它是在示波管正面的玻璃内壁涂上一层或数层荧光材料而构成。当高速移动的电子束轰击荧光屏时，电子将其在加速过程中获得的动能转移给荧光物质，从而使其发光，这种光称为荧光。荧光的颜色随荧光材料的不同而不同，示波器常用的颜色有绿色（用于一般示波器）、蓝色（用于高频示波器）和黄色（用于低频示波器）。

电子束轰击荧光屏后产生的荧光不会立即消失，而将延续一段时间，这种现象称为余辉。余辉时间是指电子束停止轰击荧光屏后发光强度下降至初始强度10%所需的时间。不同荧光粉材料的余辉时间不一样，余辉时间 $t < 10^{-3}$ s 称为短余辉，10^{-3} s $\leq t \leq 10^{-1}$ s 称为中余辉，$t > 10^{-1}$ s 称为长余辉。一般的通用示波器采用中余辉示波管，高频示波器采用短余辉示波管，而超低频示波器则采用长余辉示波管。

荧光屏的外形结构有圆形和矩形两种，为了提高表面积的利用率，新型示波器通常采用矩形管。

为了能在示波器上定量测量波形，示波器的屏幕通常调设有刻度，其刻度有内外两种：内刻度是在制造时将刻度和荧光物质同时沉积在玻璃上；外刻度较简单，它是通过在荧光屏前面放置一块透明刻度片来实现的。

国产示波管的型号由以下几项参数来命名：屏幕尺寸（圆形用直径，矩形用对角线长度）、偏转方式、发光颜色和余辉时间。例如，示波管型号为 13SJ55J 的意义是：13——屏幕尺寸（cm）；SJ——静电偏转；55——产品序号；J——绿色、中余辉。

2）波形显示原理

为了说明示管显示波形的原理，下面分 3 种情况进行讨论。

（1）Y 偏转板上施加正弦波电压

当 Y 偏转板上加有一个随时间按正弦规率变化的电压时，在两板之间便形成一个按正弦规律变压的电场。当电子束进入该电场时，便受到电场力的作用而偏转。在信号的正半周，电场方向由上向下，电子束受到电场力的作用而偏转；在信号的负半周，电场方向由下向上，电子束将向下偏转。这样，正弦信号随时间不断变化，电子束便按正弦规律作上下偏转，因而在荧光上显示出一条垂直亮线，如图 1.15 所示。

（2）X 偏转板上施加锯齿电压

当在 X 偏转板上施加一个随时间作线性变化的锯齿波电压时，在 X 板的空间便形成同样一个按同样规律变化的电场。电子束在这个电场作用下将均匀的左右偏转，因而在荧光屏上显示出一条水平亮线，如图 1.16 所示。

图 1.15　Y 偏转板上施加正弦波电压图

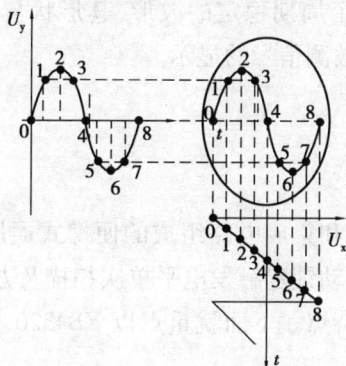

图 1.16　波形显示过程图

同样这时显示出来的波形也不是偏转板上的电压波形。通常将电子束在锯齿波电压作用下发生水平偏转的过程称为"扫描"，而锯齿波电压则称为"扫描电压"，显示出来的水平亮线称为扫描线，有时又称作时基线或时基亮线。

（3）Y 偏转板上施加正弦波电压、X 偏转板上施加扫描电压

当 Y,X 偏转板上分别施加有正弦波电压和扫找电压时，在它们各自的空间便形成相应的电场。因此，电子束在投向荧光屏之前将要受到这两个电场的共同作用，发生垂直和水平方向的偏转。可用描点作图的办法来说明这种情况下荧光的显示过程。假设 Y,X 偏转板上信号的周期相同，现对它们的一个周期作 8 等分。这样，当 $t=0$ 时，$u_y=0$，U_x 为负的最大值。

此时，Y 电场强度为 0，对电子束不作控制，X 电场强度最强，电场方向由左向右，结果使电子束水平移向最左边位置"0"。当 $t=1$ 时，$u_y=U_{y1}$，Y 电场使电子束向上偏转，$u_x=U_{x1}$，X 电场使电子束向右偏转，结果，电子束在这两个电场力作用下从原来的位置"0"移至位置"1"。随着时间的延伸，u_y,u_x 信号不断变化，电子束一方面按正弦规律作上下偏转，另一方面向右均匀移动，于是，电子束依次到达位置"2"，"3"，…，"8"。应当注意，由于 u_y 和 u_x 信号均为连续信号，这就是电子束的偏转也是连续的，加上荧光屏的余辉作用，因此屏幕上显示出来的将是一条光滑亮线，即是一个与 u_y 信号相同的正弦波，参见图 1.16 所示。图中出现的黑色小圆点只是为了说明问题需要而加上，实际中并不存在。

当扫描电压从正的最大值很快返回到负的最大值时，电子束也快速回到位置"0"。当 u_y 和 u_x 信号开始第二个周期的变化时，电子束便进行第二次偏转。由于偏转的起点相同，所以第二次的偏转轨迹与第一次重合，这样，屏幕上第一次显示出来的正弦波还未熄灭，电

子束又一次将其轰击发亮,结果,荧光屏上便呈现出一个持续发亮的波形。只要 u_y,u_x 信号周而复始地变化,电子束便不断地偏转,因而在屏幕上便显示出一个稳定、清晰、光亮的正弦波形。需要指出的是,上述的讨论是假设 u_x 信号的周期 T_x 等于 u_y 信号的周期 T_y,即 $T_x = T_y$,结果在屏幕上便显示出一个周期的正弦波形,但若 T_x 是 T_y 的 n 倍(n 为整数),即 $T_x = nT_y$,通过描点作图可以看出,荧光屏将显示出 n 个周期的正弦波形。

综上所述,可得出结论:当 X 偏转板上加有锯齿波扫描电压,并且 $T_x = nT_y$($n = 1,2,$ $3,\cdots$)时,荧光屏上将显示出 n 个周期稳定的波形,其形状与 Y 偏转板上的电压波形相同。示波器利用这一结论来实现对被测信号的显示。

1.3.4 YB4320 型示波器

YB4320 型示波器由晶体管和集成电路组成的便携式通用示波器。它能根据扫描频率自动确定双踪显示方式,具有自动锁定触发电平单次扫描及方便观察电视信号等优点,还具有亮度高、功能全、构造新颖等特点。下面就重点以 YB4320 型通用示波器介绍其主要功能和使用方法。

1)面板操作控制键作用说明

面板操作控制键作用说明如图 1.17 所示,YB4320 型示波器面板示意图如图 1.18 所示。

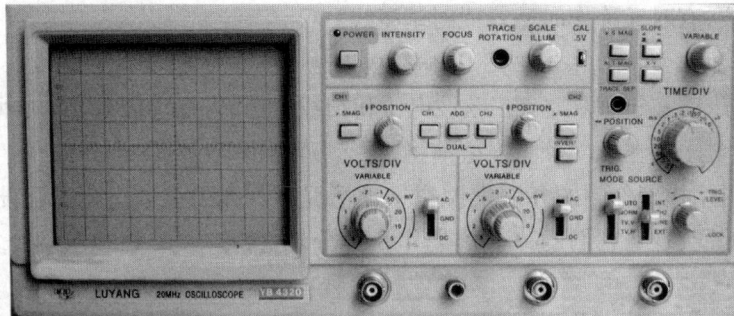

图 1.17 YB4320 型示波器面板实物图

YB4320A 型示波器面板有全英文和全中文两种面板。此示波器具有输入精度高,显示准确,轻颖小巧,使用方便等特点。

2)YB4320 型示波器的性能特点

频率范围广:DC.20 MHz;灵敏度高:最高集团因数 1 mV/div;6 in 大屏幕,便于清楚观看信号波形;标尺亮度:便于夜间和照明使用;交替扩展:正常(×1)和扩展(×5 的)波形显示;INT:无须转换 CH1,CH2 选择开关即可得到稳定触发;TV 同步:运用新的电视触发电路可以显示稳定的 TV.H 和 TV.V 电视机行、场同步信号;自动聚焦:测量过程中聚焦电平可自动校正;触发锁定:触发电路呈全自动同步状态,无须人工调节触电平。本实验仪器使用广,在实验中可以用于各个电路的测量,但使用中如因操作不当容易造成仪器损坏,要求同学们认真掌握仪器的使用方法及注意事项。

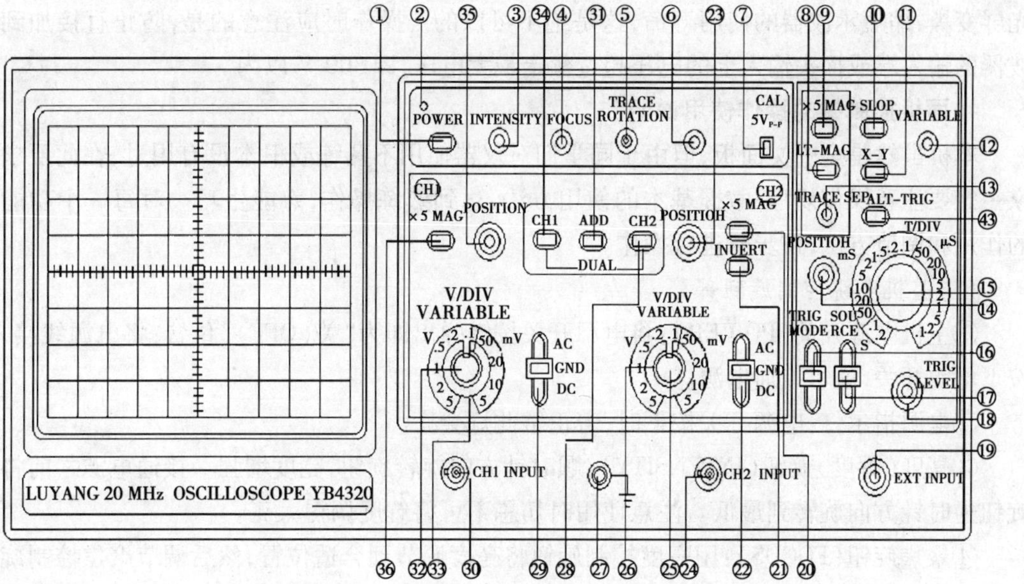

图 1.18　YB4320 型示波器面板示意图

3）使用注意事项

①避免过冷和过热：不可将交流毫伏表长期放置暴露在日光下或靠近热源的地方，如火炉等。不可在寒冷的天气时放在室外使用，仪器工作正常温度应为 0 ~ 40 ℃。

②避免炎热与寒冷环境的交替。

③避免湿度、水分和灰尘：如在打扫卫生时，只能用干抹布擦仪器，不能用非常潮湿的抹布去擦，必须注意仪器的清洁卫生。

④不可将物体放置在交流毫伏表上，注意不要堵塞仪器通风孔。

⑤交流毫伏表应避免放置在强烈振动的地方，否则，将导致仪器操作出现故障而损坏电源。同时，不准在实习车间打闹嬉戏等。

⑥注意不可在磁性物体和存在强磁场的地方使用仪器：仪器的表头对电磁场较为敏感，不可在具有强烈磁场作用的地方操作仪器，不可将磁性物体靠近仪器，如今后做实验用到扬声器（喇叭）不可吸在仪器上。

⑦不可将物体放置在示波器上，注意不要堵塞仪器的通风孔。

⑧仪器不可遭到强烈的撞击。

⑨不可将导线或针（万用表表笔）插进通风孔。

⑩不可用连接线或探头拖拉仪器。

⑪避免长期倒置存放和运输。

⑫操作注意事项。另外使用时要注意检查电网输入电压，不可高于规定的最大输入电压，本示波器额定工作电压为交流 220 V，可工作电压波动范围是 198 ~ 242 V。检查保险丝是指定的型号，不可过大或过小，本机使用的是 1 A 保险丝。

使用过程中，辉度不可太亮，否则不仅会使眼睛疲劳，而且长时间使用会使示波管的荧光屏变黑,缩短示波器的使用寿命,这是绝不可以的。操作时应注意的是,防止直接加到示波器的输入端或探头输入上的电压超过额定最大电压,即300 V以内。

4)面板控制键的操作使用说明

本机虽然是全中文面板,但由于同学们对仪器使用不熟练或根本没有用过,在此要求大家一定要注意操作规程,掌握基本的使用方法,达到熟练操作,熟能生巧。对每一个功能键的作用和调节方法,按步骤进行操作。

(1)整机电源控制旋钮部分

①主机电源开关(POWER):将电源开关按键弹出即为"关(OFF)"位置,将电源线接入,按下电源开关,就可接通电源。

②电源指示灯:电源开关按下时,若正常此灯会亮。

③亮度(辉度)旋钮(INTENSITY):顺时针方向旋转旋钮,亮度增强。接通电源之前将该旋钮逆时针方向旋转到最低。注意使用时切忌不可将辉度调得太亮。

④聚焦旋钮(FOCUS):用亮度控制旋钮将亮度调节到合适位置,然后调节聚焦控制旋钮直至轨迹达到最清晰的程度,虽然调节亮度时聚焦可自动调节,但聚焦有时也会轻微变化。如出现这种情况,需要重新调节聚焦。

⑤光迹旋转旋钮(TRACE ROTATION):由于磁场的作用,当光迹在水平方向轻微倾斜时,该旋钮用于光迹与水平刻度线平行。

⑥刻度照明控制钮(SCALE ILLUM):该旋钮用于调节屏幕刻度亮度。该旋钮顺时针方向旋转,亮度将增加;反之,亮度将减弱。

(2)水平方向控制部分

⑮扫描时间因数选择开关(TIME/DIV):共20挡,在0.1~0.2 s/div范围选择扫描速率。通过调节此旋钮可以读出扫描周期和信号的频率,按照一定的公式可准确计算出信号的周期。在后面内容中作一个详细介绍。

⑪X,Y控制键:如X,Y工作方式时,垂直偏转信号接入CH2输入端,水平偏转信号接入CH1输入端,即为X,Y工作方式。当在X,Y工作方式时,可以通过⑪来控制通道2的垂直位置,用于Y方向的移位。

⑫扫描微调控制键(VARIBLE):此旋钮以顺时针方向旋转到底时处于本校准位置,扫描由Time/Div开关指示(在读数时一定要将此X方向微调置校准位置)。该旋钮逆时针方向旋转到底,扫描减慢2.5倍以上。正常工作时,该旋钮位于校准位置。

⑭水平移位(POSITION):用于调节轨迹水平方向移动。顺时针方向旋转该旋钮向右移动光迹,逆时针方向旋转向左移动光迹。

⑨扩展控制键(MAG ×5):按下去时,扫描因数×5扩展,即X方向扩展5倍。扫描时间是Time/Div开关指示数值的1/5。例如,×5倍扩展时,100 ms/div为20 ms。

部分波形的扩展:将波形的尖端移动到水平尺寸的中心,按下×5扩展按钮,波形将扩展5倍。

⑧ALT扩展按钮(ALT. MAG):按下此键,扫描因数×1,×5同时显示。此时要把放大

部分到屏幕中心,按下 ALT. MAG 键。扩展以后的光迹可由光迹控制键(13)移位距 ×1 光迹 1.5 div 或更远的地方。同时使用垂直双踪方式和水平 ALT. MAG 可在屏幕上同时显示 4 条光迹,如图 1.19 所示。

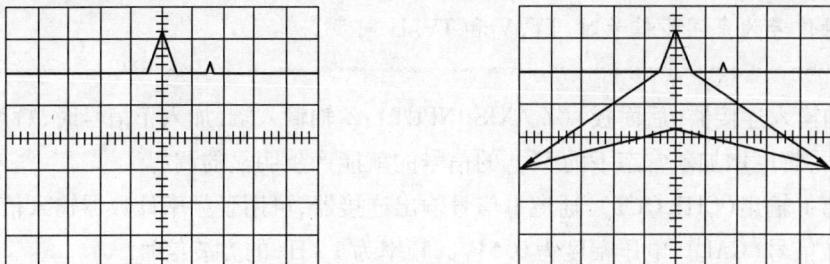

图 1.19　同时使用垂直双踪方式和水平 ALT. MAG 显示图

(3)触发(TRIG)

⑱触发源选择开关(SOURCE):

内触发(INT):CH1 或 CH2 上的输入信号是触发信号;

通道 2 触发(CH2):CH2 上的输入信号是触发信号;

电源触发(LINE):电源频率成为触发信号;

外触发(EXT):触发输入上的信号是外部信号,用于特殊信号的触发。

㊸交替触发(ALT TRIG):在双踪交替显示时,触发信号交替来自于两个 Y 能道,此方式可用于同时观察两路不相关的信号。

⑲外触发输入插座(EXT INPUT):外部触发信号的输入端口。

⑰触发电平旋钮(TRIG LEVEL):用于调节被测信号在某一电平处同步。

⑩触发极性按钮(SLOPE):触发极性。用于选择信号的上升和下降沿触发,如图 1.20 所示。

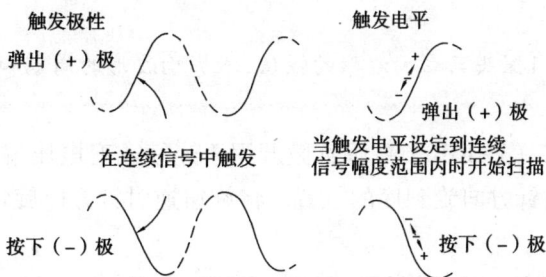

图 1.20　出发极性、触发电平示意图

⑯触发方式选择(TRIG MODE):

自动(AUTO):在自动扫描方式时扫描电路自动进行扫描。在没有信号输入或没有被触发同步时,屏幕上仍然可以显示扫描基线。

常态(NORMAL):有触发信号才能扫描,否则屏幕上无扫描线显示。当输入信号的频率低于 20 Hz 时,请用常态触发方式。

TV. H:用于观察电视信号中行信号的波形。

TV. V:用于观察电视信号中场信号的波形。

⚠ **注意**

仅在触信号为负同步信号时,TV. V 和 TV. H 同步。

㊶Z 轴输入连接器(后面板)(Z AXIS INPUT):Z 轴输入端,加入正信号时,辉度降低;加入负信号时,辉度增加。常态下的 $5V_{P-P}$ 的信号的就能产生明显的调辉。

㊴通道 1 输出(CH1 OUT):通道 1 信号输出连接器,可用于频率计数器输入信号。

⑦校准信号(CAL):电压幅度为 $0.5V_{P-P}$,频率为 1 kHz 的方波信号。

㉗接地柱⊥:这是一个接地端。

(4)垂直方向控制部分按钮

㉚通道 1 输入端[CH1 INPUT(X)]:该输入用于垂直方向的输入。在 X,Y 方式时输入端的信号成为 X 轴信号。

㉔通道 2 输入端[CH2 INPUT(Y)]:和通道 1 一样,但在 X,Y 方式时输入端的信号为 Y 轴信号。

㉒、㉙交流—接地—直流:耦合选择开关(AC. GND. DC):选择垂直放大器的耦合方式:

AC(交流):垂直输入端由电容器来耦合;

GND(接):放大器的输入端接地,此时示波器上不会显示任何波形,只显示一条水平线。

DC(直流):垂直放大器输入端与信号直接耦合。

㉖、㉝衰减器开关(VOLT/DIV):用于选择垂直偏转灵敏度的调节。如果使用的示波器的探头是 10:1 探头时,计算时将幅度×10。

⚠ **注意**

注意示波器的 10:1 探头只影响波形的幅值,不影响波形的周期和频率。

㉕、㉜垂直微调旋钮(VARIBLE):垂直微调用于连续改变电压偏转灵敏度。此旋钮在正常情况下应位于顺时针方向旋到底的位置。将旋钮逆时针方向旋转到底,垂直方向的灵敏下降到 2.5 倍以上。

㉓、㊱CH1 ×5 扩展和 CH2 ×5 扩展(CH1 ×5MAG、CH2 ×5MAG):按下 ×5 扩展按键,垂直方向的信号扩大 5 倍,最高灵敏度变为 1 mV/div。

㉓、㉟垂直移位(POSITION):调节光迹在屏幕中的垂直位置。

垂直方式工作按钮(VERTICAL MODE):即通道选择开关。

选择垂直方式的工作方式:

㉞CH1 通道选择开关:屏幕上仅显示 CH1 信号。

㉘CH2 通道选择开关:屏幕上仅显示 CH2 信号。

若㉞、㉘同时按下时为双踪显示:屏幕上会出现双踪并自动以断续或交替方式同时显示 CH1 和 CH2 上的信号。此示波器真正称为双踪示波器。

㉛叠加方式(ADD)选择按钮:显示 CH1 和 CH2 输入电压的代数和。

㉑CH2 极性开关(INVERT):按此开关时 CH2 显示反相电压值。

5)YB4320 型示波器的基本操作方法

基本操作方法:打开电源开关前先检查输入的电压,将电源线插入后面板上的交流插孔,然后将各控制键设定在如下位置,见表 1.20。

表 1.20　YB4320 型示波器各控制键设定

控制键名称	设定位置
电源(POWER)	电源开关键弹出
亮度(INTENSITY)	顺时针方向旋转
聚焦(FOCUS)	中间
AC. GND. DC	接地(GND)
垂直移位(POSITION)	中间(×5)扩展键弹出
垂直工作方式(MODE)	CH1(默认状态为 CH1 输入)
触发方式(TRIG MODE)	自动(AUTO)
触发源(SOURCE)	内(INT)
触发电平(TRIG LEVEL)	中间
Time/Div	0.5 ms/div
水平位置	×1,(×5MAG)均弹出

6)所有的控制分键如上设定后,打开电源开关

当亮度旋钮顺时针方向旋转时,轨迹就会在大约 15 s 后出现。调节聚焦旋钮直到轨迹最清晰为止。如果电源打开后却不用示波器时,将亮度旋钮逆时针方向旋转以减弱亮度。

一般情况下,将"V/Div"和"Time/Div"控制钮的微调旋钮设定到"校准"位置,以便读取数值。

观看示波器的扫描基线位置是否正确,改变 CH1 移位旋钮,将扫描线设定到屏幕的中间。观看扫描基线是否与 X 轴重合,如果光迹在水平方向略微倾斜,调节前面板上的光迹旋钮与水平线相平行。

最后,将被测信号输入示波器通道输入端。使用探头时,在测量高频信号时将衰减开关拨到 ×10 的位置,此时输入阻抗信号缩小到原值的 1/10,在测低频信号时可将探头衰减开关拨到 ×1 的位置。但是,在大幅度信号的情况下,将探头衰减开关拨到 ×10 其测量的范围也相应地扩大。

以上设定为常规使用方法,若输入信号后,没有波形显示,则可以按以下步骤进行检查,例如,假设选择 CH1 通道输入信号,则可按以下方法进行检查:

垂直方式开关——CH1

触发方式开关——AUTO

触发源开关——INT(内)

完成以上设定后,检查输入信号。

但其中也有一些例外的频率信号,高于 20 Hz 的信号的频率大多数重复信号可通过调节触电平旋钮进行同步。由于触发方式为自动,即使没有信号,屏幕上也出现光迹。如果 AC. GND. DC 设定为 DC,直流电压即可显示。当处于 GND 时,输入端被短路,是不会显示波形的。而在 AC 和 DC 上大多波形即可显示,一般认为直流信号用 DC 方式进行耦合,而交流信号用 AC 方式进行耦合。

如果 CH1 上有低于 20 Hz 的信号,必须作如下改变:

①触发方式开关——常态(NORMAL);

②调节触发电平控制键以同步信号;

③如上述改变后,基本能够显示波形。

如果使用 CH2 输入,设定以下开关:

①Y 轴方式开关——CH2;

②触发源开关——CH2;

③触发方式开关——常态(NORMAL);

④调节触发电平控制键以同步信号;

⑤如上述改变后,基本能够显示波形。

7)需要观察两个波形时

将垂直工作方式设定为双踪(DUAL),即同时按下 CH1 和 CH2 通道选择开关,这时可以很方便地显示两个波形,如果改变了 Time/Div 的范围,系统会自动选择(ALT)或(CHOP)。

如果要测量相位差,带有超前相位的信号应该是触发信号。

8)显示 X, Y 图形

当按下 X, Y 开关时,示波器 CH1 为 X 轴输入,CH2 为 Y 轴输入,垂直方式 ×5 扩展开关断开(弹出状态)。

叠加的使用:当垂直工作方式开关设定为 ADD(叠加),可显示两个波形的代数和。

1.3.5　示波器的应用

示波器除可用于定性观察信号的波形外,还可用作定量测试信号的电压、周期、时间间隔、相位、频率等参数。

测量之前首先应该检查示波器的连接线是否正常,有无断线破裂等。注意示波器探头线的保护,这种线容易损坏,但价格相对较贵,不可将示波器线折叠,烙铁烫坏等。

1)探头使用

当使用探头时:在测量高频信号时,必须将探头衰减开关拨到×10位置,此时输入信号缩小到原值的1/10,但在测试低频小信号时可将探头衰减开关拨到×1位置。但是,在大幅度信号的情况下,将探头衰减开关拨到×10位置其测量的范围也相应地扩大。

⚠ **注意**

①不可输入超于300 V(DC + AC$_{p-p}$ 1 kHz)的信号。

②如果要测量波形的快速上升时间或是高频信号,必须将探头的接地点选在被测量点附近。如果接地线离测试点较远,可能会引起波形失真,比如阻尼大或过冲。

③接地线头的处理:当探头衰减开关拨到×10信号时,实际的VOLTS/DIV值为显示值的10倍。例如,如果VOLTS/DIV为50 mV/div时,那么实际值应为50 mV/div×10 =500 mV/div。

④为避免测量错误,请按如下校准探头,并在测量之前进行检查,将探头针接到CAL输入连接器上。对补偿电容(示波器探头线的接口处有一个小一字形螺钉即为补偿电容)值作了最佳选择,如波形出现如图1.21所示的情况,请将探头上的可调电容器调至最佳值,如图1.21(a)所示。

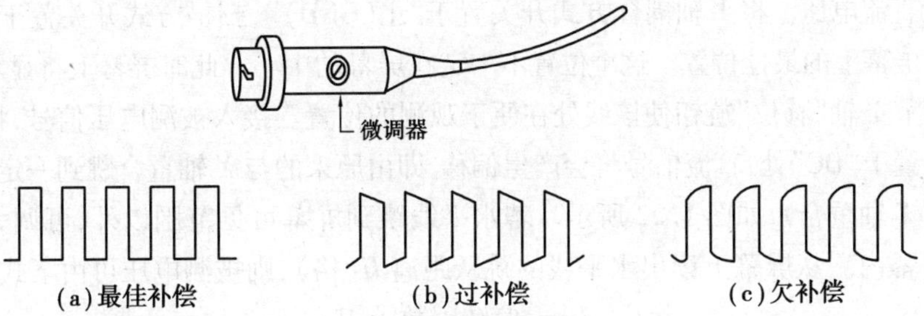

微调器

(a)最佳补偿　　　　　　(b)过补偿　　　　　　(c)欠补偿

图 1.21　校准探头调整

当不用示波器探头线时(直接连接):如果未用探头直接连接到示波器上,可采取下列措施以减小测量错误:

①如果要测量的电路是低电阻,大幅度的,如果未采用屏蔽线作为输入线,请仍要采取屏蔽措施,因为在很多情况下,测量误差会因为由于各种干扰耦合到输入线中,即使在低频时,这种误差也不可忽视。

②如果用了屏蔽线,连接地线的一端到示波器的接地端,另一端接到被测量电路的接地端。并需要使用一个BNC型同轴电缆线作为输入线。

③如果观察的波形具有快速上升时间或是高频的,需要连接一个50 Ω的终端电阻到电缆线的末端。

④在一些情况下,要求测试的电路可能会在测量之前需要一个50 Ω的终端匹配器以完成正常工作。

⑤如果使用一根很长的电缆线(或屏蔽线)进行测量,必须考虑寄生电容。一般地,屏蔽线的电容大约是 100 pF/m。对被测量电路的影响不可忽视。探头的使用会减少分布电容对被测电路的影响。

一般情况下,推荐使用示波器的探头线。掌握了以上操作方法和步骤后就可以正确的应用示波器去测量需要的波形和相关的参数。

在测量之前请根据以下步骤操作:

①将亮度和聚焦设定到能够最佳显示的合适位置;

②最大可能地显示波形,减小测量误差;

③如果使用了探头,检查电容校正信号的测量。

2)电压的测量

示波器既可测量直流电压,也可测量交流电压。测量的方法主要有以下两种。

(1)直读法

直读法就是从屏幕上直接读测出被测信号的波形的高度,然后换算出电压的方法。这种方法仅适用于示波器的 Y 轴偏转因数(V/div)可知的情况。但就目前而言,绝大多数示波器都在面板上直接标出偏转因数,故这种方法仍具有普遍适用性,且有直观、简便等优点。测量时,X 轴和 Y 轴偏转因数的微调旋钮都要置于"校准"位置。

①测量直流电压。将 Y 轴耦合方式开关置于"⊥(GND)",扫描方式开关置于"自动",零电平定位到屏幕上的最佳位置。这个位置不一定在屏幕的中心。此时屏幕上将显示一稳定的水平线。调节 Y 轴"移位"旋钮使该线处在便于观测的位置。接入被测电压信号,将 Y 轴耦合方式开关改置于"DC"处,直流信号将会产生偏移,即由原来的与 X 轴重合跳到一定距离处(初始扫描线与 X 轴重合),如图 1.22 所示。若水平线跳到屏幕可见范围以外,可调大偏转因数使其回到屏幕内。从屏幕上读出水平线的跳跃距离 H(格),则被测电压可由下式算出:

$$U = 偏转因数 \times H \tag{1.1}$$

当被测电压经 10∶1 探极输入时,应改用下式计算,即:

$$U = 偏转因数 \times H \times 10 \tag{1.2}$$

当使用 10∶1 探头的同时,又用了"×5"倍扩展时,此时是将显示 Y 轴方向电压扩大了 5 倍。因结果应该是式(1.2)的结果除以 5,即应按下式计算:

$$U = 偏转因数 \times H \times 10 \div 5 \tag{1.3}$$

实际中单用 10∶1 探头衰减或单独用 ×5 倍扩展,按其中之一进行计算。

②测量交流电压。将 Y 轴耦合方式开关置于"AC"位置,从屏幕上读测出交流电压波形的上峰点电压之间的距离 H(格),如图 1.23 所示,由式(1.1)或式(1.2)即可求得被测交流电压的峰-峰值 U_{P-P}。应当注意,当被测电压的频率接近 Y 轴带宽的下限时,应将 Y 轴耦合方式开关置于"DC"位置,以免由于频带的限制而使测量误差增大。

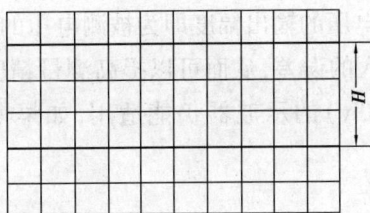

图1.22　直流电压测量　　　　　　图1.23　交流电压测量

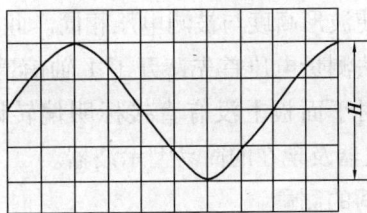

例1.1　已知示波器的偏转因数开关置于0.5 V/div,被测正弦信号经10:1探极接入,屏幕上波形的峰-峰点距离 H 为3格,试求该电压的有效值。

解　根据式(1.2)可知:

$$U_{P-P} = 0.5 \times 3 \times 10 = 15 \ V_{P-P}$$

因此,被测电压的有效值为:

$$U = \frac{U_{P-P}}{2\sqrt{2}} = \frac{15 V_{P-P}}{2\sqrt{2}} = 5.3 \ V$$

例1.2　如图1.24所示为直流电压波形的测试结果,若偏转因数开关置于50 mV/div,被测正弦信号经10:1探极接入,屏幕上波形的峰-峰点距离 H 为3格,试求该电压的有效值。(解答略)

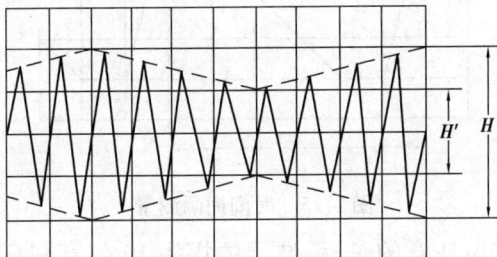

图1.24　直流电压波形测试

例1.3　用带10:1探头的示波器测量某一调幅信号,屏幕显示情况如图1.24所示。已知示波器的偏转因数为0.2 V/div,试求其调幅系数 m 。

解　因为

$$m = \frac{U_C}{U_0} \times 100\%$$

所以

$$m = \frac{H - H'}{H + H'} \times 100\% = \frac{4 - 2}{4 + 2} \times 100\% \approx 33\%$$

由于调幅系数是一个电压比值,故偏转因数、探头的衰减量对计算过程不起作用,其大小仅与屏幕上的波形有关。

(2)比较法

比较法是用一已知的标准电压与被电压与被测电压在屏幕上进行幅度比较,从而求得被测电压值的方法。测量方法如下:首先将被测电压接入示波器的 Y 轴输入端,调节偏转因数开关及其微调旋钮,使屏幕上显示出来的波形高度便于读测,作好记录并保持偏转因数开关、微调旋钮的位置不变,然后移去被测电压,改接入一个幅度已知可调的标准电压,调节其输出幅度使波形高度与被测电压相同。此时,标准电压的输出幅度即为被测电压的幅度。

比较法测量电压首先避开了 Y 轴信道可能引入的误差,从而可以提高测量精度;其次,这种方法对于面板上没有直接标明偏转因数(V/div)的示波器仍能适用,如早期生产的 SBT-5 示波器及现在的简易型示波器。

3)时间的测量

测量时,应将示波器的时基因数(t/div)微调旋钮顺时针转至"校准"位置。

(1)测量时间间隔

选择合适的时基因数(t/div)挡级,使所显示的波形易于观测,如图 1.25 所示。根据测量要求,从屏幕上读出信号波形某两点之间的水平距离 D(格),则这两点间的时间间隔 T 可由下式算出:

$$T = 时基因数 \times D \tag{1.4}$$

当使用"×5"扩展时,应将上述结果"÷5"。其公式为:

$$T = 时基因数 \times D \div 5 \tag{1.5}$$

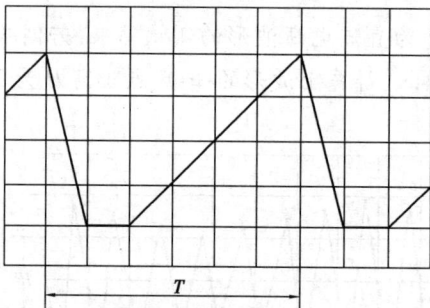

图 1.25　时间间隔测量

当用 10∶1 探头时,应该注意的是,示波器的探头 10 倍衰减只衰减其信号的幅度(电压),而不会衰减其频率和周期。也就是说,即使被信号是经 10∶1 的探极接入示波器,测量时间时,也无须将结果乘以 10。故计算公式仍为式(1.5)。

例 1.4　假设示波器的时基因数开关置于 5 ms/div,被测锯齿波信号在屏幕上的显示情况如图 1.25 所示,试求该信号的周期 T 和正程时间 T_1。

解　由图 1.25 可知,被测信号一周期的距离为 6 格,正程时间为 4 格,因此,根据式(1.4)可分别求得 T 及 T_1,即:

$$T = 5 \times 6 = 30 \text{ ms}$$

$$T_1 = 5 \times 4 = 20 \text{ ms}$$

(2)测量两信号的时间差

利用双踪示波器的"双踪"或"交替、断续"(针对实验室中的老款示波器而言)显示方式,可测量出两信号的时间差。测量时应将时间领先的信号输入 CH2(Y2)通道并选用 CH2 信号触发。从屏幕上读出两信号相同部位的水平距离(D 格),如图 1.26 所示,利用式(1.4)即可算出两信号的时间差。

（3）测量脉冲的上升时间

调节偏转因数的开关及微调旋钮，使被测脉冲的幅度在水平中心线的上、下各占 2 格，如图 1.26 所示，调节 X 轴"移位"使脉冲幅度的 90% 与垂直中心线相交，在水平轴上读出 T_1，再将波形向右移动，使脉冲幅度的 10% 与垂直中心线相交，读出 T_2，则屏幕上脉冲的上升时间为 $T_r = T_1 + T_2$，而实际被测脉冲的上升时间 t'_r 为：

$$t'_r = \sqrt{T_r^2 - t_r^2} \tag{1.6}$$

式中　t_r——示波器 Y 轴通道的上升时间。

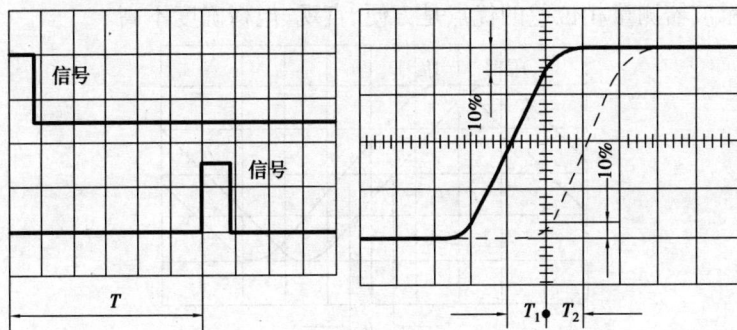

图 1.26　测量脉冲的上升时间

4）频率的测量

示波器测量可采用间接测量的方法来进行，即利用前述测量时间间隔的方法先测得被测信号的周期，然后换算出频率。

例 1.5　试求例 1.4 中锯齿波的频率。

解　因为 $T = 30$ ms

所以 $f = \dfrac{1}{T} = \dfrac{1}{30 \text{ ms}} = 33.3$ Hz

另外，利用李沙育图形也可进行频率的测量，见表 1.21。其中原理在此不再赘述。

表 1.21　李沙育图形对照表

5）相位测量

利用双踪示波器同样可以很方便地测得两个信号之间的相位差。测量时两个被测信号的接入方式及触发方式的选择与测量时间差的方法相同,调节时基因数(t/div)开关和微调旋钮,使其中一个信号波形的周期在水平方向上为9格,如图1.27所示。这样,屏幕上每一格的相角为40°。从屏幕上读测出超前波形与滞后波形在水平轴的间隔 L（格）,按下式即可算出两个信号之间的相位差 φ

$$\varphi = 40°/\text{div} \times L(\text{div}) \tag{1.7}$$

使用双踪示波器测量相位差的优点是方便、直观,但精确度不高。

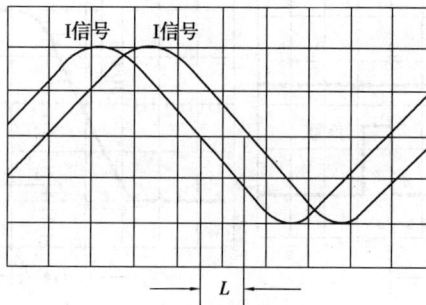

图 1.27 相位测量

【任务实训】

1）读数练习

读数练习,并将结果填入表1.22 示波器读数练习表中。

表 1.22 示波器读数练习表

旋钮设置	读取数据	U_{P-P}（带单位）	$U_{有}$（带单位）	周期 T（带单位）	频率 f（带单位）
50 mV/div	0.5 ms/div				
0.2 V/div	50 μs/div				

续表

旋钮设置 读取数据		$U_{\text{P-P}}$（带单位）	$U_{有}$（带单位）	周期 T（带单位）	频率 f（带单位）
50 mV/div	0.1 s/div				

2）信号测试

①直流电压测量：测9 V层叠电池的电压，将面板旋钮设置填入表1.23中。

表1.23　测9 V层叠电池的电压

旋钮名称	工作模式	输入信号耦合	VOLTS/DIV	TIME/DIV	触发方式	触发源	触发耦合	触发极性	触发电平
旋钮位置									

②测20 mV,1 kHz正弦波交流信号波形，将面板旋钮设置填入表1.24中。

表1.24　测20 mV,1 kHz正弦波交流信号波形

旋钮名称	工作模式	输入信号耦合	VOLTS/DIV	TIME/DIV	触发方式	触发源	触发耦合	触发极性	触发电平
旋钮位置									

③测10 mV,3 kHz方波交流信号波形，将面板旋钮设置填入表1.25中。

表1.25　测10 mV,3 kHz方波交流信号波形

旋钮名称	工作模式	输入信号耦合	VOLTS/DIV	TIME/DIV	触发方式	触发源	触发耦合	触发极性	触发电平
旋钮位置									

【考核评价标准】

表 1.26　考核评价标准表

项目内容	分　值	评分标准(每个项目累计扣分不超过配分)	得　分
实训态度	10 分	态度好、认真计 10 分,较好计 7 分,差计 0 分	
示波器的读数	30 分	读数错误,每次扣 2 分	
直流信号测试	10 分	每按错一次旋钮扣 2 分,读数错误一次扣 2 分	
交流信号测试	20 分	每按错一次旋钮扣 2 分,读数错误一次扣 2 分	
双踪测试	20 分	每读数错一次扣 3 分	
安全文明生产	10 分	在操作全过程中,不符合安全用电要求立即停工并扣 5 ~ 10 分	
合计	100 分	实训得分	

思考与练习

1.填空题

(1)双踪示波器的工作方式有_____、_____、_____和_____。

(2)双踪示波器对输入信号的耦合方式有_____、_____和_____。

(3)在对交流信号测试时,应将示波器的输入方式置于_____的方式。

(4)一正弦交流信号显示在示波器上,其中一个周期在水平方向上占 4 格,在垂直方向上占 5.6 格,若此时示波器的设置为 50 μs/div 和 50 mV/div,则此时信号的周期 T 为_____s,频率 f 为_____ Hz,峰-峰值 U_{P-P} 为_____ V,有效值 U 为_____ V。

2.简答题

(1)简述扫描基线的调节过程。

(2)在进行两个信号的相位比较时,如何确定一个水平方格所代表的角度是多少度?

(3)简述示波器的示波管由哪几个部分组成?

(4)示波器分为哪几类?

【知识加油站】

示波器使用不当造成的异常现象

示波器在使用过程中,往往由于操作者对于示波原理不甚理解和对示波器面板控制装置的作用不熟悉,会出现由于调节不当而造成异常现象,示波器异常现象及原因见表 1.27。

表 1.27　示波器异常现象及原因

异常现象	产生原因
没有光点或波形	1. 电源未接通； 2. 辉度旋钮未调节好； 3. X,Y 轴移位旋钮位置调偏； 4. Y 轴平衡电位器调整不当,造成直流放大电路严重失衡
水平方向展不开	1. 触发源选择开关置于外挡,且无外触发信号输入,则无锯齿波产生； 2. 电平旋钮调节不当； 3. 稳定度电位器没有调整在使扫描电路处于待触发的临界状态； 4. X 轴选择误置于 X 外接位置,且外接插座上又无信号输入； 5. 两踪示波器如果只使用 A 通道(B 通道无输入信号),而内触发开关置于 YB 位置,则无锯齿波产生
垂直方向无展示	1. 输入耦合方式 DC-接地-AC 开关误置于接地位置； 2. 输入端的高、低电位端与被测电路的高、低电位端接反； 3. 输入信号较小,而 V/div 误置于低灵敏度挡
垂直线条密集或呈现一矩形	t/div 开关选择不当,致使 f 扫描 $\ll f$ 信号
水平线条密集或呈一条倾斜水平线	t/div 关选择不当,致使 f 扫描 $\gg$ 信号
垂直方向的电压读数不准	1. 未进行垂直方向的偏转灵敏度(V/div)校准； 2. 进行 V/div 校准时,V/div 微调旋钮未置于校正位置(即顺时针方向未旋满)； 3. 进行测试时,V/div 微调旋钮调离了校正位置(即调离了顺时针方向旋足的位置)； 4. 使用 10∶1 衰减探头,计算电压时未乘以 10 倍； 5. 被测信号频率超过示波器的最高使用频率,示波器读数比实际值偏小； 6. 测得的是峰-峰值,正弦有效值需换算求得
水平方向的读数不准	1. 未进行水平方向的偏转灵敏度(t/div)校准； 2. 进行 t/div 校准时,t/div 微调旋钮未置于校准位置(即顺时针方向未旋满)； 3. 进行测试时,t/div 微调旋钮调离了校正位置(即调离了顺时针方向旋满的位置)； 4. 扫速扩展开关置于拉(×10)位置时,测试未按 t/div 开关指示值提高灵敏度 10 倍计算

续表

异常现象	产生原因
交直流叠加信号的直流电压值分辨不清	1. Y 轴输入耦合选择 DC-接地-AC 开关误置于 AC 挡(应置于 DC 挡); 2. 测试前未将 DC-接地-AC 开关置于接地挡进行直流电平参考点校正; 3. Y 轴平衡电位器未调整好
测不出两个信号间的相位差(波形显示法)	1. 双踪示波器误把内触发(拉 YB)开关置于按(常态)位置应把该开关置于拉 YB 位置; 2. 双踪示波器没有正确选择显示方式开关的交替和继续挡; 3. 单线示波器触发选择开关误置于内挡; 4. 单线示波器触发选择开关虽置于外挡,但两次外触发未采用同一信号
调幅波形失常	t/div 开关选择不当,扫描频率误按调幅波载波频率选择(应按音频调幅信号频率选择)
波形调不到要求的起始时间和部位	1. 稳定度电位器未调整在待触发的临界触发点上; 2. 触发极性(+ 、−)与触发电平(+ 、−)配合不当; 3. 触发方式开关误置于自动挡(置于常态挡)
波形调不到要求的起始时间和部位	1. 稳定度电位器未调整在待触发的临界触发点上; 2. 触发极性(+ 、−)与触发电平(+ 、−)配合不当; 3. 触发方式开关误置于自动挡(置于常态挡)

任务 1.4 信号发生器

【任务引入】

信号发生器即信号源,它用于产生被测电路所需特定参数的电测试信号。在电子实验和测试处理中,并不测量任何参数,而是根据使用者的要求,仿真各种测试信号提供给被测电路。以达到测试的需要。信号发生器种类很多,包括函数信号发生器、正弦信号发生器、低频信号发生器、多功能信号发生器、彩色电视信号发生器、高频信号发生器、脉冲信号发生器、数字信号发生器、DDS 信号发生器。这里以 YB1639 系列信号发生器为例作介绍。

【任务目标】

了解信号发生器的面板结构,熟悉各旋钮的功能,掌握信号发生器的使用方法。

【任务相关理论基础知识】

1.4.1 YB1639 信号发生器的特性

YB1639 系列函数信号发生器具有轻颖小巧,使用方便,同时具有下列特点:

①本函数信号发生器采用 LED 数字显示频率:直观、清晰。

②频率范围广:0.3 Hz ~ 3 MHz,满足低频率和高频率的需要。

③输出波形种类多:正弦波、方波、三角波、斜波、单次波、TTL 波、外调频和内扫频等。具有短路自动保护功能,使仪器在操作不当时不易烧坏。

1.4.2 主要技术指标

1)VOLTAGE OUT(电压输出)

信号发生器的电压输出特性见表 1.28。

表 1.28 信号发生器的电压输出特性

频率范围	0.3 Hz ~ 3 MHz	输出信号类型	单频、调频、扫频
频率高整率	0.1 ~ 1	扫频类型	线性
输出波形	正弦波、方波、三角波、斜波、单次波、TTL波、外调频和内扫频	扫频速率	10 ms ~ 5 s
		调频电压范围	0 ~ 10 V
		调频频率	0.2 ~ 100 Hz
		输出电压幅度	$\geqslant 20\ V_{\text{P-P}}$(开路) $\geqslant 10\ V_{\text{P-P}}$(50 Ω)
正弦波失真度	≤2 0.3 Hz ~ 300 kHz	对称度	20% ~ 80%
频率响应	0.3 Hz ~ 300 kHz ±0.4 dB 200 kHz ~ 3 MHz ±1.5 dB	三角波线性	0.3 Hz ~ 100 kHz ≤1% 100 kHz ~ 2 MHz ≤5%
直流偏置	−10 ~ 10 V(开路) −5 ~ 5 V(50 Ω)	方波上升时间	≤80 ns
衰减精度	≤ ±3%	对称度对频率影响	≤ ±20%

2)TTL 输出

输出幅度:≥ +3 V;输出阻抗:600 Ω。

3)功率输出

功率输出的基本特性见表1.29。

表1.29　功率输出的基本特性

频率范围	0.3 Hz～30 kHz	输出电压幅度	50 V_{P-P}
输出波形	同电压输出	输出电流	1 A_{P-P}
正弦波形失真	≤2%	电平偏置	±25 V
三角波线性失真	≤1%	输出特性	纯电阻性
正弦波平坦度	±1 dB	过载保护指示	约1.3 A_{P-P}

4)频率计数

测量精度:±1%(±1个字)　　　　时基频率:10 MHz

闸门时间:10 s　1 s　0.1 s　0.01 s　　测频范围:0.1 Hz～10 MHz

1.4.3　使用注意事项

①避免过冷和过热:不可将函数信号发生器长期放置暴露在日光下或靠近热源的地方,如火炉等。

②不可在寒冷的天气时放在室外使用,仪器工作温度应为0～ +40 ℃。

③避免炎热与寒冷环境的交替。

④避免湿度、水分和灰尘:如在打扫卫生时,只能用干抹布擦仪器,不能用非常潮湿的抹布去擦,必须注意仪器的清洁卫生。

⑤函数信号发生器应避免放置在强烈振动的地方,否则会导致仪器操作出现故障而损坏电源。同时,不准在实习车间打闹等。

⑥注意磁器和存在强磁场的地方:仪器的 LED 对电磁场较为敏感,不可在具有强烈磁场作用的地方操作仪器,也不可将磁性物体靠近仪器,如今后做实验用到扬声器(喇叭)吸在函数信号发生器上。

⑦不可将物体放置在函数信号发生器上,注意不要堵塞仪器的通风孔。

⑧仪器不可遭到强烈的撞击。

⑨不可将导线或针(万用表表笔)插进通风孔。

⑩不可用连接线拖拉仪器。

⑪避免长期倒置存放和运输。

⑫在使用信号发生器时:以下部分一定要注意 POWER OUT,VOLTAGE OUT,TTL OUT 输出接口不能短路或有电信号输入。

⑬VCF 输入电压不可高于是 10 V。

1.4.4　YB1639 型信号发生器面板操作键作用说明

YB1639 型信号发生器面板图和实物图分别如图 1.28 和图 1.29 所示。

图 1.28　YB1639 型信号发生器面板实物图

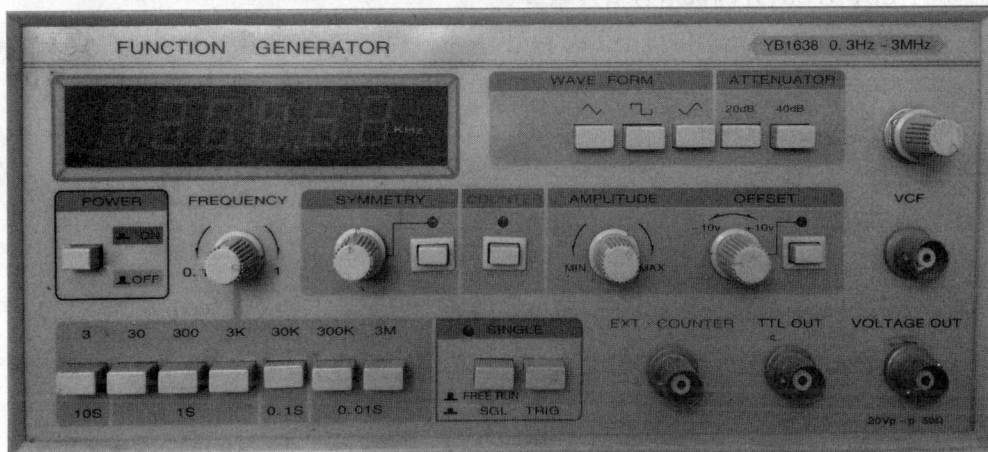

图 1.29　YB1639 型信号发生器面板实物图

①POWER 电源开关键:弹出为关,按下时为开;

②LED 显示窗口:此窗口指示输出信号频率,当"外测"开关按下,显示外没信号的频率。同时要注意的是,LED 显示后面的单位是 kHz 而不是 Hz,所读出单位应该是 kHz。

③FREQUENCY 频率调节旋钮:调节此旋钮改变输出信号的频率,顺时针旋转,频率增大,反之,则频率减小。

④SYMMETRY 对称性开关:对称性调节旋钮,将对称性开关按下,对称性指示灯亮,调节对称性旋钮,可改变波形的对称性。

⑤WAVE FORM 波形选择开关:按下对应波形的某一键,可选择需要的波形,3 只键都未按下时,无信号输出,此时为直流电平。

⑥ATTE 波形衰减开关:电压输出衰减开关,分别为 20 dB,40 dB,两个开关同时按下为 60 dB。

⑦频率范围选择开关(兼频率计数闸门开关):根据需要频率按下相应的键。

⑧扫频/外调频(SCAN)选择开关:此开关按下,电压输出端输出的是扫频信号,此开关弹出,如 VCF 输入端有输入信号,则电压输出端输出调频信号。

⑨功率输出端:主要输出调频信号。

⑩OFFSET(直流偏置):按下直流偏置开关,直流偏置指示灯亮,此时调节直流偏置调节旋钮,可改变直流电平。

⑪AMPLITUDE 幅度调节旋钮:顺时针调节此旋钮,增大"电压输出""功率输出"的输出幅度。逆时针调节此旋钮可减小"电压输出""功率输出"的输出幅度。即就是调整波幅的大小。

⑫COUNTER 外测开关:此开关按下 LED 显示窗口显示的是外测信号的频率,外测信号由 EXT-COUNTER 输入插座输入,只有在 COUNTER 开关按下后才有效。

⑬VOLTAGE OUT 电压输出端口:电压输出由此端口输出,常规下,输出任何一种信号都是由此端口输出。

⑭EXT-COUNTER:外测量信号输入端口。

⑮TTL OUT 端口:由此端口输出 TTL 信号。

⑯单次开关 SINGLE:当"SGL"开关按下,单次指示灯亮,仪器处于单次状态,每一次"TRIG"键,电压输出端口输出一个波形。

1.4.5 基本操作方法

打开电源之前,首先检查输入电压,将电源线插入后面板上的交流插孔,见表 1.30 设定各个控制键。

表 1.30 信号发生器的使用步骤

电源(POWER)	电源开关键弹出
波形开关(WAVE FORM)	按下任意键
功率开关(POWER OUT)	功率开关键弹出
衰减开关(ATTE)	全部置弹出位置
外测频率开关(COUNTER)	置弹出位置
直流偏置(OFFSET)	置弹出
单次(SINGLE)	单次开关弹出
频率选择开关	按下任意键
对称性(SYMMETRY)	对称性开关置弹出

所有控制键如上设定后,打开电源。此时 LED 显示窗口显示本机输出信号频率。

一般检查如下:

①将电压输出信号由 VOLTAGE OUT 端口通过连接线送入示波器 Y 输入端口。

②三角波、方波(矩形波)、正弦波的产生:

a. 将 WAVE FORM 选择开关分别按正弦波、方波、三角波,任意按下一个键。此时示波器屏幕上将分别显示正弦波、方波、三角波。

b. 改变频率选择开关,示波器显示的波形以及 LED 窗口显示的频率将发生变化。

c. 旋转 FREQUENCE 旋钮最大到最小,显示频率将有 10 倍以上的变化。

d. AMPLITUDE(幅度旋钮)顺时针旋转至最大,示波器显示的波形幅度将 ≥20 V_{P-P}。

e. 将 OFFSET 开关按下,顺时针旋转 OFFSET 旋钮至最大,示波器波形向上移动,逆时针旋转,示波器波形向下移动,最大变化量为 ±10 V 以上。注意:信号超过 ±10 V 或 ±5 V(50 Ω)时被限幅。

f. 按下 ATTE 开关,输出波形将被衰减。

③单次开关置 Hz 挡:

a. 频率开关置 Hz 挡。

b. 波形选择开关置"方波"。

c. 按入"SGL"开关,SIGLE 指示灯亮,示波器无波形显示,按"TRIG"开关,每按一次,示波器将显示一个完整的波形。

④斜波产生。

a. 波形开关置"三角波"。

b. SYMMETRY 开关按下,对称性指示灯亮。

c. 调节 SYMMETRY 旋钮,三角波将变成斜波。

⑤外测频率:

a. 按下 COUNTER 开关,外测指示灯亮。

b. 将外测信号由 EXT-COUNTER 输入端输入。

c. 选择闸门时间(频率选择开关)。

按以上设定即可将此信号发生器当作频率计使用。

⑥TTL 输出:

a. TTL OUT 端口接示波器 Y 轴输入端(DC 输入)。

b. 操作方法相同于说明②。

c. 示波器将显示方波或脉冲波,幅度 >3 V_{P-P}。

⑦VCF(外调制):由 VCF 输入端口输入 0~10 V 的调制信号。此时,VOLTAGE OUT 端口输出为调频率信号。此功能在实验中一般不常用,鉴于篇幅关系此处不作过多的说明。对于信号发生器的说明,本书仅作此介绍。

【任务实训】

①按表 1.30 中的内容调节信号发生器旋钮,并将它们所处的位置填入表 1.31 中。

表 1.31　信号发生器旋钮位置

旋钮　　　　　输出信号	100 kHz/1 V	500 Hz/2 V	1 250 Hz/3 V	8 550 Hz/3.5 V
频段按键				
频率细调				
输出衰减旋钮				
输出细调				

②按表 1.32 信号发生器输出频率所指定的频率值调节信号发生器的输出频率,将万用表的读数填入表中。

表 1.32　信号发生器输出频率

频率	50 Hz	100 Hz	300 Hz	500 Hz	800 Hz	1 kHz	5 kHz	10 kHz	50 kHz
读数									

【考核评价标准】

表 1.33　考核评价标准表

项目内容	分值	评分标准(每个项目累计扣分不超过配分)	得　分
实训态度	10 分	态度好、认真计 10 分,较好计 7 分,差计 0 分	
面板按键操作	80 分	每按错一次扣 5 分	
安全文明生产	10 分	在操作全过程中,不符合安全用电要求立即停工并扣 5～10 分	
合计	100 分	实训得分	

●思考与练习

1.填空题

(1)信号发生器即信号源,它用于_____电测试信号。

(2)YB1639 低频信号发生器频段的选择是根据所需要的频段(频率范围)可通过按面板上的_____来实现所需要的频率。

(3)功率输出频率在_____Hz 以下时,不能输出信号。

2.简答题

（1）简述 YB1639 信号发生器在使用前应做哪些准备工作？

（2）简述 YB1639 低频信号发生器的频率调节过程。

（3）简述信号发生器的使用注意事项及保养方法。

任务 1.5　直流稳压电源

【任务引入】

直流稳压是在串联型稳压电源的基础上，并针对直流稳压电源的结构而专门针对电子实验实习和其他用途而生产的一种电子实验仪器。直流稳压电源的引进，为做实验带来了很大的方便，可不用再单独设计电源，也不用每一个实验都需要一个笨重的变压器，尤其是对开展数字电路实验联合创造了良好的条件。在此针对江苏扬中绿杨电子生产的 YB1720、YB1719 系列直流稳压电源作说明。

【任务目标】

了解直流稳压电源的面板结构；正确、熟练地使用直流稳压电源进行试验。

【任务相关理论基础知识】

1.5.1　YB1719 直流稳压电源的使用特性

江苏扬中绿杨电子生产的 YB1700 系列直流稳压电源具有外形美观大方、使用方便，同时还具有以下特点：

①品种多。主要介绍 YB1719 和 YB1720。这两种电源其输出有主、从电源两组，主、从电源都能够单独输出 −32 ～ +32 V 电压；输出电流：0 ~ 5 A，其表头采用机械式表头结构，兼有电流电压指示功能，既可以读出输出电压值，又能方便的检测输出电流。

②具有稳压、稳流功能。

③双路具有跟踪功能，串联跟踪可产生 64 V 电压。

④输出纹波小，直流成分高，对电路干扰小。

⑤输出调节分辨率高。

1.5.2　YB1720 的主要技术指标

双路稳压电源的技术指标见表 1.34。

表 1.34　YB1720 稳压电源的主要技术指标

型号 性能		YB1720		型号 性能		YB1720	
		主路	从路			主路	从路
输出电压		0 ~ 32 V		输出调节分辨率	CV	20 mV	
输出电流		0 ~ 5 A			CC	50 mA	
负载效应	CV	$5 \times 10^{-4} + 1$ mV		相互效应	CV	$5 \times 10^{-5} + 1$ mV	
	CC	20 mA			CC	<0.5 mA	
源效应	CV	$1 \times 10^{-4} + 0.5$ mV		跟踪误差		±1% ±10 mV	
	CC	$1 \times 10^{-4} + 5$ mA		显示精度		2.5 级	
纹波及噪声	CV	1 mVRMS		工作温度		0 ~ +40 ℃	
	CC	1 mARMS		储存温度		0 ~ +45 ℃	

1.5.3　使用注意事项

①避免过冷和过热：不可将直流稳压电源长期放置暴露在日光下或靠近热源的地方，如火炉等。

②不可在寒冷的天气时放在室外使用，仪器工作温度应为 0 ~ +40 ℃。

③避免炎热与寒冷环境的交替。

④避免湿度、水分和灰尘：如在打扫卫生时，只能用干抹布擦仪器，不能用非常潮湿的抹布去擦，必须注意仪器的清洁卫生。

⑤直流稳压电源应避免放置在强烈振动的地方，否则会导致仪器操作出现故障而损坏电源。同时，不准在实习车间打闹等。

⑥注意磁器和存在强磁场的地方：仪器的表头对电磁场较为敏感，不可在具有强烈磁场作用的地方操作仪器，也不可将磁性物体靠近仪器，如今后做实验用到扬声器(喇叭)吸在电源和其他仪器上。

⑦不可将物体放置在直流稳压电源上，注意不要堵塞仪器的通风孔。

⑧仪器不可遭到强烈的撞击。

⑨不可将导线或针(万用表表笔)插进通风孔。

⑩不可用连接线拖拉仪器。

1.5.4 面板操作及使用说明

1)面板图

面板图如图 1.30 所示。

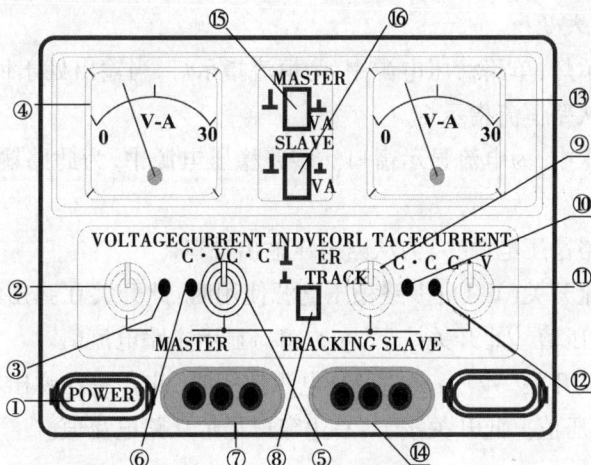

图 1.30 YB1720 稳压电源面板图

2)面板各按钮的作用及使用方法

①POWER 电源开关:将电源开关按键弹出即为"关"位置,将电源线接入,按电源开关,可接通或打开整机电源。

②VOLTAGE 主电源电压调节旋钮:单路直流稳压电源中,为输出电压粗调旋钮。多路直流稳压电源中,为主路电压调节旋钮。顺时针调节,电压由小变大,反之,则电压由大变小。

③C·V 恒压指示灯:当主路处于恒压状态时,C·V 指示灯亮。

④机械表头(或称显示窗口):单路稳压电源中,为电压显示器,显示输出电压值。多路稳压电源中,为主路输出电压或电流。

⑤CURRENT 电流调节旋钮:单路稳压电源中,为输出电流细调旋钮。多路稳压中,为主路电流调节旋钮,顺时针调节,输出电流由小变大;反之,则输出电流由大变小。

⑥C·C 恒流指示灯:单路稳压电源中,无此指示灯。多路稳压电源中,当主路处于恒流状态时,此灯亮。

⑦输出端口:作单路稳压电源用时,为电压输出端口。作多路稳压电源用时,为主路输出端口。

⑧TRACK 跟踪:当电源作为一个单路时,此键不起效。当作为多路电源输出时,当此开关按下,主路与从路的输出正端相连,为并联跟踪,调节主电路电压或电流调节旋钮时,从路的输出电压(或电流)跟随主路的变化而变化;主路的负端接地,从路的正端接地,为串联跟踪,由主路的正端和从路的负端输出,此种情况在数字电路中,应用较多。

⑨VOLTAGE 电压调节旋钮:单路电源中,为电流粗调旋钮。多路电源中,为从路输出电压的调节旋钮,顺时针调节,输出电压由小变大;反之,则输出电压由大变小。

⑩C·V 恒压指示灯:单路电源中,无此指示灯。多路电源中,此为从路恒压指示灯,当从路处于恒压状态时,此灯亮。

⑪CURRENT 电流调节旋钮:单路稳压电源中,为电流细调旋钮。顺时针调节电流由小变大;反之,则电流由大变小。

⑫C·C 恒流指示灯:单路稳压电源中,为恒流指示灯,当输出处于恒流状态时,此灯亮。多路稳压电源中,为从路恒流指示灯。

⑬表头:单路稳压中,为电流显示窗口。多路稳压电源中,为此路输出电压(或电流)指示窗口。

⑭输出端口:多路稳压电源中,为从路电压输出端口。

⑮主路电压/电流开关(V/I):多路稳压电源使用时,此开关在弹出状态时,表示左边显示窗口为主路输出电压值。此开关按下,左边窗口显示主路电流值。

⑯从路电压/电流开关(V/I):多路稳压电源使用时,此开关在弹出状态时,表示右边显示窗口为从路输出电压值。此开关按下,右边窗口显示从路电流值。

3)基本操作方法

打开电源开关前先检查输入电压,将电源线插入后面板上的交流插孔,按表 1.35 控制按键设定各个控制键。

表 1.35　控制按键

电源(POWER)	电源开关键弹出
电压调节旋钮(VOLTAGE)	调至中间位置
电流调节旋钮(CURRENT)	调至中间位置
电压/电流开关(V/I)	置弹出位置
跟踪开关(TRACK)	置弹出位置
＋　GND　－	"－"端接 GND

待所有控制键按如上设置后,打开电源。

4)电源的一般性检查

电源在每次使用时,一定要认真检查,检查电源是否正常,输出电源是否偏高,其中主要可按以下步骤进行检查:

①调节电压,调节旋钮电压显示窗口指示电压应有相应变化。顺时针调节电压调节旋钮,指示值应由小变大;逆时针调节,指示值由大变小。

②输出端口应有输出。

③电压/电流开关按下,表头指示值应为零,当输出端口接上相应负载时,表头应有电流指示值。顺时针调节电流调节旋钮,指示值由小变大;逆时针调节,电流由大变小。

④跟踪开关按下，主路负端接地，从路正端接地。此时调节主电路电压调节旋钮，从路的显示窗口应同主路相一致。

5）直流稳压电源的具体使用说明

直流稳压电源主要用来做一个标准电源使用，而电源在实验中主要是正电压和负电压两种，上面文章上提到一点，关于正电压的接法，下面主要针对实验中可能用到的电源接法向大家作简单介绍。

其中，稳压电源的输出电压连接方法主要有图 1.31 稳压电源的接法所示几种，图 1.31（a）中的接法主要是作单电源输出：+0～30 V（从电源也类似）；图 1.31（b）中的接法主要是作单电源输出：0～-30 V（从电源也类似）；图 1.31（c）中的接法主要是作双电源串联输出，电压输出为：0～+60 V。

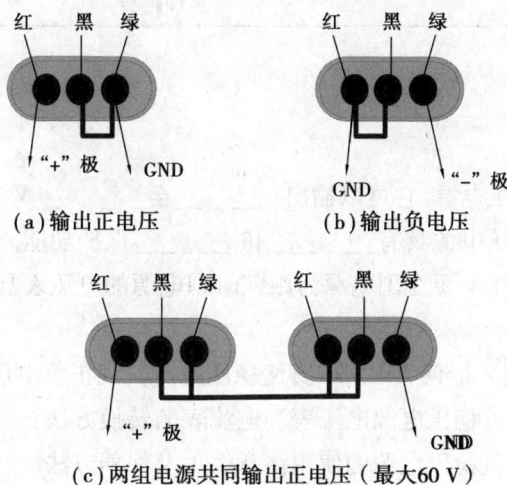

（a）输出正电压　（b）输出负电压

（c）两组电源共同输出正电压（最大60 V）

图 1.31　稳压电源的接法

【任务实训】

直流稳压电源有两路输出，各用一块电压表，并兼顾"电压监视""电流监视"。电压/电流转换开关起转换显示两路电压、电流的作用，调节"电压精调""电压细调"即得所需电压值。

①调节直流稳压电源，使其输出 1,10 V，用万用表直流电压挡适当量程测量。

②调好示波器扫描基准线，之后将信号接入 CH1 通道，耦合方式置于 DC 挡，"V/div""T/div"置于适当位置，使之显示于屏幕上，用示波器测量其输出大小，记入表 1.36 中。

表 1.36　示波器测量直流信号

直流稳压源输出	1 V	10 V
"V/div"开关位置		
示波器指示幅值高度		
示波器测量电压值		

【考核评价标准】

表 1.37　考核评价标准

项目内容	分　值	评分标准(每个项目累计扣分不超过配分)	得　分
实训态度	10分	态度好、认真计10分,较好计7分,差计0分	
面板操作	80分	每按错一次扣5分	
安全文明生产	10分	在操作全过程中,不符合安全用电要求立即停工并扣5～10分	
合计	100分	实训得分	

●思考与练习

1. 填空题

(1)YB1720 直流稳压电源,它可以输出_____至_____ V 直流电压。

(2)YB1720 直流稳压电源具有_____和_____保护功能。

(3)YB1720 直流稳压电源在副电源为跟踪时副电源的电压表具有_____功能。

2. 简答题

(1)简述怎么样设置才能使 YB1720 直流稳压电源实现正负电压输出功能?

(2)简述 YB1720 直流稳压电源电压表和电流表的转换方法?

(3)简述 YB1720 直流稳压电源的使用注意事项及保养方法。

项目 2

常用电子元件识别与检测

● **项目思考讨论**

　　任何电子设备都是由多个电子元件组成，音响会发出声音、电视机能出现图像、手机能相互通信、收音机能收到电台节目等，这些无不在各种元件的"齐心合力"下完成的。认识各类元件，了解元件的作用、会判断元件的质量等是学习电子技术的基础，是走进电子殿堂大门的第一步阶梯。本项目就常见的阻抗元件、片状元件、电声器件的识别和检测作了相应的介绍和阐述。

● **项目学习目标**

　　1. 阻抗元件的识别。

　　2. 常用半导体器件的识别。

　　3. 片状元件的识读。

● **项目任务分解**

　　1. 阻抗元件的检测(电阻、电容、电感、变压器等)。

　　2. 常用半导体器件的检测。

　　3. 常用电声器件、石英晶体、陶瓷元件的简要检测。

任务 2.1　电阻器和电位器的识别与检测

【任务引入】

阻抗元件是电子电路中应用最广泛的一类元件,在电子设备中占元件总数的大部分,其质量的好坏对电路工作的稳定性有极大的影响。阻抗元件的识别和检测通常需要借助万用表等仪器设备,以阻值测量为主进行检测。本任务侧重选择了常见的电阻、电容、电感、变压器等阻抗元件来学习和了解。

【任务目标】

1. 认识常用的各种阻抗元件。
2. 熟悉、正确地识别各类阻抗元件

【任务相关理论基础知识】

2.1.1　常见电阻器名称及实物表

常见电阻器名称及实物表见表2.1。

表2.1　常见电阻器名称及实物表

名　称	实物图认识	名　称	实物图认识	名　称	实物图认识
阻尼电阻		制动电阻单元		碳膜电阻	
压敏电阻		压敏电阻		电阻	

续表

名　称	实物图认识	名　称	实物图认识	名　称	实物图认识
贴片电阻		铝壳电阻		水泥电阻 1	
水泥电阻 2		水泥电阻 3		变位可调电阻	
色环电阻		贴片排电阻		排阻	
锰铜丝电阻		光敏电阻		精密电阻	
铝壳电阻		金属玻璃釉电阻		光电阻	
高压偏伏型电阻		大功率水泥电阻		线绕电阻	
27 W 电阻		小功率色环电阻		滑动电阻	
1/4 W 和 1 W 功率色环电阻		贴片排阻		电位器	

续表

名　称	实物图认识	名　称	实物图认识	名　称	实物图认识
各种电阻汇总		各种电阻汇总		各种电阻汇总	
各种电阻汇总		各种电阻汇总		精密电位器	
双联电位器		微调电位器		电位器汇总	
电位器汇总		滑线电位器		电位器汇总	

　　电阻器是电路元件中应用最广泛的一种,它在电子电路中的用途主要是稳定和调节电路的电流和电压。其次,作为分流器、分压器和消耗电能的负载等。电阻的种类很多,从构成电阻的材料来分有碳质电阻器、碳膜电阻器、金属膜电阻器、金属氧化膜电阻器和线绕电阻器等。从电阻器的物理性能来分有热敏电阻、光敏电阻和压敏电阻。从电阻器的结构形式来分有固定电阻器、可变电阻器和电位器等。常用电阻器、电位器外形、符号和标识方法见表2.1。

　　目前,在电视机、工业电气控制和供配电等还常用到保险电阻和水泥电阻等新型特殊器件。保险电阻器又称为熔断电阻器,在一般正常情况下它起着电阻和保险丝的双重作用。当过流使其表面温度达到500～600 ℃时,电阻层便自行剥落而熔断。从而使彩色电视机中的其他元件免遭损坏,以提高电视机的安全性、可靠性。

　　保险电阻一般阻值较小(零点几欧至十几欧)功率也小(0.25～2 W),主要用于彩色电视机行扫描电路及录像机和仪器等高档电器的电源电路中,熔断时间一般为几十秒。

　　保险电阻常用型号有:RF10 型(涂复型)、RF11 型(瓷外壳型)、RRD0910 型、RRD0911型(瓷外壳型)等。RF10 型电阻表面涂有灰色不燃涂料,其电阻阻值用色环表示。RF11 的阻值用字母表示;例如 1W10,2W12 等,也有不标功率,只标阻值,如 1,10 Ω 等。

2.1.2　电阻器的型号和常见标识方法

1）直标法

直标法是用阿拉伯数字和单位在电阻器表面直接标出标称出阻值。国内电阻器的型号一般由4个部分组成。常见电阻器和电位器的型号命名方法见表2.2。

表2.2　电阻器和电位器的型号命名方法

第一部分		第二部分		第三部分		第四部分
用字母表示主称		用字母表示材料		用数字或字母表示分类		用数字表示序号
符　号	意　义	符　号	意　义	符　号	意　义	
R	电阻器	T	碳膜	1	普通	
W	电位器	P	硼碳膜	2	普通	
		U	硅碳膜	3	超高频	
		H	合成膜	4	高阻	
		I	玻璃釉膜	5	高温	
		J	金属膜(箔)	7	精密	
		Y	氧化膜	8	电阻、高压、电位器、特殊	
		S	有机实芯	9	特殊	
		N	无机实芯	G	高功率	
		X	线绕	T	可调	
		C	沉积膜	X	小型	
		G	光敏	L	测量用	
				W	微调	
				D	多圈	

例2.1　有一颗电阻器标示如下:RJ71.0.125.5.1KI型电阻器,请说出其中各符号数字代表的意义。

解:

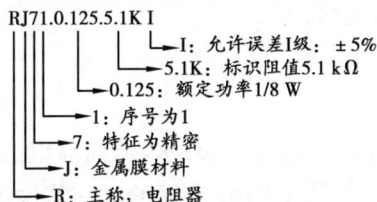

RJ71.0.125.5.1K I
- I:允许误差I级: ±5%
- 5.1K:标识阻值5.1 kΩ
- 0.125:额定功率1/8 W
- 1:序号为1
- 7:特征为精密
- J:金属膜材料
- R:主称,电阻器

2)色标法

图 2.1 色环电阻

小功率电阻较多使用色标法,特别是 0.5 W 以下的碳膜和金属膜电阻。对于实心碳膜电阻器和微型电阻器,则用画在其首部的色环或色点来表示标称阻值和误差。色环电阻如图 2.1 所示。靠近一端有 5 道色环,它们的意义分别是:第一、二、三色环表示电阻值的第一、二、三位数,第四色环表示第三位数后加零的个数(或称倍率),第五色环表示阻值的允许误差,若是四色环,只有 3 位有效数字而已,其他一样,不再赘述。

两位有效数字和 3 位有效数字的色标法分别见表 2.3 和 2.4。

<table>
<tr><td colspan="5" align="center">表 2.3 四环电阻色码表</td><td colspan="6" align="center">表 2.4 五环电阻色码表</td></tr>
<tr>
<td>颜色</td><td>第一位
有效数</td><td>第二位
有效数</td><td>倍率</td><td>允许偏差</td>
<td>颜色</td><td>第一位
有效数</td><td>第二位
有效数</td><td>第三位
有效数</td><td>倍率</td><td>允许偏差</td>
</tr>
<tr><td>黑</td><td>0</td><td>0</td><td>10^0</td><td></td><td>黑</td><td>0</td><td>0</td><td>0</td><td>10^0</td><td>$K \pm 10\%$</td></tr>
<tr><td>棕</td><td>1</td><td>1</td><td>10^1</td><td></td><td>棕</td><td>1</td><td>1</td><td>1</td><td>10^1</td><td>$F \pm 1\%$</td></tr>
<tr><td>红</td><td>2</td><td>2</td><td>10^2</td><td></td><td>红</td><td>2</td><td>2</td><td>2</td><td>10^2</td><td>$G \pm 2\%$</td></tr>
<tr><td>橙</td><td>3</td><td>3</td><td>10^3</td><td></td><td>橙</td><td>3</td><td>3</td><td>3</td><td>10^3</td><td>—</td></tr>
<tr><td>黄</td><td>4</td><td>4</td><td>10^4</td><td></td><td>黄</td><td>4</td><td>4</td><td>4</td><td>10^4</td><td>—</td></tr>
<tr><td>绿</td><td>5</td><td>5</td><td>10^5</td><td></td><td>绿</td><td>5</td><td>5</td><td>5</td><td>10^5</td><td>$D \pm 0.5\%$</td></tr>
<tr><td>蓝</td><td>6</td><td>6</td><td>10^6</td><td></td><td>蓝</td><td>6</td><td>6</td><td>6</td><td>10^6</td><td>$C \pm 0.25\%$</td></tr>
<tr><td>紫</td><td>7</td><td>7</td><td>10^7</td><td></td><td>紫</td><td>7</td><td>7</td><td>7</td><td>10^7</td><td>$B \pm 0.1\%$</td></tr>
<tr><td>灰</td><td>8</td><td>8</td><td>10^8</td><td>—</td><td>灰</td><td>8</td><td>8</td><td>8</td><td>10^8</td><td></td></tr>
<tr><td>白</td><td>9</td><td>9</td><td>10^9</td><td>$+50\%, -20\%$</td><td>白</td><td>9</td><td>9</td><td>9</td><td>10^9</td><td>$+5\%, -20\%$</td></tr>
<tr><td>金</td><td>—</td><td>—</td><td>10^{-1}</td><td>$J \pm 5\%$</td><td>金</td><td>—</td><td>—</td><td>—</td><td>10^{-1}</td><td>$J \pm 5\%$</td></tr>
<tr><td>银</td><td>—</td><td>—</td><td>10^{-2}</td><td>$K \pm 10\%$</td><td>银</td><td>—</td><td>—</td><td>—</td><td>10^{-2}</td><td>$K \pm 10\%$</td></tr>
<tr><td>无色</td><td></td><td></td><td></td><td></td><td></td><td></td><td></td><td></td><td></td><td></td></tr>
</table>

⚠ 注意

①为了避免混淆,第五色环的宽度是其他色环的 1.5~2 倍;

②一般四环电阻中金色和银色只出现在第三环和第四环;

③五环电阻中金色和银色只出现在第四环和第五环。

3)文字符号法

文字符号法是用阿拉伯数字和文字符号两者有规律地组合起来表示标称阻值,其允许偏差也用文字符号表示(见表 2.5)。符号前面的数字表示阻值,后面的数字依次表示第一位小数值和第二位小数值。例如,1R5 表示 1.5 Ω、2K2 表示 2.2 kΩ。

表 2.5 文字符号对应表

文字符号	允许偏差	文字符号	允许偏差
B	±0.1%	M	±20%
C	±0.25%	N	±30%
D	±0.5%	R	欧姆(Ω)
F	±1%	K	千欧姆(10^3 Ω)
G	±2%	M	兆欧姆(10^6 Ω)
J	±5%	G	千兆欧姆(10^9 Ω)
K	±10%	T	兆兆欧姆(10^{12} Ω)

4)数标法

现在生产的很多贴片元件,大多数采用这种标称方法。用 3 位数字直接标出其阻值,第一、二位表示有效数字,第三位表示倍率。

例:223 表示 22×10^3 Ω,即 22 kΩ。

120 表示 22×10^0 Ω,即 12 Ω。

2.1.3 电阻器的主要性能指标

1)标称阻值

标称阻值是产品标志的"名义"阻值,其单位为欧姆(Ω)、千欧(kΩ)、兆欧(MΩ)。固定电阻器的标称阻值系列在此不再赘述。任何固定电阻器的阻值都应符合标称系列表中所列数值乘以 $10n$ Ω,其中 n 为整数。

2)额定功率

额定功率是指在规定的环境温度和湿度下,假定周围空气不流通,在长期连续负载而不损坏或基本不改变性能的情况下,电阻器上允许消耗的最大功率。为保证安全,一般选其额定功率比它在电路中消耗的功率高 1 ~ 2 倍。常用的有 0.125,0.25,0.5,1,2,4,5 W 等。

小于 1 W 的电阻器在电路图中常常不标出额定功率符号。大于 1 W 的电阻器都用阿拉伯数字加单位表示。如 8,10 W 等。

在电路中表示电阻器额定功率的图形符号如图 2.2 所示。

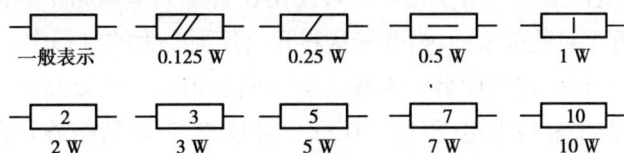

图 2.2 电阻器额定功率的图形符号

3)**允许误差**

允许误差指电阻器实际阻值对于标称阻值的最大允许偏差范围,它表示产品的精度。

4)**电阻器的测试**

一般采用万用表的欧姆挡测量其阻值,测量方法比较简单。读出其标称阻值后,选择合适的量程,将万用表并联到电阻器的两端,测量出结果,比较有没有在误差允许的范围内。

2.1.4 电位器

电位器是一种常用的电子器件,它靠滑动臂(动接点)在电阻体上滑动,可取得与电位器输入电压和可动臂位移(或转角)成一定关系的输出电压。在电位器原理图 2.3 中(电位器的电路符号与接法)输入电压加在电阻体 A,B 端,输出电压则从动触点滑动头端和 A 端取得,1,2,3 分别为电位器的 3 个端,另外,电位器还可作变阻器使用。

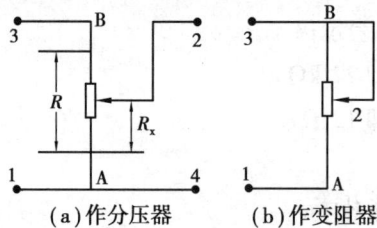

(a)作分压器 (b)作变阻器

图2.3 电位器的电路符号与接法

电位器按电阻体材料可分为线绕电位器、合成电位器和薄膜电位器 3 大类,每一类又可分成若干种类。

电位器按调节机构的运动方式可分为旋转电位器和直滑电位器。

电位器按结构特点可分为单联电位器、多联电位器、带开关电位器、抽头电位器和多圈精密电位器、锁紧电位器等。

电位器的尺寸大小,旋转轴柄的长短,轴端形式各有不同。

电位器的轴端形式一般分为 3 种:ZS-1 光轴式、ZS-3 带起子槽式、ZS-5 铣平面式。电位器在旋转时,其相应阻值依旋转角度而变化。

电位器按阻值和转角之间的关系分为直线式、对数式、指数式。X 形为直线式,其阻值按旋转角均匀变化。它适于作分压、调节电流、调节偏流、电视机中场频调整。Z 形为指数式,其阻值按旋转角度依指数关系变化。它常使用在音量调节电路中。由于人耳对声音响度的听觉特性是接近于对数关系的,当音量从零开始逐渐变大的过程中,人耳对音量变化的听觉最灵敏,当音量大到一定程度后。人耳听觉逐渐变迟钝。所以高速一般采用指数式电位器,使声音变化听起来显得平稳、舒适。D 形为对数式,其阻值按旋转角度依对数关系变化。适用在音调控制等电路。

2.1.5　电阻器、电位器的测量与质量判别

1）电阻器和电位器的测量

通常可用万用表对电阻挡进行测量。值得注意的是拿固定电阻器两只手的手指不要碰触在被测固定电阻器的两根引出端上,否则人体电阻与被测电阻并联,影响测量精度。需要精确测量阻值,则可通过万能电桥进行,其测量方法可参阅本书后续章节。

2）电阻器的质量判别

电阻器的电阻体或引线折断以及烧焦等,可以从外观上看出。电阻器内部损坏或阻值变化较大,可通过万用表欧姆挡测量来核对,若电阻内部或引线有毛病,以致接触不良时,用手轻轻地摇动引线,可以发现松动现象;用万用表欧姆挡测量时,就会发现指针指示不稳定。

3）电位器的质量判别

如图2.4所示为最常见的碳膜电位器。这种电位器是由炭黑和树脂的混合物喷涂在马蹄形胶板上制成电阻片,从两端引出焊片"1"和"3"。电阻片上应有一个可以转动的活动臂,并由焊片"2"引出。旋转电位器的旋转轴,可改变这个活动臂在电阻片上的接触位置,从而达到调节的目的。

电阻片"1""3"两端的电阻值就是电位器的阻值。将万用表的两根笔分别连接测电位器的"2""3"端,这时活动臂与两端的电阻值随触点的位置而变,"2""3"间的阻值应从零变化至电位器的标称阻值;"1""2"间的阻值变化相反。将表笔接中间焊片及电位器任何一端,旋转电位器轴柄,如表针平稳移动而无跌落、跳跃或抖动等现象,则说明电位器正常。

2.1.6　万用表中线绕电阻器的绕制和修理

在实习过程中,实验室中万用表损坏率较高,其中主要是在调节电阻归零过程中不细心所致。

万用表内的线绕电阻和线绕电位器最常见的有两种,如图2.4所示。

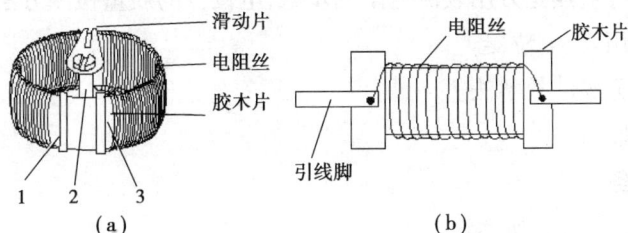

（a）　　　　　　　　　　　　（b）

图2.4　万用表内的线绕电阻和线绕电位器

其中,如图2.4（a）所示为欧姆调零器所用的线绕电位器,它是将金属电阻丝绕在弧形的胶片木上,中间滑动片压紧在金属电阻丝上,且能转动,用来调节1~2、2~3间的阻值大小。常见故障为金属电阻丝与1,3焊片间断丝或中间滑动片将金属电阻丝刮断。因本处精

度要求不太高,在没有备件的情况下,可将断线处接上,但要注意接头处需避开中间滑动片。

如图2.4(b)所示为精密线绕电阻,一般用漆包电阻丝绕在胶片上组成。由于使用不当,比如在电阻或电流挡去测量较高电压,因此时表内电阻甚小,会烧毁线绕电阻。修理的方法常见的有两种:一是将一只数值较准的碳膜电阻代换;二是将烧黑的电阻丝一端焊下拆开,再将它间绕在胶片上,注意线间不能短路,层与层之间要加绝缘层。实践证明后一种方法因不影响万用表的精度,效果较好。

2.1.7　电位器的修理

在实际生活中,电子设备、无线电广播设备、收录机、电视机等产品的使用过程中,往往因电位器的接触不良而引起很大的噪声,严重时将导致工作失常。用示波器观测时,有一种无规律的幅度变化电压,这就是电位器的滑动噪声。

用外接直流电源(最好是干电池或稳压电源),使一恒定直流电流经电位器,电位器的输出电压加到示波器的 Y 输入端。如果电位器接触良好,且无噪声,示波器屏幕上将显示一条光滑的水平直线光迹。如有毛刺出现,就表示有噪声存在。一旦电位器出现噪声,可用酒精棉球擦洗或高效电器清洁剂喷洗相应部位即可除去。

【任务实训】

【实训目标】

1. 知识与技能:熟悉万用表的使用,掌握电阻器和电位器的质量检测方法。

2. 过程与方法:通过做中学,熟悉万用表使用,掌握电阻器和电位器的质量检测方法与步骤。

3. 情感与价值:通过自主学习,提高学生的专业操作技能、创新意识和创新能力;增强自信心和成就感,体验成功的喜悦。

【实训重点难点】重点是万用表测电阻的步骤,电位器的质量检测方法。

【器材准备】万用表、电位器。

【教学方法】任务驱动教学法。

【教学课时】2 课时。

1)提出实训任务

电阻器测试图如图2.5 所示。

2)工作任务

①万用表测电阻的步骤。

②电阻器的阻值识别与质量检测。

③万用表测电位器的步骤。

图

④电位器的阻值识别与质量检测。

3）研究任务

通过二极管发光应用电路来学习电阻器和电位器的有关知识及万用表测电位器的具体操作。

4）任务实施

（1）万用测表电阻器的基本步骤

①初步估计性测量，选择合适的倍率挡。由于万用表欧姆挡的刻度线是不均匀的，所以倍率挡的选择应使指针停留在刻度线较稀的部分为宜，且指针越接近刻度尺的中间，读数越准确。一般情况下，应使指针指在刻度尺的1/3～2/3间。

②欧姆调零。测量电阻之前，应将两个表笔短接，同时调节"欧姆（电气）调零旋钮"，使指针刚好指在欧姆刻度线右边的零位。如果指针不能调到零位，说明电池电压不足或仪表内部有问题。并且每换一次倍率挡，都要再次进行欧姆调零，以保证测量准确。机械式万用调零方法示意图如图2.6所示。

图2.6　机械式万用调零方法示意图

③测量。将万用表的两表笔(不分正、负)分别接被测电阻的两端,或跨接于被测电路的两端进行测量。

测量电路板上的在路电阻时,应将被测电阻的一端从电路板上焊开,然后再进行测量。否则由于电路中其他元器件的影响,测得的电阻值误差将很大。应该注意的是,测量电路中的电阻时应先切断电路电源,如电路中有电容应先行放电。

由于万用表的电阻挡必须使用直流电源,因此,使用前应给万用表装上电池。测量电压和电流可不装电池。

④读数。表头的读数乘以倍率,就是所测电阻的电阻值。

表针测量指示图如图 2.7 所示。

图 2.7　表针测量指示图

若量程转换开关置于 ×1 挡,电阻读数应为:$8 \times 1 = 8 \ \Omega$。

若量程转换开关置于 ×10 挡,读数应为:$8 \times 10 = 80 \ \Omega$。

若量程转换开关置于 ×100 挡,读数应为:$8 \times 100 = 800 \ \Omega$。

⑤质量判别。

$R_{标} = R_{实}$:阻值正常;

$R_{标} > R_{实}$:阻值减少;

$R_{标} < R_{实}$:阻值增大;

$R_{实} : = \infty$:电阻开路;

$R_{实} = 0$:电阻短路。

⑥实际测量

a.测量如图 2.8 所示的实测电阻图,电阻器的实际阻值并判别其质量好坏。

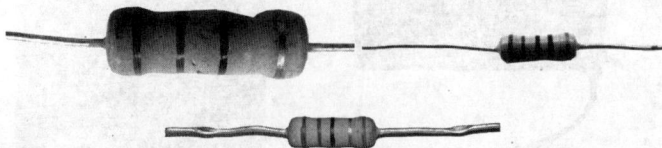

图 2.8　实测电阻图

b.将手中的元件测试板上的色环电阻的色环颜色、标称阻值、允许误差填入表 2.6 中。

表2.6　电阻元件测试技训表

序　号	色环排列	标称阻值	允许误差	万用表读数	质量判定
1					
2					
3					
4					
5					
6					
7					
8					
9					
10					

⑦学习评价,见表2.7。

表2.7　学习评价表

工作任务	自　评	互　评	师　评	总　评
1.万用表量程的选择				
2.色环电阻识别				
3.万用表测电阻的操作步骤				
4.标称阻值的辨认				
5.测量结果的判别				
总　分				

说明:1.万用表量程的选择每出现一处错误扣5分。

2.色环电阻的识别每出现一处错误扣5分。

3.万用表测电阻的操作步骤每出现一处错误扣5分。

4.标称阻值的辨认每出现一处错误扣5分。

5.测量结果的判别每出现一处错误扣5分,不会判别的扣5分。

(2)电位器的认识与测量实训

电位器的几种类型分别如图2.9至图2.12所示。

图2.9　旋钮电位器

图2.10　直滑电位器

图2.11　线绕电位器

图2.12　微调电位器

①结构。电位器是带滑动端的可变电阻,因常用来改变电位,故称电位器。电位器的种类很多,但都有3个引出端,由外壳、滑动轴、电阻体和一个滑动端,两个固定端共3个引出端组成,图2.13所示为电位器内部结构原理图。

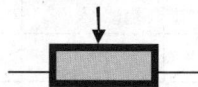

②符号。电位器电路符号如图2.14所示,其文字符号用RW或RP表示。

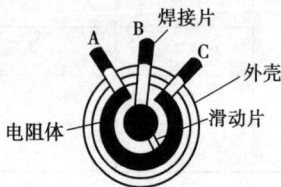

图2.13　电位器内部结构原理图

(a)电位器的电路符号　　(b)微调电位器电路符号

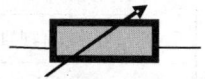

图2.14　电位器电路符号图

③分类。

按调节方式可分为旋转式(或转柄式)和直滑式电位器;

按联数可分为单联式和双联式电位器;

按有无开关可分为无开关和有开关;

按阻值输出函数特性可分为线性电位器(A型)、指数式电位器(B型)和对数式电位器(C型)3种。

④电位器的主要技术指标包括:额定功率;标称阻值和允许偏差;滑动噪声;分辨力;阻值变化规律。

⑤实际测量。

a.测量电位器的实际阻值并判别其质量。

选取指针式万用表合适的电阻挡,用表笔分别连接电位器的两固定端A,B点,测出的阻值即为电位器的标称阻值。总阻值(同时可以判定哪个是固定端与可调端);然后将两表笔分别接电位器的固定端和活动端,缓慢转动电位器的轴柄,电阻值应平稳地变化,如发现有断续或跳跃现象,则说明该电位器接触不良,如图2.15所示。

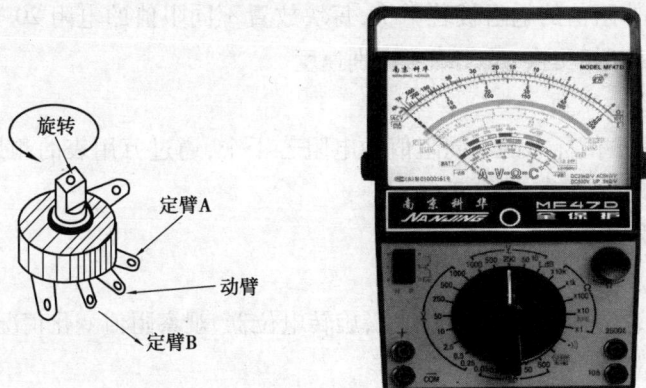

图2.15 用万用表检测电位器性能好坏图

b.将手中的电位器标称阻值、阻值变化范围、质量好坏填入表2.8中。

表2.8 电位器性能测试表

序号	标称阻值	阻值变化范围	万用表量程	质量判定
1				
2				

⑥学习评价(见表2.9)。

表2.9 学习评价表

工作任务	自 评	互 评	师 评	总 评
1.电位器的标称阻值				
2.万用表测电位器的操作步骤				
3.万用表量程的选择				
4.测量结果的判别				
总 分				

说明:1.标称阻值的辨认每出现一处错误扣5分。

2.万用表测电位器的操作步骤每出现一处扣5分。

3.阻值变化范围的辨别每出现一处扣5分。

4.测量结果的判别每出现一处错误扣5分,不会判别的扣5分。

5)电阻器、电位器识别综合训练

（1）电阻的识别

①制作色环电阻板若干块,每块可放置不同的色环电阻20只,由学生注明该色环电阻的阻值,并互相交换,反复练习识别速度。

②制作标志具体阻值的电阻板若干块,每块放置不同阻值的电阻20只、由学生注明该阻值电阻的色环,并互相交换,反复练习识别速度。

（2）用万用表测量电阻

选用无色环、无数值标志的不同阻值的电阻若干个,通过万用表的测量,按E24系列区分,要求达到测量快速、准确,区分正确。

（3）用万用表测量电位器

①测量两固定端间的电阻值。

②测中间滑动片与固定端间的电阻值,旋转电位器,观察阻值变化情况。

③将识别、测量结果填入表2.10中。

表 2.10

由色环写出具体阻值				由具体阻值写出色环			
色　环	阻　值	色　环	阻　值	阻　值	色　环	阻　值	色　环
棕黑黑金		棕黑红棕棕		0.5 Ω		2.7 kΩ	
红黄黑银		绿棕棕金红		1 Ω		3 MΩ	
橙橙黑金		棕黑绿银绿		36 Ω		5.6 kΩ	
黄紫橙金		蓝灰橙红银		220 Ω		6.8 kΩ	
灰红红金		黄紫棕红棕		470 Ω		8.2 kΩ	
白棕黄金		红紫黄金棕		750 Ω		24 kΩ	
黄紫棕银		紫绿棕银紫		1 kΩ		47 kΩ	
橙黑棕银		棕黑橙红黑		1.2 kΩ		39 kΩ	
紫绿红金		橙紫红橙银		1.8 Ω		100 kΩ	
白棕棕金		红蓝红红金		2 kΩ		150 MΩ	
1 min 内读出电阻数/只				注:20只满分,错一只扣5分			
3 min 内测量无标志电阻数/只				注:20只满分,错一只扣5分			

测量电位器	固定端之间阻值	固定端与中间滑动片变化情况		
		阻值平稳变动	阻值突变	指针跳动

识别、测量中出现的问题及处理办法	

【考核评价标准】

电阻器的考核评价标准见表2.11,满分为100分。

表2.11 考核评价标准表

项目内容	分值	评分标准(每个项目累计扣分不超过配分)	得分
实训态度	10分	态度好、认真计10分,较好计7分,差计0分	
万用的读数	20分	读数错误,每次扣2分	
色环电阻识别	40分	每读错一个扣5分	
电位器的性能好坏测量	20分	不会测量扣10分,测错扣10分	
安全文明生产	10分	操作全过程中,不符合安全用电要求立即停工并扣5~10分	
合计	100分	实训得分	

●思考与练习

1. 填空题

(1)一般情况四环电阻的最后一环为_____色和_____色。

(2)图2.12 微调电位器中的标称阻值是_____。

(3)电阻阻值的标称方法有_____、_____和_____3种。

(4)电阻器的功率与其体积成_____比(正或反)。

2. 简述题

(1)使用万用表测量电阻时,应注意哪些事项?

(2)怎样判别电位器的质量好坏?

任务2.2 电容器和电感器的识别与检测

【任务引入】

电子器也是一种阻抗元件,是电子电路中应用最广泛的一类元件,在电子设备中占元件总数的大部分,其质量的好坏对电路工作的稳定性有极大影响。阻抗元件的识别和检测通常需要借助万用表等仪器设备,以阻值测量为主进行检测。本任务侧重选择了常见的电容来学习和了解。

【任务分析】

1. 认识常用的各种电容器元件。
2. 熟悉、正确地识别各类阻抗元件。
3. 掌握利用数字万用表和机械万用表测量电容器性能好坏的方法。

【任务相关理论基础知识】

2.2.1 电容器的识别与检测

1)国内电容器的规格与标志

国内电容器的型号一般由以下 4 部分组成(见图 2.16),各部分都有其确切含义(见表 2.12 至表 2.14)。

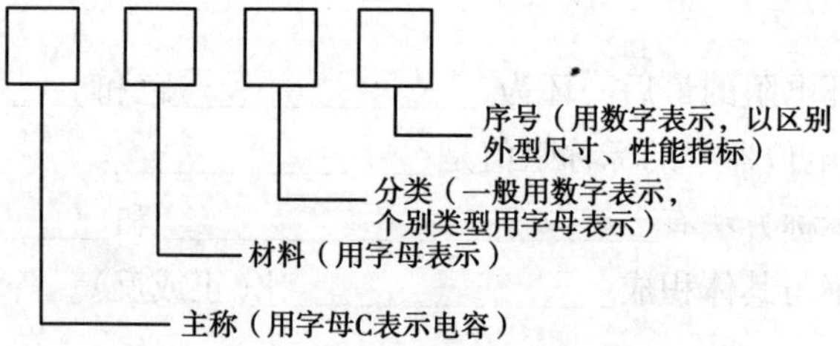

序号(用数字表示,以区别外型尺寸、性能指标)
分类(一般用数字表示,个别类型用字母表示)
材料(用字母表示)
主称(用字母C表示电容)

图 2.16 电容器型号

表 2.12 用字母表示产品的材料

字　母	电容器介质材料	字　母	电容器介质材料
A	钽电解	L	聚酯等极性有机薄膜
B	聚苯乙烯等非极性薄膜	N	铌电解
C	高频陶瓷	O	玻璃膜
D	铝电解	Q	漆膜
E	其他材料电解	S T	低频陶瓷
G	合金电解	V X	云母纸
H	纸膜复合	Y	云母
I	玻璃釉	Z	纸
J	金属化纸介		

表 2.13　用数字表示产品的分类

数　字	瓷介电容器	云母电容器	有机电容器	电解电容器
1	圆　形	非密封	非密封	箔　式
2	管　形	非密封	非密封	箔　式
3	叠　片	密　封	密　封	烧结粉,非固体
4	独　石	密　封	密　封	烧结粉,固体
5	穿　心		穿　心	
6	支柱等			
7				无极性
8	高　压	高　压	高　压	
9			特　殊	特　殊

表 2.14　用字母表示产品的分类

字　母	电容器
G	高功率
T	
W	微　调

电容器容量及误差一般都直接标志在电容上。也有的则是用数字来标志容量的。例如电容器上标有"224"字样,左起两位数字给出电容量的第一、第二位数字,而第三位数字则表示附加零的个数(或称倍率),以 pF 为单位,则电容器容量为 22×10^4 pF 或 0.22 μF。需要注意的是,当第三个数字是 9 时是个例外,例如"299",它表示容量为 22×10^{-1} pF(2.2 pF)而不是 22×10^9 pF。

电容器上的标称值、参数值、耐压值比较醒目。额定工作电压是电容器在技术条件规定的工作温度内,长期可靠地工作所能承受的最高电压。因此,使用电容时,其实际电压必须小于额定值 1 ~ 2 倍,否则将有击穿的危险。但选择电解电容时应作例外处理,选实际电压为电容器耐压的 50% ~ 70%,这样才能充分发挥电解电容器的作用。当然在选用电容时,除了参考数值、耐压值之外,还要考虑体积、质量、成本、可靠性等因素。

在使用电解电容时,要注意极性,若极性接反,不但不能发挥应有的作用,而且漏电流增大,电容器发热,使介质损坏,电性能下降甚至失效。

在测试电容时,可使用专门的仪器,也可利用万用表欧姆挡来粗略辨别电容器的优劣。例如,可使用 R × 100 Ω 挡对电解电容进行测试。将黑表笔接电容器的正极,红表笔接电容器的负极,若表针摆动角度大,且返回指示阻值大,可以认为电容器正常,且电容量大;不返回,表示电容器已击穿;返回到某一阻值,说明有漏电流;若表针不摆动,则说明电容器已开路,失效。该方法也适用于辨别其他类型的电容器,当电容容量较小时,欧姆挡的量程应置在 R×1 k 或 R×10 k 挡测量。另外,如果需要对电容器再一次测量时,必须将其放电后方能进行。

2)电容器的主要参数

(1)电容器的标称容量和偏差

不同材料制造的电容器,其标称容量系列也不一样,一般电容器的标称容量系列与电阻器采用的系列相同,即 E24,E12,E6 系列。

电容器的标称容量和偏差一般标在电容体上,其标注方法常采用以下几种:

①直标法。这种标法是将标称容量及偏差值直接标在电容体上,如 0.22 μF ±10%。容量单位:国标单位为 F(法拉),而该单位通常比较大,常用的单位还有:mF(毫法)、μF(微法)、nF(纳法)、pF(皮法)。单位之间的换算关系为:

$$1 \text{ F} = 10^3 \text{ mF} = 10^6 \text{ μF} = 10^9 \text{ nF} = 10^{12} \text{ pF}$$

②文字符号法。采用这种方法时,容量的整数部分写在容量单位的后面,例如,2.2 pF 写为 2p2;6 800 pF 写为 6n8;0.01 μF 写为 10n 等。

③数码表示法。一般用 3 位数来表示容量的大小,单位为 pF。前两位数为有效数字,后一位表示倍率,如若第三位数字为 9,则表示乘 10^{-1}。例如,103 代表 $10×10^3$ pF = 0.01 μF;223 代表 $22×10^3$ pF = 22 000 pF = 0.22 μF;479 则表示:$47×10^{-1}$ pF。

④色标法。与电阻器的色环表示法类似,颜色涂于电容器的一端或从顶端向引线排列。电容器色标法原则上与电阻器色标法相同,标志的颜色符号与电阻器采用的相同。色码一般只有 3 种颜色,前两环为有效数字,第三环为位率,色标法表示的电容单位为 pF。有时,小型电解容器的工作电压也采用色标:6.3 V 用棕色,10 V 用红色,16 V 用灰色,而且应标志在正极引线根部。

(2)电容器的额定直流工作电压

额定直流工作电压是指在线路中能够长期可靠地工作而不被击穿时所能承受的最大直流电压(又称耐压)。它的大小与介质的种类和厚度有关。

钽、钛、铌、固体铝电解电容器的直流工作电压,系指在 +85 ℃ 的条件下能长期正常工作的电压。如果电容器用在交流电路中,则应注意所加的交流电压的最大值(峰值)不能超过额定直流工作电压。

电容器常用的额定电压有:6.3,10,16,25,63,100,160,250,400,630,1 000,1 600,2 500,4 000,6 300,10 000,15 000,25 000,40 000 V 等。

3)电容器的检测

电容器是一种储存电能的元件,在电子电路中用于调谐、滤波、耦合、旁路和能量转换等。电容器的种类繁多,可按其材料结构、性能和适应范围分类。实验电路中一般常用瓷介电容、云母电容、涤纶薄膜电容等。

电容器常见故障是开路失效、短路击穿、漏电、介质损耗增大或电容量减小。电容器开路失效、短路击穿用普通万用表检查是很容易的。下面介绍几种测量电容器容量、漏电、极性的方法。

　　500 型万用表对电解电容器容量、漏电阻的检查。将 500 型万用表拨到 R×1 k,黑表笔接电解电容器的正极,红表笔接电解电容器负极,即可检查其容量的大小和漏电程度(见图 2.17)。

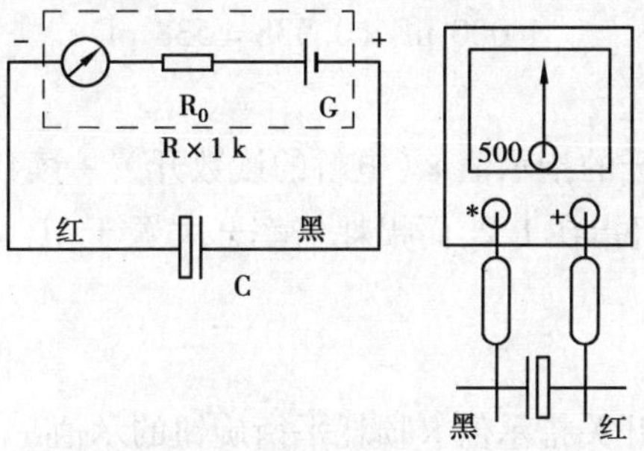

图 2.17　500 型万用表对电解电容器容量、漏电阻的检查示意图

　　①检查容量的大小:测量前,把被测电解电容器短路(即放电)。接上万用表的一瞬间,表内电池 E 通过 R×1 k 挡的内阻(欧姆中心值 R_0)向 C 充电。由于电容两端的电压不能突变,刚接通电路时电容上的电压 u_c 仍等于零,所以充电电流为最大。只要电容量足够大,表针就能向右摆过一个明显的角度。随着 u_c 的升高,充电电流逐渐减小,表针又向左摆回,充电时间常数 $\tau = RC(\mathrm{s})$,当 R 确定后,C 越大,τ 值也越大,充电时间就越大。当 C 取值较小时(如 1 μF),充电时间很短,只能看到表针有轻微摆动。当 C 取值较大时,表针摆动幅度很大,甚至能冲过欧姆零点。

　　②检查漏电电阻:电容器充好电时,$u_c = E$,充电电流 $I = 0$,此时 R×1 k 的读数即代表电容器的漏电阻,一般应大于几百至几千欧。

　　当测量几百到几千微法大电容器时,充电时间很长。为缩短测量大电容器漏电阻的时间,可采用如下方法:当表针已偏转到最大值时,迅速从 R×1 k 拨到 R×1 挡。由于 R×1 挡欧姆中心值很小,电容很快就充好了电,表针立即退回 ∞ 处,说明漏电极小,测不出来;若表针又慢慢地向右偏转,最后停在某一刻度上,说明存在漏电,其读数即为漏电阻。

　　4)电容器容量及损耗因素的测量

　　要精确测量电容器的容量及损耗因素 tan δ,可通过万用电桥及高频 Q 表进行,用万能电桥测量电容器:

　　①将测量选择开关置于"C"挡,损耗倍率开关置于"$D×0.01$"(一般电容)或"$D×1$"(大电解电容)的位置上,损耗平衡旋钮置于"1"左右的位置上,损耗微调旋钮逆时针旋满。

　　②根据被测量电容的大约数值,将量程选择开关置于适当的量程。例如,测量电容量为 500 pF 左右的电容器时,量程选择开关应放在 1 000 pF 的位置上(1 000 pF 是该挡量程的最大值)。

　　③调节微调灵敏度旋钮,使平衡指示器的灵敏度逐步增大,一般使平衡指示电表的指针偏转略小于满度即可。

　　④首先调节电桥的读数开关和读数度盘,然后调节损耗平衡旋钮,并同时观察电表指针的转向,应使电表指示趋于零。然后再调节灵敏度旋钮,使平衡指示器的灵敏度增大,致使

指针偏转小于满度。反复调节电桥读数度盘和损耗平衡旋钮直至灵敏度开到足够满足测量精度时,而电表仍指零或接近于零,此时电桥便达到最后的平衡。电桥平衡时若量程选择开关置于1 000 pF 挡,读数开关置于0.5,读数度盘置于0.038,则被测电容量为:

$$1\ 000\ pF \times 0.538 = 538\ pF$$

即:

被测量 C_x = 量程选择开的指示值 ×(电桥的读数开关 + 读数盘的示值)

若电桥的损耗平衡旋钮指在1.2,而损耗倍率开关置于"$D \times 0.01$",则被测量电容的损耗值为 $0.01 \times 1.2 = 0.012$。

即:

被测量 D_x = 损耗倍率开关指示值 × 损耗平衡旋钮的示值

⚠️ **注意**

如果损耗倍率开关置于"Q"位置,则电桥平衡时损耗值用 $D = 1/Q$ 计算。

如果不知道被测量电容器的大约电容量是多少,可按下述方法进行测量:

①把测量选择开关放置于"C"挡,损耗倍率开关置于"$D \times 0.01$"(指一般电容)或"$D \times 1$"(大电解电容)的位置上,损耗平衡旋钮指在"1"左右的位置,损耗微调旋钮逆时针旋满。

②把量程选择开关拨在100 pF 位置。

③把电桥的读数开关拨在"0"的位置,读数度盘旋到0.5 左右的位置。

④调节灵敏度旋钮,使电表指针指在30 μA 的位置。

⑤调节量程选择开关由100 pF 开始到1 000 μF 逐挡变换其量程,同时观察电表指针的转向看变到那一挡量程时电表指示值最小,就把量程选择开关置于该挡,再调节读数度盘使电表指示趋于零位。

⑥调节灵敏度旋钮,提高平衡指示器的灵敏度,使表头指示小于满刻度(小于100 μA),再分别调节损耗平衡旋钮和读数度盘,使指针再趋于零位,被测量电容容量即可粗略地在读数度盘上读出。然后根据上述方法,选择适当的量程和计数开关位置,进行精细的测量。

5)怎样用万用表检测电容器

电容器是一种最为常用的电子元件。电容器的外形及电路符号如图 2.18 所示。电容器的通用文字符号为"C"。电容器主要由金属电极、介质层和电极引线组成,两电极是相互绝缘的。因此,它具有"隔直流通交流"的基本性能。

用数字万用表检测电容器,可按以下方法进行。

(1)用电容挡直接检测

某些数字万用表具有测量电容的功能,其量程分为2 000 pF,20 nF,200 nF,2 μF 和20 μF 5 挡。测量时可将已放电的电容两引脚直接插入表板上的 C_x 插孔,选取适当的量程后就可读取显示数据。

2 000 pF 挡,宜于测量小于2 000 pF 的电容;20 nF 挡,宜于测量2 000 pF ~ 20 nF 的电

容;200 nF 挡,宜于测量 20~200 nF 的电容;2 μF 挡,宜于测量 200 nF~2 μF 的电容;20 μF 挡,宜于测量 2~20 μF 的电容。

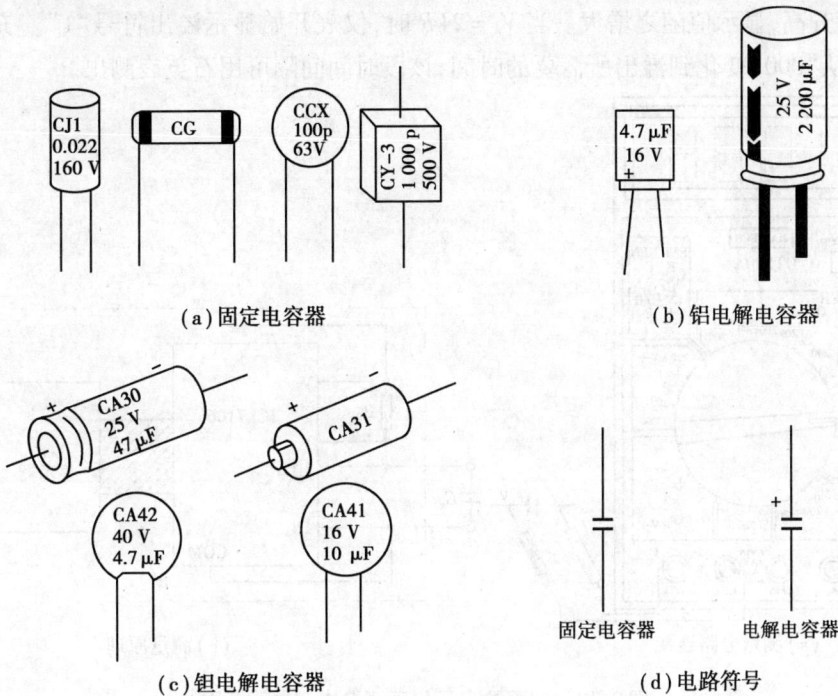

(a)固定电容器   (b)铝电解电容器

(c)钽电解电容器   (d)电路符号

图 2.18　常见电容图

经验证明,有些型号的数字万用表(如 DT890B+)在测量 50 pF 以下的小容量电容器时误差较大,测量 20 pF 以下电容几乎没有参考价值。此时可采用串联法测量小值电容。方法是:先找一只 220 pF 左右的电容,用数字万用表测出其实际容量 C_1,然后把待测小电容与之并联测出其总容量 C_2,则两者之差($C_1 - C_2$)即是待测小电容的容量。用此法测量 1~20 pF 的小容量电容很准确。

(2)用电阻挡检测

实践证明,利用数字万用表也可观察电容器的充电过程,这实际上是以离散的数字量反映充电电压的变化情况。设数字万用表的测量速率为 n 次/s,则在观察电容器的充电过程中,每 1 s 即可看到 n 个彼此独立且依次增大的读数。根据数字万用表的这一显示特点,可以检测电容器的好坏和估测电容量的大小。下面介绍的是使用数字万用表电阻挡检测电容器的方法,对于未设置电容挡的仪表很有实用价值。此方法适用于测量 0.1 微法至几千微法的大容量电容器。

①测量操作方法。将数字万用表拨至合适的电阻挡,红表笔和黑表笔分别接触被测电容器 C_x 的两极,这时显示值将从"000"开始逐渐增加,直至显示溢出符号"1"。若始终显示"000",则说明电容器内部短路;若始终显示溢出,则可能是电容器内部极间开路,也可能是所选择的电阻挡不合适。检查电解电容器时需要注意,红表笔(带正电)接电容器正极,黑表笔接电容器负极。

②测量原理。用电阻挡测量电容器的测量原理如图 2.19(b) 所示。测量时,正电源经过标准电阻 R_0 向被测电容器 C_x 充电,刚开始充电的瞬间,因为 $V_c = 0$,所以显示"000"。随着 V_c 逐渐升高,显示值随之增大。当 $V_c = 2VR$ 时,仪表开始显示溢出符号"1"。充电时间 t 为显示值从"000"变化到溢出所需要的时间,该段时间间隔可用石英表测出。

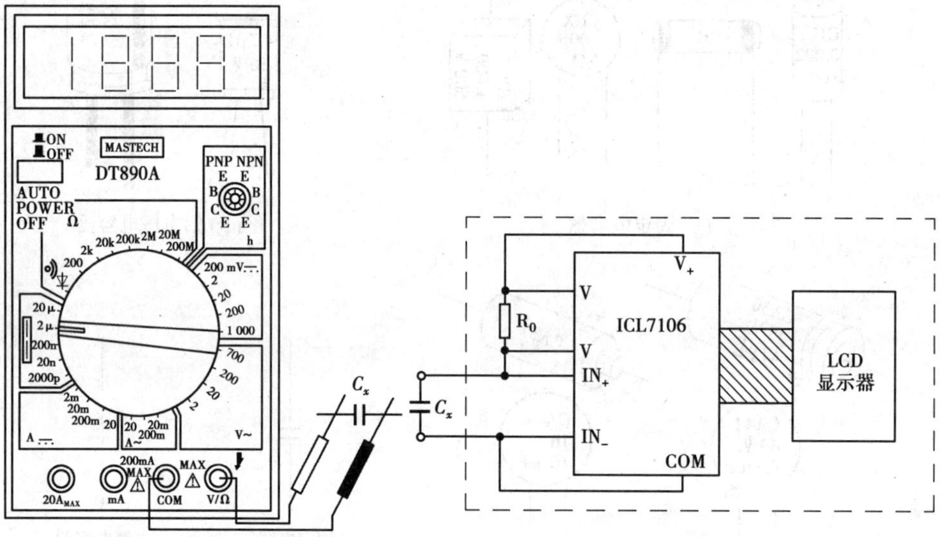

(a)测量电路连接　　　　　　　　　　　　(b)测量原理

图 2.19　利用数字万用表测量电容器示意图

③使用 DT890 型数字万用表估测电容量的实测数据。使用 DT830 型数字万用表估测 0.1 微法至几千微法电容器的电容量时,可按照表 1.13 选择电阻挡,表中给出了可测电容的范围及相对应的充电时间。表中所列数据对于其他型号的数字万用表也有参考价值。

选择电阻挡量程的原则是:当电容量较小时宜选用高阻挡,而电容量较大时应选用低阻挡。若用高阻挡估测大容量电容器,由于充电过程缓慢,测量时间将持续很久;若用低阻挡检查小容量电容器,由于充电时间极短,仪表会一直显示溢出,看不到变化过程。

(3)用电压挡检测

用数字万用表直流电压挡检测电容器,实际上是一种间接测量法,此法可测量 220 pF ~ 1 μF 的小容量电容器,并且能精确测出电容器漏电流的大小。

①测量方法及原理。测量电路如图 2.20 所示,E 为外接的 1.5 V 干电池。将数字万用表拨到直流 2 V 挡,红表笔接被测电容 C_x 的一个电极,黑表笔接电池负极。2 V 挡的输入电阻 $R_{IN} = 10$ MΩ。接通电源后,电池 E 经过 R_{IN} 向 C_x 充电,开始建立电压 V_c。V_c 与充电时间 t 的关系式为:

$$V_c(t) = E[1 - \exp(-t/R_{IN}C_x)]$$

在这里,由于 R_{IN} 两端的电压就是仪表输入电压 V_{IN},所以 R_{IN} 实际上还具有取样电阻的作用。很显然,

$$V_{IN}(t) = E - V_c(t) = E\exp(-t/R_{IN}C_x) \qquad (2.1)$$

$V_{IN}(t)$ 与 $V_c(t)$ 的变化曲线是输入电压 $V_{IN}(t)$ 与被测电容上的充电电压 $V_c(t)$ 的变化曲

线。由图 2.11 可知，$V_{IN}(t)$ 与 $V_c(t)$ 的变化过程正好相反。$V_{IN}(t)$ 的变化曲线随时间的增加而降低，而 $V_c(t)$ 则随时间的增加而升高。仪表所显示的虽然是 $V_{IN}(t)$ 的变化过程，但却间接地反映了被测电容器 C_x 的充电过程。测试时，如果 C_x 开路（无容量），显示值就总是"000"，如果 C_x 内部短路，显示值就总是电池电压 E，均不随时间改变。

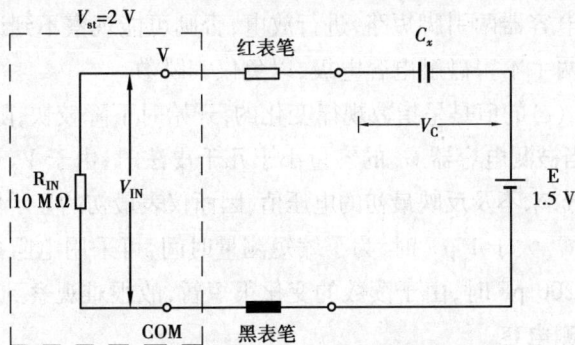

图 2.20　万用表测量电压电路原理图

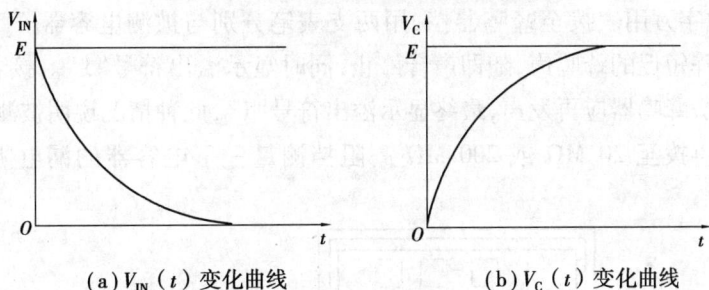

（a）$V_{IN}(t)$ 变化曲线　　　　（b）$V_C(t)$ 变化曲线

图 2.21　$V_{IN(t)}$ 与 $V_{c(t)}$ 的变化曲线

式（2.1）表明，刚接通电路时，$t=0$，$V_{IN}=E$，数字万用表最初显示值即为电池电压，随着 $V_C(t)$ 的升高，$V_{IN}(t)$ 逐渐降低，直到 $V_{IN}=0$V，C_x 充电过程结束，此时

$$V_{C_x}(t) = E \tag{2.2}$$

使用数字万用表电压挡检测电容器，不但能检查 220 pF ～ 1 μF 的小容量电容器，还能同时测出电容器漏电流的大小。设被测量电容器的漏电流为 I_D，仪表最后显示的稳定值为 V_D（单位是 V），则

$$L_D = \frac{V_D}{R_{IN}} \tag{2.3}$$

②实例举例。

例 2.2　被测电容为一只 1 μF/160 V 的固定电容器，使用 DT830 型数字万用表的 2V DC挡（$R_{IN}=10$ MΩ）。按图 2.20 连接好电路。最初，仪表显示 1.543 V，然后显示值慢慢减小，大约经过 2 min，显示值稳定在 0.003 V。据此求出被测电容器的漏电流

$$I_D = \frac{V_D}{R_{IN}} = \frac{0.003 \text{ V}}{10 \times 10^6 \text{ Ω}} = 3 \times 10^{-10} \text{ A} = 0.3 \text{ nA}$$

被测电容器的漏电流仅为 0.3 nA，说明质量良好。

例2.3 被测电容器为一只 0.022 μF/63 V 涤纶电容,测量方法同例 2.1。由于该电容的容量较小,测量时,$V_{IN}(t)$ 下降很快,大约经过 3 s,显示值就降低到 0.002 V。将此值代入式(2.3),算出漏电流为 0.2 nA。

(4)注意事项

①测量之前应把电容器两引脚短路,进行放电,否则可能观察不到读数的变化过程。

②在测量过程中两手不得碰触电容电极,以免仪表跳数。

③测量过程中,$V_{IN}(t)$ 的值是呈指数规律变化的,开始时下降较快,随着时间的延长,下降速度会越来越缓慢。当被测电容器 C_x 的容量小于几千皮法时,由于 $V_{IN}(t)$ 一开始下降太快,而仪表的测量速率较低,来不及反映最初的电压值,因而仪表最初的显示值要低于电池电压 E。

④当被测电容器 C_x 大于 1 μF 时,为了缩短测量时间,可采用电阻挡进行测量。但当被测电容器的容量小于 200 pF 时,由于读数的变化很短暂,故很难观察到充电过程。

6)用蜂鸣器挡检测电容

利用数字万用表的蜂鸣器挡,可以快速检查电解电容器的质量好坏。测量方法如图 2.22 所示。将数字万用表拨至蜂鸣器挡,用两支表笔分别与被测电容器 C_x 的两个引脚接触,应能听到一阵短促的蜂鸣声,随即声音停止,同时显示溢出符号"1"。接着,再将两支表笔对调测量一次,蜂鸣器应再发声,最终显示溢出符号"1",此种情况说明被测电解电容基本正常。此时,可再拨至 20 MΩ 或 200 MΩ 高阻挡测量一下电容器的漏电阻,即可判断其好坏。

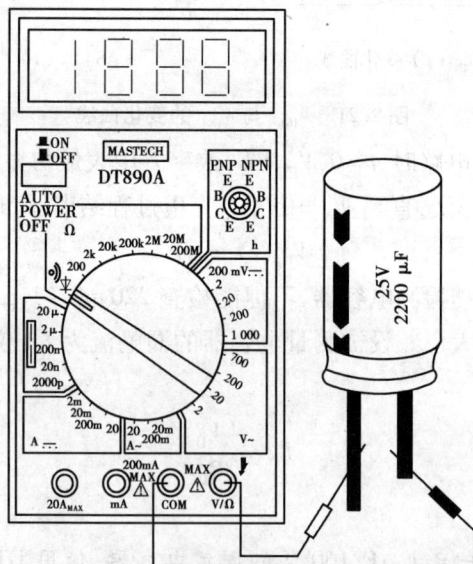

图 2.22 利用蜂鸣器挡检测电容器性能好坏图

上述测量过程的原理是:测试刚开始时,仪表对 C_x 的充电电流较大,相当于通路,所以蜂鸣器发声。随着电容器两端电压不断升高,充电电流迅速减小,最后使蜂鸣器停止发声。

测试时,如果蜂鸣器一直发声,说明电解电容器内部已经短路;若反复对调表笔测量,蜂鸣器始终不响,仪表总是显示为"1",则说明被测电容器内部断路或容量消失。

7）用数字万用表测量大于 20 μF 的电容

常见的数字万用表，其电容挡的测量值最大为 20 μF，少部分为 200 μF，有时不能满足测量要求。为此，可采用下述简单的方法，用数字万用表的电容挡测量大于 20 μF 的电容，最大可测量几千微法的电容。采用此方法测量大容量电容时，无须对数字万用表原电路作任何改动。

此方法的测量原理是以两只电容串联公式 $C_串 = \dfrac{C_1 C_2}{C_1 + C_2}$ 为基础的。由于容量大小不同的两只电容串联后，其串联后的总容量要小于容量小的那只电容的容量，因此，如果待测电容的容量超过了 20 μF，则只要用一只容量小于 20 μF 的电容与之串联，就可以直接在数字万用表上进行测量。根据两只电容串联公式，很容易推导出 $C_1 = \dfrac{C_串 C_2}{C_2 - C_串}$，利用此公式即可算出被测电容的容量值。下面举一测试实例，说明运用此公式的具体方法。

被测元件是一只电解电容器，其标称容量为 220 μF，设为 C_1。选取一只标称值为 10 μF 的电解电容作为 C_2，选用数字万用表 20 μF 电容挡测出此电容的实际值为 9.5 μF，将这两只电容串联后，测出 $C_串$ 为 9.09 μF。将 $C_2 = 9.5$ μF、$C_串 = 9.09$ μF 代入公式，得

$$C_1 = \frac{C_串 C_2}{C_2 - C_串} = \frac{9.5 \ \mu F \times 9.09 \ \mu F}{(9.5 \ \mu F - 9.09 \ \mu F)} \approx 210.6 \ \mu F$$

⚠ 注意

无论 C_2 的容量选取为多少，都要在小于 20 μF 的前提下选取容量较大的电容（若您的表是 200 μF，可选择 100 μF 左右的电容），且公式中的 C_2 应代入其实测值，而非标称值，这样可减小误差。将两电容串联起来用数字万用表实测，由于电容本身的容量误差及测量误差，只要实测值与计算值相差不多即可认为待测电容 C_1 是好的，根据测量值即可进一步推算出 C_1 的实际容量。

从理论上讲，用这种方法可测量任意容量的电容，但如果待测电容器的容量过大，则误差也会增大。其误差大小与待测电容的大小成正比。

2.2.2　电感器的识别与检测

电感器应用范围很广，在电子技术中应用较多，如在调谐、振荡、耦合、匹配、滤波、陷波、延迟、补偿及偏转聚焦等电路中是必不可少的。

电感器一般由线圈构成，所以也称为电感线圈。电感器除其标称值（H，mH，μH）外，额定电流和品质因数也是重要性能指标。通过电感器的电流超过某一定值时，将发热，严重时会烧毁。品质因数越大，传输能量的效率越高，即损耗越小，一般要求 $Q = 50 \sim 300$。为了增加电感量 L，提高品质因数 Q 和减小体积，通常在线圈中加入软磁性材料的磁芯。根据电感

量是否可调,电感器分为固定、可变和微调电感器。测量电感方法与测量电容的方法相似,不再赘述。其中:

$$Q = \frac{X_L}{R} = \frac{\omega L}{R} = \frac{2\pi f L}{R}$$

式中　Q——品质因数;

R——线圈电阻,Ω;

L——线圈电感,H。

在谐振回路中,线圈的 Q 值越高,回路的损耗越小。

1)电感器的种类

电感器分为:固定电感器、微调电感器、色码电感器等。常用的电感器有固定电感器、变压器、阻流线圈、振荡线圈、偏转线圈、天线线圈、中周、继电器以及延迟线和磁头等。它们在电路中各起着不同的作用,但在通电后都具有储存磁能的特征。

线圈。用导线绕在骨架上,就组成了线圈(见图 2.23),线圈有空芯线圈和带磁芯的线圈。绕组形式有单层和多层之分,单层绕组有间绕和密绕两种形式,多层绕组有分层平绕、乱绕、蜂房式绕等形式。

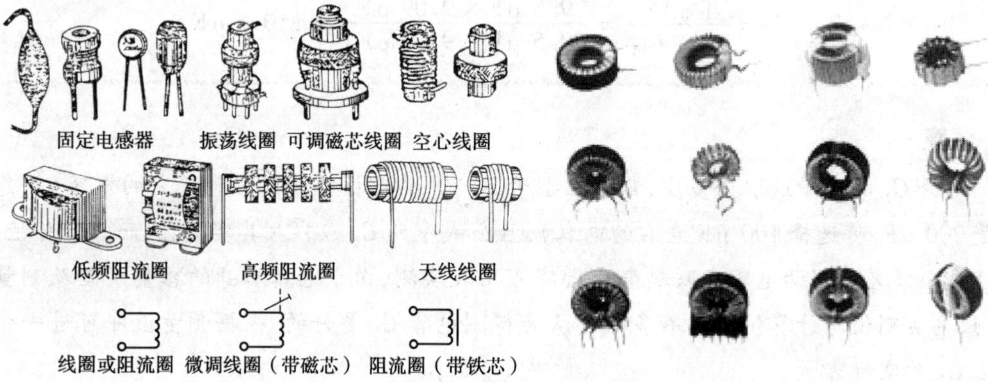

图 2.23　电感器、线圈

①小型固定电感线圈:它具有体积小、质量轻、结构牢固和安装方便等优点,因而广泛用于电视机、录音机、录像机等电子设备的滤波、陷波、扼流、振荡、延迟等电路中。固定电感器是将线圈绕制在软磁铁氧体的基体上构成的,这样能获得比空心线圈更大的电感量和较大的 Q 值。该电感器有卧式和立式两种,外表涂有环氧树脂或其他包封材料作为保护层。

②高频阻流圈:收音机中长波波段用的高频阻流圈的圈数较多,为提高 Q 值,减少颁布电容。常绕成蜂房式。短波波段用的高频阻流圈因圈数很少,一般平绕或间绕,骨架常采用高频磁。

③低阻流圈(低频扼流圈):低频阻流圈一般由铁芯和绕组构成。

④高频天线线圈:其中磁体天线线圈一般采用纸管(也有采用塑料骨架),用多股丝漆包线绕制而成。袖珍式半导体收音机大多采用单股漆包线绕在纸管上的方法,制成天线线圈。

⑤小型振荡线圈:在半导体收音机变频电路中,它与可变电容器组成谐振电路。小型振

荡线圈一般采用金属外壳作隔离罩,内部有尼龙衬架、工字形磁芯、磁帽和接脚等。在磁帽顶端涂有色漆,以区别于外形相同的中频变压器。

⑥行线性线圈:行线性线圈用于电视接收机的行扫描电路,由"工"字形磁芯线圈和恒磁块组成。它与行偏转线圈串联,通过改变恒磁块的磁场强度来调节行扫描电流的波形,以达到调整扫描水平线性的作用。

⑦行振荡线圈:用于电视机中的行振荡线圈,由骨架、线圈、调节杆、螺纹磁芯等组成。调节磁芯在线圈中的位置可微调本机行振荡的频率,使本机行振荡的频率与电视台发出的准行频同步。

⑧偏转线圈:黑白电视机的偏转线圈由两组线圈、铁氧体磁环和中心位置调节片等组成。为了在显像管的荧光屏上显现图像,就要使电子束沿着荧光屏进行扫描。偏转线圈是利用磁场产生的力使电子束偏转,行偏转使电子束沿着水平方向运动,在此同时场偏转又使电子束沿着垂直方向运动,结果在荧光屏上形成长方形的光栅。

⑨亮度延迟线:在彩电中,色度信号被解调成色差信号后,还要在基色矩阵中和亮度信号混合,很容易造成色度——亮度时差,从而产生彩色图像镶边现象。在视频放大器中对亮度信号进行延迟,便能有效地改善图像质量。亮度延迟线采用电感、电容组合而成的半分布制成。

⑩录放音磁头:主要是利用电磁感应原理而还原声音。

2)电感器的单位及换算

由于电感是由美国的科学家约瑟夫·亨利发现的,所以电感的单位就是"亨利",符号为 L。

电感单位:亨（H)、毫亨(mH)、微亨（μH)、纳亨(nH),其换算关系为:1 H = 1 000 mH = 10^6 μH = 10^9 nH。

换算:数值×10 的 n 次方。

如 103 即为 10×10 的三次方 nH 为 10 μH。

除此之外,还有一般电感和精密电感之分见表 2.15。如 100 M 即为 10 μH 误差20%。

表 2.15 精密电感和一般电感允许误差表

符　号	精密电感			一般电感		
	F	G	J	K	L	M
误　差	1%	2%	5%	10%	15%	20%

3)变压器的种类

变压器是变换电压、电流和阻抗的器件。变压器按用途可分为:电源变压器、音频变压器、中频变压器、高频和脉冲变压器。不同的变压器有不同的技术指标。例如,电源变压器则有变压比、额定电压、额定功率和效率等;音频变压器的效率、频率响应为主要技术指标。

一般的变压器结构形式多采用芯式或壳式结构:大功率变压器以芯式结构居多,小功率变压器常采用壳式结构,而中频变压器一般采用工帽形、王帽形或螺纹调杆形结构。芯式铁芯一般有两个线包,而壳式铁芯则一般只有一个线包(见图2.24)。铁芯一般是由硅钢片、坡莫合金或铁氧体材料制成的。铁芯形状有"EI""口""F""C"型等种类,如图2.25所示。

(a)壳式铁芯(卷绕)　(b)芯式铁芯(卷绕)　(c)壳式铁芯(插片)　(d)芯式铁芯(插片)

(e)芯式变压器　　　　(f)壳式变压器

图2.24　壳式铁芯

(a)EI形　　　(b)口形　　　(c)F形　　　(d)C形

图2.25　铁芯形状种类

使用变压器应注意以下几个方面:

①变压器是一个干扰源,故在安装时,注意安装的位置和方向,要远离易受影响的电路,而有利于散热,最好采取屏蔽措施。

②接线时必须认清初、次级线圈,以免错误接线,造成损坏。

③辨认同名端,使用时,若同名端辨认出错,将使电路不能正常工作。

4)变压器的相位测定

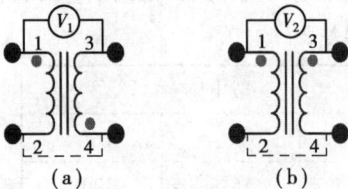

图2.26　变压器相位测量接线图

有时一个变压器需要弄清其相位(同名端),才可更好地使用,但变压器上没有标志,这时需要进行测量方法,如图2.26所示。

根据图示线路,将变压器2,4端短接,测量v_1,v_2及1,3两端间电压。由图可知,V_1读数为v_1+v_2,1,4为同名端;在图2.16(b)中V_2读数为v_1,v_2,1,3为同名端。

5)用万用表测量灵敏继电器

随着当今电子技术的日益发展,工业自动化已成为当今社会生产的必须。继电器一般由铁芯、线圈、衔铁、常闭触点和常开触点等组成,是自动化装置中的主要元件之一,无线电设备中作控制和换接电路用。在简单的自动控制中,不论是光控、声控、温控等线路中,往往要用到灵敏继电器。如今实验室常用的继电器有DC6V、

DC9V、DC12V。

万用表测量灵敏继电器的项目有：直流电阻、吸合电流和释放电流、额定工作电压。

（1）直流电阻的测量

用万用表欧姆挡直接测量灵敏继电器线圈的直流电阻。一般继电器线圈的直流电阻为 $50\ \Omega \sim 1.6\ k\Omega$，视继电器工作电压的高低而定。

（2）吸合电流和释放电流的测量

测量吸合电流和释放电流的线路如图 2.27 所示，其中电源用 $0 \sim 30\ V$ 可调直流稳压电源，表头可用万用表的 mA 挡，可变电阻用"2 W　10 kΩ"电位器。

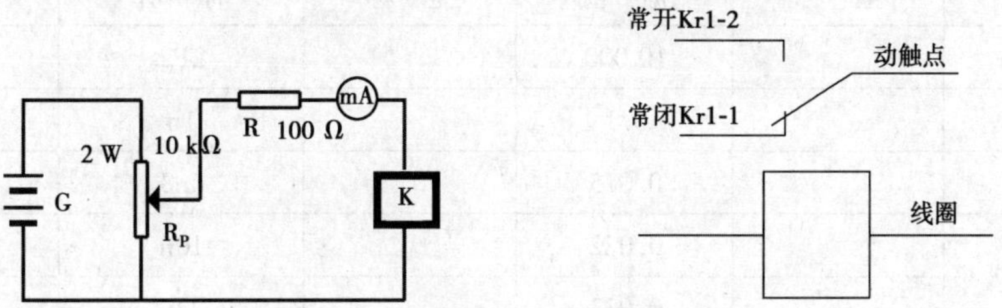

图 2.27　吸合、释放电流测量接线图

吸合电流和释放电流的测量步骤如下：

①将万用表置于直流电流 50 mA 挡（视情况可适当调整），电位器滑动片置于中间位置，电源为 30 V。

②接通电源，这时继电器 K 如果被立即吸合，说明电压太高，线圈中可通过的电流过大，立即关断电源，并将电压调低，再接通电源，直到继电器触点处于释放状态。

③缓慢调节电位器，逐渐增大电流值，直到继电器的触点正好吸合。这时的电流值就是继电器的吸合电流值。

④缓慢调节电位器，逐渐减小电流值，直到继电器的触点刚好释放。这时的电流值就是继电器的释放电流值。

【任务实训】

1）材料准备

准备焊接有各型电容器的测试板一块，电工工具一套，MF47 型万用表 1 块，DT890B + 数字万用表 1 块，电感变压器若干。

2）电容器识别与检测训练

（1）电容器容量识别

选用不同标称阻值的电容器若干个，由学生反复判别该电容器的容量并注明全称。

（2）测量电容器的漏电电阻

①电容器漏电电阻的测量（以 0.01 ~ 0.047 μF 为例）：用万用表的 R × 10 k 挡，将表笔接触电容器的两极，表针先向顺时针跳动一下，后逆时针复原，即退回 R∝ 处，如不能复原，

则稳定后的读数表示电容器漏电的电阻值。

②大电容器漏电电阻的测量(以 100 ~ 1 000 μF 为例):用万用表的 R×1 k 挡,将表笔接触电容器的两极,当表针已偏转到最大值时,迅速从 R×1 k 挡拨到 R×1 挡,片刻后再拨回 R×1 k 挡,表针最后停止在某一刻度上,其读数即漏电电阻值。

③将识别、测量结果填入表 2.16 中。

表 2.16　电容器识别、测量技训表

电容器的标值识别					
标　值	全　称	标　值	全　称	标　值	全　称
2.7		10 000		2P2	
3.3		0.1		1n	
6.8		0.015		6n8	
20		0.022		10n	
27		0.033		22n	
200		0.068		100n	
300		0.22		220n	
1 000		0.47		103	
6 800		P33		104	
小电容测量 (以 0.01 ~ 0.47 μF 为例)		万用表挡位	充电指针偏转角度		实测漏电电阻
大电容测量 (以 100 ~ 1 000 μF 为例)					
识别、测量中出现的问题					

3)电感器的识别与测试技能训练

①准备双 12 V 变压器 1 只,如图 2.28 所示。

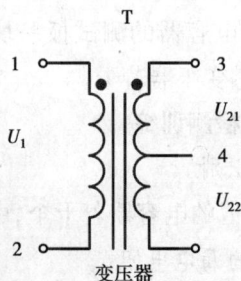

(a)变压器实物　　　(b)变压器电路符号

图 2.28　变压器

②完成电感变压器的测试,并将结果填入表2.17中。

表2.17　电感器识别技能训练表

阻值测试 万用表量程	初级绕组电阻测试 R_{12}	次级绕组电阻测试 R_{23}	次级绕组电阻测试 R_{34}
数字万用表量程			
MF47型机械万用表量程			
测试结果分析(要求比较初级绕组和次级绕组之间电阻值的大小)			

【考核评价标准】

电容器和电感器的考核评价标准,满分为100分,见表2.18。

表2.18　考核评价标准表

项目内容	分　值	评分标准(每个项目累计扣分不超过配分)	得分
实训态度	10分	态度好、认真计10分,较好计7分,差计0分	
万用表的读数	20分	读数错误,每次扣2分	
电容识别	30分	每读错一个扣5分	
电感变压器测量	30分	每测错一个扣5分	
安全文明生产	10分	在操作全过程中,不符合安全用电要求立即停工并扣5~10分	
合计	100分	实训得分	

●思考与练习

1.填空题

(1)电容器容量的单位有_____、_____、_____、_____和_____。

(2)电感器的单位有_____、_____和_____。

(3)用万用表测量大容量电解电容器时应注意的是_____。

(4)电容器的容量与其体积成_____比(正或反),电容器的耐压与其体积成_____比。(正或反)

(5)电感器和电容器在电路中统称为_____(储能或耗能)元件。

2.简述题

(1)电感器在电子电路中主要有哪些应用?

(2)电容器在电子电路中主要有哪些应用?

任务2.3 常用半导体器件识别与检测

【任务引入】

半导体器件由于具有体积小、质量小、兼容、省电、启动快、寿命长、成本低等优点,因而,在电子电路中得到广泛的应用。两半导体器件中,二极管和三极管是大量使用的两种半导体器件,它们的用途、怎样选用、性能如何检测等,是本任务所要了解和学习的主要内容。

【任务目标】

1. 了解二极管、三极管的外形与封装;
2. 鉴别二极管、三极管管脚极性,了解万用表测量二极管正反向电阻的大致数据范围;
3. 测绘二极管伏安特性并用仪器观察对照;
4. 测绘三极管的输入、输出特性并用仪器对照。

【任务相关理论基础知识】

2.3.1 晶体二极管

1)半导体的基本知识

物质根据导电能力(电阻率)的不同,可划分为导体、绝缘体和半导体。导电性能介于导体与绝缘体之间的物质,称为半导体。现代大多数电子器件都是由半导体材料制造的。电子器件中,常用半导体材料有:硅(Si)、锗(Ge)、砷化镓(GaAs)等。

(1)半导体的特性

众所周知,半导体的导电性能比导体差而比绝缘体强。实际上,半导体与导体、绝缘体的区别不仅在于导电能力的不同,更重要的是半导体具有独特的性能(特性)。

①掺杂特性:在纯净的半导体中适当地掺入一定种类的极微量的杂质,半导体的导电性能就会成百万倍的增加,这是半导体最显著、最突出的特性。例如,晶体管就是利用这种特性制成的。

②热敏特性:当环境温度升高时,半导体的导电能力显著增加;当环境温度下降时,则明

显下降,这种特性称为"热敏",热敏电阻就是利用这一特性制成的。

③光照特性:当有光线照射在某些半导体时,这些半导体就像导体一样,导电能力很强;当没有光线照射时,这些半导体就像绝缘体一样不导电,这种特性称为"光敏"。例如,用作自动化控制用的"光电二极管""光电三极管"和光敏电阻等,就是利用半导体的光敏特性制成的。

由此可见,温度和光照对晶体管的影响很大。因此,晶体管不能放在高温和强烈的光照环境中。在晶体管表面涂上一层黑漆也是为了防止光照对它的影响。所谓半导体材料,是一种晶体结构的材料,故"半导体"又称为"晶体"。

(2)掺杂半导体

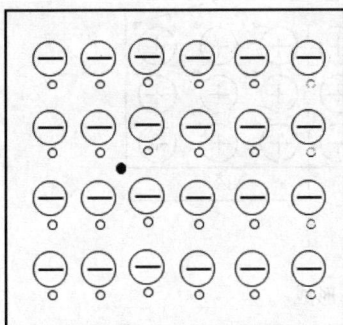

图 2.29　P 型半导体模型　　　　　图 2.30　N 型半导体模型

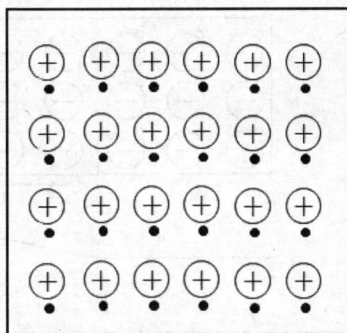

N 型半导体:在硅或锗晶体中掺入少量的五价元素磷(或锑)而形成,也称为(电子半导体)。

P 型半导体:在硅或锗晶体中掺入少量的三价元素,如硼(或铟)而形成,也称为(空穴半导体)。

(3)PN 结及单向导电性

①PN 结的形成。如图 2.31 所示,在一块本征半导体在两侧通过扩散不同的杂质,分别形成 N 型半导体和 P 型半导体。此时将在 N 型半导体和 P 型半导体的结合面上形成如下物理过程,如图 2.32 所示。

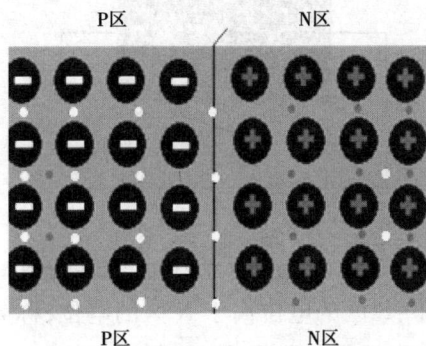

图 2.31　P 型半导体和 N 型半导体放在一起

图 2.32　PN 结形成框图

扩散到对方的载流子在 P 区和 N 区的交界处附近被相互中和掉,使 P 区一侧因失去空穴而留下不能移动的负离子,N 区一侧因失去电子而留下不能移动的正离子。这样在两种半导体交界处逐渐形成由正、负离子组成的空间电荷区(耗尽层)。由于 P 区一侧带负电,N 区一侧带正电,所以出现了方向由 N 区指向 P 区的内电场,如图 2.33 所示。

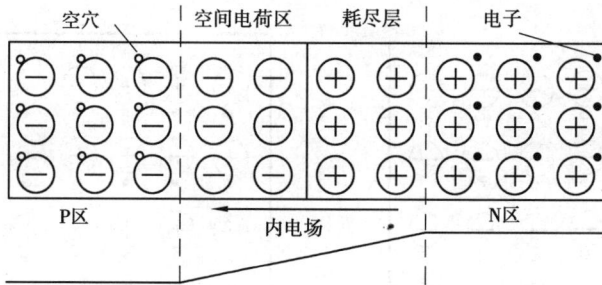

图 2.33　PN 结内电场形成

当扩散和漂移运动达到平衡后,空间电荷区的宽度和内电场电位就相对稳定下来。此时,有多少个多子扩散到对方,就有多少个少子从对方飘移过来,两者产生的电流大小相等、方向相反。因此,在相对平衡时,流过 PN 结的电流为 0。

对于 P 型半导体和 N 型半导体结合面,离子薄层形成的空间电荷区称为 PN 结。在空间电荷区,由于缺少多子,所以也称耗尽层。由于耗尽层的存在,PN 结的电阻很大。

PN 结的形成过程中的两种运动,即多数载流子扩散和少数载流子飘移。

②PN 结的单向导电性。

如图 2.34 所示,PN 结具有单向导电性,若外加电压使电流从 P 区流到 N 区,PN 结呈低阻性,电流大;反之,电流小。

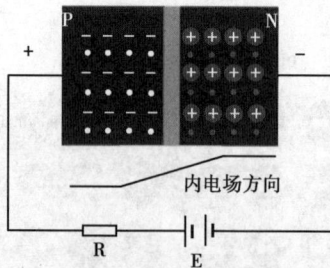

图 2.34　PN 结加正向电压时的导电情况

如果外加电压到 PN 结中:P 区的电位高于 N 区的电位,称为加正向电压,简称正偏;P 区的电位低于 N 区的电位,称为加反向电压,简称反偏。

PN 结加正向电压时的导电情况如图 2.34 所示。外加的正向电压有一部分降落在 PN

结区,方向与 PN 结内电场方向相反,削弱了内电场,从图中可以看出 PN 变窄了。于是,内电场对多子扩散运动的阻碍减弱,扩散电流加大。扩散电流远大于漂移电流,可忽略漂移电流的影响,PN 结呈现低阻性。

③PN 结加反向电压时的导电情况,如图 2.35 所示。外加反向电压有一部分降落在 PN 结区,方向与 PN 结内电场方向相同,加强了内电场。内电场对多子扩散运动的阻碍增强,扩散电流大大减小。此时 PN 结区的少子在内电场的作用下形成的漂移电流大于扩散电流,可忽略扩散电流,PN 结呈现高阻性。

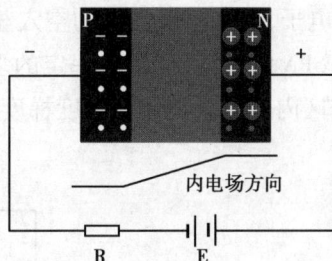

图 2.35　PN 结加反向电压时的导电情况

在一定的温度条件下,由本征激发决定的少子浓度是一定的,故少子形成的漂移电流是恒定的,基本上与所加反向电压的大小无关,该电流也称为反向饱和电流。

④PN 结的伏安特性,如图 2.36 所示。PN 结加正向电压时,呈现低电阻,具有较大的正向扩散电流;PN 结加反向电压时,呈现高电阻,具有很小的反向漂移电流。由此可得出结论:PN 结具有单向导电性。

⑤PN 结的击穿特性,如图 2.37 所示,当加在 PN 结上的反向电压增加到一定数值时,反向电流突然急剧增大,PN 结产生电击穿——这就是 PN 结的击穿特性。发生击穿时的反偏电压称为 PN 结的反向击穿电压 $V_{(BR)}$。

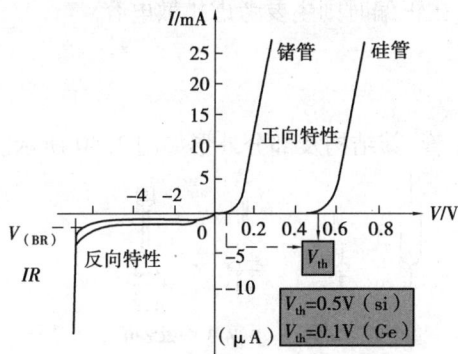

图 2.36　PN 结的伏安特性

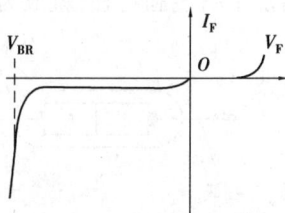

图 2.37　二极管击穿特性

PN 结的电击穿是可逆击穿,及时把偏压调低,PN 结即恢复原来特性。电击穿特点可加以利用(如稳压管)。热击穿就是烧毁,是不可逆击穿,使用时应尽量避免。

PN 结被击穿后,PN 结上的压降越高,电流越大,功率也越大。当 PN 结上的功耗使 PN 结发热,并超过它的耗散功率时,PN 结将发生热击穿。这时 PN 结的电流和温度之间出现恶性循环,最终将导致 PN 结烧毁。

⑥PN 结的电容效应。PN 结除了具有单向导电性外,还有一定的电容效应。按产生电容的原因可分为:

a. 势垒电容 C_B。势垒电容是由空间电荷区的离子薄层形成的。当外加电压使 PN 结上压降发生变化时,离子薄层的厚度也相应地随之改变,这相当于 PN 结中存储的电荷量也随之变化,犹如电容的充放电。势垒电容的示意图如图 2.38 所示。

b. 扩散电容 C_D。扩散电容是由多子扩散后,在 PN 结的另一侧面积累而形成的。因 PN 结正偏时,由 N 区扩散到 P 区的电子,与外电源提供的空穴相复合,形成正向电流。刚扩散过来的电子就堆积在 P 区内紧靠 PN 结的附近,形成一定的多子浓度梯度分布曲线。反之,由 P 区扩散到 N 区的空穴,在 N 区内也形成类似的浓度梯度分布曲线。扩散电容的示意图如图 2.39 所示。

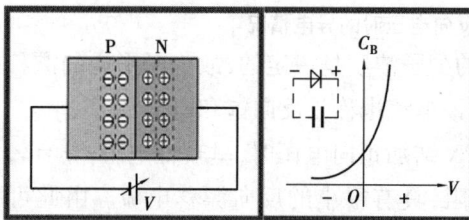

图 2.38　势垒电容示意图

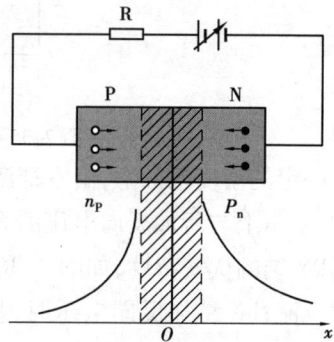

图 2.39　扩散电容示意图

当外加正向电压不同时,扩散电流即外电路电流的大小也就不同。所以 PN 结两侧堆积的多子的浓度梯度分布也不同,这就相当电容的充放电过程。势垒电容和扩散电容均是非线性电容。PN 结在反偏时主要考虑势垒电容,在正偏时则主要考虑扩散电容。

2)晶体二极管

(1)晶体二极管的结构及符号

在 PN 结加上引线和封装,就成为晶体二极管,其结构及部分外形如图 2.40 所示。

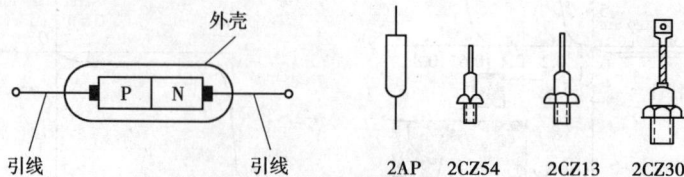

图 2.40　二极管结构图

(2)半导体器件型命名方法

半导体二极管的外壳上做有标记"▷┝",实际使用与标记符号一致。但有时也遇到没有任何标志的情况,这时可借助万用表欧姆挡进行简单测试,辨别正、负极性与管子的好坏,其方法在此不再赘述。

半导体器件的型号由5个部分组成。第一部分用数字表示半导体管的电极数目,第二部分用字母表示半导体的材料和极性(见表2.19),第三部分用字母表示半导体管的类别,第四部分用数字表示半导体器件的序号,第五部分用字母表示区别代号。场效应管、半导体特殊器件、复合管、PIN型管、激光器件的型号只有第三、四、五部分而没有第一、二部分。

表2.19 半导体器件型号命名方法

第二部分		第三部分			
字 母	意 义	字 母	意 义	字 母	意 义
A	N型,锗材料	P	普通管	D	低频大功率管 ($f_a < 3$ MHz,PC < 1 W)
B	P型,锗材料	V	微波管		
C	N型,硅材料	W	稳压管	A	高频大功率管 ($f_a \geqslant 3$ MHz,PC < 1 W)
D	P型,硅材料	C	参量管		
A	PNP型,锗材料	Z	整流器	T	半导体闸流管 (可控整流器)
B	NPN型,锗材料	L	整流堆	Y	体效应器件
C	PNP型,硅材料	S	隧道管	B	雪崩管
D	NPN型,硅材料	N	阻尼管	J	阶跃恢复管
字 母	意 义	字 母	意 义	字 母	意 义
E	化合物材料	U	光电器件	CS	场效应器件
		K	开关管	BT	半导体特殊器件 (单结晶体管)
		X	低频小功率管 ($f_a < 3$ MHz,PC < 1 W)	PIN	PIN型管
				FH	复合管
		G	高频小功率管 ($f_a \geqslant 3$ MHz,PC < 1 W)	JG	激光器件

常用的二极管有塑料封装,外形与普通二极管相似,还有金属外壳封装,外形与小功率三极管相似,但内部是双稳压二极管,本身具有温度补偿。稳压管的稳压值的确定方法有3种:对照型号查晶体管手册;在晶体管特性测试仪上测试它的伏——安装性曲线;通过实验实测。

二极管、稳压管的常用参数参见《电子技术基础》(第二版)附录所示。

晶体管识别示例图如图2.41所示。

(3)晶体二极管的主要参数

晶体二极管一般可用到十万小时以上。但如果使用不合理,就不能充分发挥作用,甚至很快地被损坏。要合理地使用二极管,必须掌握它的主要参数。

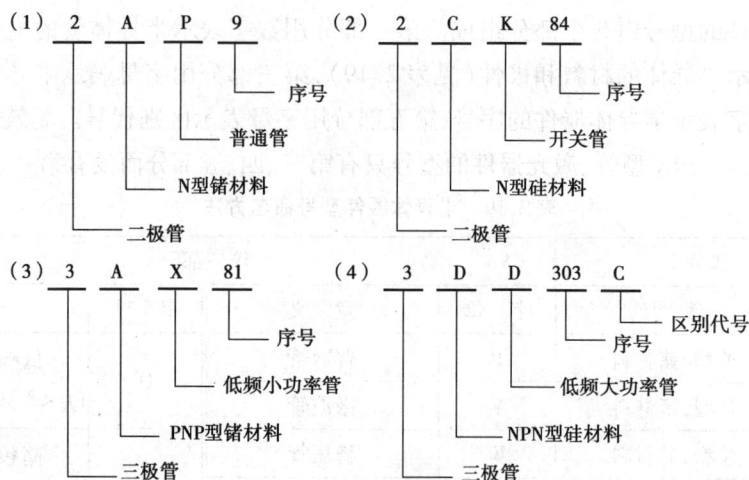

图 2.41　晶体管识别示例图

①最高工作频率 f_M：二极管能承受的最高频率。通过 PN 结交流电频率高于此值，二极管则不能正常工作。

②最高反向工作电压 V_{RM}：二极管长期正常工作时所允许的最高反压。若越过此值，PN 结就有被击穿的可能，对于交流电来说，最高反向工作电压也就是二极管的最高工作电压。

③最大整流电流 I_{OM}：二极管能长期正常工作时的最大正向电流。因为电流通过二极管时就要发热，如果正向电流越过此值，二极管就会有烧坏的危险。所以用二极管整流时，流过二极管的正向电流（即输出直流）不允许超过最大整流电流。

（4）晶体二极管的极性判别

晶体二极管的正、负极可按下列方法来判别：

①看外壳上的符号标记：通常在二极管的外壳上标有二极管的符号，标有三角形箭头的一端为正极，另一端为负极。

②看外壳上标记的色点或色环：如图 2.42（b）所示，在点接触二极管的外壳上，通常标有色点（白色或红色）。除少数二极管（如 2AP9，2AP10 等）外，一般标记色点的这端为正极。

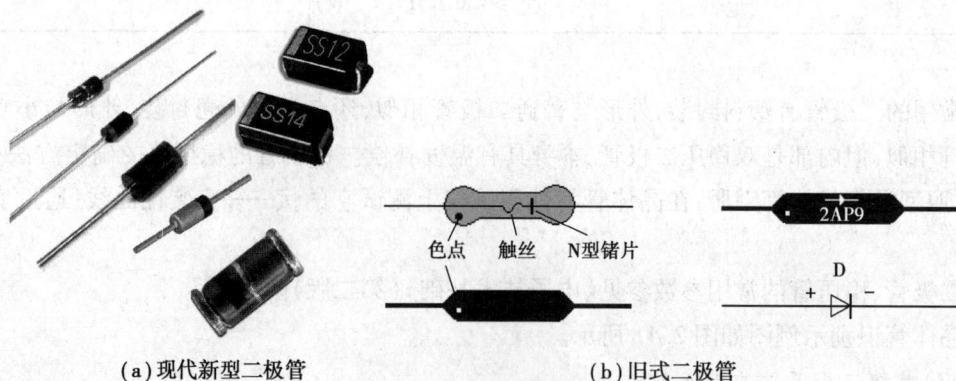

（a）现代新型二极管　　　　　　　　　（b）旧式二极管

图 2.42　二极管外形图

如图 2.42(a)所示,现代新型二极管通常在二极管外涂有一层色环或色线,从图中可以看出,一般情况下有色环的一端为二极管负极。

③透过玻璃看触针。对于点接触型玻璃外壳二极管,如图 2.43 所示,如标记已磨掉,则可将外壳上的漆层(黑色或白色)轻轻刮掉一小部分,透过玻璃看哪端是金属触针,哪端是 N 型锗片,有金属触针的那端就是正极。

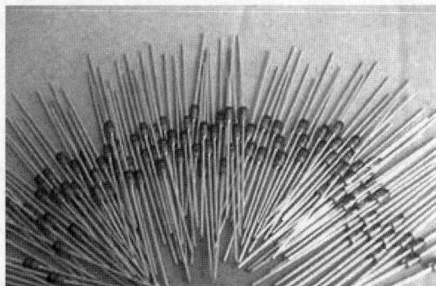

图 2.43　玻璃外壳二极管(开关二极管和稳压二极管)

④万用表测量判断二极管管脚。对于 MF47 型等机械万用表,用 R×100 或 R×1 k 挡,任意测量二极管的两根引线,如果量出的电阻只有几百欧姆(正向电阻),则黑表笔(即万用表内电池正极)所接引线为正极,红表笔(即万用表内电源负极)所接引线为负极,如图 2.44 所示。

对于数字万用表(如 9205 系列、89X 系列等),将数字式万用表拨到"$\dashv\vdash$"挡,若测得如图 2.45 所示数据,则表示二极管向正向导通,并且管压降为 0.479 V ≈ 0.5 V 表明该管为硅二极管,且红表笔所接为二极管正极,黑表笔所接为二极管负极。

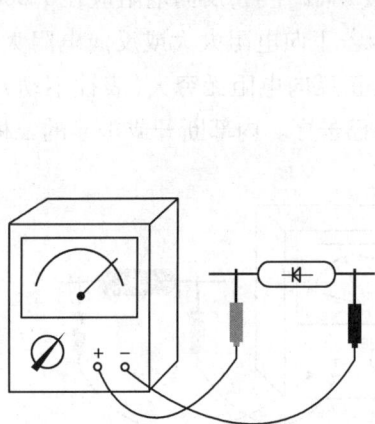

图 2.44　MF47 型万用表测量二极管

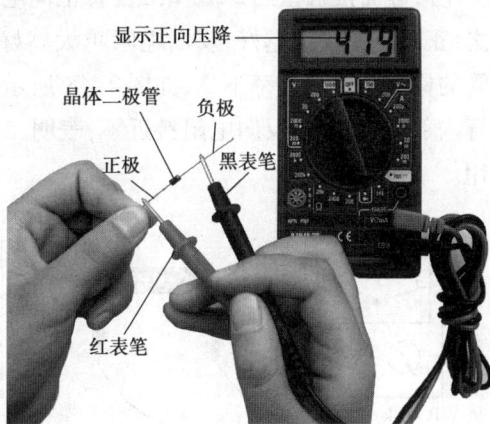

图 2.45　用数字万用表测量二极管极性

⑤用电池和喇叭来判别二极管的正、负极,如图 2.46 所示。将一节电池和一个喇叭(或耳机)与被测二极管构成串联电路。然后将二极管的一端引线断续触碰喇叭,再把二极管倒头又测一次。以听到"咯、咯"声较大的一次为准,电池正极相接的那一根引线为正极,另一根为负极。

图 2.46　用喇叭判别二极管极

（5）晶体二极管的好坏判别

判别二极管的好坏，可用如下方法：

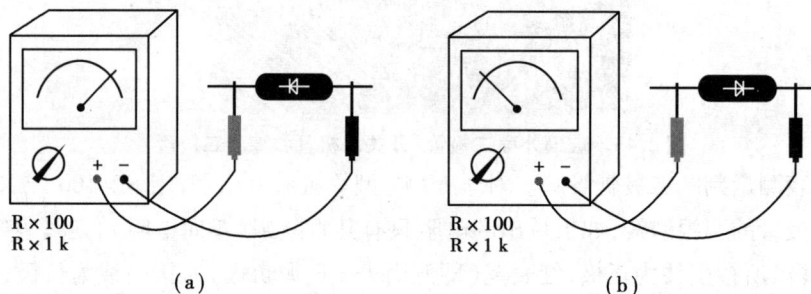

（a）　　　　　　　　　　　　　　　　　（b）

图 2.47　判别二极管的好坏

对于机械用万用表，用 R×100 或 R×1 k 挡测量二极管的正反向电阻，如图 2.47 所示，锗点接触型的 2AP 型二极管正向电阻在 1 kΩ 左右（见图 2.47），反向电阻应在 100 k 以上（见图 2.47）；硅面接触型的 2CP 型二极管正向电阻在 5 kΩ 左右，反向电阻应在 1 000 k 以上。总之，正向电阻越小越好，反向电阻越大越好。但若正向电阻太大或反向电阻太小，表明二极管的检波与整流效率不高，如图 2.48 所示。若正反向电阻无穷大（表针不动），则说明二极管内部断路；若正反向电阻接近零，表明二极管已击穿。内部断开或击穿的二极管均不能使用。

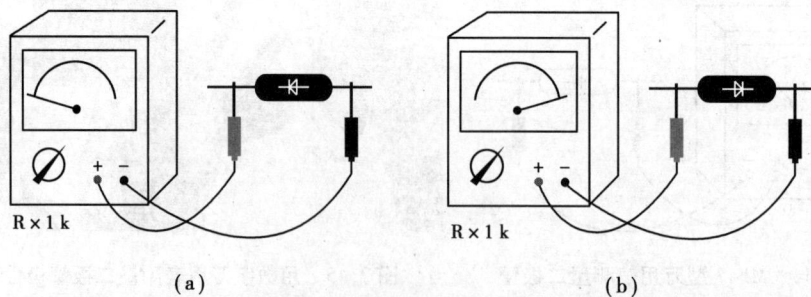

（a）　　　　　　　　　　　　　　　　　（b）

图 2.48

对于数字万用表用"⊣▷⊢"挡测量。若测得二极管正反管压降增均为∞（万用表显示屏左边显示一个 1），说明二极管内部断路；若正反管压降均很小或接近零时，表明二极管已击穿。内部断开或击穿的二极管均不能使用。

（6）发光二极管测量

发光二极管是一种把电能变成光能的半导体的器件,当它通过一定的电流时就会发光。它具有体积小,工作电压低,工作电流小等特点,广泛应用于收录机、音响设备、家用电器及各种仪器仪表中。目前,常用的有红、绿、黄、白和蓝等颜色,全塑封的。

BT型系列发光二极管一般用磷砷化镓、磷化镓等材料制成,内部是一个PN结,具有单向导电性,故可用万用表测量其正反向电阻来判别其极性和好坏,方法类似于一般二极管的测量。测量时,万用表(机械式)置于R×10k挡,测其正反向电阻值,一般正向电阻小于50 kΩ,反向电阻大于200 kΩ以上为正常。数字万用表仍然用"⊣⊢"挡测量,当测量正确时一般发光二极管会发出微弱的光,此时数字万用表红表笔所接为发光二极管正极,黑表笔所接为负极。

⚠ 注意

绝大多数发光二极管用机械万用表低阻挡R×1k及以下挡是无法测量的,只有用R×10k挡测量,并且内部必须装上9 V电池。

发光二极管的工作电流是重要的一个参数。工作电流太小,发光二极管点不亮,太大则易损坏发光二极管。测量发光二极管工作电流的线路如图2.49所示。

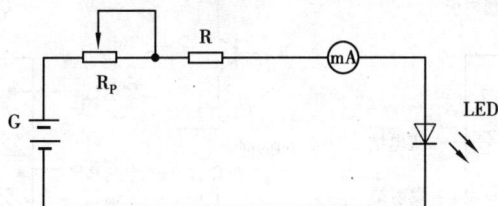

图2.49　测量发光二极管工作电流线路图

测量时,先将限流电阻(电位器)置于阻值较大的位置,然后慢慢将电位器向较低阻值方向移动。当一定值时,发光二极管起辉,继续使电位器阻值变小,使发光二极管达到所需的正常亮度,这时电流表的电流值即为发光二极管正常的工作电流值。在测量时注意不能使发光二极管亮度太高(工作电流太大),否则易使发光二极管早衰,影响其使用寿命。

（7）万用表测量光电二极管

光电二极管是一种能把光照强弱变化转换成电信号的半导体元件。光电二极管的顶端有一个能射入光线的窗口,光线通过窗口照射到管芯上,在光的激发下,光电二极管内产生大批"光生载流子",光电二极管的反向电流大大增加,使内阻减小。常用的光电二极管为2CU,2DU型。

光电二极管的正向电阻是不随光照而变化的阻值,约为几千欧。其反向电阻在无光照时应大于200 kΩ。受光照时,其反向电阻变小,光线越强,反向电阻越小,甚至仅几百欧。去除光照,反向阻值立即恢复到原来的阻值。

2.3.2 半导体三极管

1)常用三极管的外形识别(见图2.50)

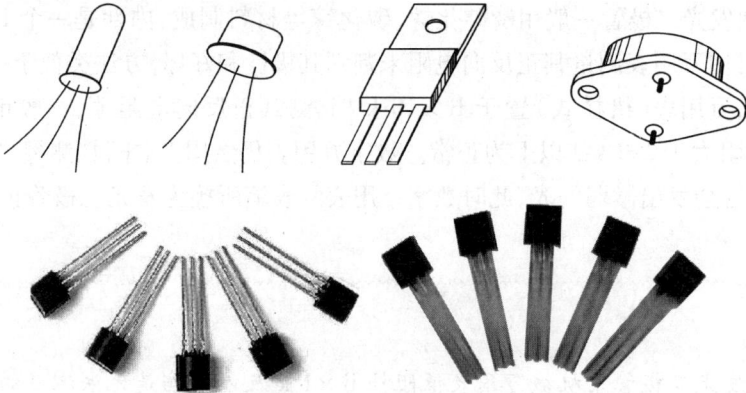

图2.50 常见三极管的外形图

2)晶体管的结构和分类

结构及符号:晶体三极管结构和符号,如图2.51所示。

图2.51 晶体三极管结构和符号

分类:按所用半导体材料可分为硅管和锗管;按用途可分为放大管和开关管;按工作频率可分为低频管和高频管;按功率大小可分为小功率管、中功率管、大功率管;按结构可分为NPN型和PNP型。

三极管内部等效电路,如图2.52所示。

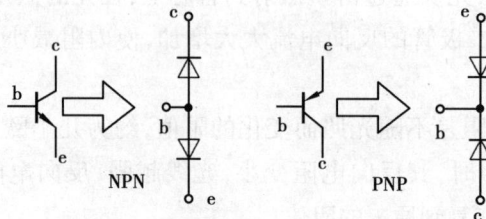

图2.52 晶体三极管内部等效电路

需要特别注意的是:

①NPN 型和 PNP 型晶体管符号的箭头方向不同,它表示发射结加正向偏置时的电流方向。

②晶体管并不是两个二极管的简单组合,不能用两个二极管来代替一个晶体管。

③一般情况下,晶体管的发射极和集电极也不能互换使用。

3)晶体管的电流分配关系及电流放大作用

三级管电流分配实验电路如图 2.53 所示。

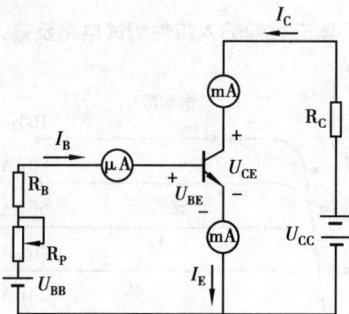

图 2.53　三极管电流分配实验电路

①各极的电流分配关系:发射极电流等于基极电流与集电极电流之和。即:

$$I_E = I_B + I_C$$

②电流放大作用:"发射结正偏,集电结反偏"是晶体管具有电流放大作用的外部条件。即:

$$I_C = \beta \Delta I_B$$

③说明:

a. 晶体管是一种电流控制器件,其电流放大作用就是基极电流 I_B 的微小变化控制了集电极电流 I_C 较大的变化。

b. 晶体管放大电流时,被放大的 I_C 是由电源 V_{CC} 提供的,并不是晶体管自身生成的,放大的实质是小信号对大信号的控制作用。

4)晶体管的特性曲线

以最常用的共发射极(基极与发射极为输入端,集电极与发射极为输出端,输入与输出回路共用发射极)放大电路的输入和输出特性曲线为例。

①输入特性曲线:是指晶体管的集极、射极间电压 u_{CE} 一定时,基极电流 i_B 与基极、射极间电压 u_{BE} 形状与二极管的正向特性曲线类似,也存在死区电压。硅管的死区电压约为 0.5 V,锗管死区电压约为 0.2 V。晶体管正常导通后,硅管的 U_{BE} 约为 0.7 V,锗管 U_{BE} 约为 0.3 V,如图 2.54 所示。

②输出特性曲线:是指晶体管的基极电流 I_B 一定时,集电极电流 i_C 与集极、射极间电压 u_{CE} 间的关系曲线,如图 2.55 所示。

A. 放大区。是指曲线近似平行于横轴的平坦区域。在此区域,晶体管工作于放大状态,体现了恒流特性;i_B 增加时 i_C 成比例地增加,体现了 i_B 变化控制 i_C 变化的电流放大作用。

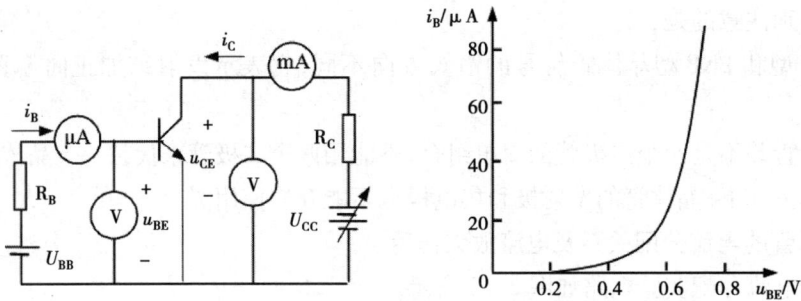

图 2.54 晶体三极管输入特性测试电路及输入特性曲线

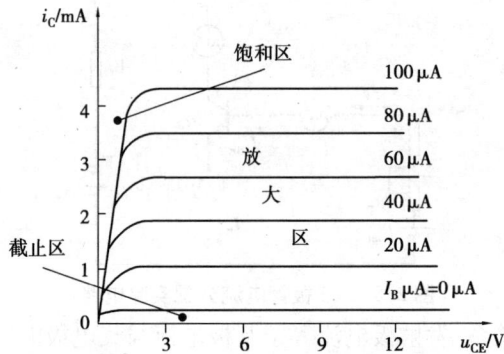

图 2.55 三极管输出特性曲线图

使晶体管工作在放大区的条件是:发射结正偏,集电结反偏。此时,发射结压降硅管为 $0.6 \sim 0.7$ V,锗管 $0.2 \sim 0.3$ V,对于 NPN 型晶体管,$V_C > V_B > V_E$。

B. 饱和区。是指图 2.55 的左边 $i_B > 0$,$u_{CE} \leq 0.3$ V 的区域。在此区域,i_C 不受 i_B 控制,失去放大作用。饱和时晶体管集电极 C 和发射极 E 之间的压降称为饱和压降 U_{CES},硅管的 U_{CES} 一般为 $0.3 \sim 0.4$ V。

使晶体管工作在饱和状态时的条件是:发射结正偏,集电结也正偏。此时,对于 NPN 型晶体管,集电极 C 与发射极 E 之间如同一个开关处于闭合状态,相当于短路。

C. 截止区。是指图 2.55 中 $i_B = 0$ 曲线以下的区域。在此区域,晶体管工作于截止状态。此时,晶体管无放大作用。使晶体管工作在截止区的条件是:发射结反偏,集电结反偏。对于 NPN 型晶体管,$V_C > V_E > V_B$,集电极 C 与发射极 E 之间如同一个开关处于断开状态,相当于开路。

③应用:一般情况下,在模拟电子电路中,晶体管主要工作在放大状态,以利用 i_B 对 i_C 的控制作用;在数字电子电路中,晶体管主要工作在饱和与截止两种状态,这时的晶体管相当于一个受控的开关。

5)晶体管的主要参数

①共射极电流放大系数 β:电流放大系数是表征晶体管放大能力的参数。温度升高,β 值增大,反映在输出特性曲线上就是各条曲线的间距增大。

②极间反向电流:是由少数载流子形成的,其大小表征了管子的温度特性。

a. I_{CBO}。指发射极开路时,集电极和基极之间的反向饱和电流。与二极管一样,I_{CBO}越小越好,温度升高,I_{CBO}增加。一般硅管热稳定性比锗管好。

b. I_{CEO}。指基极开路时,集电极和发射极之间的反向饱和电流,又称为穿透电流。$I_{CEO} = (1 + \beta) I_{CBO}$。

③极限参数:它是表征晶体管能否安全工作的参数。

A. 集电极最大允许电流 I_{CM}。是指当 β 下降到正常 β 值的 2/3 时所对应的 i_C 值。当 i_C 超过这个值时,短时间内晶体管不一定会损坏,但 β 值会明显下降,若长时间工作,可导致晶体管损坏。

B. 反向击穿电压。

a. $U_{(BR)CBO}$。发射极开路时,集电极-基极之间允许施加的最高反向电压,超过此值,集电结发生反向击穿。

b. $U_{(BR)EBO}$。集电极开路时,发射极-基极之间允许施加的最高反向电压。

c. $U_{(BR)CEO}$。基极开路时,集电极-发射极之间所能承受的最高反向电压。

C. 集电极最大允许耗散功率 P_{CM}。大小主要取决于允许的集电结结温。一般硅管约为150 ℃,锗管约为 70 ℃。集电结发热升温过高,会造成晶体管的烧毁。

6)晶体三极管的管脚测试

用万用表判别管脚的根据是:NPN 型三极管基极到发射极和基极到集电极均为 PN 结的正向,而 PNP 型三极管基极到发射极和基极到集电极均为 PN 结的反向。其等效图如图2.56 所示。判断三极管时心中必须牢记该内部等效图。

(1)机械万用表判断三极管的方法

①判断三极管的基极(b)。

对于功率在 1 W 以下的中小功率管,可用万用表的 R×100 或 R×1k 挡测量,对于功率在 1 W 以上的大功率管,可用 500 型万用表的 R×1 或 R×10 挡测量。

任意假设某一管脚为基极,用黑表笔接触刚刚假定好的基极管脚,用红表笔分别接触另两个管脚,如表头电阻值读数都很小,并且现两次测量结果只相差那么一点点,即指针偏转都很大,则与黑表笔接触的那一管脚是 NPN 型三极管的基极(b)。

若用红表笔接触某一假定的基极管脚,而用黑表笔分别接触另两个管脚,表头读数同样都很小时,指针偏转较大,则与红表笔接触的那一管脚是 PNP 型三极管的基极(b)。用上述方法既判定了晶体三极管的基极,又判别了三极管的类型。

②判断三极管发射极(e)和集电极(c)。

NPN 型三极管,确定基极后,假定其余的两只脚中的一只是集电极(c),将黑表笔接到此管脚上,红表笔则接到剩下的电极即发射极上。用手指把假设的集电极和已测出的基极捏起来(但不要相碰),看表针指示,并记下此阻值的读数。然后再作相反假设,即把原来假设为集电极的脚假设为发射极。作同样的测试并记下此阻值的读数。比较两次读数的大小,若前者阻值较小,说明前者的假设是对的,那么黑表笔接的一只脚就是集电极(c),剩下的一只脚是发射极。

PNP 型三极管,确定基极后,假定其余的两只脚中的一只是集电极(c),将红表笔接到此管脚上,黑表笔则接到假定的电极即发射极上。用手指把假设的集电极和已测出的基极捏起来(但不要相碰),看表针指示,并记下此阻值的读数。然后再作相反假设,即把原来假设为集电极的脚假设为发射极。作同样的测试并记下此阻值的读数。比较两次读数的大小,若前者阻值较小,说明前者的假设是对的,那么黑表笔接的一只脚就是集电极(c)即假设正确,剩下的一只脚是发射极。

(2)使用数字万用表判断三极管管脚(图解教程)

以实验室常用的 C9014 的三极管为例进行说明,假设不知它是 PNP 管还是 NPN 管。

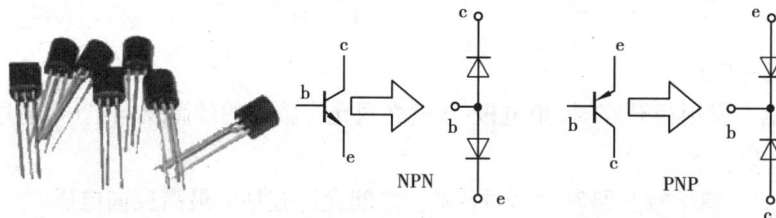

图 2.56 实物三极管和三极管的内部等效原理图

首先要找到基极并判断是 PNP 还是 NPN 管。看图 2.56 可知,对于 PNP 管的基极是两个负极的共同点,NPN 管的基极是两个正极的共同点。

图 2.57 万用表的二极管测量挡

①找基极定管型。任意假定其中一个极为基极。用数字万用表的二极管挡去测基极,如图 2.57 所示。对于 PNP 管,当黑表笔(连表内电池负极)在基极上,红表笔去测另两个极时一般为相差不大的较小读数(一般为 0.5 ～ 0.8),如表笔反过来接则为一个较大的读数(一般显示为 1 即 ∞)。对于 NPN 表来说则是用红表笔(连表内电池正极)连在基极上。如图 2.58 和图 2.59 所示,可以得知,手头上的 C9014 为 NPN 管,中间的管脚为基极。

将数字式万用表拨到"⊣⊢"挡,如图 2.47 万用表的二极管测量挡所示。任意假设某一管脚为基极,用红表笔接触假定好的基极,用黑表笔(红表笔)分别接触另两个管脚,若两次测量管压降的大小基本上相差不多(一般不超过0.1 V),并且记下两次测量结果(一次稍大,一次稍小,如一次为 0.688 V,另一次为 0.694 V),则与红表笔接触的那一管脚是 NPN 型三极管的基极(b)。

图 2.58 判断 C9014 的 B 极和管型(1)　　图 2.59 判断 C9014 的 B 极和管型(2)

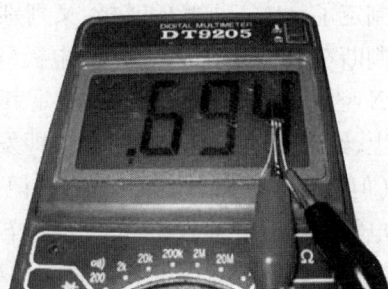

②比读数定 ce。比较上两次测量读数,一次为 0.688 V,一次为 0.694 V,则读数稍小的一次测量中(见图 2.58 和图 2.59),黑表笔所测量的管脚为集电极(c),剩下一个脚就是发射极(e)。

③看读数定材料。硅材料三极管,读数一般为 0.4 ~ 0.7 V。

锗材料三极管,读数一般为 0.2 ~ 0.3 V。

故上述所测量三极管为硅管。

⚠ 注意

部分用低挡次数字万用表可能显示不出前面的小数点,但测量时必须加入小数。若屏幕显示为 588,应读作 0.588 V,而不是 588 V。

7)三极管放大倍数 h_{FE} 测量

万用表上的 h_{FE} 挡,现在一般的数字表,甚至现在新生产的机械式 MF47 型也具有该功能。

如图 2.60 所示:万用表拨到 H_{FE} 挡,将上述判断好管脚的三极管按对应 NPN 和 PNP 的插孔插入相应的 BCE 孔中即显示出三极管的 h_{FE}。

8)三极管使用注意事项

三极管接入电路前,首先要弄清管型管脚,否则使用时轻则电路不能正常工作,重则要导致管子损坏。焊接管脚时,要用镊子夹着管脚引线,帮助散热,焊接时一般用 45 W以下烙铁。三极管带电时,不能用万用表电阻挡测极间电阻,也不能带电拆装。对大功率管(如常用的 3DD15D),应按要求加装散热片。

9)各种三极管好坏的判断

在判断各种三极管的过程中,若无论怎样交换表笔测量各极间正反阻值,指针均无任何偏转,表示此三极管已开

图 2.60　测量晶体管的 H_{FE}

路损坏。若测量 c,e 之间正反向阻值指针有偏转,表示此三极管已部分击穿损坏,若 be,ce,bc 之间正反向阻值均为 0 Ω 或部分为 0 Ω,表示三极管已经完全击穿或部分击穿。

同样三极管损坏的情况也还有很多,各种情况不尽相同,管子耐高温性能差、零点漂移严重等。将不再一一赘述。

【任务实训】

1)实训目标

①增强专业意识,培养良好的职业道德和习惯。

②学会查阅晶体管产品手册。

③学会使用万用表识别晶体管的管脚和管型并进行检测。

2）实验设备

①DT9205 万用表 1 块。

②各型二极管 6 只。

③NPN 型和 PNP 型小功率晶体管若干只。

3）实训内容与步骤

①熟悉晶体管产品手册。

对不同型号 NPN 型和 PNP 型的小功率晶体管,查阅产品手册。

②写出各自的名称。

③写出以下参数：I_{CM},P_{CM},I_{CEO},$U_{(BR)CEO}$。

4）二极管的识别与判断

①用万用表鉴别晶体二极管的特性,见表 2.20。

②将万用表分别置 R×10、R×1 k 挡,观察晶体二极管 2AP9,2CP10,1N4007 的正反向电阻阻值变化情况。

表 2.20　晶体二极管判别、测量技能训练表

阻值 型号		机械表 R×1 k		机械表 R×100		数字表二极管挡		质量判别	
		正向	反向	正向	反向	正向压降	反向压降	好	坏
二极管测量	2AP9								
	2CP10								
	1N4007								
注意：以上空的部分是测试板上的 10 个二极管,教师也可以自行准备各种型号二极管让学生测试。									

5）用万用表测量晶体三极管

(1)极性的判别

任选 PNP、NPN 型晶体三极管 10 只,由学生用万用表判别各管的管型及 c,b,e 管脚。

(2)管型的判别

当基极确定后,将黑表笔接基极,红表笔分别接触其他两极,若测得的电阻值都很小,则晶体管为 NPN 型,反之为 PNP 型。

(3)晶体管 h_{FE} 测试

h_{FE} 的测量：任选 PNP、NPN 型晶体三极管 10 只（编号）,由学生用万用表"h_{FE}"挡,测量各管的 β 值,并按号作好记录。

表 2.21　晶体三极管识别技能训练表

	三极管编号	1	2	3	4	5	6	7	8	9	10
三极管极性判别	标称型号										
	管脚排列从左到右 顺序	①②③	①②③	①②③	①②③	①②③	①②③	①②③	①②③	①②③	①②③
	管脚排列从左到右 外形图										
	管脚排列从左到右 管脚极性										
	h_{FE}值										
性能判别	其中,若晶体管性能良好,则发射结与集电结正向电阻值较低,硅管的电阻比锗管大。若测得发射结或集电结的正、反向电阻均很小或趋向于无穷大,则说明该结短路或断路;若测得集、射间电阻达不到几百千欧,说明该管的穿透电流I_{CEO}较大,性能不良										
判别、测量中出现的问题											

【考核评价标准】

表 2.22　考核评价标准表

项 目	内 容	分 值	考核要求	加分标准	得 分
实训态度	1.操作的积极性 2.遵守安全操作规程 3.纪律及卫生情况	10分	积极参加实训,遵守安全操作规程和劳动纪律,有良好的职业道德和团队精神	遵守安全操作规程加15分,其余酌情加分	
晶体二极管的识读	二极管极性和材料判别	20分	能正确测量晶体二极管和材料	能够正确测量,每个5分	
晶体三极管的读识	1.型号的认识 2.参数的读取	10分	能正确识别晶体管,并读取主要参数	会识别器件每个加3分;会读取参数每个加2分	
	1.基极的判别 2.管型的判别	20分	能正确判别晶体管的基极和管型	会判别基极每个加5分;会判断管型每个加3分	
	1.集电极的判别 2.发射极的判别	20分	能正确判别晶体管的集电极与发射极	能正确使用表笔每个加3分;会判别发射极每个加5分	

续表

项 目	内 容	分 值	考核要求	加分标准	得 分
晶体三极管的读识	1.B,E 间电阻 2.B,C 间电阻	10分	能正确测量极间电阻,并判断晶体管性能	测试方法正确每处加3分;会判别性能加5分;读数、记录、处理正确,每次加1分	
安全文明生产		10分	操作全过程中,不符合安全用电要求立即停工并扣5~10分		
合计		100分	实训得分		

●思考与练习

1.晶体三极管具有_____层、_____个 PN 结,3 个电极分别称为_____极、_____极和_____极,可用字母_____、_____和_____对应表示。

2.硅晶体三极管的饱和电压降为_____,锗晶体管的饱和电压降为_____。

3.晶体管被当作放大元件使用时,要求工作在_____区,此时应满足发射结_____,集电结_____;晶体管被当作开关元件使用时,要求工作在_____区和_____区。

4.为使晶体管具有放大作用,必须满足什么样的内部和外部条件?

5.晶体管有几种工作状态? 各有何特点?

6.在晶体管放大电路中,测得 $I_C = 3$ mA, $I_E = 3.06$ mA,求 I_B 和 β 各为多少?

任务2.4 片状元件的简介

【任务引入】

片状元件是一种无引线或短引线的小型元件,它可直接贴装在印刷板上,是用于表面组装的专用器件。片状元件具有尺寸小、质量小、安装密度高、可靠性好、高频特性好、抗干扰能力强等特点,是电子产品小型轻量化发展的主要方向,也是电子产品发展的必然趋势。本任务叙述了片状元件的特点,片状电阻、电容、电感、晶体管等常见元件的识读。

【任务目标】

了解并认识片状元件。

【任务相关理论基础知识】

2.4.1 片状元件的分类

片状元件按其形状可分为矩形、圆柱形和异形 3 大类。

片状元件按功能可分为片状无源器件(如片状电阻、片状电容、电位器、片状电感、片状复合元件等)(见表 2.23),片状有源器件(如片状二极管、片状三极管、片状集成电路等)(见表 2.24)和片状机电器件(如继电器、开关、连接器等)(见表 2.25)3 类。

表 2.23 片状无源元件

元件名称	形 状	特点及说明
片状电阻		厚膜电阻器、薄膜电阻器、热敏电阻器,其阻值一般直接标注在电阻其中一面,黑底白字;焊接温度一般为(2.35 ~ ±5)℃,焊接时间为(3 ±1)s
片状电容		铝、钽电解电容器:多层陶瓷、云母、有机薄膜、陶瓷微调电容器,片状矩形电容都无印刷标注,贴装时无朝向性,电解电容标注打在元件上,有横标端为正极
片状电位器		电位器、微调电位器,高频特性好,使用频率可超过 100 MHz,最大电流为 100 mA
片状电感器		线绕电感器、叠层电感器、可变电感器,其电感内部采用薄片型印刷式导线,呈螺旋状
片状复合元件		电阻网络、多层陶瓷网络滤波、谐振器

表2.24　片状有源元件

元件名称	形　状	特点及说明
片状二极管	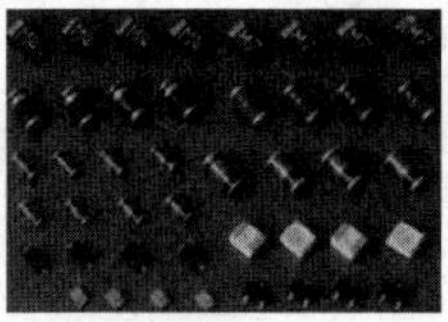	模型稳压、模型整流、模型开关、模型齐纳管、模型变容二极管,根据管内所含二极管的数量及连接方式,有单管、对管之分;对管中又分为共阳、共阴和串接等方式
片状三极管	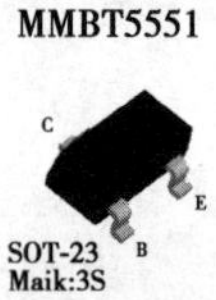 MMBT5551 C　E SOT-23　B Maik:3S	模塑型 NPN,PNP 晶体管,模塑型场效应管,模塑型无极晶体管,有普通管、超高频管及达林顿管多种类型
片状集成电路	 CTT DLPWM-g	有双列扁平封装、方形扁平封装、塑封有引线芯片载体和针栅与焊球成列封装,利用标注来确定管脚的排列方法

表2.25　片状机电元器件

元件名称	形　状	特点及说明
片状继电器	 OMRON G6Z-1F　JAPAN 5VDC	线圈电压 5 V,额定功率 200 W,触电电压 125 V
开关(旋转式)		触动式开关,开关电压 15 V
片状集成电路		多种系列,有接插件,有集成电路插件等

2.4.2　片状元件特点

①片状元件无引脚或引脚很短,装配方式有所不同。

②片状元件体积很小,故又称微型元件,常见的片状电阻器、片状电容器的体积为2 mm ×

0.7 mm,片状二极管的体积为2.9 mm×2.8 mm×1.25 mm,可见体积之小,所以,这类元件主要用于一些体积很小的电子设备中。

③片状元件适合自动化装配、焊接(采用贴片机装配)。

【任务实训】

图2.61 数标贴片电阻

1)片状电阻器识读

片状电阻器又称 LL 电阻,它可分为薄膜型和厚膜型两种,但应用较多的是厚膜型。其标注方法一般用如图 2.61 所示的数标贴片电阻标注。

(1)3 位数字标注法

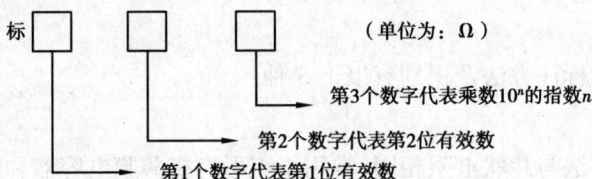

标 □ □ □ (单位为: Ω)

第3个数字代表乘数10^n的指数n
第2个数字代表第2位有效数
第1个数字代表第1位有效数

例如:$103 \rightarrow 10 \times 10^3 \ \Omega = 10 \ k\Omega$

练习:写出下列标注在片状电阻器上的数字所代表的电阻值。

$110 \rightarrow$,$010 \rightarrow$, $221 \rightarrow$,$011 \rightarrow$

(2)2 位数字后加 R 标注法

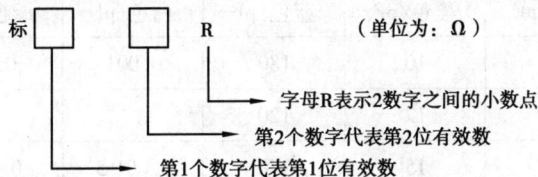

标 □ □ R (单位为: Ω)

字母R表示2数字之间的小数点
第2个数字代表第2位有效数
第1个数字代表第1位有效数

例如:$51R \rightarrow 5 \ \Omega + 0.1 \ \Omega = 5.1 \ \Omega$

练习:写出下列标注在片状电阻器上的数字所代表的电阻值。

$10R \rightarrow$,$21R \rightarrow$

(3)2 位数字中间加 R 标注法

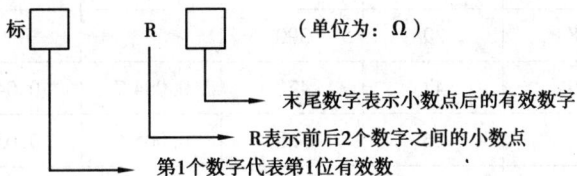

标 □ R □ (单位为: Ω)

末尾数字表示小数点后的有效数字
R表示前后2个数字之间的小数点
第1个数字代表第1位有效数

例如:$9R1 \rightarrow 9 \ \Omega + 0.1 \ \Omega = 9.1 \ \Omega$

练习:写出下列标注在片状电阻器上的数字所代表的电阻值。

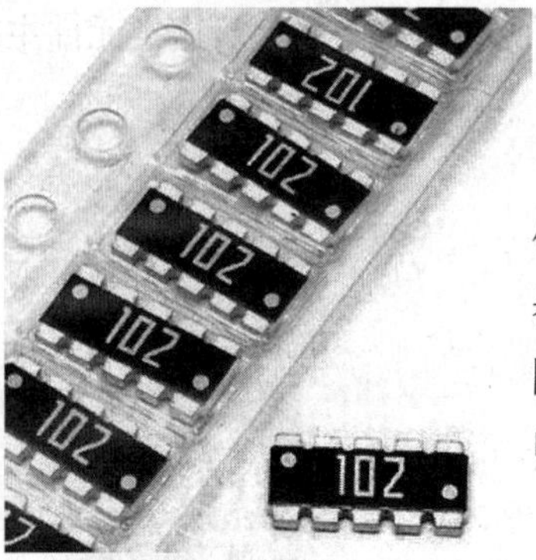

1R0 →,2R1→

2)片状排阻识读

片状排阻是多个电阻器按一电路规律封装在一起的元件,又称网络电阻,如图2.62所示。片状排阻内部的各电阻器其阻值大小是相等的。主要应用于一些电路结构相同、电阻值相等的电路中,简化电路设计。其识别方法与普通贴片电阻一样,在此不再赘述。

3)片状电容识读

片状电容器又称 LL 电容,它是一种小型无引线电容。其电容介质、加工工艺等均很精密,其介质主要由有机膜或瓷片构成,外形为矩形或圆柱形。耐压一般≤63 V,由于体积小,允许误差与其耐压均不作标注。

图 2.62 排阻

常用片状电容的标注方法及识别有以下3种:

(1)数码法

数码法的标注方法与片状电阻相同,常用于矩形有机薄膜电容器和陶瓷电容器。

(2)本体颜色加一个字母标注及识别

在 LL 电容体表面涂红、黑、蓝、白、黄、绿等某种颜色,再标注一个字母。体表面颜色表示电容器的数量级,字母表示电容量的数值,见表2.26。

表 2.26 颜色和字母表示的电容量

字 母	红色/pF	黑色/pF	蓝色/pF	白色/pF	绿色/pF	黄色/pF
A	1	10	180	0.001	0.01	0.1
C	2	12	120			
E	3	15	150	0.001 5	0.015	
G	4	18	180			
J	5	22	220	0.002 2	0.022	
L	6	27	270			
N	7	33	330	0.003 3	0.033	
Q	8	39	390			
S	9	47	470	0.004 7	0.047	
U		56	560	0.005 6	0.056	
W		68	680	0.006 8	0.068	
Y		82	820		0.082	

例如：

本体颜色　　字母　　电容量

红　　　　C　　　2 pF

黑　　　　L　　　27 pF

绿　　　　E　　　0.015 pF

（3）一个字母加一个数字标注及识别

在 LL 电容表面标注一个字母,再在字母后面标一个数字,即完整地表示一个电容器的标称值。这种标注方法常用于云母电容器、陶瓷电容器的标注,见表 2.27。

表 2.27　字母加数字表示的电阻值

字母加数字	电容标称值 /pF	字母加数字	电容标称值 /pF	字母加数字	电容标称值 /pF	字母加数字	电容标称值 /pF
A0	1	L1	27	N2	330	Y3	8 200
H0	2	N1	33	Q2	390	X3	9 100
M0	3	Q1	39	S2	470		
D0	4	S1	47	U2	560	A4	0.01
F0	5	U1	56	W2	680	E4	0.001 5
M0	6	W1	68	Y2	820	J4	0.002 2
N0	7	Y1	82	X2	910	N4	0.003 3
T0	8	X1	91	A3	1 000	S4	0.004 7
Y0	9	A2	100	E3	6 500	U4	0.056
A1	10	C2	120	J3	2 200	W4	0.068
C1	12	E2	150	N3	3 300	Y4	0.082
E1	15	G2	180	S3	4 700	X4	0.091
J1	22	J2	220	US	5 600	A5	0.1
1		L2	270	W3	6 800		

例如：

标注　　电容量

A0　　$1 \times 100 = 1$ pF

J3　　$2.2 \times 133 = 2\ 200$ pF

S3　　$4.7 \times 1\ 033 = 4\ 700$ pF

4）片状电感器识读

片状电感器外形与片状电阻器、电容器相近,在其表面采用字母数字混标法或 3 位数表示法标出电感器的标称值,电感器的代码有 nH 及 μH 两种单位,分别用 N 或 R 表示小数点。

例如：

标注　电感量

4N7　4.7 nH

10N　10 nH

R47　0.047 μH

6R8　6.8 μH

5）片状晶体管

（1）片状二极管

片状二极管一般不打印出型号，只打印型号代码或色标，这种型号代码由企业自定，并不统一，如图 2.63 至图 2.65 所示。

图 2.63　两引线封装二极管　　　　图 2.64　片状二极管型号代码

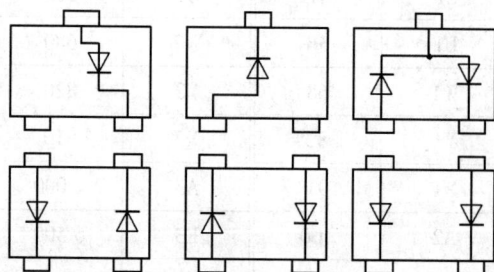

图 2.65　片状二极管内部结构示意图

（2）片状三极管

片状三极管有 3 个很短的引脚，分布成两排。其中一排只有一个引脚，这是集电极，其他两根引脚分别是基极和发射极，如图 2.66 所示。

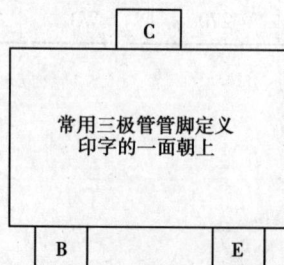

常用三极管管脚定义
印字的一面朝上

图 2.66　片状晶体三极管管脚

【考核评价标准】

表 2.28　考核评价标准表

项　目	内　容	分　值	考核要求	加分标准	得分
实训态度	操作的积极性、遵守安全操作规程、纪律及卫生情况	20 分	积极参加实训,遵守安全操作规程和劳动纪律,有良好的职业道德和团队精神	遵守安全操作规程加 15 分,其余酌情加分	
片状元件识别	贴片电阻、电容、二极管三极管识别	70 分	能正确测量贴片电阻、电容及晶体管	能够正确测量,每个 5 分	
安全文明生产	工位整理、操作规范、遵守车间纪律	10 分	操作全过程中,不符合安全用电要求立即停工并扣 5~10 分	不能够遵守安全规定酌情扣 5～10 分	
合计		100 分	实训得分		

任务 2.5　常用电声器件、石英晶体、陶瓷元件

【任务引入】

　　认识话筒,知道什么是扬声器,这很自然。了解它们的工作原理,那可能就未必了。对于知道石英晶体、陶瓷元件,也许更是不知所云。了解常用电声器件的工作原理、石英晶体、陶瓷元件的用途及其质量性能的检测方法,就是本任务所要学习的主要内容。

　　将声音信号转换为电信号的能量转换器件,也称话筒、麦克风、拾音器。在家庭和歌舞厅中,传声器是演唱和歌舞表演中使用最广泛的一种电声器件,传声器的好坏将直接影响声音的质量。

【任务目标】

　　了解常用电声器件的工作原理、石英晶体、陶瓷元件的用途及其质量性能的检测方法。

【任务相关理论基础知识】

2.5.1 传声器

1)传声器的分类

传声器按换能原理分为电动式(动圈式、铝带式)、电容式(直流极化式)、压电式(晶体式、陶瓷式),以及电磁式、碳粒式、半导体式等。

按声场作用力分为压强式、压差式、组合式、线列式等。

按电信号的传输方式分为有线和无线两种。

按用途分为测量话筒、人声话筒、乐器话筒、录音话筒等。

按指向性分为心形、锐心形、超心形、双向(8 字形)、无指向(全向形)。

此外,还有驻极体和最近新兴的硅微传声器、液体传声器和激光传声器。动圈传声器音质较好,但体积庞大。驻极体传声器体积小巧,成本低廉,在电话、手机等设备中广泛使用。硅微麦克风体积更小,特别适合高性价比的麦克风阵列应用。激光传声器在窃听中使用。各种类型的传声器如图 2.67 所示。

图 2.67　各种类型的无线传声器

2)常用传声器

电声器件是一种电声换能器,它可以将电能换成声能,或者将声能转换成电能。电声器件包括扬声器、传声器与耳机等。由于电声器件种类很多,这里仅对一些应用最广泛的电声器件作介绍。

(1)驻极体电容式传声器

传声器俗称话筒。驻极体是一种永久性极化的电介质,利用这种材料制成的电容式传声器称为驻极体电容式传声器,俗称驻极体话筒。

驻极体话筒的工作原理(见图 2.68):由于驻极体薄膜片(通常为 $10 \sim 12~\mu m$)上游自由电荷,当声波的作用使薄膜片产生振动时,电容器的两级之间就有了电荷量,于是改变了静态电容,电容量的改变使电容器的点输出端之间产生了随声波变化而变化的交变电压信号,从而完成声电转换。

由于驻极体话筒是一种高阻抗器件,不能直接与音频放大器匹配,使用时必须采用阻抗变换,使其输出组呈低阻抗,因此,在话筒内接入一只阻抗高、噪声系数小的结型场效应晶体管作阻抗变换。驻极体话筒的图形符号如图 2.68 所示。

(a)原理 （b)实物 （c)电路符号

图 2.68 驻极体话筒原理图及实物

(2)动圈式传声器

动圈式传声器俗称动圈式话筒,是一种最常见的传声器,它由磁铁、音圈、振膜和升压变压器等组成,是一种运动导体呈圆形线的电动式传声器。其工作原理是振膜随着声波振动,从而带动音圈在磁场中做切割磁力线运动,线圈两端产生感应音频电动势,实现了声能—机械能—电能的转换,将声能变成了电信号。动圈式传声器外形、内部结构及图形符号如图 2.69 所示。

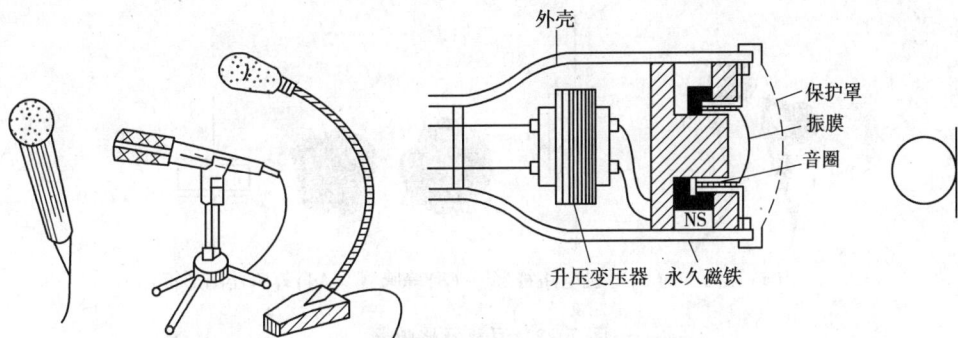

图 2.69 动圈式传声器外形、内部结构及图形符号

(3)电动式扬声器

电动式扬声器自 1926 年开始生产,因其声指标很高,结构简单、坚固且成本低廉,一直被世界上广泛采用,经久不衰。电动式扬声器可分为电动式锥盆扬声器、电动式号角扬声器和球顶式扬声器,如图 2.70 所示。在实际使用中最为广泛的是电动式锥盆扬声器。

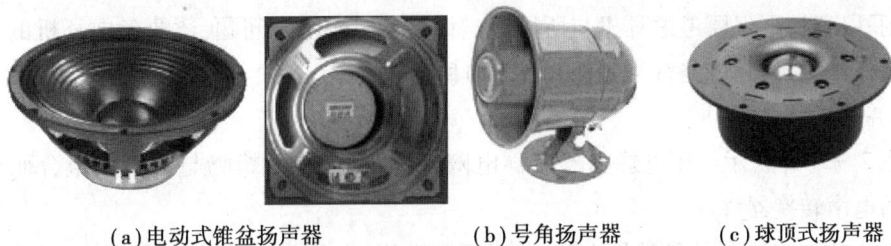

(a)电动式锥盆扬声器 （b)号角扬声器 （c)球顶式扬声器

图 2.70 常见扬声器、晶振

扬声器

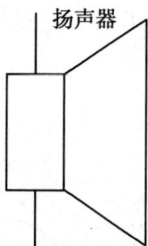

图 2.71　电动式扬声器图形符号

电动式锥盆扬声器的工作原理:振动系统整的音圈均匀地插入隙缝中,当音频电流通过音圈时,音圈中就会产生随音频电流变化的磁场,由于音圈磁场和磁体的磁场相互吸引和相互排斥作用,就产生了一种向前或向后的力,使音圈沿轴向作来回运动,音圈的运动推动了锥盆的振动,锥盆的振动又激励了周围空气的振动,使扬声器周围的空气密度产生变化,从而产生了声音。

选用扬声器时,不仅要考虑额定阻抗应与电路功放的输出阻抗相等,额定功率应大于电路功放输出功率的 1.2 倍,还应考虑扬声器的工作频率范围及扬声器的价格等。其电路符号如图 2.71 所示。

(4)耳机

耳机如图 2.72(a)所示。耳机又称耳塞,是一种能将电能转换为声能的转化器。耳机和扬声器一样都能用来重放声音。它们之间的区别是:扬声器向自由空间辐射能量;耳机则仅在一个新的空间形成声压,它既无声波间的相互干扰,又不受空间限制和"混响"的影响。因此,用耳机重放真实声场给人耳鼓膜的声压,在性能上比用扬声器重放的要好。人耳听觉的频率一般为 20 ~ 30 Hz,高保真耳机的频率响应范围通常为 40 ~ 50 kHz,它能满足人们收听高品质音乐的需求。

(a)耳机　　(b)耳机电路符号　　(c)蜂鸣器　　(d)蜂鸣器图形符号

图 2.72　耳机及蜂鸣器

耳机按换能原理可分为电动式(又称动圈式)、压电式、静电式等。下面介绍市面上使用最广泛的电动式耳机。电动式耳机由磁体、音圈、振膜、塑料外壳等组成,它的发声原理与电动式扬声器相同,即在磁体的恒定磁场下,音频电流通过音圈带动振膜振动而发声。

电动式耳机可分为高阻抗和低阻抗两种,一般高阻抗(2 000 Ω 以上)用于影碟机、功放等电器设备,低阻抗(8,16,32 Ω 等)用于随身听等各种播放器,这也是人们最常用的耳机。

选用耳机时,不仅要考虑耳机与所用音响设备的阻抗匹配问题,还要考虑耳机的频率响应范围及耳机的价格,电路符号如图 2.72(b)所示。

(5)压电蜂鸣器

如图 2.72(c)所示。压电蜂鸣器又称电陶瓷扬声器,是由蜂鸣与助声腔组合而成的一种常用的电声转换器件。

蜂鸣片的结构外形即在圆形的铜片(或不锈钢片)上覆盖一层具有压电效应的锆钛酸铅

陶瓷片,陶瓷片的表面涂上银浆涂层,铜片(或不锈钢片)和陶瓷片上的银层组成了蜂鸣片的两个电极。

当外加压力作用于压电陶瓷片上时,陶瓷片的两表面会产生一面为正,另一面为负的两种电荷;当升压作用于压电陶瓷片上时,则陶瓷片的两电极便产生与声波频率相同的音频电信号。当陶瓷片的两个电极加入了音频电压信号,陶瓷片会产生于音频相同频率的机械振动,这就是压电陶瓷片的压电效应。

当蜂鸣片的两个电极加入音频电压信号后,使其以音频频率作机械振动的同时推动周围空气的振动,并借助于声腔的作用发出响声,从而起扬声器的作用。

选用压电蜂鸣器时,应根据其实际使用场合和要求来选取其外形,根据其讯响度频率来确定蜂鸣片的直径、助声腔与外壳尺寸。其电路符号如图 2.72(d)所示。

2.5.2　石英晶体管

1)石英晶体管

石英晶体管一般由石英晶体管片、支架、电极、引线、外壳等构成。

石英晶体振荡器是利用石英晶体的"压电效应"制成的一种频率元件。石英晶体在电路中主要利用其品质因素 Q 值高、性能稳定可靠、不受外界气候的影响等优点,广泛应用于石英钟表的时基振荡器、数字电路中的脉冲信号发生器及各种遥控器等电路中。

石英晶体管振荡器的工作原理:在晶体的两端加上交变电压时,晶体随交变电压信号的变化而产生机械振动;若交变电压的频率与晶体的固有频率相同时,机械振动最强,电路中的电流达到最大,电路产生谐振。常见的石英晶体元件电路符号如图 2.73 所示。

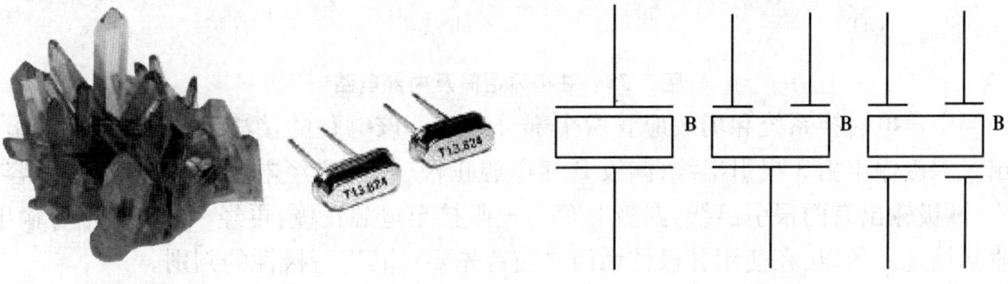

(a)石英晶体　　　　(b)晶振　　　　(c)电路符号

图 2.73　常见石英晶体、晶振和电路符号

选用石英晶体时,应按实际应用电路的要求来选择石英晶体的主要电参数(如标称频率、负载电容、激动电平等),然后根据振荡电路的稳定频率及精度等级来选取石英晶体。

2)陶瓷元件

陶瓷元件是由锆钛酸陶瓷材料制成的薄片,并在薄片两边涂上银层,然后在银层上做电机引线,最后用塑料或复合材料封装而成。陶瓷元件按用途和功能可分为陶瓷滤波器、陶瓷陷波器、陶瓷鉴频器和陶瓷谐振器等;按其引出电机的数目可分为两电极、三电极、四电极及以上的多电极陶瓷元件等。陶瓷元件的选用与选用石英晶体相似,如图 2.74 所示。

(a)陶瓷晶体振元件　　　　　　　　　　　(b)电路符号

图 2.74　陶瓷晶振元件及电路符号

【任务实训】

1)驻极体话筒性能的检测

(1)极性判别

关于驻极体电容式话筒的检测方法是:首先检查引脚有无断线情况,然后检测驻极体电容式话筒。驻极体话筒体积小,结构简单,电声性能好,价格低廉,应用非常广泛。驻极体话筒的内部结构如图 2.75 所示。

(a) 　　　　　　　　　　　(b) 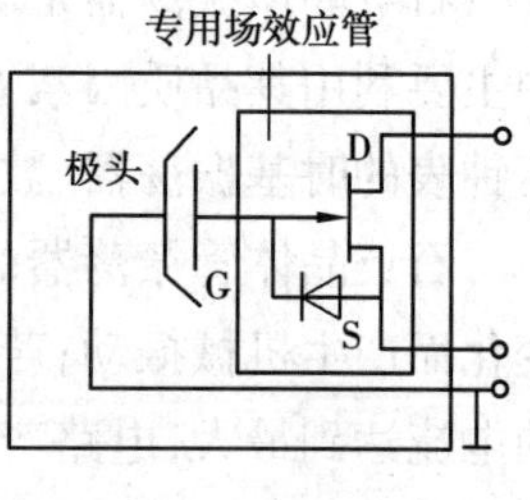　　　　　　　　　　　(c)

图 2.75　驻极体话筒及内部电路

内部由声电转换系统和场效应管两个部分组成。该电路的接法有两种:源极输出和漏极输出。源极输出由 3 根引出线,漏极 D 接电源正极,源极 S 经电阻接地,再经一电容作信号输出;漏极输出有两根引出线,漏极 D 经一电阻接至电源正极,再经一电容作信号输出,源极 S 直接接地。所以,在使用驻极体话筒之前首先要对其进行极性的判别。

在场效应管的栅极与源极之间接有一只二极管,因而可利用二极管的正反向电阻特性来判别驻极体话筒的漏极 D 和源极 S。

将万用表拨至 R×1 k 挡,黑表笔接任一极,红表笔接另一极。再对调两表笔,比较两次测量结果,阻值较小时,黑表笔接的是源极,红表笔接的是漏极。

(2)灵敏检测

在收录机、电话机等电器中广泛应用的驻极体话筒,其灵敏度直接影响送话和录放效果。该类话筒灵敏度的高低可用万用表进行简单测试。

将模拟式万用表拨至 R×100 挡,两表笔分别接话筒两电极(注意不能错接到话筒的接地极),待万用表显示一定读数后,用嘴对准话筒轻轻吹气(吹气速度慢而均匀),边吹气边观察表针的摆动幅度。吹气瞬间表针摆动幅度越大,话筒灵敏度就越高,送话、录音效果就越好。若摆动幅度不大(微动)或根本不摆动,说明此话筒性能差,不宜应用。对于三根引脚驻极体电容式话筒检测方法同上,只是黑表棒接输出引脚 2 脚,红表棒接引脚 3 脚。

(3)性能好坏检测

本文以 MF47 型指针式万用表为例,介绍在业余条件下使用万用表快速判断驻极体话筒的极性、检测驻极体话筒的好坏及性能的具体方法。

①驻极体话筒判断极性。由于驻极体话筒内部场效应管的漏极 D 和源极 S 直接作为话筒的引出电极,所以只要判断出漏极 D 和源极 S,也就不难确定出驻极体话筒的电极。如图 2.76(a)所示,将万用表拨至"R×100"或"R×1 k"电阻挡,黑表笔接任意一极,红表笔接另外一极,读出电阻值数;对调两表笔后,再次读出电阻值数,并比较两次测量结果,阻值较小的一次中,黑表笔所接应为源极 S,红表笔所接应为漏极 D。进一步判断:如果驻极体话筒的金属外壳与所检测出的源极 S 电极相连,则被测话筒应为两端式驻极体话筒,其漏极 D 电极应为"正电源/信号输出脚",源极 S 电极为"接地引脚";如果话筒的金属外壳与漏极 D 相连,则源极 S 电极应为"负电源/信号输出脚",漏极 D 电极为"接地引脚"。如果被测话筒的金属外壳与源极 S、漏极 D 电极均不相通,则为三端式驻极体话筒,其漏极 D 和源极 S 电极可分别作为"正电源引脚"和"信号输出脚"(或"信号输出脚"和"负电源引脚"),金属外壳则为"接地引脚"。

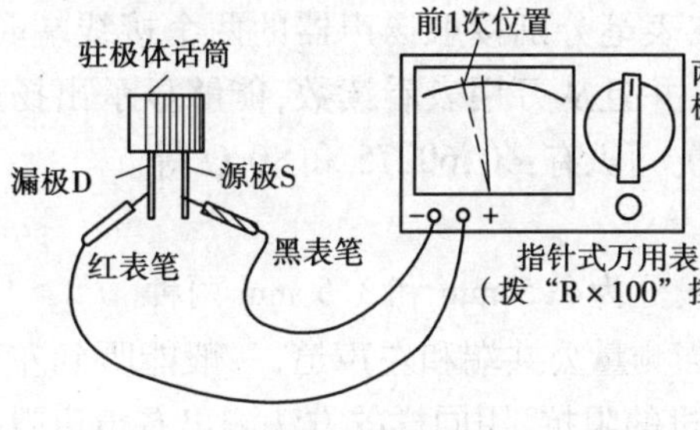

(a)判断极性与好坏 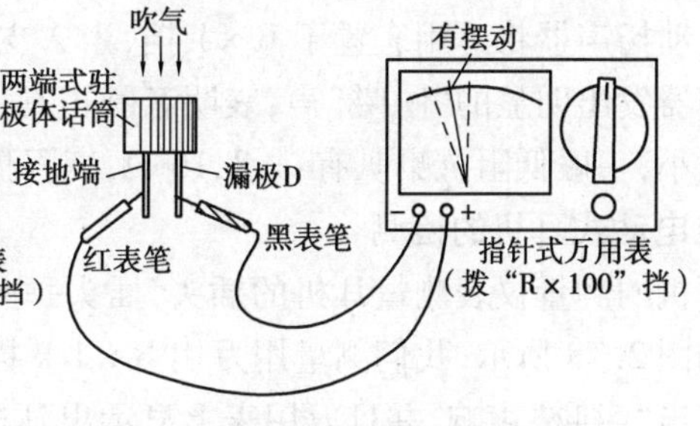   (b)检测两端式话筒灵敏度

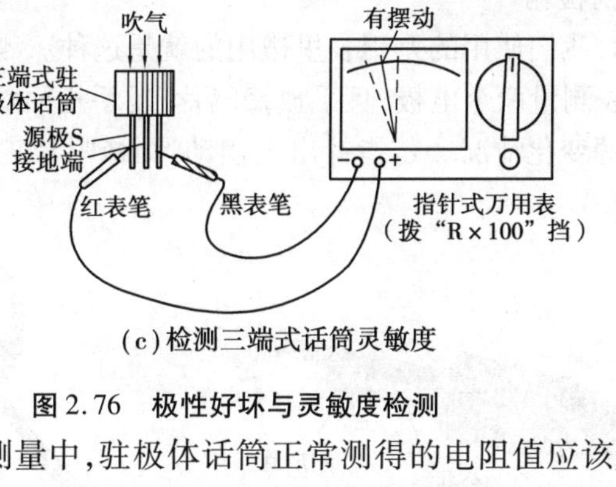

(c)检测三端式话筒灵敏度

图 2.76   极性好坏与灵敏度检测

②检测好坏。在上面的测量中,驻极体话筒正常测得的电阻值应该是一大一小。如果正、反向电阻值均为∞,则说明被测话筒内部的场效应管已经开路;如果正、反向电阻值接近或等于 0 Ω,则说明被测话筒内部的场效应管已被击穿或发生了短路;如果正、反向电阻值相等,则说明被测话筒内部场效应管栅极 G 与源极 S 之间的晶体二极管已经开路。由于驻极体话筒是一次性压封而成,所以内部发生故障时一般不能维修,弃旧换新即可。

2)动圈式话筒的简要检测

下面以低阻抗话筒、高阻抗话筒为例,介绍动圈式话筒的检测,如图2.77所示。

测低阻抗话筒时,用万用表R×1k挡;测试高阻抗话筒时用R×100挡。将2支表笔分别接触动圈式话筒的芯线与屏蔽线,正常的话筒应听到发出的"咯咯"声(用R×1k挡时,声音小一些)。若万用表指针为"0""∞"或无声时,则表明该话筒有故障。

图2.77 动圈式话筒检测示意图

3)电动式锥盆扬声器性能的简要检测

电动扬声器将万用表置于R×1挡,当2支表笔分别接触扬声器的两个接线端时,能听到扬声器发出明显的"嗞嗞"声,表明音圈正常,并且从万用表看读数,能够显示出扬声器的阻抗大小,一般低阻抗喇叭有:4,8,16 Ω,高阻抗喇叭有:40,60,75和80 Ω等。

4)电动式耳机的检测

耳机的测量仪表测量耳机的插头,插头一般分为2.5 mm和3.5 mm两种。

如图2.78所示,我们测量用万用R×1k挡测量公共端和左声道,一般能听到左声道耳机里发出"嗞嗞"声响,并且万用表上显示出耳机的阻抗,用同样的方法测出右声道阻抗。

5)压电蜂鸣器的检测

如图2.79所示,我们使用的万用表里边用的就是这种。测量时用万用表50 μA挡或者100 μA挡,用万用表测量两个电极,且平放蜂鸣片,用手指面对陶瓷片做轻压、轻放运动,同时观察万用表指针的变化情况。若指针出现摆动,则蜂鸣片工作正常,若指针无变化,则蜂鸣片已经失效。

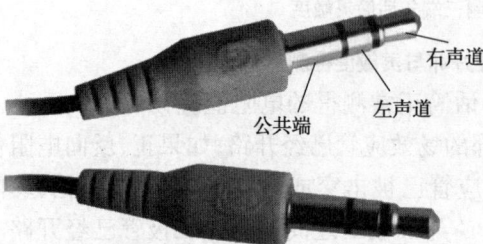

图2.78 双声道耳机插头

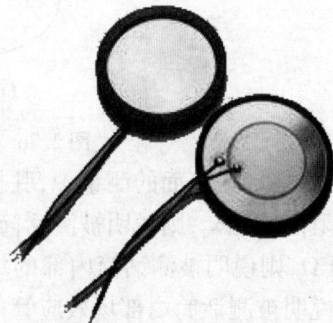

图2.79 压电蜂鸣片

6)**石英晶体的简要检测**

石英晶体的检测方法是:将指针式万用表的量程开关调至 R×10 k 挡,将两支表笔分别与石英晶体的两个电极接触,同时观察表盘变化情况,在正常情况下,万用表指针应指在∞处,即指针不动。若万用表指针在∞处略有摆动,则说明此晶体有漏电现象或电极与晶体有接触不良现象。因为接触不良相当于电动机在晶体上划动,根据压电效应会产生电流,报以万用表指针会产生轻微摆动;若万用表指针有一定值偏转,则被测晶体严重漏电;若万用表指针为 0,则晶体已被击穿损坏。

【考核评价标准】

常用电声器件、石英晶体、陶瓷元件的检测评价标准见表 2.29。

表 2.29　考核评价标准表

项　目	内　容	分　值	考核要求	加分标准	得分
实训态度	1. 操作的积极性 2. 遵守安全操作规程 3. 纪律及卫生情况	10 分	积极参加实训,遵守安全操作规程和劳动纪律,有良好的职业道德和团队精神	遵守安全操作规程加 15 分,其余酌情加分	
驻极体话筒	测量极性及好坏	20 分	能正确测量并判断性能好坏	能够正确测量,每个计 5 分	
电动式扬声器	测量阻抗	20 分	能正确测量并判断性能好坏	能够正确测量,每个计 10 分	
电动式耳机	测量左右声道阻抗	20 分	能正确测量并判断性能好坏	能够正确测量每个声道计 10 分	
陶瓷蜂鸣片	测量好坏	10 分	能正确测量并判断性能好坏	能够正确测量计 10 分	
石英晶体	测量好坏	10 分	能正确测量并判断性能好坏	能够正确测量计 10 分	
安全文明生产	工位整理、操作规范、遵守车间纪律	10 分	操作全过程中,不符合安全用电要求立即停工并扣 5～10 分	不能够遵守安全规定酌情扣 5～10 分	
合计		100 分	实训得分		

项目 3

电子元件焊接技术技能训练

●项目思考讨论

电子元件是组成电子产品的基础,把电子元器件牢固地焊接到印刷电路板上,是电子装配中的重要环节。掌握焊接的基本知识和基本技能是衡量电子、电气自动化、汽车电气维修及机电专业的学生掌握电子技术基本技能的一个重要项目之一,也是从事电子技术相关工种工作所必需掌握的技能。

●项目实践意义

焊接技术是一个好的电子产品的前提保障,如今风靡全球的世界著名品牌,如苹果、诺基亚、三星、西门子及国产的华为等品牌都有一个好的口碑,就是产品的性能稳定,而一个稳定的电子产品必须是靠牢固而稳定的电子元件焊接。电子元件的焊接技术关系到工农业的各方面。

●项目学习目标

能够焊接一个合格的电子产品就是本项目的学习目标。

●项目任务分解

学生通过本项目的学习主要掌握传统手工焊接需要的工具、耗材和技能要点；各种电子产品及各种电子元器件的熟练拆卸技术和技巧；手工设计与制作电子电路板的方法并了解印刷板的制作工艺和流程；SMT 贴片元件的手工焊接与拆卸方法与技巧；各种电子电路的设计与装配工艺技术。

任务 3.1　手工焊接技术

任务引入

　　焊接在电子产品装配中是一项重要的技术。它在电子产品实验、调试、生产中,应用非常广泛,而且工作量相当大,焊接质量的好坏,将直接影响产品的质量。

　　电子产品的故障除元器件的原因外,大多数是由于焊接质量不佳而造成的,因此,熟练的掌握焊接操作技能非常必要。焊接的种类很多,本任务主要阐述应用广泛的手工锡焊技术。

【任务目标】

　　1.掌握手工焊接的基本工具;

　　2.掌握手工焊接的基本方法;

　　3.掌握导线焊接的基本要求和方法。

【任务相关理论基础知识】

3.1.1　焊接工具

1)电烙铁

电烙铁是最常用的手工焊接工具之一,被广泛用于各种电子产品的生产与维修。

(1)电烙铁的种类

常见的电烙铁有内热式、外热式、恒温式、吸锡式等形式。

①内热式电烙铁。内热式电烙铁主要由发热元件、烙铁头、连接杆以及手柄等组成,它具有发热快、体积小、质量轻、效率高等特点,因而得到普遍应用。

常用的内热式电烙铁的规格有 20,35,50 W 等,20 W 烙铁头的温度可达 350 ℃左右。电烙铁的功率越大,烙铁头的温度就越高。焊接集成电路、一般小型元器件选用 20 W 内热式电烙铁即可。使用的电烙铁功率过大,容易烫坏元件(二极管和三极管等半导体元器件当温度超过 200 ℃就会烧毁)和使印制板上的铜箔线脱落;电烙铁的功率太小,不能使被焊接物充分加热而导致焊点不光滑、不牢固,易产生虚焊。

②外热式电烙铁。外热式电烙铁由烙铁芯、烙铁头、手柄等组成。烙铁芯由电热丝绕在薄云母片和绝缘筒上制成。

外热式电烙铁常用的规格有 25,45,75,100 W 等,当被焊接物较大时常使用外热式电烙铁。它的烙铁头可以被加工成各种形状以适应不同焊接面的需要。

③恒温电烙铁。恒温电烙铁是用电烙铁内部的磁控开关来控制烙铁的加热电路,使烙铁头保持恒温。磁控开关的软磁铁被加热到一定的温度时,便失去磁性,使触点断开,切断电源。恒温烙铁也有用热敏元件来测温以控制加热电路使烙铁头保持恒温的。

④吸锡烙铁。吸锡烙铁是拆除焊件的专用工具,可将焊接点上的焊锡吸除,使元件的引脚与焊盘分离。操作时,先将烙铁加热,再将烙铁头放到焊点上,待熔化焊接点上的焊锡后,按动吸锡开关,即可将焊点上的焊锡吸掉,有时这个步骤要进行几次才行。

(2)电烙铁的选用

由前述可知,电烙铁的种类及规格有很多种,而且被焊工件的大小又有所不同,因而合理地选用电烙铁的功率及种类,对提高焊接质量和效率有直接的关系。如果被焊件较大,使用的电烙铁功率较小则焊接温度过低,焊料熔化较慢,焊剂不能挥发,焊点不光滑、不牢固,这样势必造成焊接强度以及质量的不合格,甚至焊料不能熔化,使焊接无法进行。如果电烙铁的功率太大则使过多的热量传递到被焊工件上面,使元器件的焊点过热,造成元器件的损坏,致使印刷电路板的铜箔脱落,焊料在焊接面上流动过快,并无法控制。

选用电烙铁时,可从以下几个方面进行考虑:

①焊接集成电路、晶体管及受热易损元器件时,应选用 20 W 内热式或 25 W 的外热式电烙铁。

②焊接导线及同轴电缆时,应先用 45 ~ 75 W 外热式电烙铁,或 50 W 内热式电烙铁。

③焊接较大的元器件时,如行输出变压器的引线脚、大电解电容器的引线脚,金属底盘接地焊片等,应选用 100 W 以上的电烙铁。

(3)电烙铁的使用方法

电烙铁使用前应先用万用表检查烙铁的电源线有无短路和开路,烙铁是否漏电。电源线的装接是否牢固,螺丝是否松动,在手柄上的电源线是否被螺丝顶紧,电源线的套管有无破损等。新买的烙铁一般不能直接使用,要先将烙铁头进行"上锡"后方能使用。

①烙铁的握法。为了能使被焊件焊接牢靠,又不烫伤被焊件周围的元器件及导线视被焊件的位置、大小及电烙铁的规格大小,适当地选择电烙铁的握法是非常重要的。

电烙铁的握法可分为 3 种,如图 3.1 所示。图中(a)为反握法,就是用五指把电烙铁的柄握在掌内。此法适用于大功率电烙铁,焊接散热量较大的被焊件。图中(b)为正握法,此法使用的电烙铁也比较大,且多为弯形烙铁头。图中(c)为握笔法,此法适用于小功率的电烙铁,焊接散热量小的被焊件,如焊接收音机、电视机的印刷电路板及其维修等。

②新烙铁在使用前的处理。新买的烙铁一般不能直接使用,必须先对烙铁头进行处理后才能正常使用。就是说在使用前先给烙铁头镀上一层焊锡,即先将烙铁头进行"上锡"后方能使用。具体的方法是:首先用锉把烙铁头按需要锉成一定的形状,然后接上电源,当烙

铁头温度升至能熔锡时,将松香涂在烙铁头上,等松香冒烟后再涂上一层焊锡,如此进行2~3次,直至烙铁头表面薄薄地镀上一层锡为止。

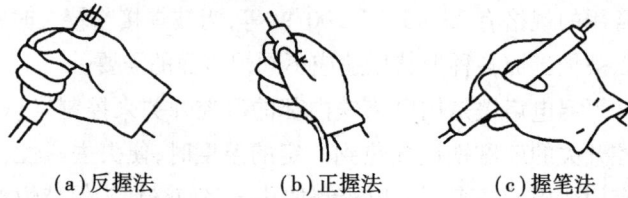

(a)反握法   (b)正握法   (c)握笔法

图3.1　电烙铁的握法

当烙铁使用一段时间后,烙铁头的刃面及其周围就要产生一层氧化层,这样便产生"吃锡"困难的现象,此时可锉去氧化层,重新镀上焊锡。

③烙铁头长度的调整。经过选择电烙铁的功率大小后,已基本满足焊接温度的需要,但是仍不能完全适应印刷电路板中所装元器件的需求。如焊接集成电路与晶体管时,烙铁头的温度就不能太高,且时间不能过长,此时便可将烙铁头插在烙铁芯上的长度进行适当地调整,从而控制烙铁头的温度。

④电烙铁不易长时间通电而不使用。因为这样容易使电烙铁芯加速氧化而烧断,同时也将使烙铁头因长时间加热而氧化,甚至被烧"死"不再"吃锡"。

⑤电烙铁在使用时,不可将电线随着柄盖扭转,以免将电源线接头部位造成短路。烙铁在使用过程中不要敲击,烙铁头上过多的焊锡不得随意乱甩,要在松香或软布上擦除。

⑥更换烙铁芯时要注意引线不要接错。因为电烙铁有3个接线柱,而其中一个是接地的,另外两个是接烙铁芯两根引线的(这两个接线柱通过电源线,直接与220 V交流电源相接)。如果将220 V交流电源线错接到接地线的接线柱上则电烙铁外壳就要带电,被焊件也要带电,这样就会发生触电事故。

⑦电烙铁在焊接时,最好选用松香焊剂,以保护烙铁头不被腐蚀。氯化锌和酸性焊油对烙铁头的腐蚀性较大,使烙铁头的寿命缩短,因而不易采用。烙铁应放在烙铁架上。应轻拿轻放,决不要将烙铁上的锡乱抛。

(4)电烙铁的常见故障及其维护

电烙铁在使用过程中常见故障有:电烙铁通电后不热,烙铁头不吃锡、烙铁带电等故障。下面以内热式20 W电烙铁为例加以说明。

①电烙铁通电后不热。遇到此故障时可以用万用表的欧姆挡测量插头的两端,如果表针不动,说明有断路故障。当插头本身没有断路故障时,即可卸下胶木柄,再用万用表测量烙铁芯的两根引线,如果表针仍不动,说明烙铁芯损坏,应更换新的烙铁芯。如果测量铁芯两根引线电阻值为2.5 kΩ左右,说明烙铁芯是好的,故障出现在电源引线及插头上,多数故障为引线断路,插头中的接点断开。可进一步用万用表的R×1挡测量引线的电阻值,便可发现问题。

更换烙铁芯的方法是:将固定烙铁芯引线螺丝松开,将引线卸下,把烙铁芯从连接杆中取出,然后将新的同规格烙铁芯插入连接杆,将引线固定在螺丝上,并注意将烙铁芯多余引线头剪掉,以防止两根引线短路。

当测量插头的两端时,如果万用表的表针指示接近零欧姆,说明有短路故障,故障点多为插头内短路,或者是防止电源引线转动的压线螺丝脱落,致使接在烙铁芯引线柱上的电源线断开而发生短路。当发现短路故障时,应及时处理,不能再次通电,以免烧坏保险丝。

②烙铁头带电。烙铁头带电除前边所述的电源线错接在接地线的接线柱上的原因外,还有就是,当电源线从烙铁芯接线螺丝上脱落后,又碰到了接地线的螺丝上,从而造成烙铁头带电。这种故障最容易造成触电事故,并损坏元器件,因此,要随时检查压线螺丝是否松动或丢失。如有丢失、损坏应及时配好(压线螺丝的作用是防止电源引线在使用过程中的拉伸、扭转而造成的引线头脱落)。

③烙铁头不"吃锡"。烙铁头经长时间使用后,就会因氧化而不沾锡,这就是"烧死"现象,也称作不"吃锡"。

当出现不"吃锡"的情况时,可用细砂纸或锉刀将烙铁头重新打磨或挂出新茬,然后重新镀上焊锡就可继续使用。

④烙铁头出现凹坑。当电烙铁使用一段时间后,烙铁头就会出现凹坑,或氧化腐蚀层,使烙铁头的刀面形状发生了变化。遇到此种情况时,可用锉刀将氧化层及凹坑锉掉,并锉成原来的形状,然后镀上锡,就可以重新使用了。

⑤为延长烙铁头的使用寿命,必须注意以下几点:

a. 经常用湿布、浸水海绵擦拭烙铁头,以保持烙铁头良好的挂锡,并可防止残留助焊剂对烙铁头的腐蚀。

b. 进行焊接时,应采用松香或弱酸性助焊剂。

c. 焊接完毕时,烙铁头上的残留焊锡应继续保留,以防止再次加热时出现氧化层。

2)其他常用工具

(1)尖嘴钳

尖嘴钳头部较细,外形如3.2(a)所示。它适用于夹小型金属零件或弯曲元器件引线。尖嘴钳一般都带有塑料套柄,使用方便,且能绝缘。

(a)尖嘴钳　　　　　　(b)平嘴钳　　　　　　(c)斜嘴钳

图3.2　常见钳子

尖嘴钳不宜用于敲打物体或装拆螺母。不宜在80 ℃以上的温度环境中使用,以防止塑料套柄熔化或老化。

(2)平嘴钳

平嘴钳钳口平直,外形如图3.2(b)所示。可用于夹弯曲元器件管脚与导线。因其钳口无纹路,所以,对导线拉直、整形比尖嘴钳适用。但因钳口较薄,不易夹持螺母或需施力较大部位。

（3）斜嘴钳

斜嘴钳外形如图3.2（c）所示。用于剪焊后的线头,也可与尖嘴钳合用剥导线的绝缘皮。剪线时,要使钳头朝下,在不变动方向时可用另一只手遮挡,防止剪下的线头飞出伤眼。

（4）剥线钳

几种常用的剥线钳如图3.3所示。剥线钳专用于剥有包皮的导线。使用时注意将需剥皮的导线放入合适的槽口,剥皮时不能剪断导线。剪口的槽并拢后应为圆形。

图3.3　几种常用的剥线钳

（5）平头钳

平头钳又称为克丝钳或老虎钳,其头部较平宽,如图3.4所示。常用的规格有175 mm和200 mm两种,平头钳一般都带有塑料套柄,使用方便,且能绝缘。它适用于螺母、紧固件的装配操作。一般适用紧固M5螺母,电工常用平头钳剪切或夹持导线、金属线等。但不能代替锤子敲打零件。

平头钳的使用如图3.4所示。按图中（a）的方法,可用平头钳的齿口进行旋紧或松动螺母,按图中（b）的方法,可用平头钳的刀口进行导线断切;按图中（c）的方法,侧切钢丝。

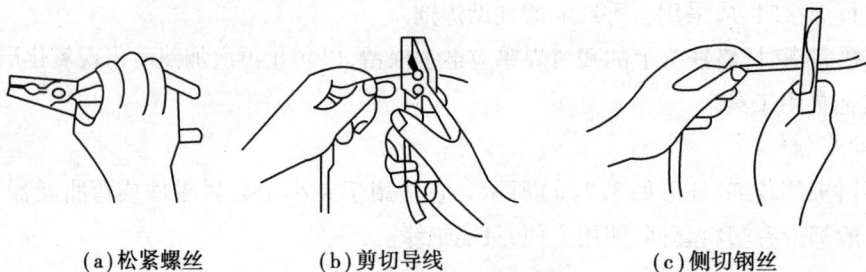

(a)松紧螺丝　　　　　(b)剪切导线　　　　　(c)侧切钢丝

图3.4　平头钳

（6）镊子

镊子有尖嘴镊子和圆嘴镊子两种。尖嘴镊子用于夹持较细的导线,以便于装配焊接。圆嘴镊子用于弯曲元器件引线和夹持元器件焊接等,用镊子夹持元器件焊接还可起散热作用。

（7）螺丝刀

螺丝刀又称起子、改锥。有"一"字式和"十"字式两种,专用于拧螺钉。根据螺钉大小可选用不同规格的螺丝刀。但在拧时,不要用力太猛,以免螺钉滑口。

另外,钢板尺、盒尺、卡尺、扳手、小刀、锥子等也是经常用到的工具。

（8）低压验电器

低压验电器通常又称为试电笔，由氖管、电阻、弹簧和笔身等部分组成，主要是验证低压导体和电气设备外壳是否带电的辅助安全工具。试电笔有钢笔式和旋具式两种。常用的试电笔的测试范围是 60～500 V。指带电体和大地的电位差。

使用电笔时应注意的事项：

①使用前，一定要在有电的电源上验电检查氖管能否正常发光。

②使用时，手必须接触金属笔挂或试电笔顶部的金属螺钉，但不得接触金属笔杆与电源相接触的部分。

③应当避光检测，以使看清氖管的光辉。

④电笔不可受潮，不可随意拆装或受到剧烈震动以保证测试可靠。

3.1.2　焊料和焊剂

1）焊料

焊料是指易熔金属及其合金，它能使元器件引线与印制电路板的连接点连接在一起。焊料的选择对焊接质量有很大的影响。在锡（Sn）中加入一定比例的铅（Pb）和少量其他金属可制成熔点低、抗腐蚀性好、对元件和导线的附着力强、机械强度高、导电性好、不易氧化、抗腐蚀性好、焊点光亮美观的焊料，故焊料常称作焊锡。

2）焊锡的种类及选用

焊锡按其组成的成分可分为锡铅焊料、银焊料、铜焊料等，熔点在 450 ℃ 以上的称为硬焊料，450 ℃ 以下的称为软焊料。锡铅焊料的材料配比不同，性能也不同。常用的锡铅焊料及其用途见表 3.1。

表 3.1　常用的锡铅焊料及其用途

名　称	牌　号	熔点温度/℃	用　途
10#锡铅焊料	HlSnPb10	220	焊接食品器具及医疗方面的物品
39#锡铅焊料	HlSnPb39	183	焊接电子电气制品
50#锡铅焊料	HlSnPb50	210	焊接计算机、散热器、黄铜制品
58.2#锡铅焊料	HlSnPb58.2	235	焊接工业及物理仪表
68.2#锡铅焊料	HlSnPb68.2	256	焊接电缆铅护套、铅管等
80.2#锡铅焊料	HlSnPb80.2	277	焊接油壶、容器、大散热器等
90.6#锡铅焊料	HlSnPb90.6	265	焊接铜件
73.2#锡铅焊料	HlSnPb73.2	265	焊接铅管件

市面上出售的焊锡，由于生产厂家的不同，配制比也有很大的差别，但熔点基本为 140～180 ℃。在电子产品的焊接中一般采用 Sn62.7% + Pb37.3% 配比的焊料，其优点是熔点低、

结晶时间短、流动性好、机械强度高。

3.1.3　焊锡的形状

常用的焊锡有5种形状：①块状（符号：I）；②棒状（符号：B）；③带状（符号：R）；④丝状（符号：W）；焊锡丝的直径有0.5,0.8,0.9,1.0,1.2,1.5,2.0,2.3,2.5,3.0,4.0,5.0 mm等；⑤粉末状（符号：P）。块状及棒状焊锡用于浸焊、波峰焊等自动焊接机。丝状焊锡主要用于手工焊接。

（1）焊剂

根据焊剂的作用不同可分为助焊剂和阻焊剂两大类。

（2）助焊剂

在锡铅焊接中助焊剂是一种不可缺少的材料，它有助于清洁被焊面，防止焊面氧化，增加焊料的流动性，使焊点易于成型。常用助焊剂分为：无机助焊剂、有机助焊剂和树脂助焊剂。焊料中常用的助焊剂是松香，在较高的要求场合下使用新型助焊剂——氧化松香。

①对焊接中的助焊剂要求。

常温下必须稳定，其熔点要低于焊料，在焊接过程中焊剂要具有较高的活化性、较低的表面张力，受热后能迅速而均匀地流动。

不产生有刺激性的气体和有害气体，不导电，无腐蚀性，残留物无副作用，施焊后的残留物易于清洗。

使用助焊剂时应注意：当助焊剂存放时间过长时，会使助焊剂活性变坏而不宜于使用。常用的松香助焊剂在温度超过60 ℃时，绝缘性会下降，焊接后的残渣对发热元件有较大的危害，故在焊接后要清除助焊剂残留物。

②种助焊剂简介：

a.松香酒精助焊剂：这种助焊剂是将松香溶于酒精之中，质量比为1:3。

b.消光助焊剂：这种助焊剂具有一定的浸润性，可使焊点丰满，防止搭焊、拉尖，还具有较好的消光作用。

c.中性助焊剂：这种助焊剂适用于锡铅料对镍及镍合金、铜及铜合金、银和白金等的焊接。

d.波峰焊防氧化剂：它具有较高的稳定性和还原能力，在常温下呈固态，在80 ℃以上呈液态。

（3）阻焊剂

阻焊剂是一种耐高温的涂料，可使焊接只在所需要焊接的焊点上进行，而将不需要焊接的部分保护起来。以防止焊接过程中的桥连，减少返修，节约焊料，使焊接时印制板受到的热冲击小，板面不易起泡和分层。阻焊剂的种类有热固化型阻焊剂、光敏阻焊剂及电子束辐射固化型等几种，目前常用的是光敏阻焊剂。

3.1.4 手工焊接工艺

1) 手工焊接要点

焊接材料、焊接工具、焊接方式方法和操作者俗称焊接四要素。这四要素中最重要的是操作者。没有相当时间的焊接实践和用心领会,不断总结,即使是长时间从事焊接工作者也难保证每个焊点的质量。下面讲述的一些具体方法和注意点,都是实践经验的总结。

2) 焊接操作与卫生

电烙铁的操作法,前面已介绍,如图3.1所示。

焊接加热挥发出的化学物质对人体是有害的,如果操作时鼻子距离烙铁头太近,则很容易将有害气体吸入,一般烙铁与鼻子的距离应至少不少于20~40 cm,通常以30 cm为宜。

焊锡丝一般有两种拿法,如图3.5所示。经常使用烙铁进行锡焊的人,一般把成卷的焊锡丝拉直,然后截成一尺长左右的段。在连续进行焊接时,锡丝的拿法应用左手的拇指、食指和小指夹住锡丝,用另外两根手指配合就能把锡丝连续向前送进,如图3.5(a)所示。若不是连续焊接,即断续焊接时,锡丝的拿法也可采用如图3.5(b)所示的形式。

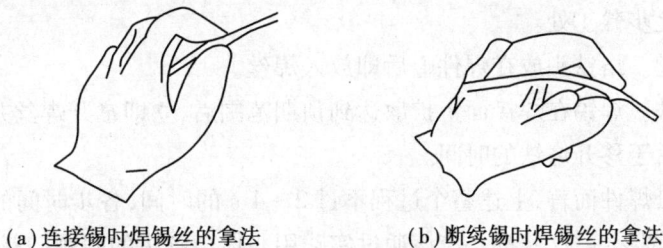

(a) 连接锡时焊锡丝的拿法   (b) 断续锡时焊锡丝的拿法

图3.5　焊锡丝的拿法

由于焊丝成分中铅占一定比例,众所周知,铅是对人体有害的重金属,因此,操作时应戴上手套或操作后洗手,避免食入。电烙铁用后一定要稳妥放于烙铁架上,并注意导线等物不要碰烙铁。

3) 焊接操作的基本步骤

下面介绍的五步操作法有普遍意义,如图3.6所示。

(1) 准备施焊

首先把被焊件、锡丝和烙铁准备好,处于随时可焊的状态。即右手拿烙铁(烙铁头应保持干净,并吃上锡),左手拿锡丝处于随时可施焊状态,如图3.6(a)所示。

(2) 加热焊件

把烙铁头放在接线端子和引线上进行加热。应注意加热整个焊件全体,例如,图中导线和接线都要均匀受热,如图3.6(b)所示。

(3) 送入焊丝

被焊件经加热达到一定温度后,立即将手中的锡丝触到被焊件上使之熔化适量的焊料,如图3.6(c)所示。注意焊锡应加到被焊件上与烙铁头对称的一侧,而不是直接加到烙铁头上。

（4）移开焊丝

当锡丝熔化一定量后（焊料不能太多），迅速移开锡丝，如图 3.6（d）所示。

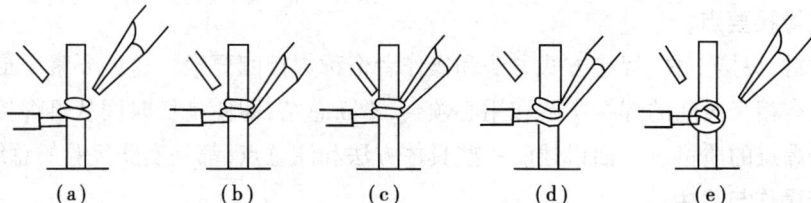

| (a) | (b) | (c) | (d) | (e) |

图 3.6　焊锡五步操作法

（5）移开烙铁

当焊料的扩散范围达到要求，即焊锡浸润焊盘或焊件的施焊部位后移开电烙铁，如图 3.6 所示。撤离烙铁的方向和速度的快慢与焊接质量密切有关，操作时应特别留心仔细体会。

以上几步综合起来记住 8 个字：加热、送丝、抽丝、去热。

对于热容量小的焊件，例如，印制板与较细导线的连接，可简化为三步操作：

①准备。同上步骤①处。

②加热与送丝。烙铁头放在焊件上后即放入焊丝。

③去丝移烙铁。焊锡在焊接面上扩散达到预期范围后，立即拿开焊丝并移开烙铁，注意去丝时间不得滞后于移开烙铁的时间。

对于小热容量焊件而言，上述整个过程不过 2 ~ 4 s 的时间，各步时间的控制，时序的准确掌握，动作的协调熟练，这些都是应该通过实践用心体会解决的问题。有人总结出了五步骤操作法，用数数的办法控制时间，即烙铁接触焊点后数一、二（约 2 s），送入焊丝后数三、四即移开烙铁。焊丝熔化量要靠观察决定，这个办法可以参考。但显然由于烙铁功率，焊点热容量的差别等因素，实际掌握焊接火候，决无定章可循，必须具体条件具体对待。

4）焊接注意事项

在焊接过程中除应严格按照以上步骤操作外，还应特别注意以下几个方面：

①烙铁的温度要适当。可将烙铁头放到松香上去检验，一般以松香熔化较快又不冒大烟的温度为适宜。

②焊接的时间要适当。从加热焊料到焊料熔化并流满焊接点，一般应在 3 s 之内完成。若时间过长，助焊剂完全挥发，就失去了助焊的作用，会造成焊点表面粗糙，且易使焊点氧化。但焊接时间也不宜过短，时间过短则达不到焊接所需的温度，焊料不能充分融化，易造成虚焊。

③焊料与焊剂的使用要适量。若使用焊料过多，则多余的会流入管座的底部，降低管脚之间的绝缘性；若使用的焊剂过多，则易在管脚周围形成绝缘层，造成管脚与管座之间的接触不良。反之，焊料和焊剂过少易造成虚焊。

④焊接过程中不要触动焊接点。在焊接点上的焊料未完全冷却凝固时，不应移动被焊

元件及导线,否则焊点易变形,也可能虚焊现象。焊接过程中也要注意不要烫伤周围的元器件及导线。

5)焊接前的准备

(1)元器件引线加工成型

元器件在印刷板上的排列和安装方式有两种:一种是立式,另一种是卧式。元器件引线弯成的形状是根据焊盘孔的距离及装配上的不同而加工成型。引线的跨距应根据尺寸优选2.5 的倍数。加工时,注意不要将引线齐跟弯折,并用工具保护引线的根部,以免损坏元器件。表3.2 列出了常用的几种引线成型尺寸的要求。

成型后的元器件,在焊接时,尽量保持其排列整齐,同类元件要保持高度一致。各元器件的符号标志向上(卧式)或向外(立式),以便于检查。元器件成型图例如图3.7 所示。

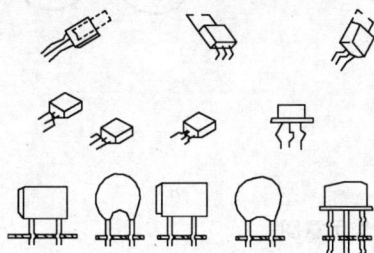

图 3.7　元器件成型图例

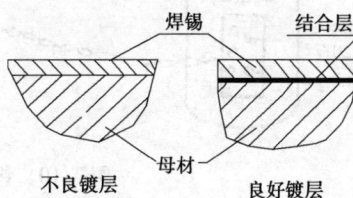

图 3.8　镀锡机理

(2)镀锡

元器件引线一般都镀有一层薄的钎料,但时间一长,引线表面产生一层氧化膜,影响焊接。所以,除少数有良好银、金镀层的引线外,大部分元器件在焊接前都要重新镀锡。

①元件引脚的镀锡。镀锡,实际上就是锡焊的核心——液态焊锡对被焊金属表面浸润,形成一层既不同于被焊金属又不同于焊锡的结合层。这一结合层将焊锡同待焊金属这两种性能、成分都不相同的材料牢固连接起来如图3.8 所示。而实际的焊接工作只不过是用焊锡浸润待焊零件的结合处,熔化焊锡并重新凝结的过程。

不良的镀层,未形成结合层,只是焊件表面"粘"了一层焊锡,这种镀层,很容易脱落,如图3.9 所示。

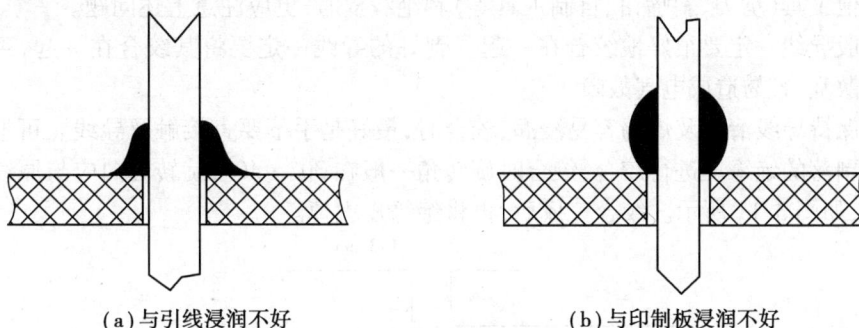

(a)与引线浸润不好　　　　　　　　　(b)与印制板浸润不好

图 3.9　镀锡的不良

镀锡要点:待镀面应清洁。有人以为反正锡焊时要用焊剂,不注意表面清洁。实际上焊元器件、焊片、导线等都可能在加工、存储的过程中带有不同的污物,轻者用酒精或丙酮擦洗,严重的腐蚀性污点只有用机械办法去除,包括刀刮或砂纸打磨,直到露出光亮金属为止。

②小批量生产的镀锡。在小批量生产中,镀锡可用如图 3.10 所示的锡锅,也有用感应加热的办法做成专用锡锅的。使用中要注意锡的温度不能太低,这从液态金属的流动性可判定。但也不能太高,否则锡表面氧化较快。电炉电源可用调压器供电,以调节锡锅的最佳温度。使用过程中,要不断用铁片刮去锡表面的氧化层和杂质。

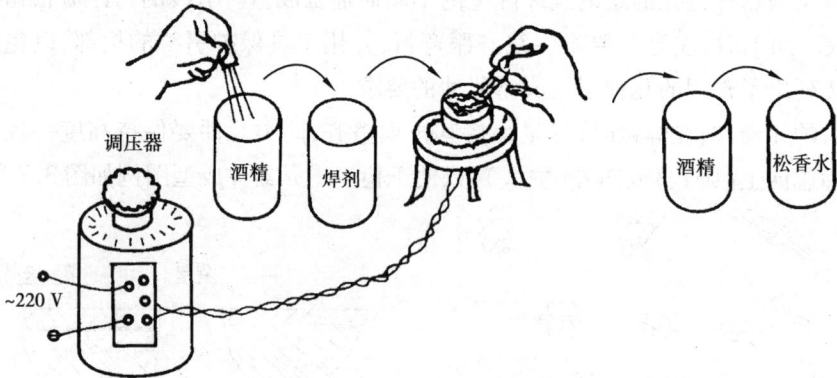

图 3.10 锡锅镀锡操作示意图

操作过程如图 3.10 所示,如果表面污物太多,要预先用机械办法除去。如果镀后立即使用,最后一步蘸松香水可免去。良好的镀层均匀发亮,没有颗粒及凹凸。

在大规模生产中,从元器件清洗到镀锡,这些工序都由自动生产线完成。中等规模的生产也可使用搪锡机给元器件镀锡,还有一种用化学制剂去除氧化膜的办法,也是很有发展前途的方法。

值得庆幸的是,我国目前元器件可焊性研究不断取得新的成果。最新研究成功的锡铈镀层能够在存储 15 个月后仍具有良好的可焊性。对此类元器件在规定期限完全可免去镀锡的工作。

③多股导线镀锡。

a.剥导线头的绝缘皮不要伤线。剥导线头的绝缘皮最好用剥皮钳,根据导线直径选择合适的槽口,防止导线在钳口处损伤或有少数导线断掉,要保持多股导线内所有铜线完好无损。用其他工具(剪刀、斜嘴钳、自制工具等)剥绝缘皮时,更应注意上述问题。

b.多股导线一定要很好地绞合在一起。剥好的导线一定要将其绞合在一起,否则在镀锡时就会散乱,容易造成电气故障。

为了保持导线清洁及焊锡容易浸润,绞合时,最好是手不要直接触及导线。可捏紧已剥断而没有剥落的绝缘皮进行绞合,绞合时旋转角一般在 30°~40°,旋转方向应与原线芯旋转方向一致,如图 3.11 所示。绞合完成后,再将绝缘皮剥掉。

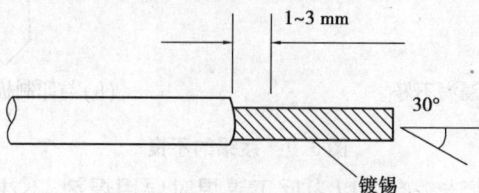

图 3.11 多股导线镀锡图

c.涂焊剂镀锡要留有余地。通常镀锡前要将导线蘸松香水,有时也将导线放在有松香的木板上用烙铁给导线上一层焊剂,同时也镀上焊锡,要注意,不要让锡浸入到绝缘皮中,最好在绝缘皮前留 1～3 mm 间隔使之没有锡,如图 3.11 所示。这样对穿套管是很有利的。同时也便于检查导线有无断股,以及保证绝缘皮端部整齐。

表 3.2　元器件引线成型尺寸

名　称	图　例	说　明
直角紧握式	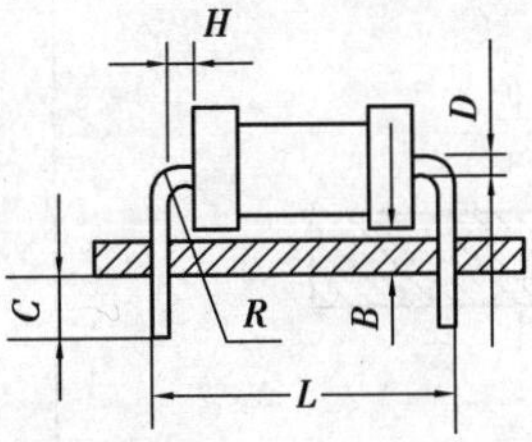	$H \geqslant 2, R \geqslant 2D$ $B \leqslant 0.5, L = 2.5n$ $C \geqslant 2$
折湾浮握式	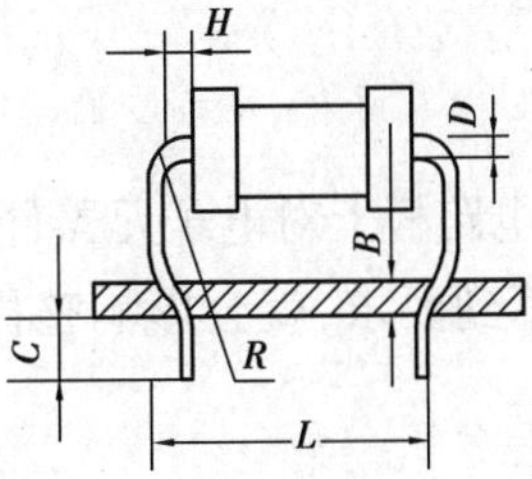	$H \geqslant 2, R \geqslant 2D$ $B \geqslant 0.5, L = 2.5n$ $C \geqslant 2$
垂直安装式	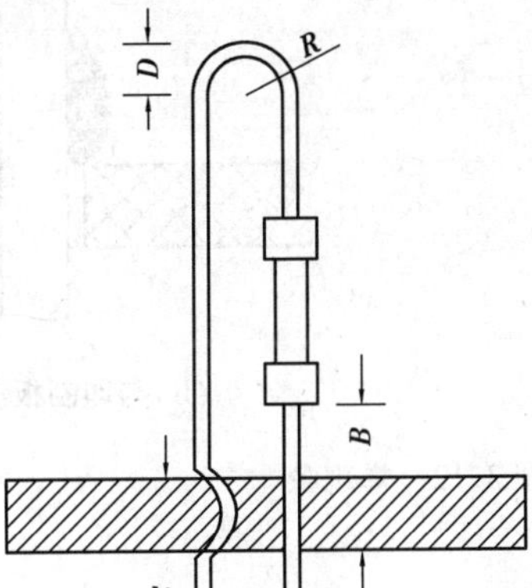	$H \geqslant 2$ $R \geqslant 20, L = 2.5n$ $C \geqslant 2$

续表

名　称	图　例	说　明
垂直浮式		$H \geqslant 2, R \geqslant 20$ $B \geqslant 2, L = 2.5n$ $C \geqslant 2$

6) 对焊接的要求

电子产品的组装其主要任务是在印制电路板上对电子元器件进行锡焊。焊点的个数从几十个到成千上万个,如果有一个焊点达不到要求,就会影响整机的质量,因此,在锡焊时,必须做到以下几点。

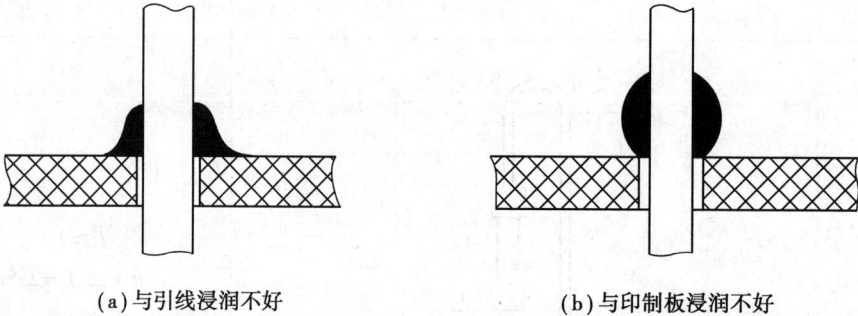

（a）与引线浸润不好　　　　　　　（b）与印制板浸润不好

图 3.12　焊现象

（1）焊点的机械强度要足够

为保证被焊件在受到振动或冲击时不至脱落、松动,因此,要求焊点要有足够的机械强度。为使焊点有足够的机械强度,一般可采用把被焊元器件的引线端子打弯后再焊接的方法,但不能用过多的焊料堆积,这样容易造成虚焊、焊点与焊点的短路。

（2）焊接可靠保证导电性能

为使焊点有良好的导电性能,必须防止虚焊。虚焊是指焊料与被焊物表面没有形成合金结构,只是简单地依附在被焊金属的表面上,如图 3.12 所示。

在锡焊时,如果只有一部分形成合金,而其余部分没有形成合金;这种焊点在短期内也能通过电流,用仪表测量也很难发现问题。但随着时间的推移,没有形成合金的表面就要被氧化,此时便会出现时通时断的现象,这势必造成产品的质量问题。

(3)焊点表面要光滑、清洁

为使焊点美观、光滑、整齐,不但要有熟练的焊接技能,而且要选择合适的焊料和焊剂,否则将出现焊点表面粗糙、拉尖、棱角等现象。

(4)加热温度要足够

要使焊锡浸润良好,被焊金属表面温度应接近熔化时的焊锡温度才能形成良好的结合层。因此,应该根据焊件大小供给它足够的热量。但由于考虑元器件承受温度不能太高,因此,必须掌握恰到好处的加热时间。

(5)要使用有效的焊剂

松香是广泛应用的焊剂,但松香经反复加热后就会失效,发黑的松香实际已不起什么作用,应及时更换。

7)焊接温度与加热时间

适当的温度对形成良好的焊点是必不可少的。这个温度究竟如何掌握,图3.13中的曲线可供参考。

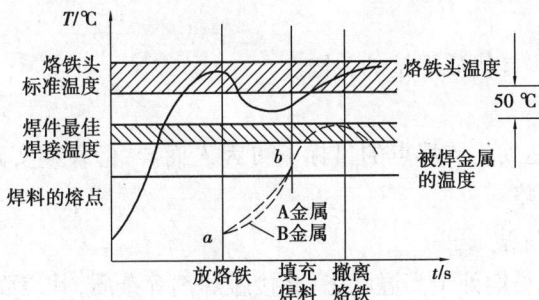

图3.13 焊接三条重要温度曲线

(1)关于焊接的三个重要温度

图3.13焊接3条重要温度曲线中3条水平线代表焊接的3个重要温度,由上而下第一条水平阴影区代表烙铁头的标准温度;第二条水平阴影区表示为了焊料充分浸润生成合金,焊件应达到的最佳焊接温度;第三条水平线是焊丝溶化温度,也就是焊件达到此温度时应送入焊丝。

两条曲线分别代表烙铁头的焊件温度变化过程,金属A和B表示焊件两个部分(如铜箔与导线、焊片与导线等)。3条竖直线,实际表示的就是前面讲述的五步操作法的时序关系。

准确、熟练地将以上几条曲线关系应用到实际中,这是掌握焊接技术的关键。

(2)焊接温度与加热时间

这个问题实际上前面已经可以得出结论了。由焊接温度曲线可知,烙铁头在焊件上的停留时间与焊件温度的升高是成正比关系,即曲线a,b段反映焊接温度与加热时间的关系。同样的烙铁,加热不同热容量的焊件时,要想达到同样的焊接温度,显然可以用控制加热时间实现。其他因素的变化同理可推断。但是,在实际工作中,又不能仅仅以此关系决定加热时间。例如,用一个小功率加热较大大焊件时,无论停留时间多长,焊件温度也上不去,因为有烙铁供热容量和焊件、烙铁在空气中散热的问题。此外,有些元器件也不允许长期加热,这在烙铁选用中已有讲述。

(3)加热时间对焊件和焊点的影响

加热时间对焊锡、对焊件的浸润性、结合层形成的影响,我们已经有所了解。现在还必须进一步了解加热时间对整个焊接过程的影响及其外部特征。

加热时间不足,造成焊料不能充分浸润焊件,形成夹渣(松香)、虚焊是容易观察和理解的。

过量的加热,除可能造成元器件损坏外,还有如下危害和外部特征:

①焊点外观变差。如果焊锡已浸润焊件后还继续加热,造成溶态焊锡过热,烙铁撤离时容易造成拉尖,同时出现焊点表面粗糙颗粒、失去光泽,焊点发白。

②焊接时所加松香焊剂在温度较高时容易分解碳化。一般松香210 ℃开始分解,失去助焊剂作用,而且夹到焊点中造成焊接缺陷。如果发现松香已加热到发黑,肯定是加热时间过长所致。

③印制板上的铜箔是采用黏合剂固定在基板上的。过多的受热会破坏黏合层,导致印制板上钢箔的剥落。

因此,准确掌握火候是优质焊接的关键。

8)焊接操作手法

具体操作手法,在达到优质焊点的目标下可因人而异,但长期实践经验的总结,对初学者的指导作用也不可忽略。

(1)保持烙铁头的清洁

因为焊接时烙铁头长期处于高温状态,又接触焊剂等杂质,其表面很容易氧化并沾上一层黑色杂质,这些杂质几乎形成隔热层,使烙铁头失去加热作用。因此,要随时在烙铁架上蹭去杂质。用一块湿布或湿海绵随时擦烙铁头,也是常用方法。

(2)采用正确的加热方法

要靠增加接触面积加快传热,而不要用烙铁对焊件加力。有人似乎为了焊得快一些,在加热时用烙铁头对焊件加压,这是徒劳无益而危害不小的。它不但加速了烙铁头的损耗,而且更严重的是对元器件造成损坏或不易觉察的隐患,这在后面还要讲到。正确办法应该根据焊件形状选用不同的烙铁头,或自己修整烙铁头,让烙铁头与焊件形成面接触而不是点或线接触,这就能大大提高效率。

还要注意,加热时应让焊件上需要焊锡浸润的各部分均匀受热,而不是仅加热焊件的一部分如图3.14(a),(b),(c)所示。当然,对于热容量相差较多的两个部分焊件,加热应偏向需热较多的部分,这是顺理成章的。

(3)加热要靠焊锡桥

非流水线作业中,一次焊接的焊点形状是多种多样的,不可能不断更换烙铁头,要提高烙铁头加热的效率,需要形成热量传递的焊锡桥。所谓焊锡桥,就是靠烙铁上保留少量焊锡作为加热时烙铁头与焊件之间传热的桥梁。显然,由于金属液的导热效率远高于空气,而使焊件很快被加热到焊接温度。应注意,作为焊锡桥的锡保留量不可过多。

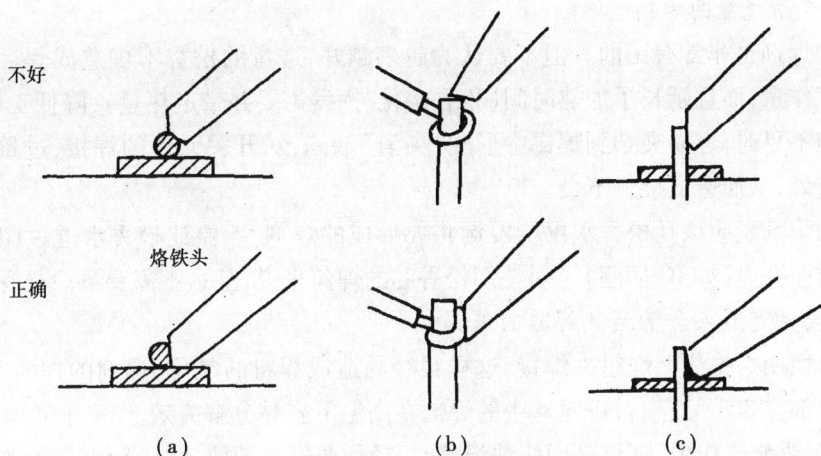

图 3.14　正确的加热方法

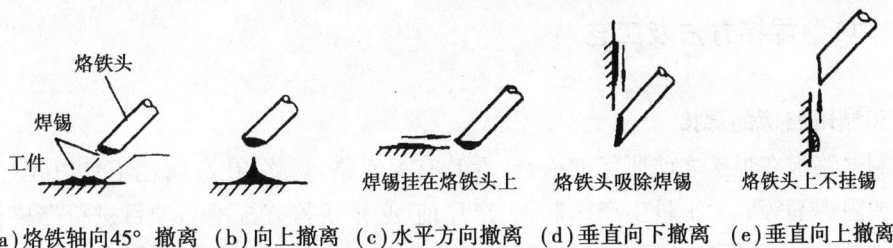

（a）烙铁轴向45°撤离　（b）向上撤离　（c）水平方向撤离　（d）垂直向下撤离　（e）垂直向上撤离

图 3.15　烙铁撤离方向和焊锡间的关系

（4）烙铁撤离的正确方法

烙铁撤离要及时，而且撤离时的角度和方向对焊点形成有一定关系。如图 3.15 所示为不同撤离方向对焊料的影响。

（5）在焊锡凝固之前不要使焊件移动或振动

用镊子夹住焊件时，一定要等焊锡凝固后再移去镊子。这是因为焊锡凝固过程是结晶过程，根据结晶理论，在结晶期受到外力（焊件移动）会改变结晶条件，形成大粒结晶，焊锡迅速凝固，造成所谓"冷焊"。外观现象是表面光泽呈豆渣状。焊点内部结构疏松，容易有气隙和裂缝，造成焊点强度降低，导电性能差。因此，在焊锡凝固前，一定要保持焊件静止。

（6）焊锡量要合适

过量的焊锡不但毫无必要地消耗了较贵的锡，而且增加了焊接时间，相应降低了工作速度。更为严重的是在高密度的电路中，过量的锡很容易造成不易觉察的短路。

但是焊锡过少不能形成牢固的结合，同样也是不允许的，特别是在板上焊导线时，焊锡不足往往造成导线脱落，如图 3.16 焊锡量的掌握所示。

（a）过多浪费　　　　（b）过少焊点强度差　　　　（c）合适的焊锡量合格焊点

图 3.16　焊锡量的掌握

（7）不要用过量的焊剂

适量的焊剂是非常有用的。但不要认为越多越好,过量的松香不仅造成焊后焊点周围需要擦的工作量,而且延长了加热时间(松香熔化、挥发需要并带走热量),降低工作效率,而当加热时间不足时,容易夹杂到焊锡中形成"夹渣"缺陷,对开关元件的焊接,过量的焊剂容易流到触点处,从而造成接触不良。

合适的焊剂量应该是松香水仅能浸湿将要形成的焊剂,不要让松香水透过印刷板流到元件面或插座孔里(如 IC 插座)。对使用松香芯的焊丝来说,基本不需要再涂松香水。

（8）不要用烙铁头作为运载焊料的工具

有人习惯用烙铁沾上焊锡去焊接,这样很容易造成焊料的氧化,焊剂的挥发,因为烙铁头温度一般都在 300 ℃ 左右,焊锡丝中的焊剂在高温下容易分解失效。

在调试、维修工作中,不得已用烙铁焊接时,动作要迅速敏捷,防止氧化造成劣质焊点。

3.1.5　典型焊接方法及工艺

1）印制电路板的焊接

印制电路板在焊接之前要仔细检查,看其有无断路、短路、孔金属化不良以及是否涂有助焊剂或阻焊剂等。大批量生产印制板,出厂前,必须按检查标准与项目进行严格检测,只有这样,其质量才能保证。但是,一般研制品或非正规投产的少量印制板,焊前必须仔细检查,否则在整机调试中,会带来较大麻烦。

焊接前,将印制板上所有的元器件作好焊前准备工作(整形、镀锡)。焊接时,一般工序应先焊较低的元件,后焊较高的和要求比较高的元件等。次序是:电阻→电容→二极管→三极管→其他元件等。但根据印制板上的元器件特点,有时也可先焊高的元件后焊低的元件(如晶体管收音机),使所有元器件的高度不超过最高元件的高度,保证焊好元件的印制电路板元器件比较整齐,并占有最小的空间位置。不论哪种焊接工序,印制板上的元器件都要排列整齐,同类元器件要保持高度一致。

晶体管装焊一般在其他元件焊好后进行,要特别注意的是每个管子的焊接时间不要超过 5 ~ 10 s,并使用钳子或镊子夹持管脚散热,防止烫坏管子。

涂过焊油或氯化锌的焊点,要用酒精擦洗干净,以免腐蚀,用松香作助焊剂的,需清理干净。

焊接结束后,须检查有无漏焊、虚焊现象。检查时,可用镊子将每个元件脚轻轻提一提,看是否摇动,若发现摇动,应重新焊好。

2）集成电路的焊接

MOS 电路特别是绝缘栅型,由于输入阻抗很高,稍不慎即可能使内部击穿而失效。

双极型集成电路不像 MOS 集成电路那样娇气,但由于内部集成度高,通常管子隔离层都很薄,一旦受到过量的热也容易损坏。无论哪种电路,都不能承受高于 200 ℃ 的温度,因此,焊接时必须非常小心。

集成电路的安装焊接有两种方式:一种是将集成块直接与印制板焊接,另一种是通过专用插座(IC 插座)在印制板上焊接,然后将集成块直接插入 IC 插座上。

在焊接集成电路时,应注意下列事项:

①集成电路引线如果是镀金银处理的,不要用刀刮,只需用酒精擦洗或绘图橡皮擦干净即可。

②对 CMOS 电路,如果事先已将各引线短路,焊接前不要拿掉短路线。

③焊接时间在保证浸润的前提下,尽可能短,每个焊点最好用 3 s 时间焊好,最多不超过 4 s,连续焊接时间不要超过 10 s。

④使用烙铁最好是 20 W 内热式,接地线应保证接触良好。若用外热式,最好采用烙铁断电用余热焊接,必要时还要采取人体接地的措施。

⑤使用低熔点焊剂,一般不要高于 150 ℃。

⑥工作台上如果铺有橡皮、塑料等易于积累静电的材料,电路片子及印制板等不宜放在台面上。

⑦集成电路若不使用插座,直接焊到印制板上,安全焊接顺序为:地端→输出端→电源端→输入端。

⑧焊接集成电路插座时,必须按集成块的引线排列图焊好每一个点。

3.1.6　导线焊接技术

导线同接线端子、导线同导线之间的焊接有 3 种基本形式:绕焊、钩焊、搭焊。

1)导线同接线端子之间的焊接

(1)绕焊

把经过镀锡的导线端头在接线端子上缠一圈,用钳子拉紧缠牢后进行焊接,如图 3.17 所示。注意导线一定要紧贴端子表面,绝缘层不接触端子,一般 $L = (1 \sim 3)$ mm 为宜。这种连接可靠性最好(L 为导线绝缘皮与焊面之间的距离)。

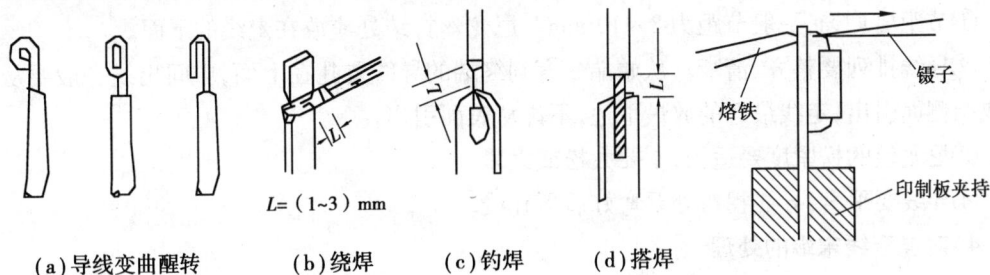

图 3.17　导线与端子的焊接

(2)钩焊

将导线端子弯成钩形,钩在接线端子上并用钳子夹紧后施焊,如图 3.17(c)所示,端头处理与绕焊相同。这种方法强度低于绕焊,但操作简便。

（3）搭焊

把经过镀锡的导线搭到接线端子上施焊，如图3.17(d)所示。这种连接最方便，但强度可靠性最差，仅用于临时连接或不便于缠、钩的地方以及某些接插件上。

2）导线与导线的焊接

导线之间的焊接以绕焊为主，操作步骤如下：

①去掉一定长度绝缘皮。

②端头上锡，并穿上合适套管。

③绞合，施焊。

④趁热套上套管，冷却后套管固定在接头处。

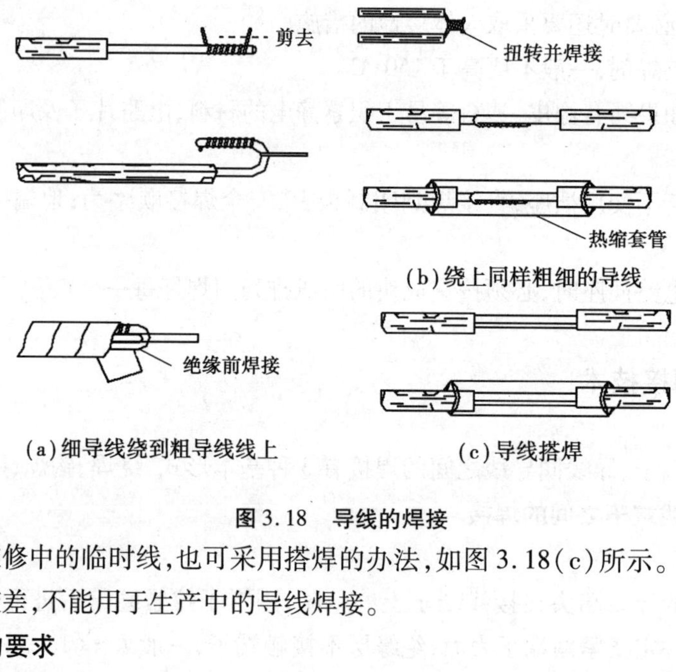

（a）细导线绕到粗导线线上　　（b）绕上同样粗细的导线　　（c）导线搭焊

图3.18　导线的焊接

对调试或维修中的临时线，也可采用搭焊的办法，如图3.18(c)所示。只是这种接头强度和可靠性都较差，不能用于生产中的导线焊接。

3）扎线把的要求

扎线把的要求如下：

①节距要均匀，一般节距为8~10 mm。尼龙丝打结处应放在走线的下面。

②导线排列要整齐、清晰。从始端一直到终端的导线要扎在上面，中间出线一般要从下面或两侧面引出，走线最短的放最下边，不许从表面引出。

③尼龙丝的松紧度要适当，不要太松或太紧。

④导线要平直，导线拐弯处要弯好后再扎线。

4）对屏蔽线末端的处理

对屏蔽线或同轴电缆线的末端必须妥善进行处理，否则会造成短路故障。屏蔽线因末端连接的对象不同处理方法也不同，如图3.19所示为屏蔽线末端与其他端子焊接时的处理方式。特别需要强调的是芯线和屏蔽层的绞合胶挂锡时的烛芯效应。热缩套管在加热到100 ℃以上时其直径会缩小到原来的1/3~1/2，是屏蔽线末端处理时常用的绝缘材料。还要注意不要使同轴电缆的芯线承受拉力，因为同轴电缆的芯线一般都很细且数目少，芯线承受拉力后容易断开,造成断路故障。

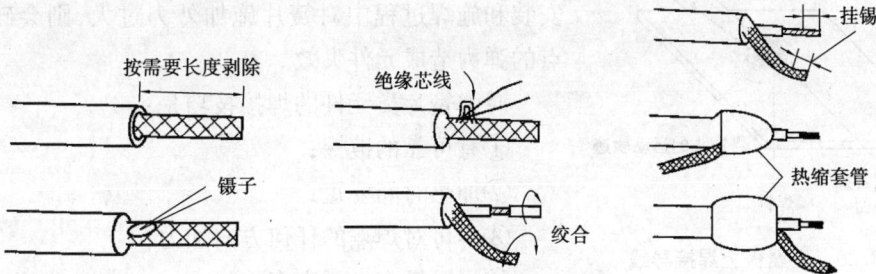

图 3.19　屏蔽线末端与其他端子焊接

5)铸塑元件的锡焊技巧

诸多有机材料,如有机玻璃、聚氯乙烯、聚乙烯、酚醛树脂等材料,现在被广泛用于电子元器件的制造,例如各种开关和插接件等。这些元件都是采用热铸塑的方式制造成的,它们最大的弱点就是不能承受高温。当需要对铸塑材料中的导体接点施焊时,如控制不好加热时间,极易造成元件变形,导致元件失效或性能降低。

对铸塑元件焊接时要掌握的技巧如下:

①先处理好接点,保证一次镀锡成功,不能反复镀锡。

②将烙铁头修整得尖一些,保证焊接一个接点时不碰到相邻的焊接点。

③加助焊剂时量要少,防止助焊剂浸入电接触点。

④焊接时不要对接线片施加压力。

⑤焊接时间在保证浸润的情况下越短越好。在焊件镀锡良好的情况下只需用挂上锡的烙铁头轻轻一点即可,焊接后不要在焊点未冷前触动焊接点。

6)金属板上焊接导线的技巧

将导线焊接到金属板上时,最关键的问题是往金属板上镀锡。因为金属板的表面积大,吸热快且散热也非常快,所以必须要使用功率较大的电烙铁。一般根据板的厚度和面积选用 50 ~ 300 W 的烙铁即可。若板厚为 0.3 mm 以下时也可用 20 W 烙铁,只是要增加焊接时间。

紫铜、黄铜、镀锌板等金属都很容易镀上锡,只要其表面清洁干净,再涂上少量助焊剂,就可镀上锡。如果要使焊点牢固,可用小刀先在焊接区用力划出一些刀痕后再镀锡。铝板的表面氧化层生成很快,且不能被焊锡浸润,使用一般的焊接方法很难镀上焊锡。但实际上铝及铝合金本身却是容易"吃锡"的,因而镀锡的关键是破坏铝板的氧化层。在焊接时可采用如图 3.20 所示的焊接方法,先用小刀刮干净焊接面,立即涂上少量助焊剂,然后用烙铁头沾满焊锡适当用力地在铝板上做圆周运动,靠烙铁头的摩擦破坏铝板的氧化层并不断地将锡镀到铝板上。镀上锡后的铝板就比较容易焊接了。若使用酸性助焊剂如焊油时,在焊接完成后要及时将焊点清洗干净。

7)弹簧片类元件的锡焊技巧

弹簧片类元件如继电器、波段开关等。它们的共同特点是在簧片制造时施加了预应

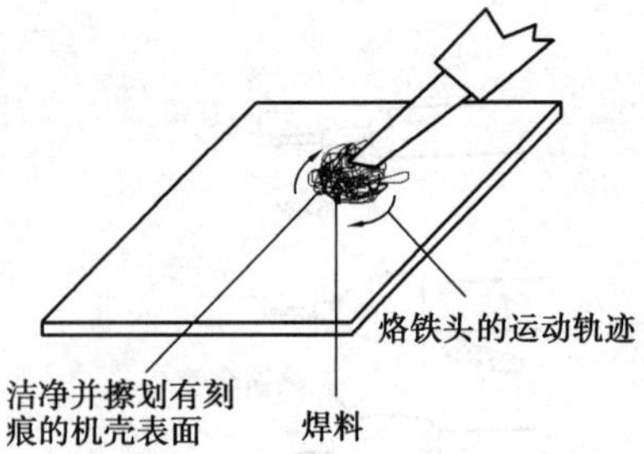

洁净并擦划有刻
痕的机壳表面　　烙铁头的运动轨迹
　　　　　　焊料

图 3.20　金属板上焊接导线

力,使之产生适当的弹力保证电接触性能良好。如果在安装和施焊过程中对簧片施加外力过大,则会破坏接触点的弹力造成元件失效。

对弹簧片类元件的焊接技巧是:

①有可靠的镀锡;

②加热时间要短;

③不可对焊点的任何方向加力;

④焊锡量宜少不宜多。

【任务实训】

1)相关工具、材料准备(见表3.3)

表3.3

工具材料	图　片	数　量
基本电工工具 (无线电工具)准备	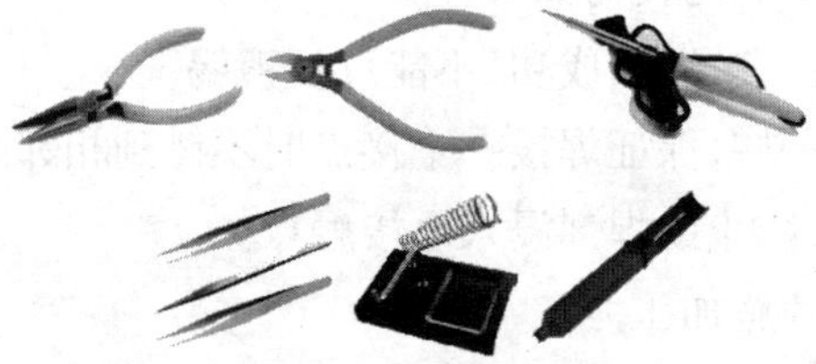	6
焊接材料		若干
连接导线和印刷板 准备	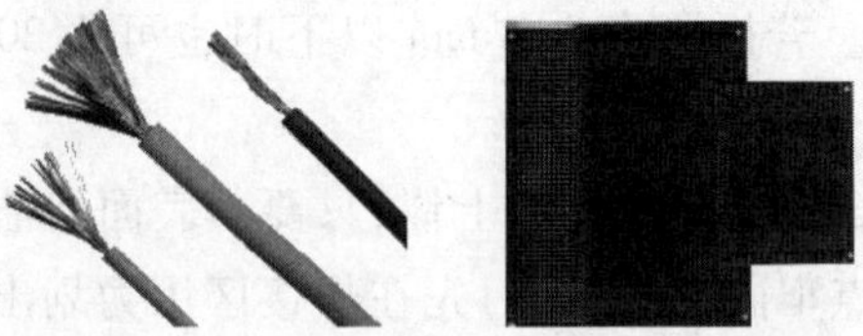	2
焊接练习元件		5个电阻、1个 电容,4个二极管

2)任务要求

目的和要求

①学习和了解焊接的基本知识。

②学习和掌握焊接的基本技能,掌握电烙铁头的修整,掌握目测电烙铁温度的方法,掌握焊接步骤和顺序,掌握手工焊接的技巧。

③学习和了解工厂焊接工艺知识。

④实际进行手工锡焊训练。

3)操作步骤

新电烙铁头需要进行整修和上锡,然后才能使用。久置不用的电烙铁启用时也需要整修烙铁头,采用多层合金新工艺制造的长寿命电烙铁头,不需要且不允许对其整修。先用锉刀将烙铁头的两边锉成小于 45°角,前面沿锉成 15°角,尖端锉圆。再插上电源插头,待烙铁加热到适当温度时,边用锉刀锉烙铁头边给电烙铁上锡,这样才能将烙铁头挂上焊锡。

然后按照下列步骤进行操作:

①电阻、电容元件和整流二极管在电路板上的焊接。

②集成电路插座的焊接。

③单芯导线之间的焊接。

④单芯导线和铸塑元件引脚之间的焊接。

⑤屏蔽线的挂锡。

⑥屏蔽线与电路板之间的焊接。

⑦屏蔽线与铸塑元件之间的焊接。

⑧导线与铝板之间的焊接。

⑨焊接 10 个电子元件。要求工艺符合要求,高度合适、焊接牢固,焊接平整光亮。

⑩五角星导线焊接练习,用导线焊接如图 3.21 所示的五星。

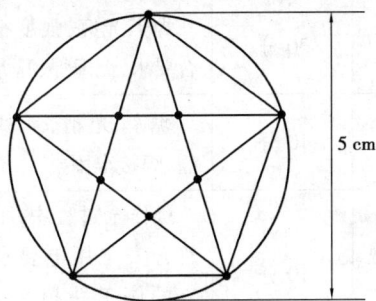

图 3.21

4)实训报告

根据焊接实践和体会写出焊接实训报告。总结焊接技术的步骤,结合自己的焊接找出焊接良好的焊点,并在焊接时间和焊接手法上加以总结。写出参观工厂焊接生产过程的体会。

【任务总结】

_____

_____

_____

_____

_____

【考核评价标准】

表 3.4　考核评价标准表

项　目	内　容	分　值	考核要求	加分标准	得分
实训态度	操作的积极性,遵守安全操作规程,纪律及卫生情况	10 分	积极参加实训,遵守安全操作规程和劳动纪律,有良好的职业道德和团队精神	遵守安全操作规程加 15 分,其余酌情加分	
元件焊接	元件布局和元件工艺加工	20 分	元件布局规整,美观大方,高低控制合理,工艺符合要求	每处不合理扣 5 分	
	引脚高度	20 分	高度适中(3 ~ 5 mm)	每个元件 2 分	
	焊点	30 分	焊点光亮,强度符合要求,无虚焊、漏焊	每个元件 2 分	
导线焊接	五角星焊接	10 分	塘锡光滑、无锡瘤、焊接牢固	不符合要求酌情扣 5 ~ 10 分	
安全文明生产	工位整理、操作规范、遵守车间纪律	10 分	操作全过程中,不符合安全用电要求立即停工并扣 5 ~ 10 分	不能够遵守安全规定酌情扣 5 ~ 10 分	
合　计		100 分	实训得分		

●思考与练习

1. 手工焊接需要进行哪几个步骤?

2. 为什么要对元件引脚进行镀锡?

3. 请总结导线之间的焊接技巧。

任务3.2　手工拆焊技术

【任务引入】

如果说焊接在电子产品装配中是一项重要的技术,维修过程中拆焊则是一个不可或缺的工作,一个好的维修电工拆焊后几乎看不出痕迹,更不能毁坏原产品。调试和维修中常需更换一些元器件,如果方法不得当,就会破坏印制电路板,也会使换下而并没失效的元器件无法重新使用。

电子产品使用一段时间后元器件会老化、损坏和烧毁,因此,掌握熟练的拆焊操作技能非常必要。拆焊的方法很多,本任务主要阐述小规模拆焊的手工拆焊技术。

【任务目标】

1.掌握手工拆焊的必备工具;

2.掌握手工拆焊的基本方法;

3.了解大批量拆焊的原理和方法。

【任务相关理论基础知识】

3.2.1　拆焊工具

1)不粘锡不锈钢空芯针(见图3.22)

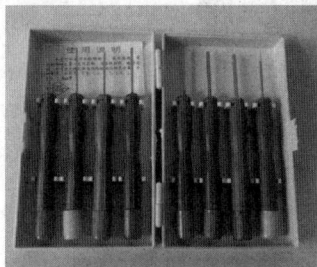

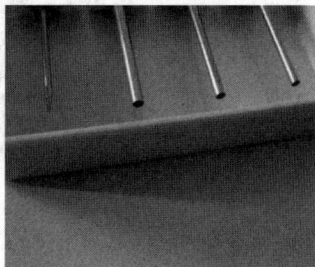

图3.22　拆焊不锈钢空芯针

2）铜编织线（见图3.23）

图 3.23　铜编织线

3）气囊吸锡器（见图3.24）

4）专用拆焊电烙铁

5）吸锡电烙铁（见图3.25）

皮囊

图 3.24　气囊吸锡器

图 3.25　吸锡电烙铁

6）专业拆焊工具（见图3.26）

图 3.26　专业拆焊焊台

7）好用易用廉价拆焊工具——吸锡器（见图3.27）

图3.27　各型吸锡器

3.2.2　拆焊的基本方法

一般电阻、电容、晶体管等管脚不多,且每个引线能相对活动的元器件可用烙铁直接拆焊。如图3.28所示,将印制板竖起来夹住,一边用烙铁加热待拆元件的焊点,一边用镊子或尖嘴钳夹住元器件引线轻轻拉出。

重新焊接时,需先用锥子将焊孔在加热熔化焊锡的情况下扎通,需要指出的是,这种方法不宜在一个焊点上多次用,因为印制导线和焊盘经反复加热后很容易脱落,造成印制板损坏。在可能多次更换的情况下可用图3.28图示的方法。

图3.28　一般电子元件拆焊方法

当需要拆下多个焊点且引线较硬的元器件时,以上方法就不行了,例如,要拆下多线插座,一般有以下几种方法。

1)选用合适的医用空心针头拆焊

将医用针头用钢锉锉平,作为拆焊的工具,具体的方法是:一边用烙铁熔化焊点,一边把针头套在被焊的元器件引线上,直至焊点熔化后,将针头迅速插入印制电路板的孔内,使元器件的引线脚与印制板的焊盘脱开,如图3.29所示。断线法更换元件如图3.30所示。

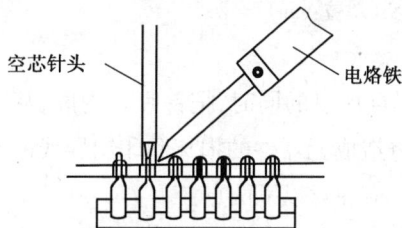

图3.29　用空芯针拆焊

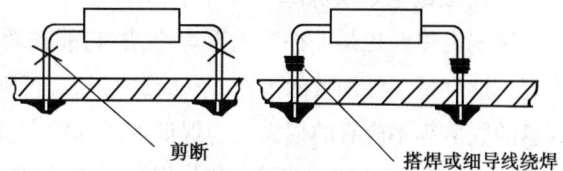

图3.30　断线法更换元件

2)用铜编织线进行拆焊

将铜编织线的部分蘸上松香焊剂,然后放在将要拆焊的焊点上,再把电烙铁放在铜编织线上加热焊点,待焊点上的焊锡熔化后,就被铜编织线吸去,如焊点上的焊料一次没有被吸完,则可进行第二次、第三次,直至吸完。当编织线吸满焊料后,就不能再用,就需要把已吸满焊料的部分剪去,如图 3.31 所示。

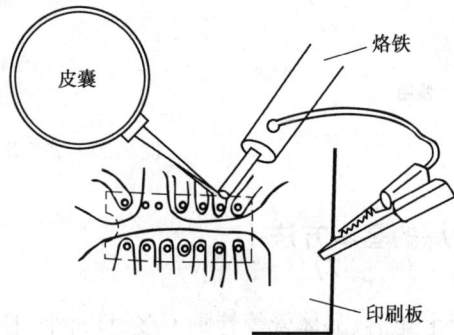

3)用气囊吸锡器进行拆焊

将被拆的焊点加热,使焊料熔化,然后把吸锡器挤瘪,将吸嘴对准熔化的焊料,然后放松吸锡器,焊料就被吸进吸锡器内,如图 3.32 所示。

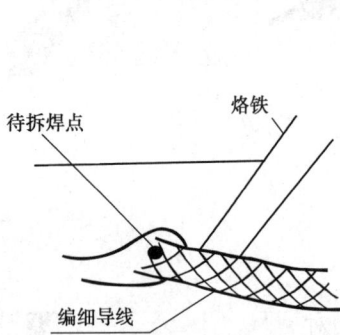

图 3.31　用吸锡材料(纺织线)拆焊　　　图 3.32　用气囊吸锡器拆焊

4)采用专用拆焊电烙铁拆焊

如图 3.33 所示,它们都是专用拆焊电烙铁头,能一次完成多引线脚元器件的拆焊,而且不易损坏印制电路板及其周围的元器件。如集成电路、中频变压器等就可用专用拆焊烙铁拆焊。拆焊时也应注意加热时间不能过长,当焊料一熔化,应立即取下元器件,同时拿开专用烙铁,如加热时间略长,就会使焊盘脱落。

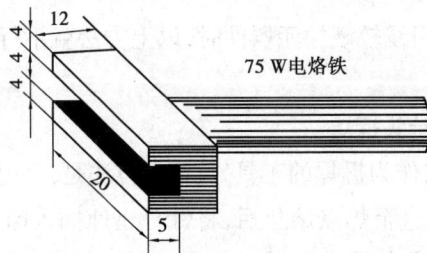

图 3.33　专用拆焊电烙铁头(单位:mm)

5)用吸锡电烙铁拆焊

吸锡电烙铁也是一种专用拆焊烙铁,它能在对焊点加热的同时,把锡吸入内腔,从而完成拆焊。拆焊是一件细致的工作,不能马虎了事,否则将造成元器件的损坏和印制导线的断裂及焊盘的脱落等不应有的损失。为保证拆焊的顺利进行应注意以下两点:

第一,烙铁头加热被拆焊点时,焊料一熔化,就应及时按垂直印制电路板的方向拔出元器件的引线,不管元器件的安装位置如何,是否容易取出,都不要强拉或扭转元器件,以避免损伤印制电路板和其他的元器件。

第二,当插装新元器件之前,必须把焊盘插线孔内的焊料清除干净,否则在插装新元器件引线时,将造成印制电路板的焊盘翘起。

清除焊盘插线孔内焊料的方法是:用合适的缝衣针或元器件的引线,从印制电路板的非焊盘面插入孔内,然后用电烙铁对准焊盘插线孔加热,待焊料熔化时,缝衣针便从孔中穿出,从而清除孔内焊料。

3.2.3 任务要求

1.完成任务 3.1 焊接板的拆焊。要求工艺符合要求,不能损坏印刷板和元件,拆完整理工作台。

2.导线连接焊接练习。

【任务总结】

_____

_____

_____

_____

_____

【考核评价标准】

表 3.5 考核评价标准表

项 目	内 容	分 值	考核要求	加分标准	得分
实训态度	操作的积极性,遵守安全操作规程,纪律及卫生情况	10 分	积极参加实训,遵守安全操作规程和劳动纪律,有良好的职业道德和团队精神	遵守安全操作规程加 15 分,其余酌情加分	
元件拆焊	利用吸锡工具拆焊	30 分	能够将元件正确拆下并整理工艺符合要求,不损坏元件和印刷板	损坏元件一个扣 5 分,损伤印刷电路板扣 10 分	
	利用吸锡烙铁拆焊	30 分	能够将元件正确拆下并整理工艺符合要求,不损坏元件和印刷板	损坏元件一个扣 5 分,损伤印刷电路板扣 10 分	

续表

项 目	内 容	分 值	考核要求	加分标准	得分
元件拆焊	利用吸锡线或吸锡带拆焊	30分	能够将元件正确拆下并整理工艺符合要求,不损坏元件和印刷板	损坏元件一个扣5分,损伤印刷电路板扣10分	
安全文明生产	工位整理、操作规范、遵守车间纪律	10分	操作全过程中,不符合安全用电要求立即停工并扣5~10分	不能够遵守安全规定酌情扣5~10分	
合计		100分	实训得分		

任务3.3 单面印制板手工设计与制作

【任务引入】

设计和制作印制电路是电子设计DIY过程中的一个重要过程,对于小规模的印刷板,没有必要去专业厂商那里花高价制作一块电路板,可以自己动手DIY。

【任务目标】

1.掌握手工制作印制电路板的基本方法和原理;
2.能够通过Protel 99SE软件设计一个PCB印刷板电路图。

【任务相关理论基础知识】

3.3.1 印制电路板设计与制作

1)印制电路板设计原理

印刷电路板设计是电子设计制作中很关键的一步。印制电路板的设计软件目前主要有Protel 99、Orcad等。

(1)设计步骤

①设计好电路原理图；

②根据所设计的原理图准备好所需要的元器件；

③根据实物给原理图中的元器件制作或调用封装形式；

④形成网络表连接文件；

⑤在 PCB 设计环境下,规划电路板的大小、板层数量等；

⑥调用网络表连接文件,并布局元器件的位置(自动加手工布局)；

⑦设置好自动布线规则,并自动布线；

⑧形成第二个网络表连接文件,并比较两个网络表文件,若相同则说明没有问题,否则要查找原因；

⑨手工布线并优化处理；

⑩输出 PCB 文件并制板。

(2)设计电路板时应该注意的问题

①注意元器件的位置安排要满足散热的要求；

②注意数字接地和模拟接地的分开；

③当制作双面电路板时,由于是手工制作电路板,不可能进行过孔金属化,所以在制板时要尽量减少电路板层之间的过孔,并尽量用电阻、电容、二极管、三极管等实现过孔金属化工艺,但不能使用集成电路的引脚实现过孔金属化,换句话说是在设计电路板时,使用双列直插的集成电路时,与集成电路相连的覆铜线应全部放在电路板的底层。

④高阻抗、高灵敏度、低漂移的模拟电路,高速数字电路,高频电路的印制电路板设计需要专门的知识和技巧,需要参考有关资料。

其他有关印制电路板设计的问题可参考有关资料。

2)印制电路板的制作过程

电路板的制作是电子设计竞赛设计的必不可少的环节。本节介绍适合电子设计竞赛需要,使用 Create.Pcb 高精度电路板制作仪手工制作电路板过程,主要分为 5 个步骤:打印菲林、曝光、显影、腐蚀和打孔、双面连接及表面处理。每个环节都关系到制板的成功与否,因此制作过程中必须认真、仔细。

Create.SEM 高精度电路板制作仪是美国 Vplex 公司最新研制出的高科技产品,线径宽度最小可达 4 mil(0.1 mm),是电子设计竞赛理想的印制板制作设备。

Create.SEM 电路板制作仪标准配置见表 3.6。

表 3.6　电路板制作标准配置

序　号	名　　称	数　量	主要参数
01	UV 紫外光程控电子曝光箱	1 台	最大曝光面积为 210 mm×297 mm ～ A4
02	Create.MPD 高精度专用微钻	1 台	可配各种尺寸的钻头(0～6 mm)10 000 r/min

续表

序　号	名　　称	数　量	主要参数
03	Create. AEM 全自动蚀刻机	1 套	含蚀刻槽、防爆加热装置、鼓风装置
04	单面纤维感光电路板	1 块	面积为 203 mm×254 mm
05	双面纤维感光电路板	1 块	面积为 203 mm×254 mm
06	菲林纸	1 盒	面积为 210 mm×297 mm～A4
07	三氯化铁	1 盒	400 g
08	显影粉(20 g)	1 包	配 400 mL 水,24 h 内有效,显影 1 200 cm^2
09	0.9 mm 高碳钢钻头	4 支	普通直插元件脚过孔
10	0.4 mm 高碳钢钻头	4 支	过孔钻头
11	1.2 mm 高碳钢钻头	2 支	钻沉铜孔时专用
12	沉铜环	100 个	用作金属化过孔
13	过孔针	100 个	过孔专用
14	1 000 mL 防腐胶罐	1 个	显影药水配置专用
15	防腐冲洗盆	2 个	盛三氯化铁溶液、显影药水
16	工业防腐手套	1 双	显影、腐蚀时专用
17	制板演示光盘	1 片	供使用者学习、观摩整个制板流程用
18	制板说明书	1 本	说明全套制板流程及各注意事宜

3.3.2　工业印制电路板的制作步骤

1)打印菲林

打印菲林纸是整个电路板制作过程中至关重要的一步,建议用激光打印机打印,以确保打印出的电路图清晰。制作双面板需分两层打印,而单面板只需打印一层。由于单面板比双面板制作简单,下面以打印双面板为例,介绍整个打印过程。

(1)修改 PCB 图

在 PCB 图的顶层和底层分别画上边框,边框大小、位置要求相同(即上下层边框重合起来,以替代原来 KeepOutLay 层的边框),以保证曝光时上下层能对准。

为保证电路板铜箔大小适中,钻孔的小偏移不影响电路板,建议将一般接插器件的外径设置为 72 mil 以上,内径设置为 20 mil 以下(内径宜小不宜大,电路板实际内径大小由钻头决定,此内径适当设置可确保钻头定位更准确)。对于过孔,建议将外径设置为 50 mil,内径设置为 20 mil 以下。

(2)设置及打印

①选择正确的打印类型。以 HP1000 打印机为例,首先设置打印机,单击"File"的下拉菜单"Setup Printer"项,出现如图 3.34 所示的提示框,按图示选择正确的打印类型。

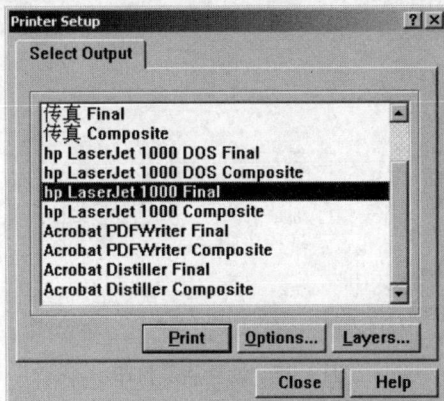

图 3.34 打印机选择

②单击"Options…"按钮,出现如图 3.35 所示的提示框,按图示设置好打印尺寸,特别要注意设置成 1∶1 的打印方式及"Show Hole"项要复选。

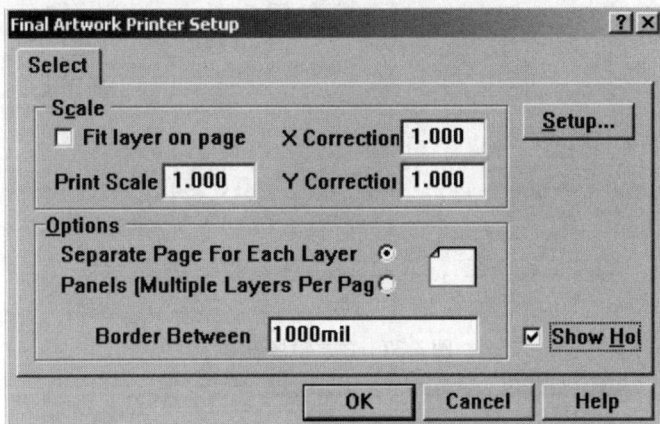

图 3.35 打印机尺寸设置

③置顶层打印,单击"Layers…"按钮,出现如图 3.36 所示的提示框,按图示设置好。

④特别注意顶层需镜像,单击图 3.36 中的"Mirroring"按钮,出现图 3.37 所示的提示框,按图示设置好,然后单击"OK"按钮退出顶层设置,退回到图 3.34 提示框,单击"Print"按钮,开始打印顶层。

⑤置底层打印,与设置顶层打印一样,单击"Layers…"按钮,出现如图 3.38 所示的提示框,按图示设置好(注意底层不要镜像),单击"OK"按钮退出底层设置,退回到图 3.34 提示框,单击"Print"按钮,开始打印底层。

⑥打印。为防止浪费菲林纸,可先用普通打印纸打印测试,待确保打印正确无误后,再用菲林纸打印。

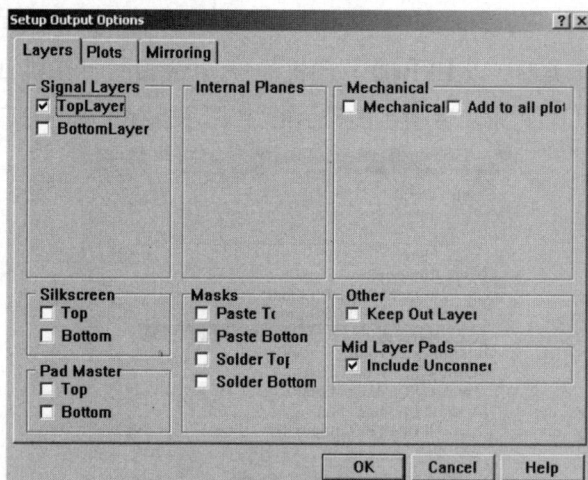

图 3.36　设置顶层打印

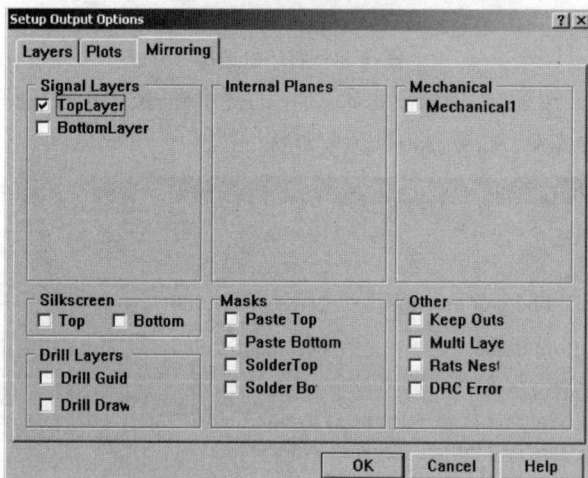

图 3.37　顶层镜像设置

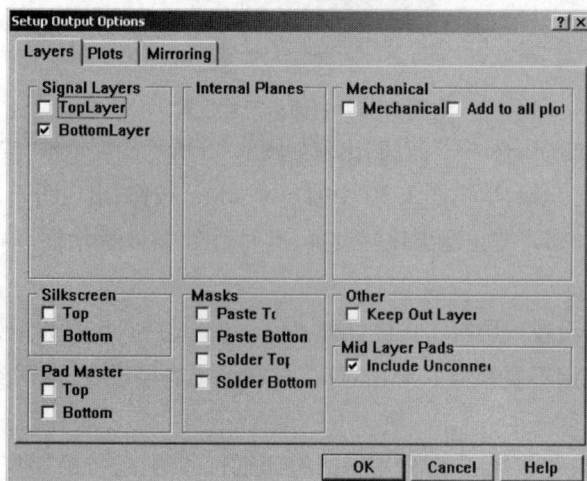

图 3.38　底层打印设置

2）曝光

先从双面感光板上锯下一块比菲林纸电路图边框线大 5 mm 的感光板,然后用锉刀将感光板边缘的毛刺锉平,将锉好的感光板放进菲林纸夹层测试一下位置,以感光板覆盖过菲林纸电路图边框线为宜。

测试正确后,取出感光板,将其两面的白色保护膜撕掉,然后将感光板放进菲林纸中间夹层中。菲林纸电路图框线周边要有感光板覆盖,以使线路在感光板上完整曝光。

在菲林纸两边空处需要贴上透明胶,以固定菲林纸和感光板。贴胶纸时一定要贴在板框线外。

打开曝光箱,将要曝光的一面对准光源,曝光时间设为 1 min,按下"START"键,开始曝光。当一面曝光完毕后,打开曝光箱,将感光板翻过来,按下"START"键曝光另一面,同样,设置曝光时间为 1 min。

3）显影

（1）配制显影液

以显像剂:水的比例为 1:20 调制显像液。以 20 g/包的显影粉为例,将 1 000 mL 防腐胶罐装入少量温水（温水以 30 ~ 40 ℃为宜）,拆开显影粉的包装,将整包显影粉倒入温水中,将胶盖盖好,上下摇动,使显影粉在温水中均匀溶解。再往胶罐中掺自来水,直到 450 mL 为止,盖好胶盖,摇匀即可。

（2）试板

试板目的是测试感光板的曝光时间是否准确及显影液的浓度是否适合。将配好的显影液倒入显影盆,并将曝光完毕的小块感光板放进显影液中,感光层向上,如果放进去 30 s 后感光层腐蚀一部分,并呈墨绿色雾状飘浮,2 min 后绿色感光层完全腐蚀完,证明显影液浓度合适,曝光时间准确;当将曝光好的感光板放进显影液后,线路立刻显现并部分或全部线条消失则表示显影液浓度偏高,需加点清水,盖好后摇匀再试;反之,如果将曝光好的感光板放进显影液后,几分钟后还不见线路的显现,则表示显影液浓度偏低,需向显影液中加几粒显影粉,摇匀后再试;反复几次,直到显影液浓度适中为止。

（3）显影

取出两面已曝光完毕的感光板,把固定感光板的胶纸撕去,拿出感光板并放进显影液里显影。约 30 s 后轻轻摇动,可以看到感光层被腐蚀完,并有墨绿色雾状飘浮。当这面显影好后,翻过来看另一面显影情况,直到显影结束,整个过程大约 2 min。当两面完全显影好后,可以看到,线路部分圆滑饱满,清晰可见,非线路部分呈现黄色铜箔。最后把感光板放入清水中,清洗干净后拿出并用纸巾将感光板的水分吸干。

调配好的显影液可根据需要倒出部分来使用,但已显像过的显影液不可再加入到原液中。显像液温度应控制在 15 ~ 30 ℃。原配显像液的有效使用期为 24 h。20 g 显像剂约可供 8 片 10×15 cm^2 单面板显像。感光板自制造日期起,每放置 6 个月,显像液浓度则需增加 20%。

4）腐蚀

腐蚀就是用 $FeCl_3$ 将线路板非线路部分的铜箔腐蚀掉。

首先，把 $FeCl_3$ 包装盒打开，将 $FeCl_3$ 放进胶盘中，再倒入热水，$FeCl_3$ 与水的比例为1:1,热水的温度越高越好。把胶盘拿起摇晃，让 $FeCl_3$ 尽快溶解在热水中。为防止线路板与胶盘摩擦损坏感光层，避免腐蚀时 $FeCl_3$ 溶液不能充分接触线路板中部，可将透明胶纸粘贴面向外，折成圆柱状贴到板框线外，最好四个脚都贴上，以保持平衡。

然后将贴有胶纸的面向下，将其放进 $FeCl_3$ 溶液中。因为腐蚀时间跟 $FeCl_3$ 的浓度、温度，以及是否经常摇动有很大的关系，所以，要经常摇动，以加快腐蚀。当线路板两面非线路部分铜箔被腐蚀掉后将其拿出，这时可以看到，线路部分在绿色感光层的保护下留了下来，非线路部分全部被腐蚀掉。腐蚀过程全部完成约 20 min。

最后将电路板放进清水中，待清洗干净后拿出并用纸巾将附水吸干。

5）打孔

首先选择好合适的钻头，以钻普通接插件孔为例，选择 0.95 mm 的钻头，安装好钻头后，将电路板平放在钻床平台上，打开钻床电源，将钻头压杆慢慢往下压，同时调整电路板位置，使钻孔中心点对准钻头，按住电路板不动，压下钻头压杆，这样就打好一个孔。提起钻头压杆，移动电路板，调整电路板其他钻孔中心位置，以便钻其他的孔，注意此时钻孔为同型号。对于其他型号的孔，更换对应规格的钻头后，按上述同样的方法钻孔。

打孔前，最好不要将感光板上残留的保护膜去掉，以防止电路板被氧化。

不需用沉铜环的孔选用 0.95 mm 的钻头，需沉铜环的孔用 1.2 mm 的钻头，过孔用 0.4 mm 钻头。

6）穿孔

穿孔有两种方法，可使用穿孔线，也可使用过孔针。使用穿孔线时，将金属线穿入过孔中，在电路板正面用焊锡焊好，并将剩余的金属线剪断，接着穿另一个过孔，待所有过孔都穿完，正面都焊好后，翻过电路板，把背面的金属线也焊好。

使用过孔针更简单，只需从正面将过孔针插入过孔，在正面用焊锡焊好，待所有过孔都插好过孔针并焊好后，再在背面焊好。

7）沉铜

穿孔也可采用沉铜技术。沉铜技术成功地解决了普通电路板制板设备不能制作双面板的问题。沉铜技术替代了金属化孔这一复杂的工艺流程，使得手工能够成功地制作双面板。

沉铜时，先用尖镊子插入沉铜环带头的一端，再将其从电路板正面插入电路板插孔中，用同样的方法将所有插孔都插好沉铜环；然后从正面将沉铜环边沿与插孔周边铜箔焊接好，注意不要把焊锡弄到铜孔内，这样将正面沉铜环都焊好后，整个电路板就做好了，背面铜环边沿留在焊接器件时焊接。

8）表面处理

在完成电路板的过孔及沉铜后，需要进行印制电路板表面处理。

①用天那水洗掉感光板残留的感光保护膜,再用纸巾擦干,以方便元器件的焊接。

②在焊接元器件前,先用松节油清洗一遍线路板。

③在焊接完元器件后,可用光油将线路板裸露的线路部分用光油覆盖,以防氧化。

【任务实训】

任务要求

完成任务:制作单面印制板

只要按照以下步骤一步一步地操作,即可制作出一张漂亮的单面印制电路板。

①工具设备及器材准备:

a. 预装有 Protel 99SE 或其他制图软件的微机一台;

b. 激光打印机一台,热转印式制板机一台;

c. 装有三氯化铁溶液的快速腐蚀机一台;

d. 热转印纸一张;

e. 敷铜板一张;

f. 微型钻头。

②制作 PCB 图。设计好自己要做的电路板,生成 PCB 图,如图 3.39 所示。

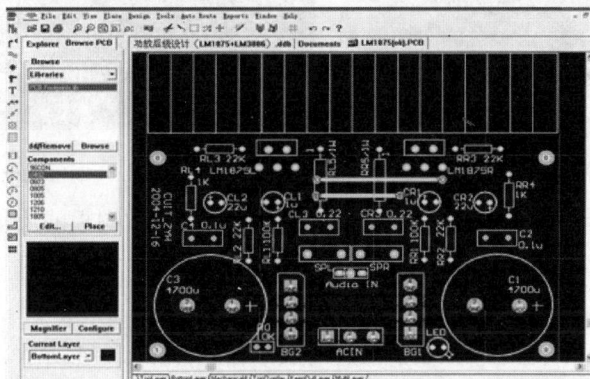

图 3.39　设计好的 PCB 板图

③打印 PCB 图。制作完成后,就开始打印 PCB 图。在打印时须注意:一定要采用激光打印机。一定在将打印层设置中去掉 Top Overlay 层,只打印覆铜区域,并查看是否需要镜像打印,如图 3.40 所示。先用普通纸预打印一次,确定图片的位置及大小,将转印纸裁剪为一样的大小,贴在图片位置,再送入打印机打印,如图 3.41 和图 3.42 所示。将覆铜板也裁剪成图片的大小,抛光洗净晾干待用,如图 3.43 所示。

图 3.40　打印层设置

图 3.41　预打印定位

图 3.42　打印热转印纸

图 3.43　铜板抛光

④热转印。热转印是制作敷铜板的关键步骤,直接影响敷铜板的质量。所以在制作过程中一定要仔细。

a. 将热转印式制板机开启预热。

b. 将打印好的转印纸正面粘贴于清洁过的敷铜板上,如图 3.44 所示。

c. 等待制板机温度达到 150 ℃时,小心地将铜板推入制板机,如图 3.45 所示。

图 3.44　粘贴热转印纸

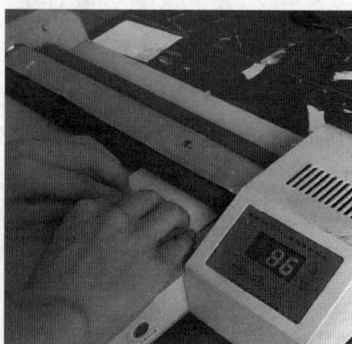

图 3.45　开始转印

d. 取出等待铜板冷却后慢慢揭去转印纸,如图 3.46 所示。

e. 检查修补断线、漏线,如图 3.47 所示。

图 3.46　揭去转印纸

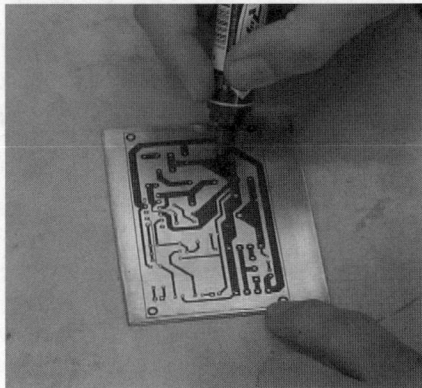

图 3.47　修补断线、漏线

⑤腐蚀敷铜板与打孔。敷铜板转印好后,只要腐蚀掉多余的铜,一张漂亮的电路板雏形就可以出现了。下面就是用快速腐蚀机腐蚀敷铜板与打孔的方法。

在快速腐蚀机里放入适量清水,以快要淹到快速腐蚀机的上层挡板为宜,再放入大约 1 000 g 的固体三氯化铁,充分搅匀,如图 3.48 所示。

将敷铜板放在腐蚀箱的上层挡板上,插上电源,启动水泵和加热器,如图 3.49 所示。

图 3.48　三氯化铁溶液

图 3.49　腐蚀敷铜板

等待 5~15 min,见敷铜板腐蚀完成后,断电源,拿出敷铜板用清水洗净,如图 3.50 所示。

按照装配图的位置打孔,注意孔的直径应略大于元件引脚的直径(一般为 0.8 mm),去除板上的碳粉,涂上松香酒精的溶液,如图 3.51 所示。

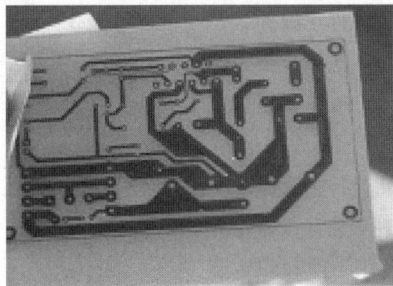

图 3.50　腐蚀完成的敷铜板

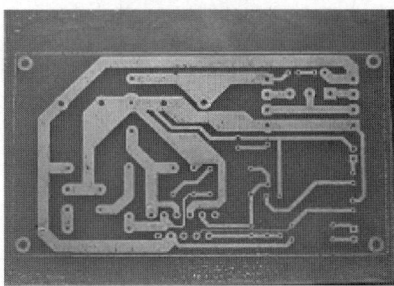

图 3.51　去除碳粉并钻孔

⑥安装元件。到此,一张自制的电路板就完成了,方便快捷,装上元件,好好享受自己动手的乐趣吧!

【任务要求】

1. 设计并制作单相桥式整流电路印刷板。
2. 焊接并制作电路。
3. 总结手工制作电路板的得失。
4. 完成实训报告。

【任务小结】

_____

_____

_____

_____

【考核评价标准】

表 3.7　考核评价标准表

项　目	内　容	分　值	考核要求	加分标准	得分
实训态度	操作的积极性,遵守安全操作规程,纪律及卫生情况	10 分	积极参加实训,遵守安全操作规程和劳动纪律,有良好的职业道德和团队精神	遵守安全操作规程加 15 分,其余酌情加分	
PROTEL 软件应用	能够熟练画出电路图并设计好 PCB 板	40 分	画出电路原理图并能够由电路原理图生成 PCB 板图	设计错误扣 10～20 分,不熟练扣 10～20 分	
	利用吸锡烙铁拆焊	30 分	能够将元件正确拆下并整理工艺符合要求,不损坏元件和印刷板	损坏元件一个扣 5 分,损伤印刷电路板扣 10 分	
	利用吸锡线或吸锡带拆焊	30 分	能够将元件正确拆下并整理工艺符合要求,不损坏元件和印刷板	损坏元件一个扣 5 分,损伤印刷电路板扣 10 分	

续表

项 目	内 容	分 值	考核要求	加分标准	得分
安全文明生产	工位整理、操作规范、遵守车间纪律	10 分	操作全过程中,不符合安全用电要求立即停工并扣 5～10 分	不能够遵守安全规定酌情扣 5～10 分	
合计		100 分	实训得分		

任务 3.4 SMT 技术手工焊接元件与拆焊

【任务引入】

电子电路表面组装技术(Surface Mount Technology,SMT),称为表面贴装或表面安装技术。它是一种将无引脚或短引线表面组装元器件(简称 SMC/SMD,中文称片状元器件)安装在印制电路板(Printed Circuit Board,PCB)的表面或其他基板的表面上,通过回流焊或浸焊等方法加以焊接组装的电路装连技术。如今很多微电子技术无一例外地使用了贴片元件和贴片技术,如手机、MP3、MP4、电磁炉、LED 电视、电脑主板、硬盘、iPad 等。因此,掌握贴片元件焊接和拆焊是当今电子技术必须应会的技能之一。

【任务目标】

1.了解 SMT 技术;
2.掌握贴片元件的组装技术;
3.学习并能熟练贴片元件的组装与焊接。

【任务相关理论基础知识】

贴片元件如图 3.52 所示。以你手中的某电子产品为例说明板上有些什么元件? 为何有这么多种? 为什么用这么多种? 如图 3.53 所示。

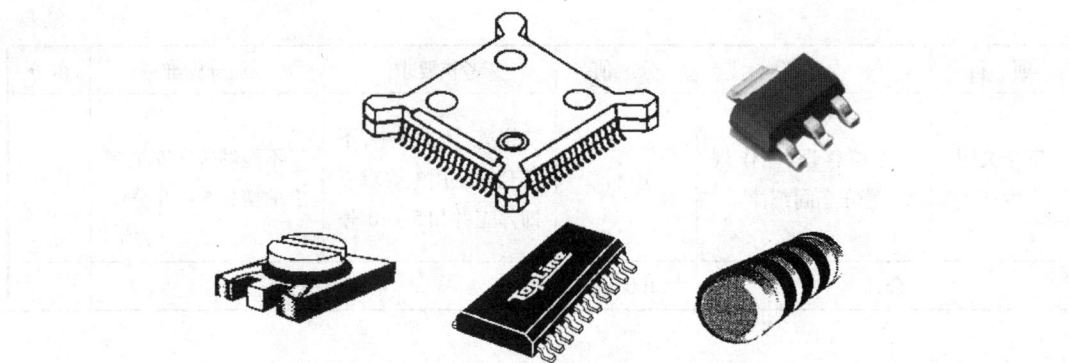

图 3.52　贴片元件

通常选择元件应从元件芯片、封装和包装上决定,主要从以下几方面来考虑:

①元件选择的考虑;

②使用条件下的可靠性;

③适合于所采用的组装工艺;

④标准件(低成本、普遍供应)。

常用的几个世界标准机构如图 3.54 所示。

图 3.53　贴片元件板

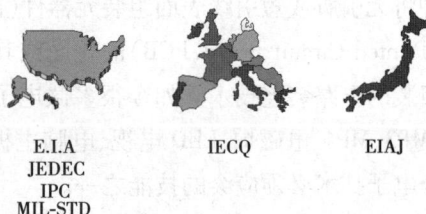

E.I.A
JEDEC
IPC
MIL-STD

IECQ

EIAJ

图 3.54　常用世界标准封装

1)封装和包装

封装 PACKAGE = 元件本身的外形和尺寸

包装 PACKAGING = 成型元件为了方便储存和运送的外加包装

元件封装主要影响有:电气性能(频率、功率等)、组装难度、可靠性和大的封装种类范围增加组装难度。

元件包装主要影响有:组装前的元件保护能力、贴片质量和效率及生产的物料管理。

元件封装和包装的主要区别如图 3.55 所示。

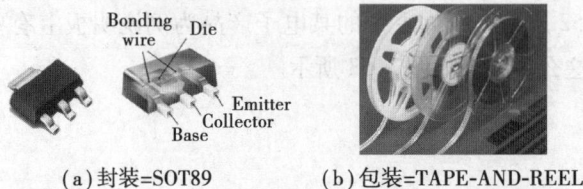

Bonding wire　Die

Emitter
Collector
Base

(a)封装=SOT89　　　　(b)包装=TAPE-AND-REEL

图 3.55　封装和包装的区别

2)电阻和电容的封装变化(见图3.56)

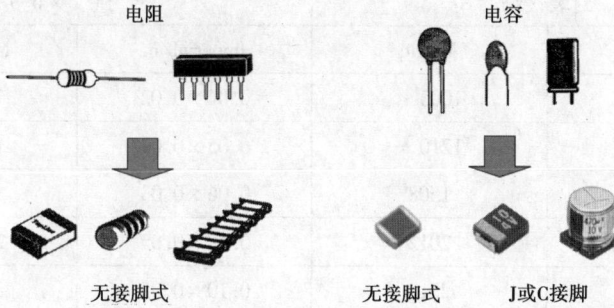

电阻　　　　　　　　　　　　电容

无接脚式　　　　无接脚式　　J或C接脚

图 3.56　电阻和电容的封装变化

(1)矩形片状电阻结构图(见图3.57)

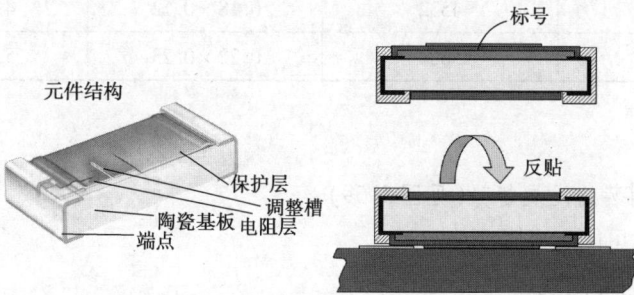

标号

元件结构

保护层
调整槽
电阻层
陶瓷基板
端点

反贴

图 3.57　矩形片状电阻

(2)矩形片状电容结构图(见图3.58)

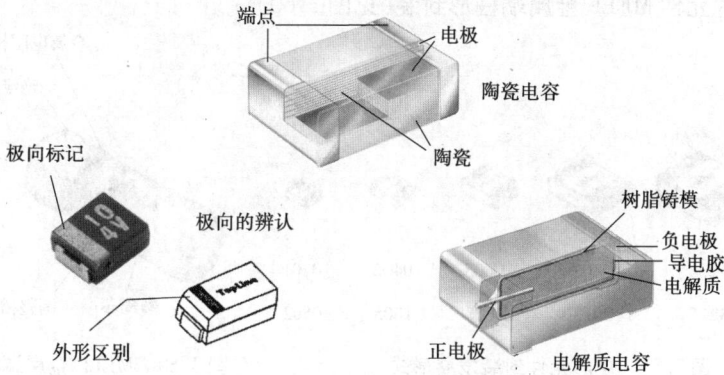

端点　　　　　　电极

陶瓷电容

极向标记

极向的辨认

陶瓷

树脂铸模

负电极
导电胶
电解质

外形区别

正电极

电解质电容

图 3.58　矩形状贴片电容结构图

(3)无接脚矩形元件封装型号定义

最常用的 RC 封装:以尺寸的4位数编号命封装名。美国用英制,日本用公制,其他国家两种都有。常见封装代码及尺寸对照表见表3.8。

表 3.8　常用封装代码及尺寸对照表

封装代码		尺寸($L \times W$)	
Metric	Metric	Imperial/in	Metric/mm
0402	1005 *	0.04 × 0.02	1.0 × 0.5
0504	1210 *	0.05 × 0.04	1.2 × 1.0
0603	1508	0.06 × 0.03	1.5 × 0.8
0805	2012	0.08 × 0.05	2.0 × 1.2
1005	2512	0.10 × 0.05	2.5 × 1.2
1206	3216	0.12 × 0.06	3.2 × 1.6
1210 *	3225	0.12 × 0.10	3.2 × 2.5
1812	4532	0.18 × 0.12	4.5 × 3.2
2225	5664	0.22 × 0.25	5.6 × 6.4

注:1 in = 2.54 cm。

(4)矩形元件封装的发展趋势(见图3.59)

①不断微型化,可能到极限。

②新革新技术可能出现。

③日本领先微型化。

④0201 组装尚未成熟。

3)SMT 贴片元件 MELF 金属端柱形封装(见图3.60)

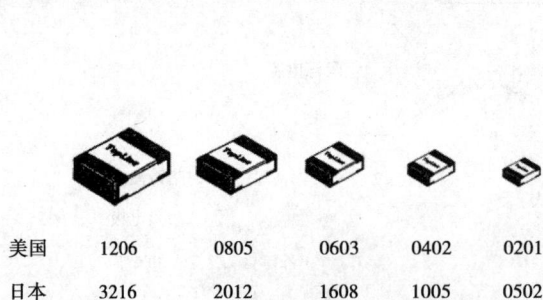

| 美国 | 1206 | 0805 | 0603 | 0402 | 0201 |
| 日本 | 3216 | 2012 | 1608 | 1005 | 0502 |

图 3.59　矩形元件封装发展形式

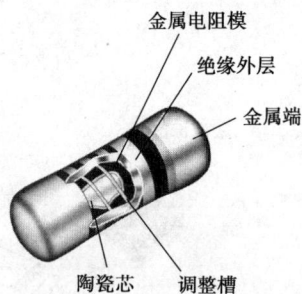

图 3.60　MELF 金属端柱形状

①MELF:Metal Electrode Face bonded 的字母简称。

②MELF 金属端柱形封装常用于电阻和二极管,也用于电容。

③二极管的封装名为 SOD80,SOD87 等。

④常用尺寸:2 × 1.25 mm(Mini. Melf),3.5 × 1.4 mm,5.9 × 2.2 mm。

⑤MELF 的优点:便宜、高电压、高温、能做低电阻值(0.1 Ω)、准确度高。

⑥缺点:组装时可能会滚动,标准化不够完整。

4)**多连矩形电阻封装（电阻网络）（见图3.61）**

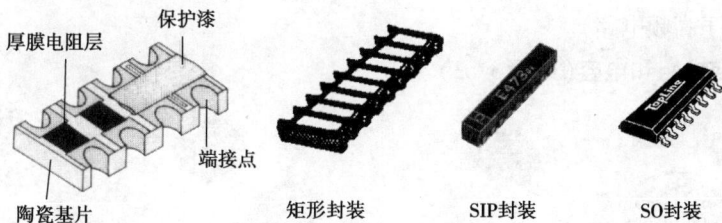

图 3.61　多连矩形电阻封装

多连矩形电阻封装的特点：

①采用 LCCC 式多端接点。

②端点间距一般为 0.8～1.27 mm。

③体形采用标准矩形件:0603,0805 和 1206 尺寸。也有采用新的 SIP 不固定长度封装的,也提供和 SOIC 相同的封装。

5)**电容封装（见表3.9）**

各厂家规格不完全相同。其他名称:TAJ（AVX）, TMC（日立）,49MC（Philips）, CWR04（MIL 规格）等。

表 3.9　电容封装标准

EIA(美)和 IECQ(欧)主要标准			EIAJ(日)标准		
Size Code	Metric Code	Size/mm	Size Code	Metric Code	Size/mm
A	3216	3.2×1.6	Y	3216	3.2×1.6
B	3528	3.5×2.8	X	3528	3.5×2.8
A	6032	6.0×3.2	B	4726	4.7×2.6
B	7343	7.3×4.3	C	6032	6.0×3.2
			V	5846	5.8×4.6
			D	7343	7.3×4.3

6)**其他电容封装（见图3.62）**

图 3.62　铝电解电容和塑料膜电容封装

传统铝电解电容的特点:缺乏规范,且尺寸种类繁多;对焊接的高温较敏感;不适合波峰焊接工艺;对卤化物(清洁溶剂)敏感;组装工艺较难(贴片和回流)。

塑料膜电容的特点:缺乏规范;尺寸种类不多;对焊接的高温较敏感;价格较高;具良好的电气性能(多用于高频电路)。

7)SMT 可变电阻和电容(见图 3.63)

(a)开放式　　　　　　　　　　　(b)密封式

图 3.63　可变电阻和电容图

SMT 可变电阻和电容特点:十分缺乏规范和标准;开放式较经济;但不能承受波峰焊和清洗工艺;自动贴装必须注意吸咀的配合和贴片压力;密封式非气密,必须注意焊后的突然清洗工艺。

8)SMT 电感器和封装形式(见图 3.64)

(a)线绕式　　　　　　(b)多层式　　　　　　(c)模塑式

图 3.64　SMT 贴片电感元件常用封装形式

SMT 电感元件的特点:缺乏规范;只有垂直和水平绕式;与传统电感器相比较经济;有些 SMT 电感贴装较难。常用多层封装电感和模塑式电感器常用代码见表 3.10。

表 3.10　常用多层封装电感和模塑式电感器常用代码

常用多层式封装电感代码		常用模塑式封装电感代码	
Imperial	Metric	Imperial	Metric
0805	2012	0805	2012
1206	3216	1008	2520
1210	3225	1206	3216
		1210	3225
		1812	4532

其他电感器封装如图 3.65 所示。

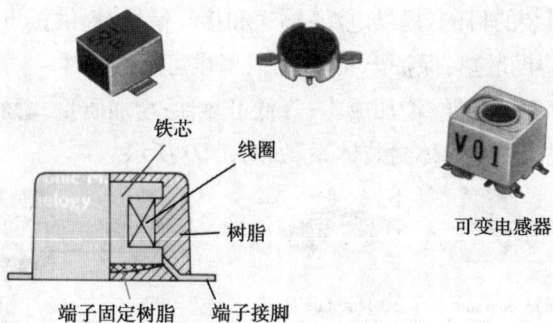

铁芯　线圈　树脂

端子固定树脂　端子接脚

可变电感器

图 3.65　其他电感器封装

9)其他无源 SMD 常见封装(见图 3.66)

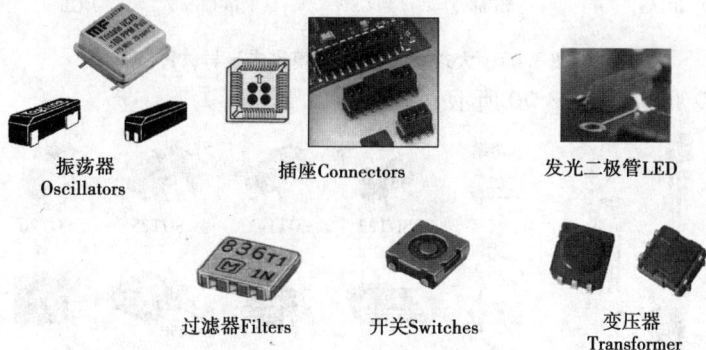

振荡器 Oscillators　插座Connectors　发光二极管LED

过滤器Filters　开关Switches　变压器 Transformer

图 3.66　其他无源 SMD 元件

10)SMT 元件端点接脚种类(见图 3.67)

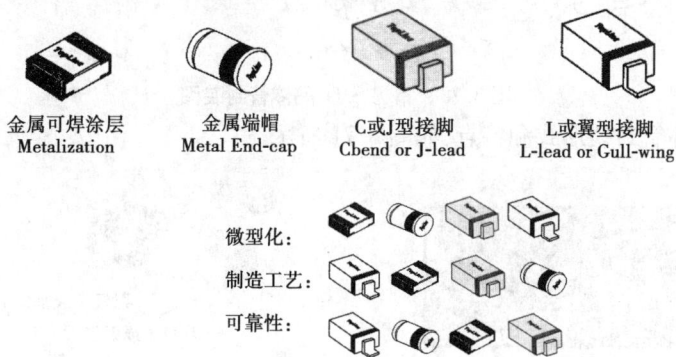

金属可焊涂层 Metalization　金属端帽 Metal End-cap　C或J型接脚 Cbend or J-lead　L或翼型接脚 L-lead or Gull-wing

微型化:

制造工艺:

可靠性:

图 3.67　SMT 端点接脚种类

11)SMT 半导体封装的形式及设计目的(见图 3.68)

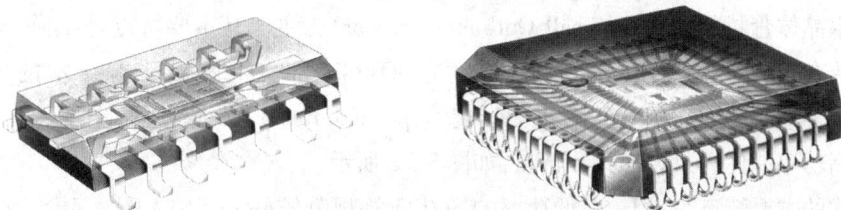

图 3.68　SMT 半导体封装图

SMT 半导体元件封装的目的:提供电源;输送和接收信号;提供接点的可焊条件;提供二级连接所需的尺寸放大;协助散热;保护半导体芯片;提供可测试条件。

SMT 半导体封装存在的问题:增加成本;降低可靠性;增加质量;增加体积;降低电气性能。

①大规模和超大规模的半导体封装体系,如图 3.69 所示。

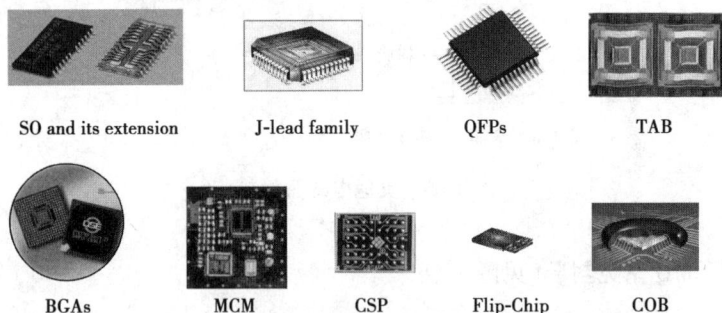

SO and its extension   J-lead family   QFPs   TAB

BGAs   MCM   CSP   Flip-Chip   COB

图 3.69　大规模和超大规模集成半导体图

②晶体管封装形式,如图 3.70 所示。

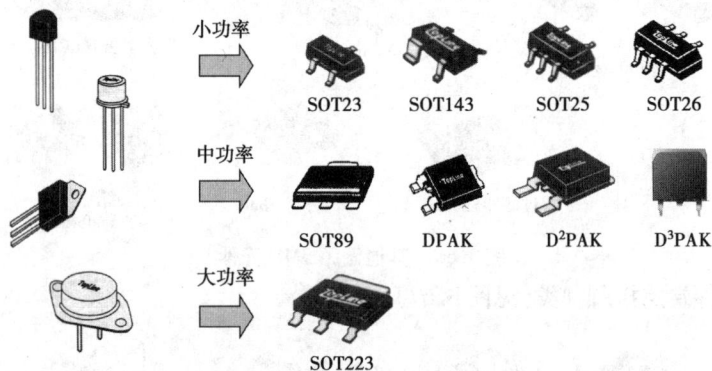

小功率   SOT23   SOT143   SOT25   SOT26

中功率   SOT89   DPAK   D²PAK   D³PAK

大功率   SOT223

图 3.70　常见 SMT 晶体管封装图

③小功率晶体管封装形式和特点,如图 3.71 所示。

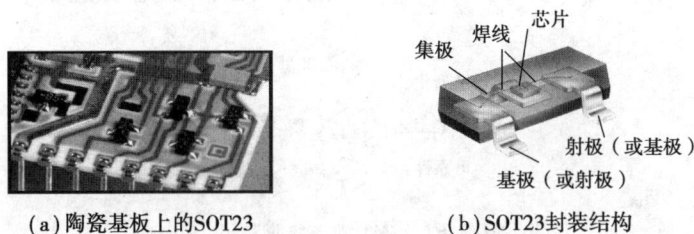

芯片　焊线　集极　射极（或基极）　基极（或射极）

（a）陶瓷基板上的SOT23   （b）SOT23封装结构

图 3.71　小功率晶体管的封装形式

小功率晶体管封装以 SOT(Small Outline Transistor)为主。其主要特点是:组装容易,工艺成熟,主要有 SOT23 封装最为普遍,其次是 SOT143 和 SOT223。日本开发的 mini. SOT(SOT323)日渐受到欢迎。包装形式都为带装(Tape. and. Reel),必须注意方向性。

④中高功率晶体管封装形式和特点,如图 3.72 所示。

该形式的主要特点为:相较较低功率的 SOT23 等规范较好。其中 DPAK 系列尚未被广泛采用,规范也较不理想。JEDEC 有类似的 TO-252 封装规范,散热处理是设计重点之一。

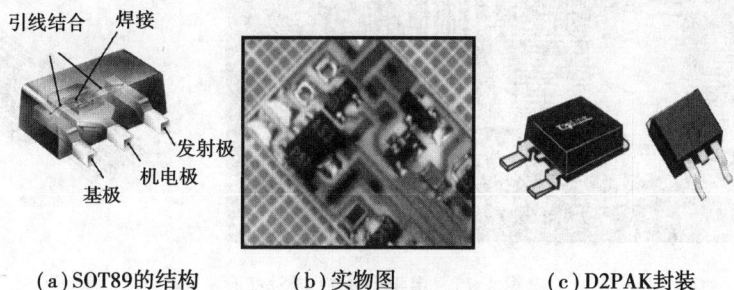

（a）SOT89的结构　　　（b）实物图　　　（c）D2PAK封装

图 3.72　功率晶体管封装形式

（1）二极管封装（见图 3.73）

（a）MELF封装　　　　（b）SOD123，323封装　　　　（c）SOT封装

图 3.73　常见 SMT 二极管封装形式

二极管常用封装主要有:MELF,SOD 和 SOT2 3 三种。各种封装各有特点。它们的主要特点是:MELF 较可靠,而且是气密封装,较受欢迎。MELF 封装方式常用的有:SOD80,DO213AA 和 AB,SOD87;SOD123, SOD323 封装效率较 SOT23 好,组装效率较 MELF 强,因此也常用;SOT 或 SOD123 封装是发光二极管多采用的方式。

（2）集成电路封装及发展形式（见图 3.74）

发展快速

J形接脚系列

SO系列

区域阵列系列

QFP系列

插件技术

五花八门
种类繁多

图 3.74　集成电路封装发展形式

①扁平引脚 Flat. Pack 封装集成电路,如图 3.75 所示。

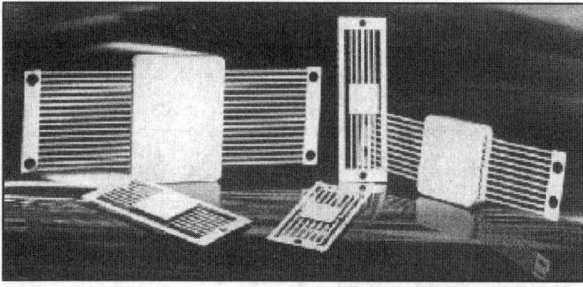

图 3.75 扁平引脚封装 SMT 图

主要特点:是最初的 SMT 引脚设计。采用标准 1.27 mm 间距,有时组装前需要引脚成型工艺,只在两边设有引脚,常用为 10 ~ 28 引脚,最高可达 80 脚。SMT 引脚目前仍用于军事和航空上。

②无引线芯片载体 LCC 封装集成电路,如图 3.76 所示。

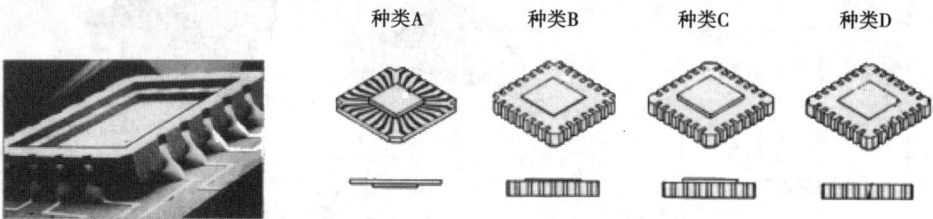

图 3.76 无引线芯片 LCC 封装图

目前 LCC 封装主要采用 JEDEC 标准,其特点是:一般用陶瓷做基片,故也称 LCCC。主要是结构坚固,无引脚附带的问题,多用于高温环境、军用和航天工业上,其引脚主要有 16 ~ 156 引脚,多采用标准 1.27 mm 间距。

③有引线芯片载体 LCC 封装,如图 3.77 所示。

封装底

图 3.77 有引线芯片图

主要特点:加入代表封装材料的字母以区别无引线芯片,主要载体为 LCC,如以 PLCC 代表塑膜封装等。因封装材料的不同分为:PLCC(塑膜)封装、CLCC(陶瓷)和 MLCC(金属)3 种。其中以 PLCC 最常用,引脚一般采用 J 形设计,16 ~ 100 脚,间距采用标准 1.27 mm 式,可使用插座。本品属于成熟技术,无继续开发。

④小外形封装 SOIC,如图 3.78 所示。

主要特点:按体宽和间距来分类,目前名称和规范并不统一。主要名称有 SO,SOM,SOL,SOP(日本)。体长由引脚数目而定,间距为标准 1.27 mm。引脚都采用翼形设计(Gull. wing)。目前,常用的规范为:JEDEC 规范。

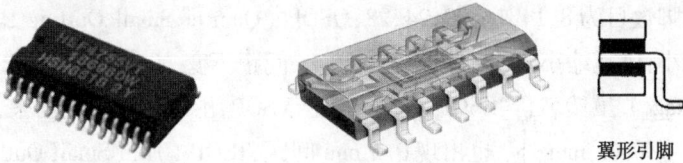

翼形引脚

图 3.78 小外形封装 SOIC 图

JEDEC 规范见表 3.11。

表 3.11 小外形 SOIC 规范 JEDEC 标准

名称	引脚数	体宽/mm
SO	8 ~ 16	3.97
SOM	8 ~ 16	5.60
SOL	16 ~ 32	7.62,8.38,8.89,10.2,11.2

⑤小外形 J 引脚封装 SOJ,如图 3.79 所示。

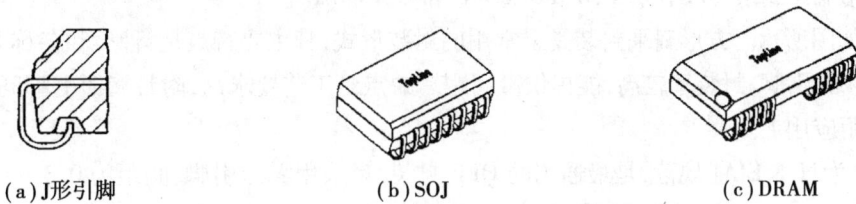

(a)J 形引脚   (b)SOJ   (c)DRAM

图 3.79 小外形引脚封装 IC 图

主要特点:从体形上可看成是采用 J 形引脚的 SOL 系列。引脚数目 16 ~ 40,常用于 DRAM 上,封装采用 26 脚体长,但只有 20 引脚,间距不变。

⑥小外形 SO 的延伸,如图 3.80 所示。

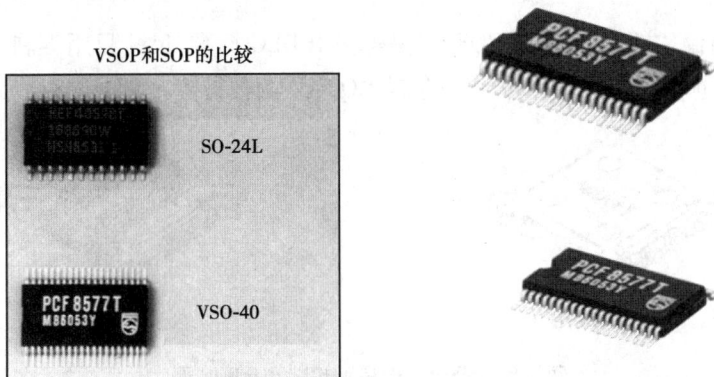

VSOP和SOP的比较

SO-24L

VSO-40

图 3.80 小外形 SO 的延伸 IC 图

小外形延伸主要有 5 种：VSOP,SSOP,QSOP,TSSOP 和 TSOP。VSOP（Very Small Outline Package），由 SOL 发展起来，缩小一半间距 0.65 mm，一般体宽为 7.62 mm，厚 2.4 mm 的较常用，常见引脚数目为 32,34,36,40,44,48,56；SSOP 则是另一些厂家的称谓，SSOP（Shrink Small Outline Package）由 SOM 发展起来，缩小一半间距 0.65 mm，一般体宽为 5.3 mm，厚 1.75 mm 的较常用，常见引脚数目为 8,14,16,20,24,28；QSOP（Quarter Small Outline Package）由 SSOP 发展起来，体形缩小：体宽缩小 25%，厚度缩小 15%，间距不变（0.65 mm）；TSSOP（Thin Shrink Small Outline Package）虽然名含"SSOP"，却较接近 VSOP，由 VSOP 发展而来，体宽缩小 20%，厚度缩小 60%，除了 0.65 mm 外，也出现 0.5 mm 间距；TSOP（Thin Small Outline Package）有Ⅰ型和Ⅱ型两种，如图 3.81 所示。厚度只有 1~1.2 mm，Ⅰ型由于其体薄和细间距，很受高密度组装应用的欢迎，Ⅱ型的 1.27 mm 间距设计是为了 SOJ 兼容，引脚设计在封装的长边上有较高的可靠性。

（a）TSOPⅠ型　　　（b）TSOPⅡ型　　　（c）OFPIC

图 3.81　TSOPⅠ型和Ⅱ型 IC 图和方形扁平封装 OFP IC 图

⑦方形扁平封装 QFP,PQFP,BQFP,TQFP 和 CERQUAD。

QFP 如图所示。方形扁平封装是最常用的封装形式，其主要特点是：种类和名称繁多。主要优点是 4 边引脚，封装率较高，能提供微间距。缺点是工艺要求高，附带翼形引脚问题，尤其是在微间距应用上。

PQFP 为日本 EIAJ 规范，是最通用的 QFP 封装，都采用翼形引脚，间距为 0.3~1.0 mm。平界面一般 80 μm，40 μm 技术可做得到，引脚数目有 32~360。目前形状有方形和长方形两类，视引脚数目而定。目前由于遇到 0.3 mm 工艺极限的问题，发展已达极限。

TQFP 由 1.5~4.1 mm 的 PQFP 厚度降低到 1~1.4 mm。目前名称缺乏规范，有 TQFP,SQFP 和 VQFP，甚至有时通用。有些把 1 mm 厚的称 TTQFP。间距一般没有 1 mm，只有 0.8 mm。

BQFP 为"凸台"方形扁平封装 BQFP。是美国 JEDEC 标准，尺寸只用英制，特点是 4 边拐角处有"凸台"保护引脚，有塑胶 BQFP 和金属 MQUAD 两种封装。如图 3.82 所示。

（a）塑胶封装　　　　　（b）金属封装

图 3.82　凸台方形扁平封装 BQFP IC 图

陶瓷方形扁平封装 CERQUAD(见图 3.83)是 JEDEC 标准,有时也称 CQFP。有 3 种引脚设计供应(扁平、J 形和翼形)。因元件较重,扁平和翼形引脚常带有保护框。J 引脚间距为标准 1.27 mm,其他为 0.5 mm,IBM 的 CQFP 设计有 0.4 mm 间距供应。

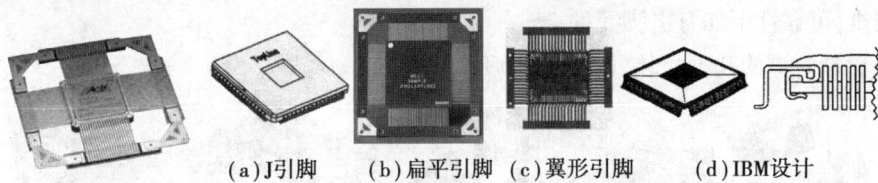

(a)J引脚　　(b)扁平引脚　(c)翼形引脚　　(d)IBM设计

图 3.83　陶瓷方形扁平封装 CERQUAD IC 图

⑧QFP 的发展形式,如图 3.84 所示。

图 3.84　QFP 封装形式 IC 发展形式图

⑨栅阵排列引脚设计,如图 3.85 所示。

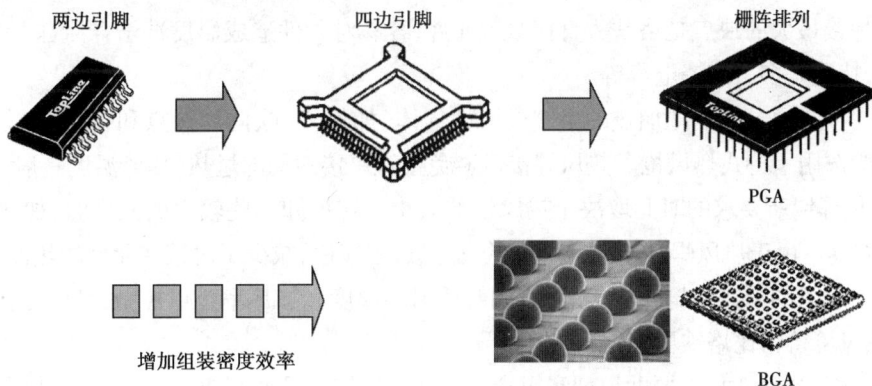

图 3.85　BGA 栅阵 IC 封装图

典型应用:球栅阵列封装 BGA,封装技术上为提高组装密度的一个革新。采用全面积阵列球形引脚的方式,有芯片在上和芯片在下的两种形式,芯片在上的接点可以较多,但厚度也较高,接点多为球形,在陶瓷 BGA 上有采用柱形的,常用间距有 1,1.2 和 1.5 mm,引脚数目已高达 1 000 多支,现在已经发展到 1155 和 1156,是 CSP 的前身。如现在常用的 Intel 酷睿 i3,i5 和 i7 系列 CPU。优点:比 QFP 还高的组装密度,体形可能较薄,较好的电气性能,引脚较坚固,组装工艺比 QFP 好。缺点:焊接点不可见,返修设备和工艺需求较高,工艺规范难度较高,线路板的布线较难,可靠性不如有引脚元件。

⑩世界最先进的几种封装,如图 3.86 所示。

Flip-Chip　　　　　　　　　　CSP　　　　　　　　MCM

图 3.86　目前最先进的 IC 封装

【任务实训指导】

1)SMT 手工焊接工具与材料概述

常见的手工焊接方法有接触焊接和加热气体焊接两种。

接触焊接是在加热的烙铁头或烙铁环直接接触焊接点时完成的。烙铁环用来同时加热多个焊接点,主要用于多引脚元件的拆除,其结构有多种形式,如两面和四面等,可用来拆卸矩形和圆柱形元件及集成电路。烙铁环非常适合拆卸用胶粘结的元件,在焊锡熔化后,烙铁环可拧动元件,打破胶的连接。但对四边塑封(PLCC)的元件,则很难同时接触所有的引脚,使有些焊点不能熔化,容易拉起 PCB 板的铜箔。

通常,由于表面贴装元件焊接时所需的热量,比普通电路板焊接时所需的热量小,接触焊接一般采用限温或控温烙铁,操作温度一般控制在 335 ~ 365 ℃。

接触焊接最大的缺点是烙铁头直接接触元件,容易对元件造成温度冲击,导致陶瓷封装等元件损伤,特别是多层陶瓷电容等。

热风焊接是通过喷嘴把加热的空气或惰性气体(如氮气)吹向焊接点和引脚来完成的,手工操作一般选用手持式热风枪。热风焊接可避免接触焊接的局部过热,热风温度一般为 300 ~ 400 ℃,熔化焊锡所要求的时间取决于热风量的大小。在拆卸一些较大的元件时,加热时间可能会超过 60 s。由于热风焊接传热效率较低,加热过程缓慢,减少了对某些元件的热冲击,并且热风对每个焊盘的加热及熔化比较均匀,同时热风的温度和加热率是可控制、可重复和可预测的,当然热风枪价格比烙铁要高得多。

在手工焊接操作时,需要助焊剂和锡膏。助焊剂的作用是使焊锡、元件引脚和焊盘不被迅速氧化。利用焊盘上原有焊锡进行焊接时,助焊剂不但能减慢氧化速度,加快焊锡熔化,在贴放元件时,还能固定元件的位置,并在焊锡熔化时增加浸润性(Wetting),减少虚焊、连焊的发生。锡膏是锡珠和松香的结合物,锡膏一般按锡球的直径分级,例如,2 型 53 ~ 75 μm、3 型 38 ~ 53 μm、4 型 25 ~ 38 μm。

手工焊接与维修,除上述主要工具及材料外,还应配备一定的辅助工具和材料,如镊子或真空吸笔、清理焊盘的吸锡带、涂布焊膏的专用注射器并配备几种不同型号的针头,以及检查焊接质量的放大镜等。

2)SMT 元件的焊装与维修方法

PLCC 是一种较复杂的 SMT 元件,拆卸直接贴焊在电路板上的 PLCC 集成电路,主要有两种方法:

①不具备热风枪的情况下可选用钳形烙铁,在 IC 侧面绕一圈较粗的焊锡丝,用钳形烙铁夹住元件,烙铁头的热量经熔化的焊锡传到每只引脚,停留 5 s 即可轻轻取下 IC。注意:用这种方法取下的 PLCC 元件不能再用,而且大面积熔化的高温焊锡也可能损坏电路板,同时钳形烙铁的价格比较昂贵。

②另一种方法是用热风枪吹焊,待所有引脚焊锡熔化后,轻轻取下 IC,最后用吸锡带清理焊盘。吸锡带是细铜丝编制的带状物,通常浸润有松香或清洗的助焊剂,使其在烙铁加热条件下,粘走焊盘上的残留焊锡。

SMT 元件的手工焊接比拆卸时容易,最简单的办法是用注射器在每列焊盘上涂一条锡膏线,再将元件贴到相应位置上,用热风枪吹化焊锡,焊锡熔化时靠张力和焊盘间阻焊膜的作用,将焊膏自动分配到每个焊点。由于焊点的吃锡量很少,所以发生连焊的可能性比较大,可用吸锡带吸去多余的焊锡。最后用放大镜逐点检查是否有连焊,消除连焊的最好办法是将电路板垂直竖起,用微型烙铁头将连焊处的焊锡熔化后往下拖,使其在重力的作用下自然脱出。四边引脚封装元件可用小型镊子或真空吸笔贴放。贴放时,一定要保证所有引脚同时对齐,有些元件的引脚数量很多,间距很小,对中贴放十分困难。这时可借助放大镜完成贴放工作。元件贴放在电路板上后,首先用热风枪加热,值得注意的是,锡膏从室温加热到 150 ℃ 左右时,锡膏内助焊剂的黏度将有所下降,如果助焊剂软化的速度超过其蒸发的速度,锡膏会变成流体,容易发生连焊。为避免发生上述情况,应在开始加热时,将热风枪离开引脚 1 cm 以上,待锡膏内的助焊剂缓慢软化并开始蒸发、第一次流动过程结束后,再将热风头罩住 IC 引脚,以较高的温度加热,使焊锡迅速熔化,最后关闭热风。焊接完成后应及时检查虚焊、连焊情况。检查虚焊可用探针轻轻划过引脚,若引脚发生移动,则为虚焊,需用烙铁进行补焊,连焊可用前述方法处理。

因为防水或防振设计的电路板涂有保护胶,拆卸这种电路板上的元件时,需在焊锡熔化的同时用工具去掉保护胶再取下元件,操作时一定要小心,以防损伤引脚和焊盘,在焊接完毕后还要注意补胶。

手工焊接、维修 SMT 元件,只要有一定的耐心和精细的操作,对初学者而言要熟练掌握操作技巧,并不困难。

3)表面贴片元件的手工焊接技巧

现在越来越多的电路板采用表面贴装元件,同传统的封装相比,它可以减少电路板的面积,易于大批量加工,布线密度高。贴片电阻和电容的引线电感大大减少,在高频电路中具有很大的优越性。表面贴装元件的不方便之处是不便于手工焊接。为此,本任务以常见的 PQFP

封装芯片为例,介绍表面贴装元件的基本焊接方法。

(1)所需的工具、材料和焊接方法

焊接工具需要有 25 W 的铜头小烙铁,有条件的可使用温度可调和带 ESD 保护的焊台,注意烙铁尖要细,顶部的宽度不能大于 1 mm。一把尖头镊子可用来移动和固定芯片以及检查电路。还要准备细焊丝和助焊剂、异丙基酒精等。使用助焊剂的目的主要是增加焊锡的流动性,这样焊锡可用烙铁牵引,并依靠表面张力的作用光滑地包裹在引脚和焊盘上。在焊接后用酒精清除板上的焊剂。

(2)焊接方法

①在焊接之前先在焊盘上涂上助焊剂,用烙铁处理一遍,以免焊盘镀锡不良或被氧化,造成不好焊,芯片则一般不需处理。

②用镊子小心地将 PQFP 芯片放到 PCB 板上,注意不要损坏引脚。使其与焊盘对齐,要保证芯片的放置方向正确。把烙铁的温度调到约 300 ℃,将烙铁头尖沾上少量的焊锡,用工具向下按住已对准位置的芯片,在两个对角位置的引脚上加少量的焊剂,仍然向下按住芯片,焊接两个对角位置上的引脚,使芯片固定而不能移动。在焊完对角后重新检查芯片的位置是否对准。如有必要可进行调整或拆除并重新在 PCB 板上对准位置。

③开始焊接所有的引脚时,应在烙铁尖上加上焊锡,将所有的引脚涂上焊剂使引脚保持湿润。用烙铁尖接触芯片每个引脚的末端,直到看见焊锡流入引脚。在焊接时要保持烙铁尖与被焊引脚并行,防止因焊锡过量发生搭接。

④焊完所有的引脚后,用焊剂浸湿所有引脚以便清洗焊锡。在需要的地方吸掉多余的焊锡,以消除任何短路和搭接。最后用镊子检查是否有虚焊,检查完成后,从电路板上清除焊剂,将硬毛刷浸上酒精沿引脚方向仔细擦拭,直到焊剂消失为止。

⑤贴片阻容元件则相对容易焊一些,可以先在一个焊点上点上锡,然后放上元件的一头,用镊子夹住元件,焊上一头之后,再看看是否放正了;如果已放正,再焊上另外一头。要真正掌握焊接技巧需要大量的实践。

(3)焊贴片电阻电容

先在一个焊盘上上一点锡,用镊子夹住元件焊在该焊盘上,如果不平可用镊子调整,最后可统一在另一个焊盘上上锡,完成焊接。

(4)表贴集成电路/连接器

用松香酒精溶液做助焊剂。焊接前先用棉签沾上助焊剂涂抹在焊盘上,待酒精略微挥发一些后助焊剂会发粘,此时可将元件或连接器放好,略微压一下即可,注意一定要对正!然后用烙铁把对角线的两个管脚烫一下,即可固定元件。

4)SMT 焊接任务实训步骤

(1)焊接贴片元件需要的常用工具

①电烙铁。常使用尖锥形烙铁头,因为在焊接管脚密集的贴片芯片时,能够准确方便地对某一个或某几个管脚进行焊接。

②焊锡丝。好的焊锡丝对贴片焊接很重要,在焊接贴片元件时,尽可能地使用细的焊锡丝

（φ0.6 mm 以下），这样容易控制给锡量，从而不用浪费焊锡和吸锡的麻烦。

③镊子。镊子的主要作用在于方便夹起和放置贴片元件，例如，焊接贴片电阻时，就可用镊子夹住电阻放到电路板上进行焊接。镊子要求前端尖而且平以便于夹元件。另外，对于一些需要防止静电的芯片，需用到防静电镊子。

④吸锡带。焊接贴片元件时，很容易出现上锡过多的情况。特别在焊密集多管脚贴片芯片时，很容易导致芯片相邻的两脚甚至多脚被焊锡短路。此时，传统的吸锡器是不管用的，这时候就需要用到编织的吸锡带，如果没有也可以拿电线中的铜丝来代替。

⑤松香。松香是焊接时最常用的助焊剂，因为它能析出焊锡中的氧化物，保护焊锡不被氧化，增加焊锡的流动性。在焊接贴片元件时，松香除了助焊作用外还可配合铜丝作为吸锡带用。

⑥焊锡膏。在焊接难上锡的铁件等物品时，可用到焊锡膏，它可除去金属表面的氧化物，其具有腐蚀性。在焊接贴片元件时，有时可用来"吃"焊锡，让焊点亮泽与牢固。

⑦热风枪。热风枪是利用其枪芯吹出的热风来对元件进行焊接与拆卸的工具。其使用的工艺要求相对较高。从取下或安装小元件到大片的集成电路，都可用到热风枪。在不同的场合，对热风枪的温度和风量等有特殊要求，温度过低会造成元件虚焊，温度过高会损坏元件及线路板。风量过大会吹跑小元件。对于普通的贴片焊接，可以不用到热风枪，在此不作详细叙述。

⑧放大镜。对于一些管脚特别细小密集的贴片芯片，焊接完毕之后需要检查管脚是否焊接正常、有无短路现象，此时用人眼是很费力的，因此可以用到放大镜，从而方便可靠地查看每个管脚的焊接情况。

⑨酒精。在使用松香作为助焊剂时，很容易在电路板上留下多余的松香。为了美观，这时可以用酒精棉球将电路板上有残留松香的地方擦干净。

⑩贴片焊接所需要的常用工具除了上述之外，还有一些比如海绵、洗板水、硬毛刷、胶水等，在此不作赘述。

（2）贴片元件的手工焊接步骤

①清洁和固定 PCB。在焊接前应对要焊的 PCB 进行检查，确保其干净。对其上面的表面油性的手印以及氧化物之类的要进行清除（用洗板水或酒精清洗），从而不影响上锡。手工焊接 PCB 时，如果条件允许，可以用焊台之类的固定好从而方便焊接，一般情况下，用手固定就好，值得注意的是避免手指接触 PCB 上的焊盘影响上锡。

②固定贴片元件。贴片元件的固定是非常重要的。根据贴片元件的管脚多少，其固定方法大体上可分为单脚固定法和对脚固定法两种。

对于管脚数目少（5 个以下）的贴片元件，如电阻、电容、二极管、三极管等，一般采用单脚固定法。即先在板上对其中一个焊盘上锡，然后左手拿镊子夹持元件放到安装位置并轻抵住电路板，右手拿烙铁靠近已镀锡焊盘熔化焊锡将该引脚焊好。焊好一个焊盘后元件已不会移动，此时镊子可以松开。

而对于管脚多而且多面分布的贴片芯片，单脚是难以将芯片固定好的，一般可采用对脚固定的方法。即焊接固定一个管脚后再对该管脚所对角的管脚进行焊接固定,从而达到将整个芯片固定好的目的。需要注意的是,管脚多且密集的贴片芯片,精准的管脚对齐焊盘尤其重要,应仔细检查核对,因为焊接的好坏都是由这个前提决定的。

③焊接剩下的管脚。元件固定好之后,应对剩下的管脚进行焊接。对于管脚少的元件,可左手拿焊锡,右手拿烙铁,依次点焊即可。对于管脚多而且密集的芯片,除了点焊外,还可采取拖焊,即在一侧的管脚上足锡,然后利用烙铁将焊锡熔化往该侧剩余的管脚上抹去,熔化的焊锡可以流动,因此有时也可将板子合适地倾斜,从而将多余的焊锡弄掉。

④清除多余焊锡。在步骤③中提到焊接时所造成的管脚短路现象,一般而言,可以拿吸锡带将多余的焊锡吸掉。吸锡带的使用方法很简单,向吸锡带加入适量助焊剂(如松香),然后紧贴焊盘,用干净的烙铁头放在吸锡带上,待吸锡带被加热到要吸附焊盘上的焊锡融化后,慢慢地从焊盘的一端向另一端轻压拖拉,焊锡即被吸入带中。吸锡结束后,应将烙铁头与吸上了锡的吸锡带同时撤离焊盘,此时如果吸锡带粘在焊盘上,不要用力拉吸锡带,而是再向吸锡带上加助焊剂或重新用烙铁头加热后再轻拉吸锡带使其顺利脱离焊盘并且要防止烫坏周围元器件。如果没有吸锡带,可用细铜丝来自制吸锡带。自制的方法如下:将电线的外皮剥去之后,露出其里面的细铜丝,此时用烙铁熔化一些松香在铜丝上即可。如果对焊接结果不满意,可重复使用吸锡带清除焊锡,再次焊接元件。

⑤清洗焊接的地方。清除多余的焊锡之后,芯片基本上就算焊接好了。但是由于使用松香助焊和吸锡带吸锡的缘故,板上芯片管脚的周围残留了一些松香,虽然不影响芯片工作和正常使用,但不美观,而且有可能造成检查时不方便,因此有必要对这些残余物进行清理。常用的清理方法可用洗板水或酒精清洗,清洗工具可以用棉签,也可用镊子夹着卫生纸之类进行。清洗擦除时应注意的是酒精要适量,其浓度最好较高,以快速溶解松香之类的残留物。其次,擦除的力道要控制好,不能太大,以免擦伤阻焊层以及伤到芯片管脚等。清洗完毕后,可用烙铁或热风枪对酒精擦洗位置进行适当加热以让残余酒精快速挥发。至此,芯片的焊接就算结束了。

(3)贴片元件的拆焊

①对5个管脚以下的贴片元件的拆焊。用烙铁对单个焊盘加热,同时用细针或刀片将元件管脚迅速轻轻挑起,也可用镊子夹住贴片元件向上轻提,使管脚与焊盘脱离。

②对贴片 IC 的拆焊。

方法1:一般的贴片 IC 引脚与电路板之间都会有一个缝隙,找一段细铜丝,将铜丝从该缝隙中穿过,之后把铜丝的一端固定在电路板上,另一端用手拽住,再用电烙铁加热有铜丝一侧的贴片 IC 的引脚,同时把铜丝从 IC 引脚与电路板之间抻出来,这时该侧引脚就与电路板分离了,用同样的方法把所有的引脚与电路板分离,贴片 IC 就被成功拆下。

方法2:用堆锡的方法拆卸贴片 IC,就是在要拆卸的贴片 IC 所有的引脚上堆锡,然后用烙铁轮流加热(可同时用两把烙铁),直到所有的锡熔化即可用镊子将 IC 提起。

5) **任务实训**

(1)焊接如下 PCB 贴片元件(见图 3.87)

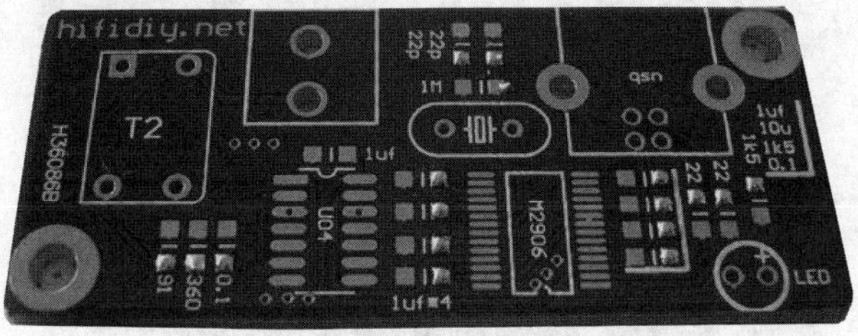

图 3.87 PCB 板图

(2)准备焊接贴片的必需工具(见图 3.88)

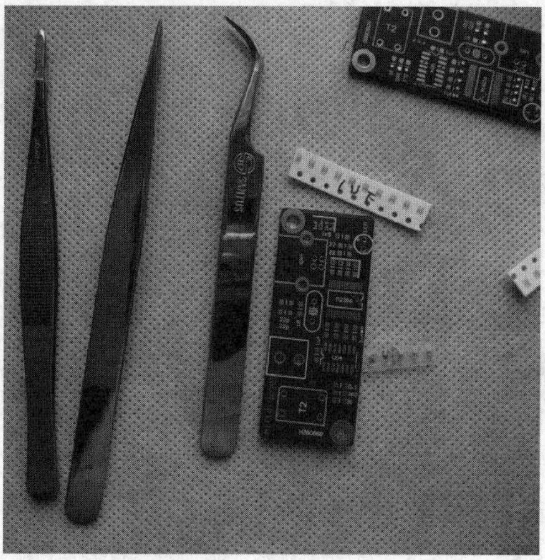

图 3.88 常用焊接工具

(3)焊接用 SMT 元件准备(见图 3.89)

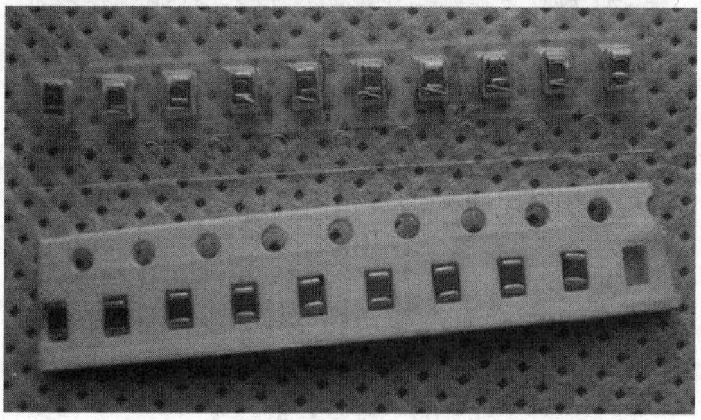

图 3.89 焊接用贴片电阻和电容

(4)开始先用烙铁加热焊点(见图 3.90)

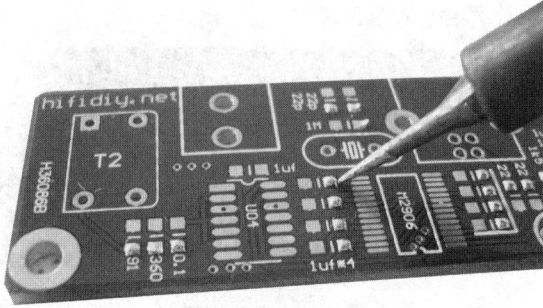

图 3.90　用烙铁加热 PCB 板

(5)然后夹个贴片马上过去(见图 3.91)

图 3.91　焊接贴片元件图

(6)等贴片固定后焊接另外一端(见图 3.92)

图 3.92　焊接另外一端

(7)焊接 IC,先在 PCB 上固定贴片 IC 的一个脚(见图 3.93)

图 3.93 焊接 IC 芯片

(8)然后大规模全部堆满脚(见图 3.94)

图 3.94 刚焊接好的芯片图

(9)然后找根细铜丝和松香放到 IC 脚上用铜丝吸锡(见图 3.95)

图 3.95 铜丝浸润上松香

去除芯片管脚上多余焊接如图 3.96 所示。

图 3.96　去除芯片管脚上多余焊锡

最后用酒精清洗(用棉签)你会发现松香很快就会熔化而不见,如图 3.97 所示。洗净后的 PCB 板如图 3.98 所示。

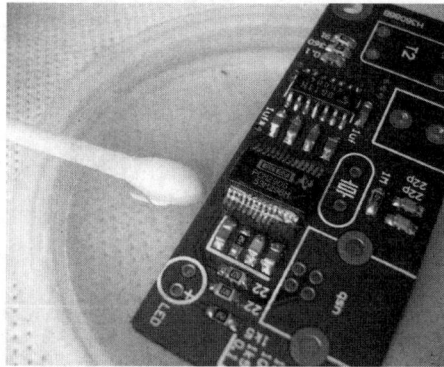

图 3.97　用棉签浸渍酒精涂在芯片管脚上去除松香

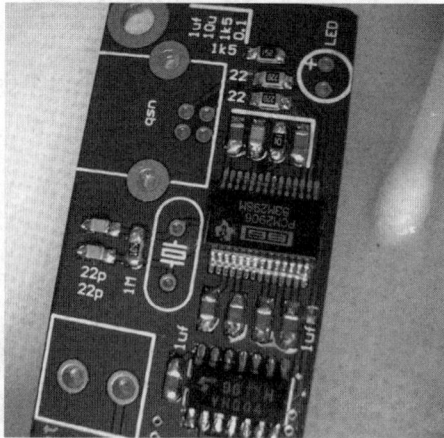

图 3.98　清洗干净的 PCB 板

(10)结尾工作(见图 3.99)

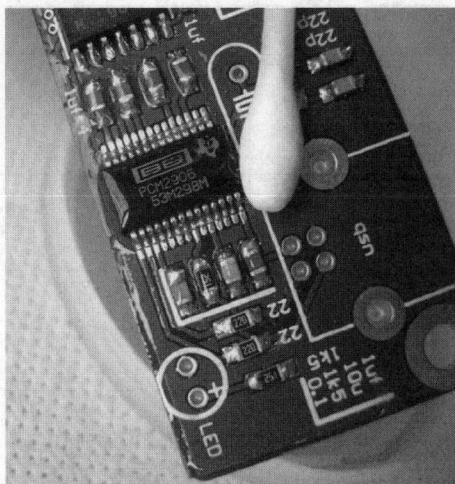

图 3.99 进一步继续做好清洁收尾工作

最后焊接完成的样子,如图 3.100 所示。

图 3.100 焊接完成的工件

【考核评价标准】

表 3.12 考核评价标准表

项　目	内　容	分　值	考核要求	加分标准	得分
实训态度	操作的积极性,遵守安全操作规程,纪律及卫生情况	10 分	积极参加实训,遵守安全操作规程和劳动纪律,有良好的职业道德和团队精神	遵守安全操作规程加 15 分,其余酌情加分	

续表

项 目	内 容	分 值	考核要求	加分标准	得分
贴片元件焊接	元件布局和元件工艺加工	20分	元件布局规整,美观大方,高低控制合理,工艺符合要求	每处不合理扣5分	
	贴片电阻、电容元件焊接	20分	焊接牢固,焊点光亮	每个元件5分	
	集成电路焊接	30分	焊点光亮,强度符合要求,无虚焊、漏焊、粘连	每个元件5分	
印刷板清洁	能够使用酒精清洁多余松香	10分	清洁完整如新	每个不清洁处扣5分	
安全文明生产	工位整理、操作规范、遵守车间纪律	10分	操作全过程中,不符合安全用电要求立即停工并扣5～10分	不能够遵守安全规定酌情扣5～10分	
合计		100分	实训得分		

任务3.5   电子电路装接工艺

【任务引入】

电子设备质量的好坏,决定着产品在市场上的竞争能力,也关系到厂家的生存和发展。因此,生产高性能、高质量的产品已经成为各生产厂家追求的目标,也是企业的生存之道。电子设备组装工艺就是以优质、高产、低能耗为宗旨,用较合理的结构安排,最简化的工艺,实现整机的技术指标,快速有效地制造出稳定可靠的电子设备。本任务将介绍电子设备的组装工艺过程。

【任务目标】

1.掌握元器件的布局要求;

2.掌握电子设备的抗干扰设计;

3.掌握整机连接技术与要求。

【任务相关理论基础知识】

3.5.1 电子设备组装内容

电子设备组装内容主要有以下几个方面：
①单元电路的划分；
②元器件的布局；
③元件、部件、结构的安装；
④整机连接和安装。

3.5.2 电子设备组装级别

在组装过程中,根据组装单位的大小、尺寸、复杂程度和特点的不同,将电子设备的组装分成不同的等级。

1)电子设备组装的内容和方法

（1）组装特点

电子产品属于技术密集型产品,组装电子产品有以下主要特点：

①组装工作是由多种基本技术构成的,如元器件的筛选与引线成型技术、线材加工处理技术、焊接技术、安装技术、质量检验技术等。

②装配质量在很多情况下是难以定量分析的,如对于刻度盘、旋钮等装配质量多以手感和目测来鉴定和判断。因此,掌握正确的安装操作是十分必要的。

③装配者必须进行训练和挑选,否则由于知识缺乏和技术水平不高,就可能生产出次品。而一旦混入次品,就不可能百分百地被检查出来。

（2）组装方法

电子设备的组装LA4800不但要按一定的方案进行,而且在组装过程中也有不同的方法可供采用,具体方法如下：

①功能法。是将电子设备的一部分放在一个完整的结构部件内,去完成某种功能的方法。此方法广泛用在真空器件的设备上,也适用于以分立元件为主的产品或终端功能部件上。

②功能组件法。这是兼顾功能法和组件法的特点,制作出既有功能完整性又有规范化的结构尺寸的组件。

2)组装工艺技术的发展

随着新材料、新器件的大量涌现,必然会促使组装工艺技术有新的进展。目前,电子工业产品组装技术的发展具有如下特点：

①连接工艺的多样化。在电子产品中,实现电气连接的工艺主要是手工和机器焊接。如今,除焊接外,压接、绕接、胶接等连接工艺也越来越受到重视。压接可用于高密度接线端子的连接,如金属或非金属零件的连接,采用导电胶也可实现电气连接。

②连接设备的改进。采用手动、电动、气动成型机或集成电路引线成型模具等小巧、精密、专用的工具和设备,使组装质量有了可靠的保证。采用专用剥线钳或自动剥线捻线机来对导线端头进行处理,可克服伤线和断线等缺陷。采用结构小巧、温度可控的小型焊料槽或超声波搪锡机,提高了搪锡质量,同时也改善了工作环境。

③检测技术的自动化。采用可焊接性测试来对焊接质量进行自动化检测,它预先测定引线可焊接性水平,达到要求的元器件才能够安装焊接。采用计算机控制的在线测试仪对电气连接的检查,可根据预先设置的程序,快速正确地判断连接的正确性和装连后元器件参数的变化。避免了人工检查效率低、容易出现错检或漏检的缺点。采用计算机辅助测试(CAT)来进行整机测试,测试用的仪器仪表已大量使用高精度、数字化、智能化产品,使测试精度和速度大大提高。

④焊接材料新技术的应用。目前,在焊接材料方面,采用活性氢化松香焊丝代替传统使用的普通松香焊锡丝;在波峰焊和搪锡方面,使用了高氧化焊料;在表面防护处理上,采用喷涂501.3聚氨酯绝缘清漆及其他绝缘清漆工艺;在连接方面,使用氟塑料绝缘导线、镀膜导线等新型连接导线,这些对提高电子产品的可靠性和质量起了极大的作用。

3.5.3 整机装配工艺过程

整机组装的过程因设备的种类、规模不同,其构成也有所不同,但基本过程大同小异,具体如下:

①准备。装配前对所有装配件、紧固件等从配套数量和质量合格两个方面进行检查和准备,同时做好整机装配及调试的准备工作。在该过程中,元器件分类是极其重要的。处理好这一工作是避免出错和迅速装配高质量产品的首要条件。在大批量生产时,一般多用流水作业法进行装配,元器件的分类也应落实到各装配工序。

②安装焊接。包括各种部件的安装、焊接等内容,包括即将介绍的各种工艺,都应在装连环节中加以实施应用。

③调试。调试整机包括调试和测试两部分,各类电子整机在总装完成后,一般最后都要经过调试,才能达到规定的技术指标要求。

④检验。整机检验应遵照产品标准(或技术条件)规定的内容进行。通常有生产过程中生产车间的交收试验、新产品的定性产品的定期试验(又称例行试验)。其中例行试验的目的,主要是考核产品质量和性能是否稳定正常。

⑤包装。包装是电子产品总装过程中保护和送货产品及促进销售的环节。电子产品的包装,通常着重于方便运输和储存两个方面。

⑥入库。入库或出产合格的电子产品经过合格的论证,即可入库储存或直接出厂,从而完

成整个总装过程。

【任务实训】

1)调频收音机、对讲机实验套件组装与调试

本套件用的芯片为 UTC1800(或 D1800),它作为收音接收专用集成电路,功放部分选用 D2822。对讲的发射部分采用两级放大电路,第一级为振荡兼放大电路;第二级为发射部分,使 发射效率和对讲距离大大提高。它具有造型美观、体积小、外围元件少、灵敏度极高、性能稳 定、耗电省、输出功率大等优点。只要按要求装配无误,装好后稍加调试即可收到电台,无须统 调,是学习电子技术的理想套件。它既能收到电台又能相互对讲,不断激发学生的学习兴趣。 收音机的参数:调频波段为 88 ~ 108 MHz;工作电源电压范围为 2.5 ~ 5 V;静态电流 13.5 mA; 信噪比 >80 dB;谐波失真 <0.8%;输出功率 ≥350 mA。发射机工作电流:18 mA,对讲距离 50 ~ 100 m。

2)电路原理及装配说明(见图 3.101)

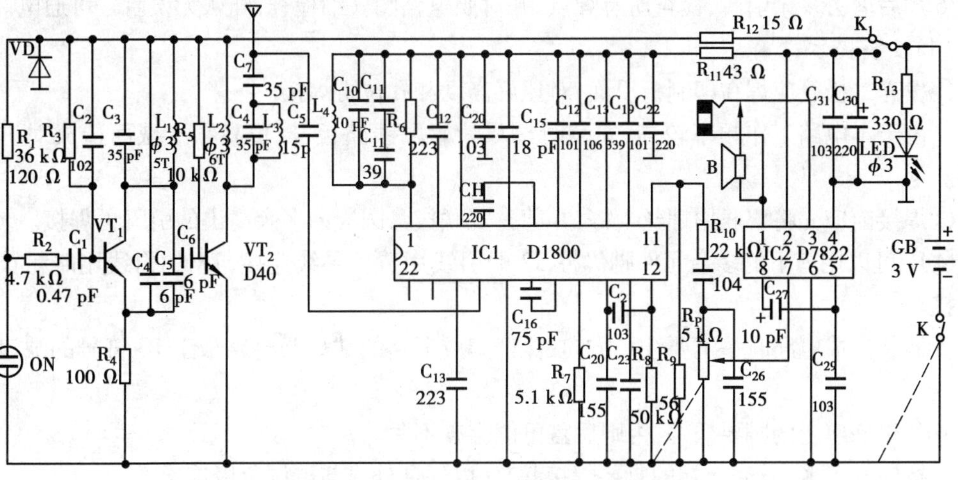

图 3.101　调频收音机、对讲机电路原理

(1)收音机(或接收)部分原理

调频信号由 TX 接收,经 C_9 耦合到 IC1 的 19 脚内的混频电路,IC1 第 1 脚内部为本机振荡 电路,1 脚为本振信号输入端,L_4,C,C_{10},C_{11} 等元件构成本振的调谐回路。在 IC1 内部混频后的 信号经低通滤波器后得到 10.7 MHz 的中频信号,中频信号由 IC1 的 7,8,9 脚内电路进行中频 放大、检波,7,8,9 脚外接的电容为高频滤波电容,此时,中频信号频率仍然是变化的,经过鉴频 后变成变化的电压。10 脚外接电容为鉴频电路的滤波电容。这个变化的电压就是音频信号, 经过静噪的音频信号从 14 脚输出耦合至 12 脚内的功放电路,第一次功率放大后的音频信号从 11 脚输出,经过 R_{10},C_{25},R_P 耦合至 IC2 进行第二次功率放大,推动扬声器发出声音。

(2)对讲发射原理

变化着的声波被驻极体转换为变化着的电信号,经过 R_1,R_2,C_1 阻抗均衡后,由 VT_1 进行

调制放大。C_2, C_3, C_4, C_5, L_1 以及 VT_1 集电极与发射极之间的结电容 C_{ce} 构成一个 LC 振荡电路,在调频电路中,很小的电容变化也会引起较大的频率变化。当电信号变化时,相应的 C_{ce} 也会变化,因此,频率也会随之变化,就达到了调频的目的。经过 VT_1 调制放大的信号经 C_6 耦合至发射管 VT_2 通过 TX, C_7 向外发射调频信号。VT_1, VT_2 用 9018 超高频三极管作为振荡和发射专用管。

(3)焊接与安装

一般先装低矮、耐热的元件,最后装集成电路。应按如下步骤进行焊接:

①清查元器件的质量,并及时更换不合格的元件。

②确定元件的安装方式,由孔距决定,并对照电路图核对电路板。

③将元器件弯曲成型,本电路所有的电阻(除 R_{12} 外)均采用立式插装,尽量将字符置于易观察的位置,字符应从左到右,从上到下。以便于以后检查,将元件脚上锡,以便于焊接。

④插装。应对照电路图对号插装,有极性的元件要注意极性,如集成电路的脚位等。

⑤焊接。各焊点加热时间及用锡量要适当,防止虚焊、错焊、短路。其中耳机插座、三极管等焊接时要快,以免烫坏。

⑥焊后剪去多余引脚,检查所有焊点,并对照电路图仔细检查,确认无误后方可通电。

(4)安装提示

①发光二极管应焊在印制板反面,对比好高度和孔位再焊接。

②由于本电路工作频率较高,安装时请尽量紧贴线路板,以免高频衰减而造成对讲距离缩短。

③焊接前应先将双联用螺丝上好,并剪去双联拨盘圆周内多余高出的引脚再焊接。

④J1 可以用剪下的多余元件脚代替,J2 的引线用黄色导线连接,TX 的引线用略粗黄色导线连接。

⑤插装集成电路时一定要注意方向,保证集成电路的缺口与电路板上 IC 符号的缺口一一对应。

⑥耳机插座上的脚要插好,否则后盖可能会盖不紧。

⑦按钮开关 K_1 外壳上端的脚要焊接起来,以保证外壳与电源负极连通。

⑧电路板上的 VD 是多余的,可不焊接。

(5)测试与调整

元器件以及连接导线全部焊接完后,经过认真仔细检查后即可通电调试(注意最好不要用充电电池,因为电压太低使发射距离缩短):

①收音(或接收)部分的调整。首先用万用表 100 mA 电流挡(其他挡也行,只要 ≥50 mA 挡即可)的正负表笔分别跨接在地和 K 的 GB_- 之间,这时的读数应为 10 ~ 15 mA,打开电源开关 K,并将音量开至最大,再细调双联,这时应收得到广播电台,若还收不到应检查有没有元件装错,印刷电路板有没有短路或开路,有没有焊接质量不高而导致短路或开路等,还可试换 IC1,本机只要装配无误可实现一装响。排除故障后找一台标准的调频收音机,分别在低端和高端收一个电台,并调整被调收音机 L_4 的松紧度,使被调收音机也能收到这两个电台,那么这台被调收音机的频率覆盖就调好了。如果在低端收不到这个电台,说明应增加 L_4 的匝数,反

之,则说明应减少 L_4 的匝数,直至这两个电台都能收到为止。调整时注意请用无感起子或牙签、牙刷柄(处理后)拨动 L_4 的松紧度。当 L_4 拨松时,这时的频率就增高,反之,则降低,注意调整前请将频率指示标牌贴好,使整个圆弧数值都能在前盖的小孔内看得见(旋转调台拨盘)。

②发射(或对讲)部分的调整:首先将一台标准的调频收音机的频率指示调在 100 MHz 左右,然后将被调的发射部分的开关 K_1 按下,并调节 L_1 的松紧度,使标准收音机有啸叫,若没有啸叫则可将距离拉开 $0.2 \sim 0.5$ m,直到有啸叫声为止,然后再拉开距离对着驻极体讲话,若有失真,则可调整标准收音机的调台旋钮,直到消除失真,还可以调整 L_2 和 L_3 的松紧度,使距离拉得更开,信号更稳定。若要实现对讲,请再装一台本套件并按同样的方法进行调整,对讲频率可以自己定,如 88,98,108 MHz 等,可实现互相保密也不至相互干扰。

3)**制作过程**

(1)全套散件图(见图 3.102)

图 3.102　实训套件

(2)焊接电阻器(共 13 只)(见图 3.103)

图 3.103　电阻器安装示意图

R_1:120 Ω R_2:4.7 kΩ R_3:36 kΩ R_4:100 Ω R_5:10 kΩ R_6:1 kΩ R_7:5.1 kΩ

R_8:5.1 kΩ R_9:560 Ω R_{10}:2.2 kΩ R_{11}:47 Ω R_{12}:15 Ω R_{13}:330 Ω

(3)焊接电位器(1只)和短接线 J1(见图3.104)

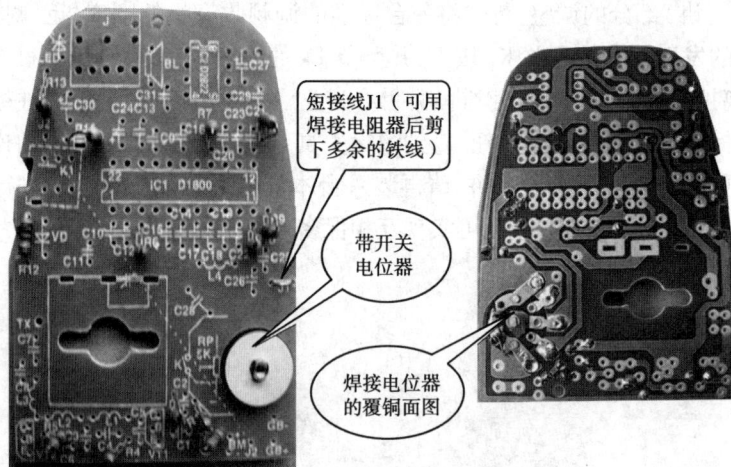

短接线J1(可用焊接电阻器后剪下多余的铁线)

带开关电位器

焊接电位器的覆铜面图

图3.104　电位器和短接线安装

(4)焊接瓷片电容器(共27只)(见图3.105)

C_2:102 C_3:39p C_4:68p C_5:6p C_6:6p C_7:39p C_8:39p C_9:15p

C_{10}:10p C_{11}:39p C_{12}:223 C_{13}:223 C_{14}:221 C_{15}:18p C_{16}:75p C_{17}:101

C_{18}:103 C_{19}:33p C_{20}:153 C_{21}:103 C_{22}:103 C_{23}:104 C_{25}:104 C_{26}:153

C_{28}:103 C_{29}:103 C_{31}:103

图3.105　部分瓷片电容器的焊接图

图3.106　全部瓷片电容器的焊接图

(5)焊接电解电容器(共4只)(见图3.107)

C_1:0.47 μF   　C_{24}:220 μF   　C_{27}:10 μF   　C_{30}:220 μF

(6)焊接电感线圈(共4只)(见图3.108)

L_1:5圈 L_2:6圈 L_3:5圈 L_4:5圈

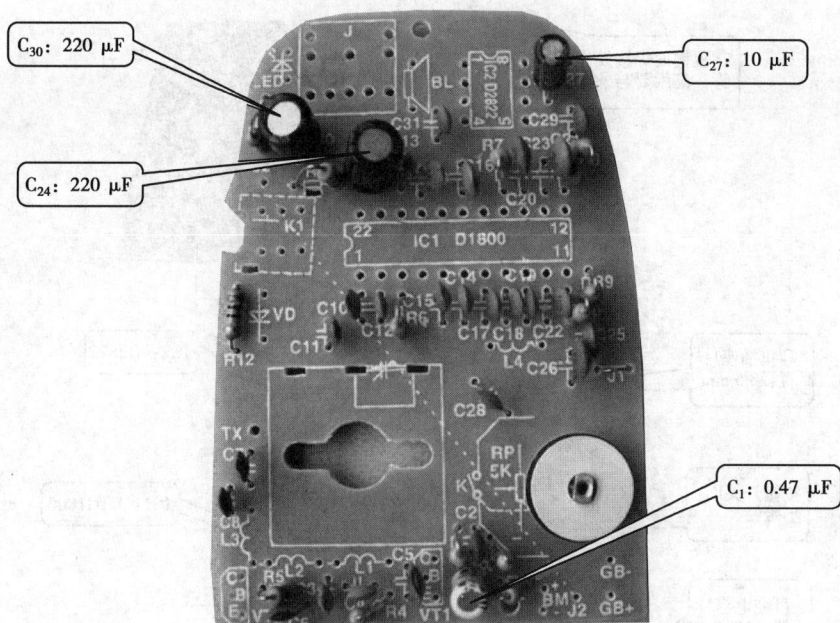

图 3.107　电解电容器装配

图 3.108　电感器装配

(7)焊接发光二极管 LED(见图 3.109)

发光二极管:直径 3 mm,红色。

(8)焊接 IC(UTC1800、D2822)、耳机插座、开关、可变电容器、三极管(见图 3.110)

集成电路:IC1:UTC1800　IC2:D2822　耳机插座 J:直径 3.5 mm

按钮开关 K_1:不带锁　可变电容器:223F

三极管 VT_1,VT_2:9018

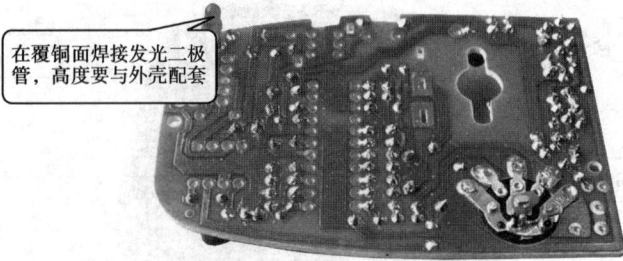

在覆铜面焊接发光二极管，高度要与外壳配套

图 3.109　发光二极管安装图

耳机插座J：直径3.5 mm

IC2：D2822

按钮开关K₁：不带锁

IC1：UTC1800

可变电容器：223F

VT₂：9018

VT₁：9018

图 3.110　集成电路 IC、耳机插座、开关、可变电容器、三极管装配

（9）焊接跳线 J2、天线 TX(说明：VD 不用焊接)（见图 3.111）

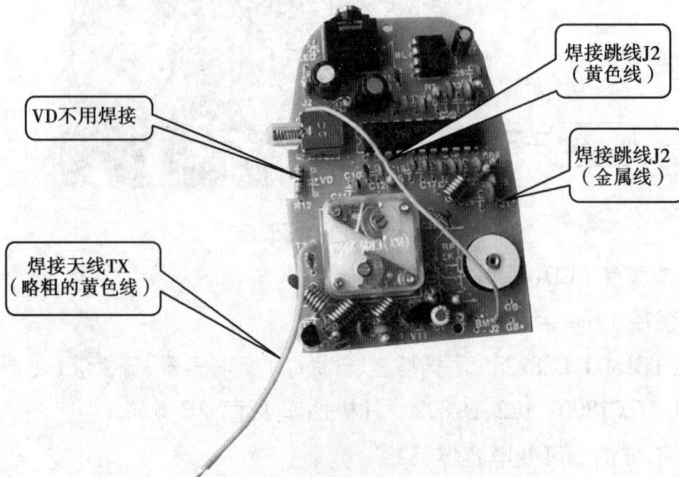

VD不用焊接

焊接跳线J2（黄色线）

焊接跳线J2（金属线）

焊接天线TX（略粗的黄色线）

图 3.111　装配天线、跳线

(10)电路板的覆铜面图(见图 3.112)

图 3.112　电路板覆铜面

(11)扬声器、话筒上导线的焊接(见图 3.113)

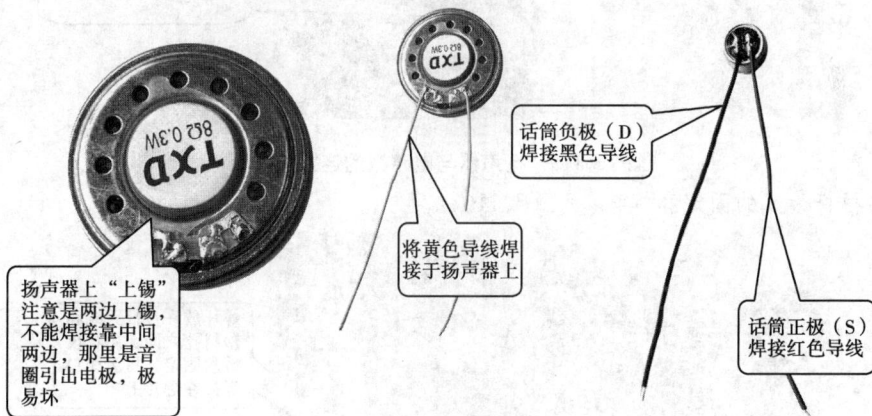

扬声器上"上锡"注意是两边上锡，不能焊接靠中间两边，那里是音圈引出电极，极易坏

将黄色导线焊接于扬声器上

话筒负极（D）焊接黑色导线

话筒正极（S）焊接红色导线

图 3.113　扬声器、话筒上导线的焊接

(12)扬声器放在外壳中固定、焊接电池线(见图 3.114)

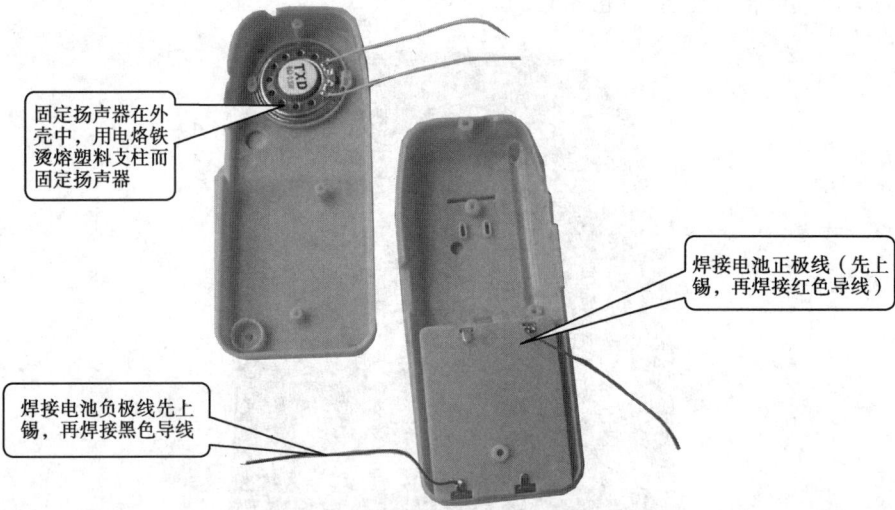

固定扬声器在外壳中，用电烙铁烫熔塑料支柱而固定扬声器

焊接电池正极线（先上锡，再焊接红色导线）

焊接电池负极线先上锡，再焊接黑色导线

图 3.114 安装电池盒、固定喇叭

（13）扬声器与电路板的连接（见图 3.115）

扬声器与电路板的焊接

图 3.115 扬声器与电路板的连接装配

（14）拉杆天线的固定和焊接（见图 3.116）

焊片放在拉杆天线和塑料孔之间，用自攻螺丝固定，将天线TX焊接在焊片上

图 3.116 拉杆天线装配

（15）调频收音机频率范围的调试（见图3.117）

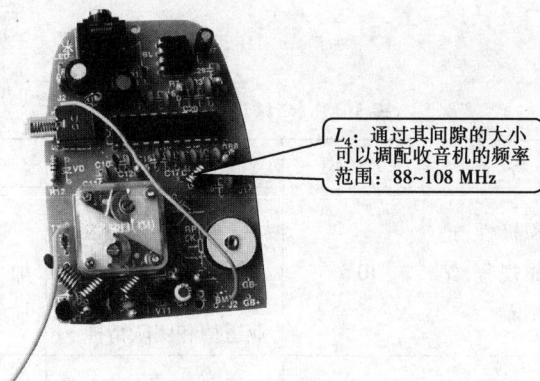

L_4：通过其间隙的大小可以调配收音机的频率范围：88~108 MHz

图 3.117　频率范围调试

调频收音机的频率范围一定要保证在 88 ~ 108 MHz，特别要保证低端，因为无线发射部分的频率在 89 MHz 附近。调频率范围主要调整 L_4 线圈的间隙大小：拉开，感量减小，频率提高，相应收到的高频段的台多；缩紧，感量大，频率减小，相应收到的低频段的台多。

如果调不出低端，可以把 C_{11}（39p）的瓷片电容器短接。低端可保证在 88 MHz。高端有损失，把 L_4 稍微拉开一点。使高端也能保证在 108 MHz，高低端可以兼顾。

4）安装后的整体效果（见图3.118）

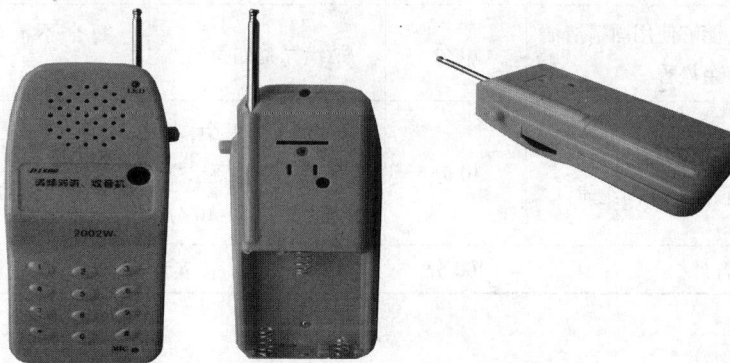

图 3.118　整机装配图

【任务小结】

通过整机装配，使同学们知道安装电子产品的操作顺序和方法。初步了解流水线的生产工艺和要求。同时经过整机调试，找到学习电子技术的乐趣。

【考核评价标准】

表 3.13　考核评价标准表

项 目	内 容	分 值	考核要求	加分标准	得 分
实训态度	操作的积极性,遵守安全操作规程,纪律及卫生情况	10 分	积极参加实训,遵守安全操作规程和劳动纪律,有良好的职业道德和团队精神	遵守安全操作规程加 15 分,其余酌情加分	
整机装配	元件布局和元件工艺加工	30 分	元件布局规整,美观大方,高低控制合理,工艺符合要求	每处不合理扣 5 分	
	焊接工艺符合要求,焊接牢固,焊点光亮	20 分	焊接牢固,焊点光亮	每个元件 5 分	
	整机装配调试	20 分	调频收音接收良好,无杂音	酌情扣 5～20 分	
印刷板清洁	能够使用酒精清洁多余松香	10 分	清洁完整如新	每个不清洁处扣 5 分	
安全文明生产	工位整理、操作规范、遵守车间纪律	10 分	操作全过程中,不符合安全用电要求立即停工并扣 5～10 分	不能够遵守安全规定酌情扣 5～10 分	
合计		100 分	实训得分		

项目 4

电子基本电路技能训练

●项目思考讨论

电气设备、电子产品中的电路均由一些基本电子线路组成,通过对典型电子电路的原理分析,掌握基本电路的安装、焊接、调试、检测方法,是本课程的一项基本技能,也是从事相关工种应掌握的一项重要技能。

●项目实践意义

电路装调技术在电子产品的整机生产过程中十分重要,它是产品质量的保障,电路检测是电气设备在维护、维修、监测中必不可少的一种手段。

●项目学习目标

能根据电路原理图,按照技术要求装接、调试基本电路;对电路进行测试;能排查电路故障。通过训练,具备应用所学知识解决实际问题的能力,培养良好的职业道德和职业习惯。

● **项目任务分解**

　　本项目挑选的是模拟电子技术中的典型电路,由简到繁,贯穿了电子电路分析方法、电子仪器的使用、电子元器件的识别检测、焊接技术应用、电路检测等知识和技能。

任务 4.1　单向整流滤波电路的安装与调试

【任务引入】

电源是各种电气设备能量的来源,其性能好坏直接影响整机的性能,电子设备和电器多用直流电源供电,需要将电网的交流电变换为直流电。将交流电变换为直流电的过程是本任务学习的主要内容。

【任务目标】

通过对单相整流滤波电路的分析、装调,掌握简单直流电源的制作维修技能,熟悉电路装调流程。

【任务相关理论基础知识】

4.1.1　二极管的单向导电性

二极管的单向导电性可通过如图 4.1 所示的实验来说明。

按图 4.1(a)连接实验电路,接通电源后指示灯亮,说明此时二极管的电阻很小,很容易导电。再将原二极管正负极对调后接入电路,如图 4.1(b)所示,接通电源后指示灯不亮,说明此时二极管的电阻很大,几乎不导电。

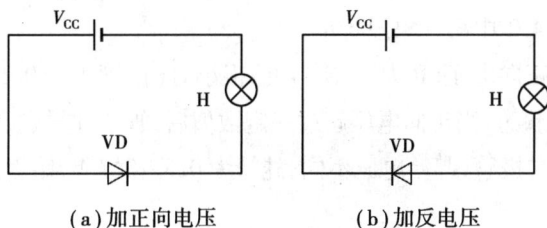

(a)加正向电压　　　　(b)加反电压

图 4.1　二极管导通实验

由实验可得出以下结论:

1)加正向电压时二极管导通

当二极管正极电位高于负极电位,此时的外加电压称为正向电压,二极管处于正向偏置,简称正偏。二极管正偏时,内部呈现较小的电阻,可以有较大的电流通过,二极管的这种状态称为正向导通状态。

2)加反向电压时二极管截止

当二极管正极电位低于负极电位,此时的外加电压称为反向电压,二极管处于反向偏置,简称反偏。二极管反偏时,内部呈现很大的电阻,几乎没有电流通过,二极管的这种状态称为反向截止状态。

二极管在加正向电压时导通,加反向电压时截止,这就是二极管的单向导电性。

4.1.2 二极管的伏安特性曲线

加在二极管两端的电压和流过二极管的电流之间的关系称为二极管的伏安特性,利用晶体管特性图示仪可以很方便地测出二极管的伏安特性曲线,如图4.2所示。

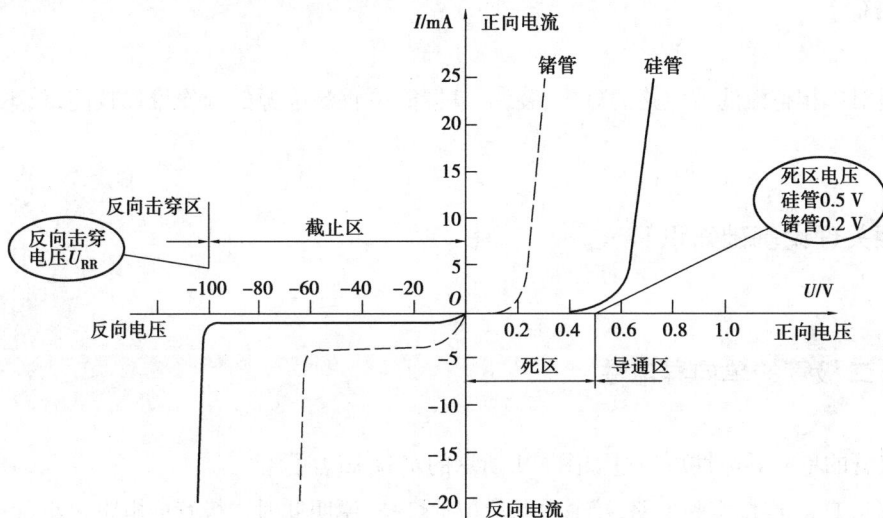

图4.2 二极管的伏安特性

1)正向特性

正向特性曲线如图4.2中第一象限所示。

加在二极管两端的正向电压(P为正、N为负)很小时(锗管小于0.1 V,硅管小于0.5 V),管子不导通处于"死区"状态,当正向电压超过一定数值后,管子才导通,电压再稍微增大,电流急剧增加。不同材料的二极管,起始电压不同,硅管为0.5~0.7 V,锗管为0.2~0.3 V。

2)反向特性

反向特性曲线如图4.2中第三象限所示。

二极管两端加上反向电压时,反向电流很小,当反向电压逐渐增加时,反向电流基本保持不变,这时的电流称为反向饱和电流。不同材料的二极管,反向电流大小不同,硅管约为一微安到几十微安,锗管则可高达数百微安,另外反向电流受温度变化的影响很大,锗管的稳定性比硅管差。

3）击穿特性

当反向电压增加到某一数值时,反向电流急剧增大,这种现象称为反向击穿(见图4.2中第三象限)。这时的反向电压称为反向击穿电压,用 U_{BR} 表示不同结构、工艺和材料制成的管子,其反向击穿电压值差异很大,可由一伏到几百伏,甚至高达数千伏。

反向击穿有两种类型:

①电击穿:PN 结未损坏,断电即恢复。

②热击穿:PN 结烧毁。

电击穿是可逆的,反向电压降低后二极管仍恢复正常。因此,电击穿往往被人们所利用,如稳压管。而热击穿则是电击穿时没有采取适当的限流措施,导致电流大,电压高,使管子过热造成永久性损坏。因此,工作时应避免二极管的热击穿。

4）二极管的等效性

（1）理想二极管

理想二极管伏安特性如图4.3(a)所示,符号及等效模型如图4.3(b)、(c)所示。

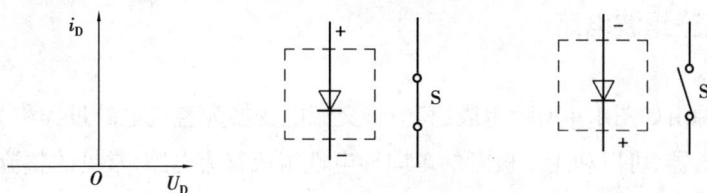

(a)理想二极管伏安特性　(b)理想二极管导通等效　(c)理想二极管截止等效

图4.3　理想二极管等效图

（2）实际二极管

实际二极管正向工作电压:硅管为 0.6~0.7 V,锗管为 0.2~0.3 V。

4.1.3　二极管的应用

1）整流二极管

利用二极管单向导电性,可以把方向交替变化的交流电变换成单一方向的脉动直流电。

2）开关元件

二极管在正向电压作用下电阻很小,处于导通状态,相当于一只接通的开关;在反向电压作用下,电阻较大,处于截止状态,如同一只断开的开关。利用二极管的开关特性,可以组成各种逻辑电路。

3）限幅元件

二极管正向导通后,它的正向压降基本保持不变(硅管为 0.7 V,锗管为 0.3 V)。利用这一特性,在电路中作为限幅元件,可以把信号幅度限制在一定的范围内。

4)继流二极管

在开关电源的电感中和继电器等感性负载中起继流作用。

5)检波二极管

在收音机中起检波作用。

6)变容二极管

使用于电视机的高频头中。

7)稳压管的应用

稳压电路是电子电路中常见的组成部分,它可以作为基准电源,常用特殊二极管—稳压管(齐纳二极管)构成稳压电路。

8)发光二极管和光电二极管

发光二极管可作为指示灯、显示板等;随着白光发光二极管的出现,近年逐渐发展至被用作照明,光电二极管的特点是具有将光信号转换为电信号的功能。在光电耦合等方面广泛应用。

4.1.4 单相整流滤波电路

一个直流电源由如图4.4所示组成,其中将交流电变换为直流电的过程称为整流,进行整流的设备称为整流器,可以利用二极管的单向导电性组成整流电路,常见的整流电路有半波整流电路、全波整流电路和桥式整流电路3种形式。

直流稳压电源是将工频正弦交流电转换为直流电,其原理框图如图4.4所示。

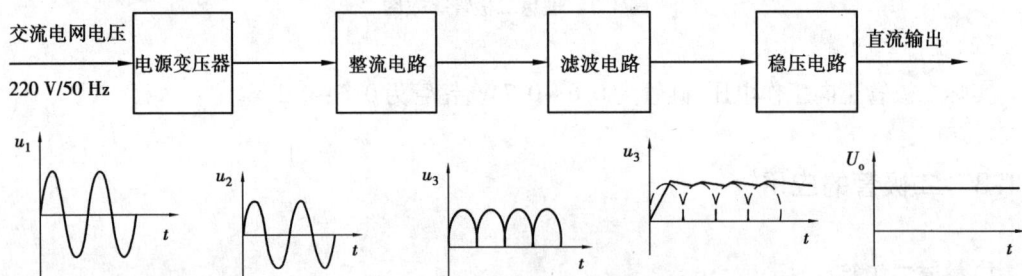

图 4.4 直流稳压电源的组成

各部分电路模块作用如下:

①电源变压器:将交流电网电压变为符合用电设备需要的交流电压。

②整流电路:利用整流元件的单向导电性,将交流电压变为单方向的脉动直流电压。

③滤波电路:将脉动直流电压转变为平滑的直流电压。

④稳压电路:清除电网波动及负载变化的影响,保持输出电压的稳定。

1)单相半波整流滤波电路

(1)工作原理

如图4.5(开关S断开)所示,整流变压器T将电压u_1变为整流电路所需的电压u_2,它的瞬时表达式为$u_2 = \sqrt{2}\,U_2\sin\omega t$,波形如图4.5(b)所示。

在交流电一个周期内,二极管半个周期($0 \sim t_1$)导通,半个周期截止($t_1 \sim t_2$),以后周期性地重复上述过程,负载R_L上电压和电流波形如图4.5(b)所示。由于输出的脉动直流电的波形是输入的交流电波形的一半,故称为半波整流电路。输出电压u_L中包含直流成分与交流成分,与输入的交流电比较有了本质的改变,即变成了大小随时间改变但方向不变的脉动直流电。

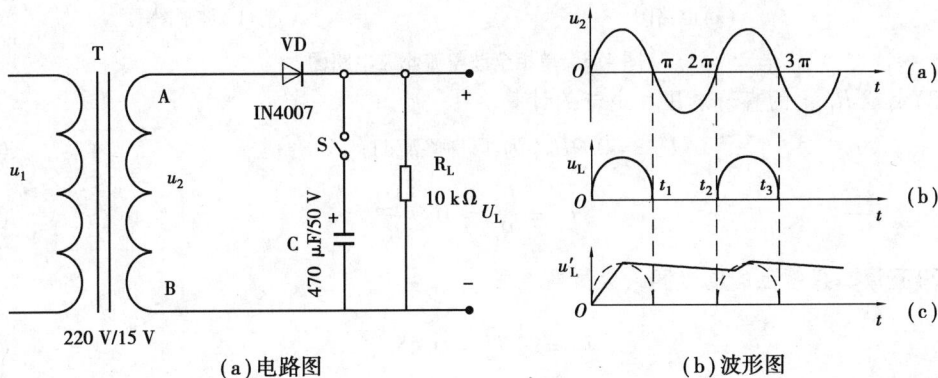

图4.5　单相半波直流滤波电路

(2)负载R_L上的直流电压和电流的计算

在整流电路中,输出直流电压用平均值U_L表示。它是指在一个周期($T = 2\pi/\omega$)中进行平均,因为半波整流后,输出不连续。

$$U_L \approx 0.45U_2 \tag{4.1}$$

$$I_L = \frac{U_L}{R_L} \approx 0.45\frac{U_2}{R_L} \tag{4.2}$$

式中　U_2——整流输入端的交流电压有效值。

(3)整流二极管上的电流和最大反向电压

$$I_F = I_L \approx 0.45\frac{U_2}{R_L} \tag{4.3}$$

$$U_{RM} = \sqrt{2}\,U_2 \approx 1.4U_2 \tag{4.4}$$

2)单相全波整流电路

(1)工作原理

如图4.6(开关S断开)所示,在交流电正半周期($0 \sim \pi$),二极管VD_1导通,负载上得到图4.6(b)$0 \sim t_1$的电压,在交流电负半周期($\pi \sim 2\pi$),二极管VD_2导通,负载上得到图4.6(b)$t_1 \sim$

t_2 的电压。这样在一个完整周期负载得到全波脉动的直流电压和电流。

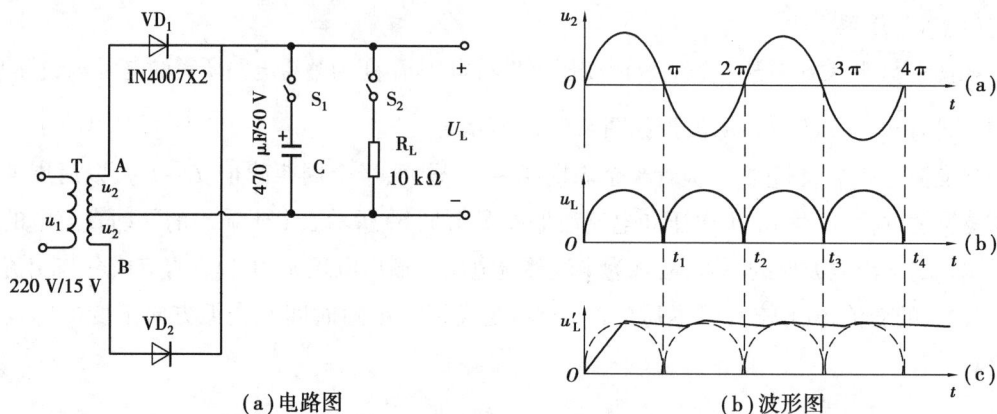

(a)电路图　　　　　　　　　　　(b)波形图

图4.6　单相全波整流滤波电路图

(2)负载 R_L 上的直流电压和电流的计算

$$U_L \approx 0.9 U_2 (为半波整流时的2倍) \tag{4.5}$$

$$I_L = \frac{U_L}{R_L} \approx 0.9 \frac{U_2}{R_L} \tag{4.6}$$

(3)整流二极管上的电流和最大反向电压

$$I_F = \frac{1}{2} I_L \approx 0.45 \frac{U_2}{R_L} \tag{4.7}$$

$$U_{RM} = 2\sqrt{2} U_2 \approx 1.4 U_2 \tag{4.8}$$

3)单相桥式整流电路

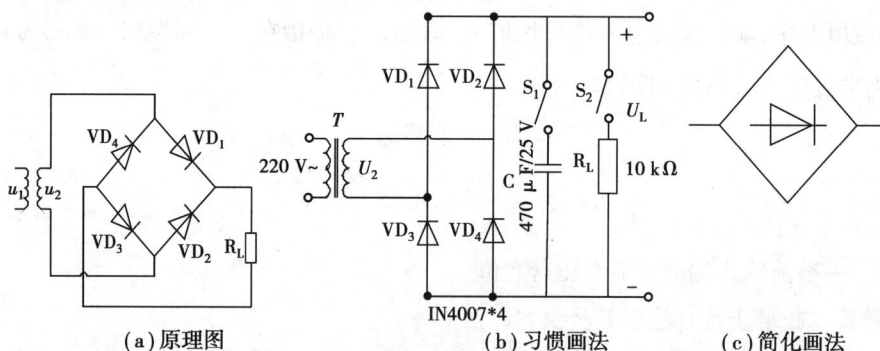

(a)原理图　　　　　　　(b)习惯画法　　　　(c)简化画法

图4.7　单相桥式整流滤波电路

(1)工作原理

在交流电正半周期($0 \sim \pi$),二极管 VD_1,VD_4 导通,负载上得到如图4.8(b)中 $0 \sim t_1$ 的电压,在交流电负半周期($\pi \sim 2\pi$),二极管 VD_2,VD_3 导通,负载上得到图中 $t_1 \sim t_2$ 的电压。这样在一个完整周期负载得到全波脉动的直流电压和电流,右图为示波器实测波形。

(2)负载 R_L 上的直流电压和电流的计算

$$U_L \approx 0.9 U_2 (与全波整流时一样) \tag{4.9}$$

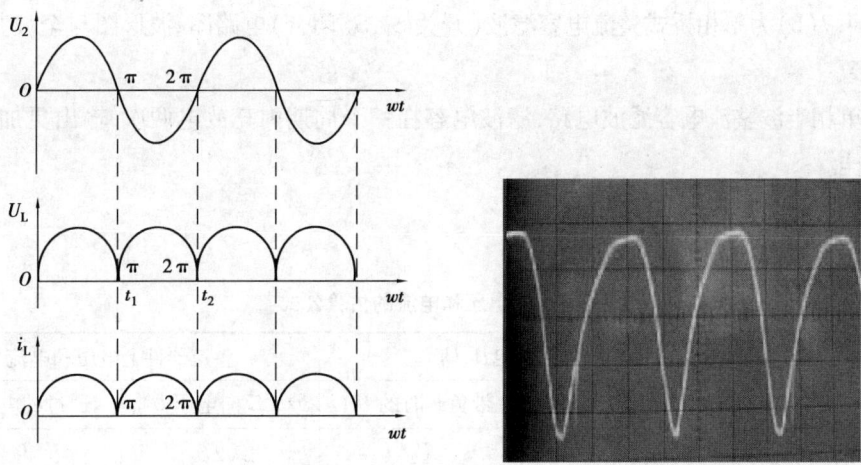

图 4.8 波形图

$$I_L = \frac{U_L}{R_L} \approx 0.9\frac{U_2}{R_L} \tag{4.10}$$

（3）整流二极管上的电流和最大反向电压

$$I_F = \frac{1}{2}I_L \approx 0.45\frac{U_2}{R_L} \tag{4.11}$$

$$U_{RM} = \sqrt{2}U_2 \approx 1.4U_2 \tag{4.12}$$

4.1.5 滤波电路

上述整流输出的脉动直流电含有较大的交流成分，还需接入滤波电路将交流滤出。常用的滤波电路有电容滤波、电感滤波、复式滤波和电子滤波电路，如图 4.9 所示。其中电容滤波电路由于结构简单，在电源电路中应用最为广泛，本书主要介绍电容滤波电路。

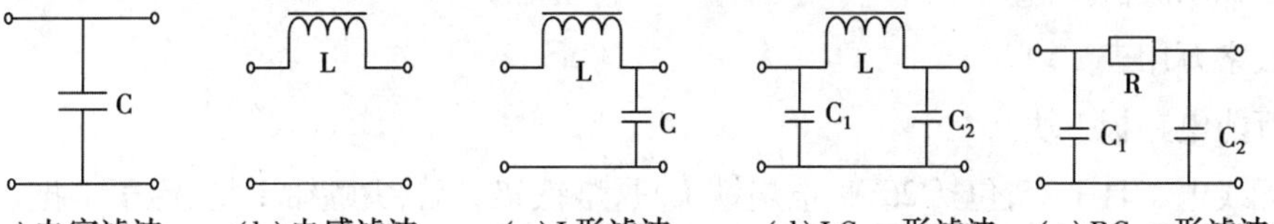

（a）电容滤波　（b）电感滤波　（c）L 形滤波　（d）LC-π 形滤波　（e）RC-π 形滤波

图 4.9 常用滤波电路结构

1）电路组成和工作原理

如图 4.5 中开关 S 闭合，为单相半波整流电容滤波电路图。

电源接通，电容两端电压为零，当 $u_2 > 0$，二极管 VD 导通，u_2 向电容 C 充电，电容 C 两端电压很快达到最大值，此后 u_2 下降，电容 C 对负载 R_L 放电，由于 R_L 和 C 较大，放电速度很慢，u_C 缓慢下降，直到下一个周期 $u_2 > u_C$，二极管再次导通，电容 C 再次被充电，如此循环往复，达到滤波的目的，如图 4.5（c）所示。

如图 4.7(b)为单相桥式整流电容滤波(开关 S_1,S_2 闭合)电路图,波形图与全波整流即图 4.6(c)一致。

相比单相半波整流电容滤波电路,滤波电容在一个周期内充放电两次,输出更加平滑,滤波效果更佳。

2)相关参数计算

电压和电流的估算公式见表 4.1。

表 4.1　电压和电流的估算公式

整流电路形式	输入交流电压	电路输出电压 U_L		整流器件上电压和电流	
		不带负载时的电压	带负载时的 U_L	最大反向电压 U_{RM}	通过的电流 I_L
半波整流	U_2	$\sqrt{2}U_2$	U_2	$2\sqrt{2}U_2$	I_L
桥式整流	U_2	$\sqrt{2}U_2$	$1.2U_2$	$\sqrt{2}U_2$	$\dfrac{1}{2}I_L$

滤波电容容量大小的选取参考表 4.2。

表 4.2　滤波电容容量大小的选取

输出电流 I_L	2 A	1 A	0.5~1 A	0.1~0.5 A	100 mA 以下	50 mA 以下
滤波电容 C	4 000 μF	2 000 μF	1 000 μF	500 μF	200~500 μF	200 μF 以下

【任务实训】

1)器材准备

①双踪示波器 1 台。

②数字万用表 1 块。

③万能电路板 1 块。

④无线电工具 1 套,包括 25 W 电烙铁 1 只、烙铁架 1 只、尖嘴钳 1 把、镊子 1 把、一字形起子 1 把。

⑤焊接材料若干,包括焊锡丝、松香、多芯铜导线。

⑥本任务电路电子元件清单见表 4.3。

表4.3 电路电子元件清单

电路形式	输入电压 u_2	输出电压 U_L		输入波形 u_2	输出波形 U_L
		理论值	实测值		
单相半波整流 S 断开					
单相半波整流滤波 S 闭合					
单相全波整流 S 断开					
单相全波整流滤波 S 闭合					
单相桥式整流 S 断开					
单相桥式整流滤波 S 闭合					

表4.4 元件清单

序 号	名 称	规 格	数 量
1	电源变压器	220/15 V	1 台
2	整流二极管 VD	IN4007	4 只
3	电解电容 C	470 μF/50 V	1 只
4	开关 S	单刀单掷	1 只
5	电阻 R_L	10 kΩ/0.25 W	1 只

2)实训内容

按图4.5、图4.6、图4.7所示分别完成3个电路装接。

3）**实训步骤**

①对照电路图清单、识别、检测元件。

②元件脚成型加工，搪锡处理。

③照图安装、焊接、连线。

④电路检查。

4）**电路装接指导**

①识别、检测元件时注意判别元件的好坏、极性。

②元件脚成型加工时不损伤元件，成型符合横平竖直原则。

③电路安装要按照图安装基础上优选最合理方案，焊接连线要符合工艺要求，操作电烙铁注意安全。

④指导学生对照原理图检查电路，借助万用表检测电路。

5）**电路测试**

上述 3 个电路测试方法相同，都是用万用表和示波器测试输入和输出电压，填入表4.3，测试时要注意输出电压极性。

【考核评价标准】

表4.5　考核评价标准表

内　容	要　求	配　分	评分标准	扣　分	得　分
实训态度	积极参加实训，遵守安全操作规程和劳动纪律，有良好的职业道德和团队精神	20分	不遵守安全操作规程酌情扣分		
电路装接	电路安装正确、完整	10分	不符合扣10分		
	正确识别设备和电路的元件	10分	不会识别设备、元件每个扣3分；不会判别极性每个扣2分		
	布局、布线合理，能装接所要求的电路，电路符合规范要求，横平竖直，接线牢固，无虚焊，焊点符合要求	30分	每一处不符合要求扣2分		
调试	查找并排除故障，使电路正常工作	10分	不成功扣10分		
电路测试	能正确使用仪器仪表，完成所要求的参数与波形测试	20分	每一处不符合扣3分		
合计		100分	实训得分		

●思考与练习

1. 在单向桥式整流电路中,如果某个整流二极管极性接反,则会出现( )现象。

　　A. 输出电压升高　　B. 输出电压降低　　C. 短路并烧毁电源　　D. 输出电压不变

2. 整流电路通常由( )组成。

　　A. 交流电源　　　　B. 变压器　　　　　C. 直流电源　　　　　D. 整流二极管 E. 负载

3. 桥式整流电路的变压器副边电压为 20 V,每个整流二极管所承受的最大反向电压为_____。

4. 单相半波整流电路中,如果电源变压器二次电压有效值 U_2 为 100 V,则负载输出电压将是_____。

5. 单相整流电路类型可分为单相_____电路,单相_____电路,单相_____电路。

6. 单相桥式整流电路中,设变压器副边电压有效值 $U_2 = 100$ V,则负载两端的平均电压是_____。

7. 在单相半波整流电路中,已知负载电阻 $R_L = 500$ Ω,变压器副边电压有效值 $U_2 = 24$ V,试求:(1)整流电压平均值 U_o。(2)整流电流平均值 I_o。

8. 单相桥式整流电路,若整流二极管的极性连接发生下列错误中的任何一个,将造成什么故障现象?

①VD$_1$ 因虚焊而开路。

②VD$_2$ 被短路。

③VD$_3$ 极性接反。

④VD$_1$ 和 VD$_2$ 极性均接反。

⑤VD$_1$ 开路、VD$_2$ 短路。

任务4.2　低频小信号电压放大器的安装与调试

【任务引入】

在日常生活和工业生产中经常要将微弱的电信号变换为有一定大小和功率的大信号,以带动负载工作。如电视机接收到的电磁波信号非常微弱,经过电路处理后的图像信号可以驱动显像管还原出图像,声音信号可推动扬声器发出声音。这种能把微弱的电信号转变为较强电信号的电子电路称为放大电路,也称放大器,它的核心元件(放大元件)主要是三极管或场效应管。本任务学习基本的三极管放大电路。

【任务目标】

1. 能判别和检测三极管的引脚和质量优劣；

2. 会熟练使用示波器、低频信号发生器；

3. 在实践中能识读和绘制基本共射放大电路；

4. 能装调共发射极放大电路、分压式偏置放大电路。

【任务相关理论基础知识】

1)结构和分类

(1)结构和电气符号(见图 4.10)

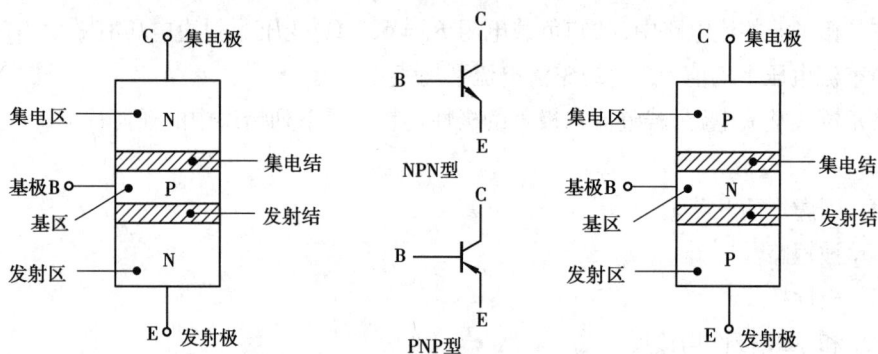

图 4.10　三极管结构示意图

(2)分类

①按所用半导体材料可分为硅管和锗管；

②按用途可分为放大管和开关管；

③按工作频率可分为低频管和高频管；

④按功率大小可分为小功率管、中功率管、大功率管；

⑤按结构可分为 NPN 型和 PNP 型。

2)三极管的电流分配关系及电流放大

(1)各极电流分配关系

如图 4.11 所示发射极电流等于基极电流与集电极电流之和,即 $I_E = I_B + I_C$。

(2)电流放大作用

"发射结正偏,集电结反偏"是晶体管具有电流放大作用的外部条件。此时: $\Delta I_C = \beta \Delta I_B$。

注:晶体管是一种电流控制器件,其电流放大作用就是基极电流 I_B 的微小变化控制了集电极电流 I_C 较大的变化。晶体管放大电流时,被放大的 I_C 是由电源 V_{CC} 提供的,并不是晶体管自身生成的,放大的实质是小信号对大信号的控制作用。

图 4.11 三极管电流分配关系

3)三极管的特性曲线

下面以最常用的共发射极放大电路为例,认识三极管的输入输出特性曲线。

(1)输入特性曲线

输入特性曲线是指晶体管的集电极、射极间电压 u_{CE} 一定时,基极电流 i_B 与基、射极间电压 u_{BE} 间的关系曲线。

从图 4.12 可以看出,其输入特性曲线形状与二极管的正向特性曲线类似,也存在死区电压。硅管的死区电压约为 0.5 V,锗管的死区电压约为 0.2 V。晶体管正常导通后,硅管的 U_{BE} 约为 0.7 V,锗管的 U_{BE} 约为 0.3 V。

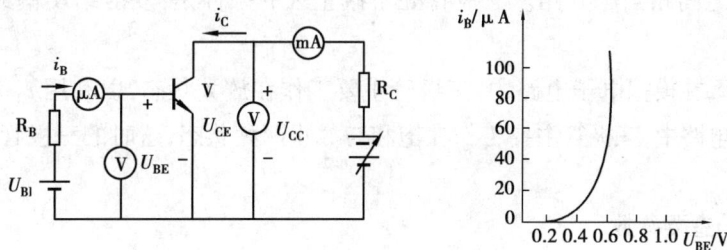

图 4.12 三极管的输入特性曲线

(2)输出特性曲线

输出特性曲线是指晶体管的基极电流 I_B 一定时,集电极电流 i_C 与集、射极间电压 u_{CE} 间的关系曲线。

由图 4.13 可以看出,输出特性曲线分 3 个区域,分别是放大区、饱和区和截止区。

①放大区。是指曲线近似平行于横轴的平坦区域。在此区域,三极管工作于放大状态,体现了恒流特性;i_B 增加时 i_C 成比例地增加,体现了 i_B 变化控制 i_C 变化的电流放大作用。

使晶体管工作在放大区的条件是:发射结正偏,集电结反偏。此时,发射结压降硅管为 0.6 ~ 0.7 V,锗管为 0.2 ~ 0.3 V。对于 NPN 型三极管,$V_C > V_B > V_E$,对于 PNP 型三极管,$V_E > V_B > V_C$。

②饱和区。是曲线的上升和弯曲部分。在此区域,i_C 不受 i_B 控制,失去放大作用。饱和时 C 极与 E 极之间的压降称为饱和压降 U_{CES},硅管的 U_{CES} 一般为 0.3 ~ 0.4 V。

三极管工作在饱和状态时的条件是:发射结正偏,集电结也正偏。此时,三极管 C 极与 E 极之间相当于短路。

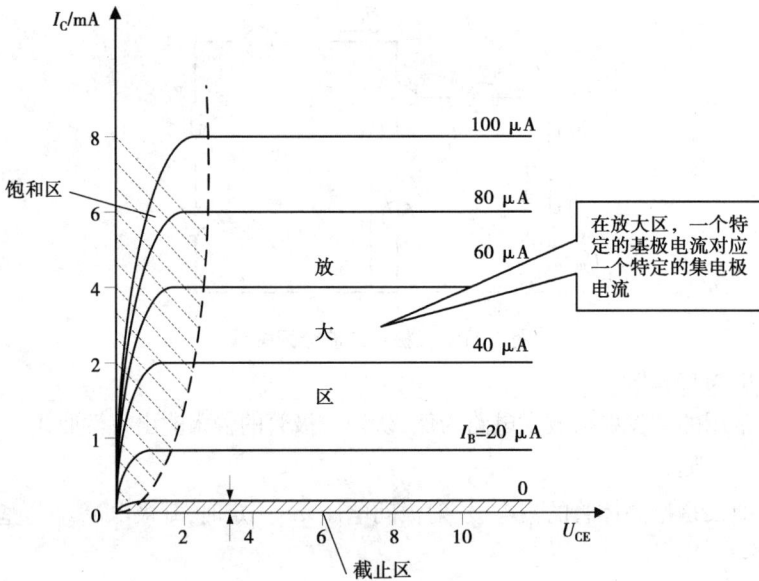

图4.13 三极管的输出特性曲线

③截止区。是指 $i_B = 0$ 曲线以下的区域。在此区域，$I_B = 0$，$I_C = I_{CEO} = 0$，三极管无放大作用，C 极与 E 极之间相当于开路。三极管处于截止区的条件是：发射结反偏或零偏，集电结反偏。

一般情况下，在模拟电子电路中，三极管主要工作在放大状态，以利用 i_B 对 i_C 的控制作用；在数字电子电路中，三极管主要工作在饱和与截止两种状态，这时的三极管相当于一个受控的开关。

4)三极管的主要参数

（1）特性参数

①共射极电流放大系数 β。电流放大系数是表征晶体管放大能力的参数。温度升高，β 值增大，反映在输出特性曲线上就是各条曲线的间距增大。

②极间反向电流。极间反向电流是由少数载流子形成的，其大小表征了管子的温度特性。

③I_{CBO}。指发射极开路时，集电极和基极之间的反向饱和电流。与二极管一样，I_{CBO} 越小越好，温度升高，I_{CBO} 增加。一般硅管热稳定性比锗管好。

④I_{CEO}。指基极开路时，集电极和发射极之间的反向饱和电流，又称为穿透电流。$I_{CEO} = (1 + \beta) I_{CBO}$。

（2）极限参数

极限参数是表征晶体管能否安全工作的参数。

①集电极最大允许电流 I_{CM}。是指当 β 下降到正常 β 值的 2/3 时所对应的 i_C 值。当 i_C 超过这个值时，短时间内晶体管不一定会损坏，但 β 值会明显下降，若长时间工作，可导致晶体管损坏。

②反向击穿电压。

a. $U_{(BR)CBO}$——发射极开路时,集电极。基极之间允许施加的最高反向电压,超过此值,集电结发生反向击穿。

b. $U_{(BR)EBO}$——集电极开路时,发射极。基极之间允许施加的最高反向电压。

c. $U_{(BR)CEO}$——基极开路时,集电极。发射极之间所能承受的最高反向电压。

③集电极最大允许耗散功率 P_{CM}。大小主要取决于允许的集电结结温。一般硅管约为 150 ℃,锗管约为 70 ℃。集电结发热升温过高,会造成晶体管的烧毁。

5)基本放大电路

(1)基本放大电路的组成及各元件的作用

基本放大电路的组成如图 4.14 所示。

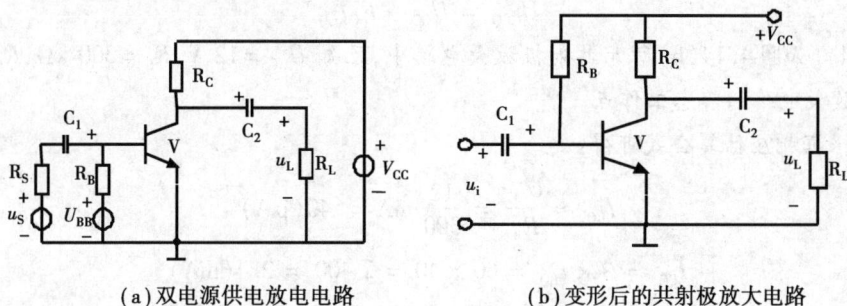

(a)双电源供电放电电路　　　　(b)变形后的共射极放大电路

图 4.14　基本放大电路的组成

其中放大电路各元件的作用:

①三极管 V:具有放大作用,是放大电路的核心。

②电源 U_{CC} 和 U_{BB}:一方面保证了晶体管的发射结正偏,集电结反偏,使晶体管处于放大状态,同时也为输出信号提供能量,一般在几伏到十几伏。

③基极偏置电阻 R_B:用来调节基极偏置电流 I_B,使晶体管有一个合适的工作点,一般为几十千欧到几百千欧。

④集电极负载电阻 R_C:将集电极电流 i_C 的变化转换为电压的变化,实现电压放大,一般为几千欧。

⑤耦合电容 C_1,C_2:用来传递交流信号,起耦合的作用;同时,又使放大电路和信号源及负载间直流相隔离,起隔直作用。

(2)共射极基本放大电路的静态分析

静态是指无信号输入($u_i = 0$)时电路的工作状态,此时电路中只有直流电源形成的直流电流和直流电压。静态时晶体管各极电流和电压值称为静态工作点 Q。

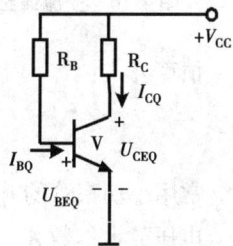

静态分析主要是确定放大电路中的静态值 I_{BQ},I_{CQ} 和 U_{CEQ}。用估算法可以简捷地了解放大器的工作状况,分析计算放大器的各项性能指标。

图 4.15　直流通路

画直流通路。按直流信号在电路中的流通路径可画出直流通路图,具体方法是:由于电感在直流电路中相当于短路,所以可视为短路;电容在直流电路中相当于开路,可视为开路。共射极基本放大电路的直流通路图如图 4.15 所示。

由图 4.15 可以得出电路的静态工作点为:

$$I_{BQ} = \frac{U_{CC} - U_{BEQ}}{R_B} \tag{4.13}$$

通常电压 $U_{CC} \geq U_{BEQ}$,则:

$$I_{BQ} \approx \frac{U_{CC}}{R_B} \tag{4.14}$$

$$I_{CQ} = \beta I_{BQ} \tag{4.15}$$

$$U_{CEQ} = U_{CC} - R_C I_{CQ} \tag{4.16}$$

例 4.1 如图 4.14(b)所示共射极放大电路中,已知 $U_{CC} = 12$ V,$R_B = 300$ kΩ,$R_C = 2$ kΩ,$\beta = 60$,求放大电路的静态工作点。

解 根据相应估算公式可得:

$$I_{BQ} \approx \frac{U_{CC}}{R_B} = \frac{12}{300} \text{ mA} = 40(\mu A)$$

$$I_{CQ} = \beta \times I_{BQ} = 60 \times 40 = 2\ 400 = 2.4(\text{mA})$$

$$U_{BEQ} = U_{CC} - I_{CQ} \times R_C = 12 - 2.4 \times 2 = 7.2(\text{V})$$

改变 R_B 的大小可以改变 I_{BQ} 的值,当 R_B 和 V_{CC} 的值确定后,静态工作点也随之确定,所以这种形式的电路称为固定偏置电路。

(3)共发射极基本放大电路的动态分析

动态是指有交流信号输入时,电路中的电流、电压随输入信号作相应变化的状态。此时放大电路是在直流电源 U_{CC} 和交流输入信号 u_i 共同作用下工作,电路中的电压 u_{CE}、电流 i_B 和 i_C 均包含交、直流两个分量,放大电路交、直流并存。动态分析只考虑电流和电压的交流分量。

①画交流通路图。由于对交流信号而言,直流电源和电容可视为短路。交流通路如图 4.16 所示。

②放大电路的估算。

三极管输入电阻 r_{be}。

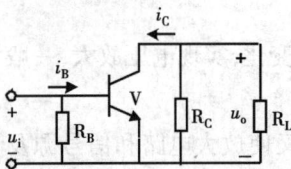

图 4.16 交流通路

$$r_{be} = \frac{u_i}{i_b} \tag{4.17}$$

估算公式:

$$r_{be} = 300 + (1 + \beta) \frac{26 \text{ mV}}{I_E \text{ mA}} \tag{4.18}$$

常用小功率管的 r_{be} 约为 1 kΩ。

电压放大倍数 A_u:定义为输出电压与输入电压的比值,即

$$A_u = \frac{u_o}{u_i} \tag{4.19}$$

$$u_i = i_b \times r_{be} \qquad u_o = -i_c \times R_L' = -\beta \times i_b R_L'$$

所以

$$A_u = -\frac{\beta R'_L}{r_{be}}$$

上式中负号"－"表示输出信号 u_o 与输入信号 u_i 反相,这种现象称为共射放大电路的倒相作用。其中

$$R'_L = R_C // R_L = \frac{R_C R_L}{R_C + R_L}$$

放大电路的输出端未接负载时,$R'_L = R_C$。

输入电阻 R_i 和输出电阻 R_o。从放大器的输入端看进去的交流等效电阻 r_i 称为放大器的输入电阻,其中:

$$R_i = \frac{u_i}{i_i} = R_B // r_{be} \qquad (4.20)$$

由于 $R_b \geqslant r_{be}$,故 $R_i \approx r_{be}$。

一般情况下,放大电路的输入电阻大,表示向前一级电路吸取的电流小,有利于减小前一级电路的负担。

从放大电路的输出端看进去的电阻就是放大电路的输出电阻 R_o,

$$r_o \approx R_C$$

输出电阻是衡量放大电路带负载能力的性能指标。放大电路的输出电阻越小,向外输出信号时,自身消耗越少,放大电路的带负载能力就越强。

例 4.2 共射极基本放大电路中,已知 $U_{CC} = 12$ V,$R_B = 300$ kΩ,$R_C = R_L = 2$ kΩ,$\beta = 60$。求接入负载电阻 R_L 前后放大电路的电压放大倍数 A_u、输入电阻 R_i 和输出电阻 R_o。

解 根据相应估算公式可得:

$$I_{BQ} \approx \frac{U_{CC}}{R_B} = \frac{12}{300} = 0.04(\text{mA})$$

$$r_{be} \approx 300 + (1+\beta)\frac{26}{I_E} = 300 + \frac{26}{I_{BQ}} = 300 + \frac{26}{0.04} = 950(\Omega)$$

未接入负载电阻 R_L 前,电压放大倍数为:

$$A_u = -\frac{\beta R_C}{r_{be}} = -\frac{60 \times 2\,000}{950} \approx -126$$

接入负载电阻 R_L 后,电压放大倍数为:

$$R'_L = R_C // R_L = \frac{2 \times 2}{2+2} = 1\ (k\Omega)$$

$$A_u = -\frac{\beta R'_L}{r_{be}} = -\frac{60 \times 1\,000}{950} \approx -63$$

输入电阻为:

$$R_i \approx r_{be} = 950(\Omega)$$

输出电阻为:

$$R_o \approx R_C = 2(\mathrm{k}\Omega)$$

结论: 放大电路接上负载电阻后,电压放大倍数将下降。

以上学习的是基本放大电路中最常用的共射极放大电路,除此之外,还有共集电极和共基极放大电路,将在今后的学习任务中完成。

【任务实训】

1)器材准备

①双踪示波器1台。

②毫伏表1块。

③数字万用表1块。

④直流稳压电源1台。

⑤万能电路板1块。

⑥无线电工具1套,包括25 W电烙铁1只、烙铁架1只、尖嘴钳1把、镊子1把、一字起子1把。

⑦焊接材料若干,包括焊锡丝、松香、多芯铜导线。

⑧本任务电路电子元件清单见表4.6。

表4.6　电子元件清单

序　号	名　称		规　格	数　量
1	三极管 V		VT9013	1 台
2	电位器 R_P		2.2 MΩ	1 只
3	电解电容 C_1,C_2		10 μF/25 V	2 只
4	开关 S		单刀单掷	1 只
5	电阻	R_b	47 kΩ	1 只
		R_C,R_L	2 kΩ	2 只
		R	1 kΩ	1 只

2)实训内容

按如图4.17所示分别完成电路装调。

3)实训步骤

①对照电路图清单、识别、检测元件。

②元件脚成型加工,搪锡处理。

③照图安装、焊接、连线。

④电路检查。

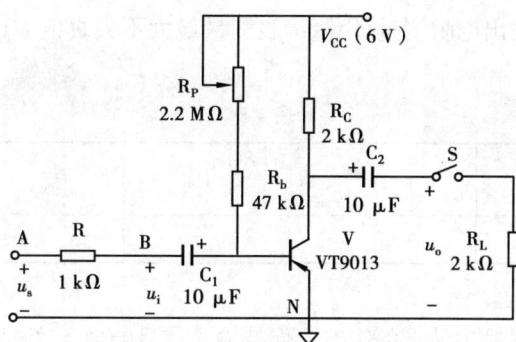

图 4.17 固定偏置放大电路图

⑤电路装接指导。

⑥识别、检测元件时注意判别元件的好坏、极性、管脚排列。

⑦元件脚成型加工时不损伤元件,成型符合横平竖直原则。

⑧电路安装要在照图安装基础上优选最合理方案,焊接连线要符合工艺要求,操作电烙铁应注意安全。

⑨指导学生对照原理图检查电路,借助万用表检测电路。

4)电路测试

(1)电路连接

①直流电源 +6 V 接入电路。

②函数发生器调节正弦波输出 10 mV,连接电路的输入端。

③示波器连接到电路的输出端以便观察输出电压。

④检查所有电路连接,确认无误后由教师检查方可通电。

(2)静态工作点的调整和测量

调整方法:调节函数发生器(可以从零开始),缓慢增大电路的输入电压,通过示波器观察输出电压的波形,当波形失真时,调整电位器 R_P 使波形恢复正常。然后再增大输入电压,重复上述步骤,直到正负峰值都出现轻微失真为止,然后缓慢减小输入电压,使正负峰值出现的轻微失真刚好消失,这时为最大不失真状态。

①测量:开关 S 断开,B 点接地,用万用表测量静态工作点,填入表 4.7 中。

表 4.7

U_{BE}	U_{CE}	R_b 两端电压	$I_B = U_{Rb}/R_b$	R_c 电压	$I_C = U_{RC}/R_C$

②放大倍数 A_u 的测量。开关 S 闭合,用毫伏表测量最大不失真值,填入表 4.8。

表 4.8

U_{im}	U_{om}	A_u

③放大电路的输入输出电阻测量:用毫伏表测量最大不失真值 U_{sm} , U_{im} , U_{om} ,断开开关,测出 U'_{om} ,填入表4.9。

表4.9

U_{sm}	U_{im}	$R_i = \dfrac{U_{im}}{U_{sm} - U_{im}}R$	U_{om}	U'_{om}	$R_o = \left(\dfrac{U_{om}}{U'_{om}} - 1\right)R_L$

④观察静态工作点对输出波形的影响。保持输入信号幅值不变,调节电位器 R_P ,用示波器观察输出波形,使其产生饱和失真和截止失真并画波形图填入表4.10。

表4.10

输出波形的正常形状	失真时波形	
	饱和失真	截止失真

【考核评价标准】

表4.11　考核评价标准表

内　容	要　求	配　分	评分标准	扣　分	得　分
实训态度	积极参加实训,遵守安全操作规程和劳动纪律,有良好的职业道德和团队精神	20分	不遵守安全操作规程酌情扣分		
电路装接	电路安装正确、完整	10分	不符合扣10分		
	正确识别设备和电路元件	10分	不会识别设备、元件每个扣3分;不会判别极性每个扣2分		

续表

内 容	要 求	配 分	评分标准	扣 分	得 分
电路装接	布局、布线合理,能装接所要求的电路,电路符合规范要求,横平竖直,接线牢固,无虚焊,焊点符合要求	30 分	每一处不符合要求扣2分		
调试	查找并排除故障,使电路正常工作	10 分	不成功扣10分		
电路测试	能正确使用仪器仪表,完成所要求的参数与波形测试	20 分	每一处不符合扣3分		
合计		100 分	实训得分		

🧠 ● 思考与练习

1. 填空题

①在晶体管放大电路中,当输入电流一定时,静态工作点设置太低会出现_____失真,静态工作点设置太高会出现_____失真,这些失真都是由于动态工作点进入晶体管非线性区而引起的,所以统称为失真。

②造成静态工作点不稳定的因素很多,其中以_____影响最大。

③晶体管电压放大器设置静态工作点的目的是_____。

④共射极基本放大电路不但能使输入信号得到放大,而且还具有_____作用。

2. 简答题

①分析放大电路常用的方法有哪些?

②简述固定偏置共射极放大电路的组成及各元器件的作用。

③根据输入和输出回路公共端不同,放大电路有哪几种基本组态?

④简述共集电极放大电路的特点。

3. 计算题

电路如图 4.14 所示,已知 $U_{CC} = 12$ V,$R_B = 470$ kΩ,$R_C = R_L = 4.7$ kΩ,$\beta = 50$。试求:①静态工作点。②电压放大倍数 A_u。③输入电阻 r_i 和输出电阻 r_o。④若将电路的输出端开路,电压放大倍数 A_u 将增大还是减小?

任务4.3　负反馈电路的安装调试与负反馈电路的性能研究

【任务引入】

任务4.2中学习了基本放大电路,在实际应用中,需要放大的信号往往是很弱的,一般为毫伏或微伏量级。要把微弱的电信号放大到足以带动负载,仅靠单级放大电路是不够的,这时就需要采用多级放大电路,使电信号逐级连续放大到足够大。如果多级放大电路为开环的形式,放大电路的性能得不到保障,这就需要在放大电路中引入反馈。

【任务目标】

理解反馈的概念,了解负反馈在放大器中的应用,掌握负反馈放大器的制作维修技能,熟悉电路装调流程。

【任务相关理论基础知识】

4.3.1　分压式偏置放大电路

放大电路设置了合适的静态工作点,还需要稳定工作,本项目任务4.2的固定偏置放大电路,在温度变化、电源电压波动、元件老化等原因的影响下都可能使静态工作点不稳,其中最重要的原因是温度变化的影响。因此,需要通过在电路结构上采用一定的措施来稳定工作点,而最常见的就是分压式偏置放大电路。

如图4.18(a)所示分压式偏置放大电路,是一种应用最广泛的工作点稳定的放大电路。它与共射极基本放大电路的区别是在基极增加了一个偏置电阻,在发射极增加了一个射极电阻R_E。两个基极偏置电阻R_{B1}和R_{B2}对直流电源V_{CC}分压,使基极电位V_B近似不变(忽略基极静态电流I_B),因此称为分压式偏置电路。

分压式偏置放大电路实现工作点稳定的自动调节过程如下:

$$I_C \uparrow \rightarrow I_E \uparrow \rightarrow V_E \downarrow \rightarrow V_{BE}(V_{BE} = V_B - V_E) \downarrow \rightarrow I_B \downarrow \rightarrow I_E \downarrow \rightarrow I_C \downarrow \nwarrow$$

1)**静态分析**

分压式偏置放大电路直流通路如图4.18(b)所示。

忽略基极静态电流,基极电位为:

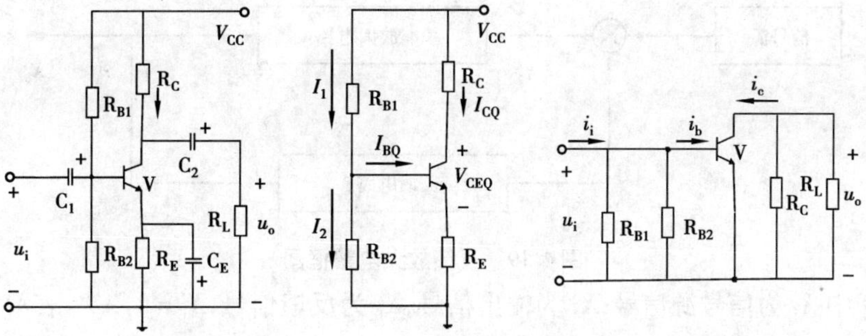

(a)原理图 (b)直流通路 (c)交流通路

图 4.18 分压式偏置放大电路图

$$U_{BQ} \approx \frac{R_{B2}}{R_{B1} + R_{B2}} U_{CC} \tag{4.21}$$

发射极静态电流为：

$$I_{EQ} = \frac{U_{BQ} - U_{BE}}{R_E} \tag{4.22}$$

集电极静态电流为：

$$I_{CQ} \approx I_{EQ} \tag{4.23}$$

集电极—发射极电压为：

$$U_{CEQ} = U_{CC} - (R_E + R_C)I_{CQ} \tag{4.24}$$

2)动态分析

分压式偏置放大电路的交流通路如图 4.18(c)所示。

电压放大倍数为：

$$A_u = \frac{u_o}{u_i} = -\frac{\beta R'_L}{r_{be}} \tag{4.25}$$

其中 $R'_L = R_C // R_L$，若电路未接负载，则 $R'_L = R_C$。

输入电阻 r_i 和输出电阻 r_o，即：

$$r_i = \frac{u_i}{i_i} = R_{B1} // R_{B2} // r_{be} \tag{4.26}$$

$$r_o \approx R_C \tag{4.27}$$

4.3.2 反馈的概念

将放大电路输出信号的一部分或全部,通过一定的方式送回到放大电路输入端,并影响输入和输出的过程称为反馈,输出回路中反送到输入回路的那部分信号称为反馈信号。为实现反馈,必须有一个既连接输出回路又连接输入回路的中间环节,称为反馈网络,一般由电阻电容元件组成。引入反馈的放大器称为反馈放大器,也称闭环放大器;而未引入反馈的放大器称为开环放大器,也称基本放大器。反馈放大电路框图如图 4.19 所示。

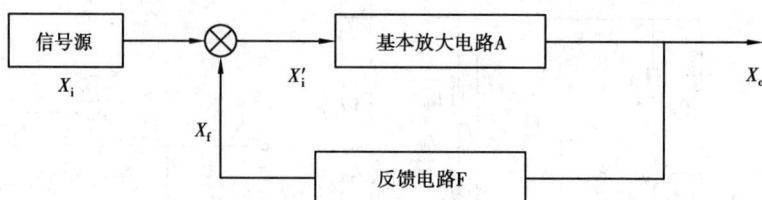

图 4.19　反馈放大电路框图

图 4.19 中 X_i 为信号源信号, X_o 为输出信号, X_f 为反馈信号, $X_i' = X_i \pm X_f$ 表示信号源信号与反馈信号叠加产生的净输入信号, 它们可以是电压或电流。A 为开环放大器的放大倍数, 也称开环增益。F 为反馈网络的反馈系数, 定义为反馈信号与输出信号之比。

1) 反馈的分类及判别

(1) 直流反馈与交流反馈

可通过观察反馈元件出现在交流通路或直流通路中来判断直流反馈与交流反馈。若出现于直流通路中则属于直流反馈, 反馈信号中只有直流成分, 影响电路的直流性能, 如静态工作点。若出现在交流通路中就属于交流反馈, 反馈信号中只有交流成分, 影响电路的交流性能。反馈信号中既有交流分量也有直流分量, 则称为交直流反馈。

(2) 电压反馈与电流反馈

从反馈放大电路的输出端来看, 有两种取样方式:若反馈信号取自输出电压的部分或全部, 称为电压反馈, 如图 4.20 所示。若反馈信号取自输出电流, 称为电流反馈, 如图 4.21 所示。

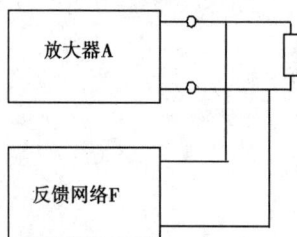

图 4.20　电压反馈

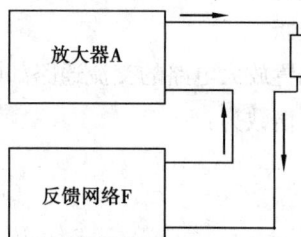

图 4.21　电流反馈

判断是电压反馈还是电流反馈时, 应从放大电路的输出端口入手, 常用"输出短路法"。设输出端的负载短路($u_o = 0$), 如果反馈信号消失, 说明反馈信号与输出电压成正比, 为电压反馈, 否则为电流反馈。另外, 还可根据反馈网络与输出端的接法来直观地判断:若反馈信号与输出端接同一节点为电压反馈, 否则为电流反馈。电压反馈稳定输出电压, 电流反馈稳定输出电流。

(3) 串联反馈与并联反馈

从反馈放大电路的输入端来看, 反馈信号送回到输入端有两种方式:若以电压相加减的形式出现, 即反馈信号与输入信号、放大电路的净输入信号串联而成输入回路, 称为串联反馈。串联反馈适宜于放大电路的输入信号由低内阻的电压源提供, 如图 4.22 所示。若反馈信号与输入信号、放大电路的净输入信号表现为电流相加减形式, 即三信号相并联形成输入回路, 称为并联反馈, 适宜于放大电路的输入信号由高内阻的电流源提供, 如图 4.23 所示。

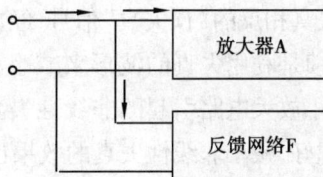

图 4.22 串联反馈   图 4.23 并联反馈

判断是串联反馈还是并联反馈时,应从放大电路的输入端口入手,可采用"输入短路法",假设放大电路的输入端对地短路,反馈信号还能加到净输入端的为串联反馈,否则为并联反馈。我们也可以根据反馈网络与输入端的接法来判断:若反馈信号与输入端接同一节点为并联反馈,否则为串联反馈。

(4)正反馈与负反馈

引入反馈后,若反馈信号使净输入信号和输出信号减小,称为负反馈,常用于改善放大电路性能;若反馈信号使净输入信号和输出信号增大,称为正反馈,常用于振荡电路满足相位平衡。

通常采用"瞬时极性法"来判别实际电路反馈极性的正、负。首先假定输入信号在某一瞬时对地而言极性为正,然后由各级输入、输出之间的相位关系分别推出相关各点的瞬时极性(用"⊕"表示升高,用"⊖"表示降低),最后判别反映电路输入端的作用是加强了输入信号还是削弱了输入信号。加强为正反馈,削弱为负反馈。对于共射极放大电路,晶体管的基极与发射极的瞬时极性相同,基极与集电极的瞬时极性相反。下面先来讨论负反馈。

2)负反馈放大器的基本类型

上述的几种分类可以相互排列组合构成多种反馈形式。实际负反馈放大器一般有 4 种基本类型:电压串联负反馈、电压并联负反馈、电流串联负反馈、电流并联负反馈。不同类型的反馈,对电路的性能影响不同,只有先对反馈极性和类型判断清楚,才能正确分析电路的性能和特点。

4.3.3 负反馈对放大电路性能的影响

1)降低放大倍数,提高放大倍数的稳定性

与输入信号比较,负反馈使净输入信号减小,而基本放大电路的放大倍数不变,负反馈作用导致输出信号减小。因此,具有负反馈的放大器的放大倍数比不加负反馈时要低。

假设由于某种原因,在输入信号不变的情况下,放大器放大倍数增大,从而使输出信号加大、反馈信号加大。由于引入负反馈,使净输入信号减少,结果输出信号减少。这样就抑制了输出信号的加大,实际上提高了放大倍数的稳定性。

2)减小非线性失真

由于晶体管特性的非线性,当输入信号较大时,就会出现失真,在其输出端产生正负半周不对称的失真信号。引入负反馈后,反馈电路将输出失真的信号送回到输入电路,使净输入信

号产生与输出失真相反的"预失真"信号,经放大后,输出信号的失真得到一定程度的"补偿"。换句话说,负反馈是利用失真的波形来减小波形的失真。但要注意,波形的失真只能减小,不能消除;只能减小放大电路引起的非线性失真,而不能改善信号源本身产生的失真;反馈网络中元件的线性越好,减小非线性失真的效果也越好。

3)展宽通频带

由于电路电抗元件的存在,以及晶体管本身结电容的存在,造成放大器放大倍数随频率变化,即存在某一频率段(通频带)增益较稳定,低于或高于此频率段的截止频率则增益迅速下降。引入负反馈后,就可以利用负反馈的自动调整作用将通频带展宽。具体来讲,中频段放大倍数大,反馈信号就强,负反馈使中频段放大倍数明显降低;而高频段与低频段增益小,反馈信号也弱,净输入下降得也少,使得幅频特性平坦。

4)改变放大电路的输入、输出电阻

并联负反馈减小输入电阻,串联负反馈增大输入电阻;电压负反馈减小输入电阻,电流负反馈增大输入电阻。

4.3.4　多级放大电路

实际应用中,电子设备所要求的放大倍数往往很大,单级放大电路往往不能满足放大倍数要求,就需要几级放大电路连接后组成的多级放大电路,能对信号进行逐级连续放大,以便获得足够的功率去推动负载。多级放大器的组成框图如图4.24所示,前级是后级的信号源,后级是前级的负载。多级放大器内部各级之间的连接方式,称为耦合方式。

信号源 → 输入级 → 中间级 → 输出级 → 负载

图4.24　多级放大电路框图

1)多级放大电路的级间耦合方式

常见的级间耦合方式有3种:直接耦合、阻容耦合和变压器耦合。

①直接耦合。是指前级的输出端不经过任何元件,与后级的输入端直接相连接的方式。

优点:这种电路能放大变化缓慢的信号甚至直流信号,因此又称为直流放大器。由于电路中只有半导体管和电阻,便于集成,故在集成电路中获得广泛应用。

缺点:直接耦合使各级的静态工作点不独立、相互影响,存在"零点漂移"现象。"零点漂移"简称"零漂",指放大电路的输入信号为零时,输出端还有缓慢变化电压产生的现象。电路的级数越多,漂移越严重,目前应用最广泛的抑制"零漂"的方法是采用差分放大器。

②阻容耦合:是指通过电容和下一级输入电阻连接起来的方式。

优点:可以防止级间直流工作点相互影响,各级可以独自进行分析计算,同时能顺利地将交流传送到下一级。体积小、质量轻,在多级放大器中得到广泛的应用。

缺点:不能传递直流信号,在集成电路中难以集成。

③变压器耦合:

优点:由于变压器的一次和二次侧绕组之间没有直接的电路连接,不能传递直流信号,具有"隔直"作用,因此,前后级的静态工作点相互独立;能进行阻抗、电压、电流的变换,易于实现阻抗匹配,在功率放大器中得到广泛的应用。

缺点:体积大、成本高、质量大,不适合于集成工艺。

2)多级放大器的电压放大倍数

$$A_u = A_{u1}A_{u2}\cdots A_{un} \tag{4.28}$$

4.3.5　电路原理

电路如图 4.25 所示,以 V_1 三极管为中心的分压式偏置放大电路为第一级放大电路,R_{P1} 用来调节 V_1 的静态工作点;以 V_2 三极管为中心固定偏置放大电路为第二级放大电路,R_{P2} 用来调节 V_2 的静态工作点。两级间由 C_1 电容耦合,保证了两级之间静态工作点互不干扰。R_1 电阻形成两级间电压串联负反馈,开关 S 切换反馈电路的接入和断开。

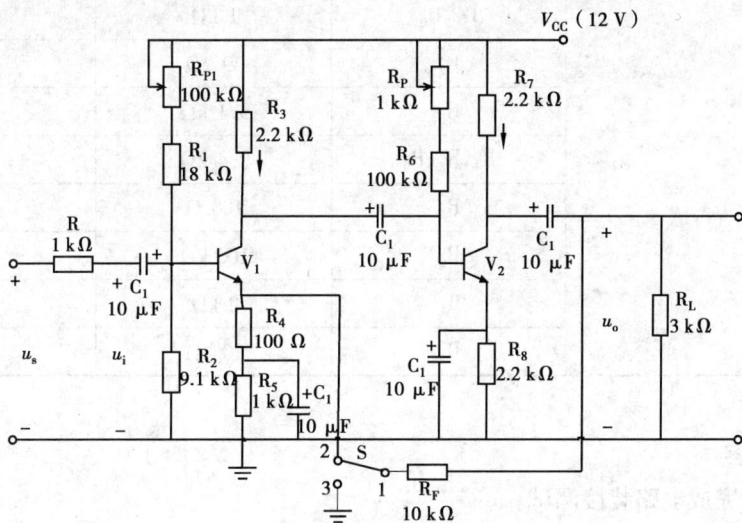

图 4.25　负反馈放大电路图

【任务实训】

1)器材准备

①双踪示波器 1 台。

②毫伏表 1 块。

③数字万用表 1 块。

④直流稳压电源 1 台。

⑤万能电路板 1 块。

⑥无线电工具 1 套,包括 25 W 电烙铁 1 只、烙铁架 1 只、尖嘴钳 1 把、镊子 1 把、一字起子

1 把。

⑦焊接材料若干,包括焊锡丝、松香、多芯铜导线。

⑧本任务电路电子元件,清单见表4.12。

表4.12 元件清单

序 号	名 称		规 格	数 量
1	三极管 V_1,V_2		VT9013	2 只
2	电位器	R_{P1}	100 kΩ	1 只
		R_{P2}	470 kΩ	1 只
3	电解电容	C1	10 μF/25 V	1 只
		C_2,C_4	22 μF/25 V	2 只
		C_3,C_5	100 μF/25 V	2 只
4	开关 S		单刀双掷	1 只
5	电阻	R_1,R_6	1 kΩ	2 只
		R_2	39 kΩ	1 只
		R_3	9.1 kΩ	1 只
		R_4,R_8,R_9	2.4 kΩ	3 只
		R_5	100 Ω	1 只
		R_7	100 kΩ	1 只
		R_L	2 kΩ	1 只
		R_F	10 kΩ	1 只

2)实训内容

按图4.24完成电路装接调试。

3)实训步骤

①对照电路图清单、识别、检测元件。

②元件脚成型加工,搪锡处理。

③照图安装、焊接、连线。

④电路检查。

⑤电路装接指导。

⑥识别、检测元件时注意判别元件的好坏、极性。

⑦元件脚成型加工时不损伤元件,成型符合横平竖直原则。

⑧电路安装要在照图安装基础上优选最合理方案,焊接连线要符合工艺要求,操作电烙铁应注意安全。

⑨指导学生对照原理图检查电路,借助万用表检测电路。

4)电路测试

(1)静态工作的的测量

开关 S 断开,测量 R_4 两端电压,调节 R_{P1} 使其至 3.3 V,再调节 R_{P2},使 R_8 两端电压至 3.3 V,这样两只三极管的集电极电流均约为 1.5 mA,此时测量两管静态工作点并记录于表 4.13。

表 4.13

U_{B1}	U_{C1}	U_{E1}	U_{B2}	U_{C2}	U_{E2}

(2)负反馈对放大电路性能的影响

①对放大倍数 A_u 的影响。在开关 S 断开和闭合两种情况下用毫伏表测量最大不失真值,记录于表 4.14。

表 4.14

不接入反馈(S 断开)	U_{im}	U_{om}	A_u
接入反馈(S 闭合)	U'_{im}	U'_{om}	A'_u

②对输入输出电阻 R_i,R_o 的影响,在开关 S 断开和闭合两种情况下用毫伏表测量最大不失真值,计算 R_i,R_o 作对比,填入表 4.15。

表 4.15

不接入反馈(S 断开)	U_{im}	U_{sm}	R_i	U_{om}	U'_{om}	R_o
接入反馈(S 闭合)	U_{im}	U_{sm}	R_i	U_{om}	U'_{om}	R_o

【考核评价标准】

表 4.16 考核评价标准表

内　容	要　　求	配　分	评分标准	扣　分	得　分
实训态度	积极参加实训,遵守安全操作规程和劳动纪律,有良好的职业道德和团队精神	20 分	不遵守安全操作规程酌情扣分		
电路装接	电路安装正确、完整	10 分	不符合扣 10 分		
	正确识别设备和电路的元件	10 分	不会识别设备、元件每个扣 3 分;不会判别极性每个扣 2 分		
	布局、布线合理,能装接所要求的电路,电路符合规范要求,横平竖直,接线牢固,无虚焊,焊点符合要求	30 分	每一处不符合要求扣 2 分		
调试	查找并排除故障,使电路正常工作	10 分	不成功扣 10 分		
电路测试	能正确使用仪器仪表,完成所要求的参数与波形测试	20 分	每一处不符合扣 3 分		
合计		100 分	实训得分		

●思考与练习

1. 填空题

(1)直流负反馈起稳定_____的作用,交流负反馈用来改善_____的性能。

(2)欲减小电路从信号源索取的电流,增大带负载能力,应在电路中引入_____反馈。

(3)欲获得一个较为理想的电压源,应在电路中引入_____反馈。

2. 判断题

(1)放大电路的放大倍数为负,则引入的反馈一定是负反馈。　　　　　　　　(　　)

(2)负反馈会因为减小了电源的输入信号,而使电路放大倍数降低。　　　　　(　　)

(3)电压并联负反馈使放大器的输入电阻和输出电阻都下降。　　　　　　　　(　　)

3. 简答题

(1)什么是反馈? 什么是放大电路的开环状态和闭环状态?

(2)负反馈对放大电路有哪些影响?

（3）负反馈放大器有哪几种基本反馈类型？

（4）反馈放大电路按极性可分为哪几种？

任务 4.4　串联型稳压电源的安装与调试

【任务引入】

在任务 4.1 中学习的整流滤波电路输出的直流电，往往会随电网波动及负载的变化而变化，为了能获得稳定的直流输出电压必须加一级稳压电路。常用的稳压电路有并联型稳压、串联型稳压、集成稳压及开关型稳压电路，本任务主要学习比较常用的串联型稳压电路。

【任务目标】

掌握串联型稳压电路工作原理、组成，电路中各元器件的作用及故障排查。

【任务相关理论基础知识】

4.4.1　稳压二极管

稳压二极管又称为齐纳二极管，简称稳压管，其电路符号如图

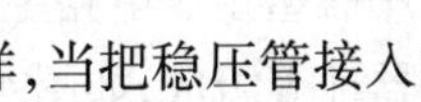

图 4.26　稳压二极管符号

4.26 所示。

此二极管是一种直到临界反向击穿电压前都具有很高电阻的半导体器件，其伏安特性如图 4.27 所示。稳压管主要被作为稳压器或电压基准元件使用，可以串联起来以便在较高电压上使用，通过串联可获得更多的稳定电压。

1）稳压二极管的稳压原理

稳压二极管的特点就是击穿后，其两端的电压基本保持不变。这样，当把稳压管接入电路后，若由于电源电压发生波动或其他原因造成电路中各点电压变动时，负载两端的电压将基本保持不变。

2）稳压二极管的主要参数

①稳定电压 U_Z。即反向击穿电压。

②稳定电流 I_Z。是指稳压管工作至稳压状态时流过的电流。当稳压管稳定电流小于最小稳定电流 I_{Zmax} 时没有稳定作用；大于最大稳定电流 I_{Zmax} 管子会因过流而损坏。

③最大耗散功率 P_{ZM} 和最大工作电流 I_{ZM}。

④动态电阻 r_Z。

⑤电压温度系数 c_{TV}。

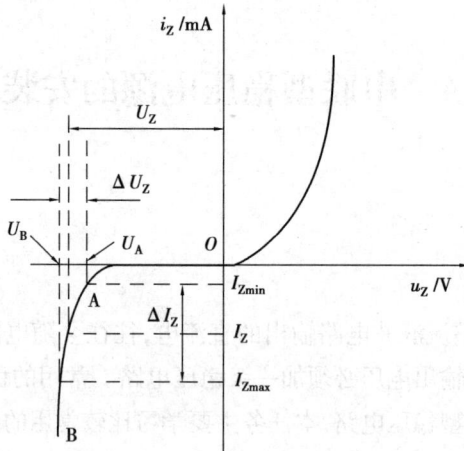

图 4.27　稳压二极管的伏安特性

3)稳压二极管的检测

(1)正、负电极的判别

从外形上看,金属封装稳压二极管的管体正极一端为平面形,负极一端为半圆面形。塑封稳压二极管管体上印有彩色标记的一端为负极,另一端为正极。对标志不清楚的稳压二极管,也可用万用表判别其极性,测量的方法与普通二极管相同,即用万用表 R×1 k 挡,将两表笔分别接稳压二极管的两个电极,测出一个结果后,再对调两表笔进行测量。在两次测量结果中,阻值较小那一次,黑表笔接的是稳压二极管的正极,红表笔接的是稳压二极管的负极。

(2)好坏的判断

若测得稳压二极管的正、反向电阻均很小或均为无穷大,则说明该二极管已击穿或开路损坏。若测量稳压二极管的稳定电压值忽高忽低,则说明该二极管的性能不稳定。

4.4.2　晶体管串联型稳压电路稳压原理

1)电路结构

串联型稳压电路主要由电源变压器、整流滤波电路、基准电路、取样电路、比较放大电路、调整器件等组成,如图 4.28 所示的框图。晶体管串联型稳压电路原理图如图 4.29 所示。

2)电路各部分作用

①整流滤波电路:为稳压电路提供一个比较平滑的直流输入电压 U_i。为使稳压电路正常工作。

②基准电路:一般由稳压管串限流电阻构成。

③取样电路:将输出电压的变动通过串联电阻分压的形式取出,加到比较放大器和基准电压进行比较、放大。

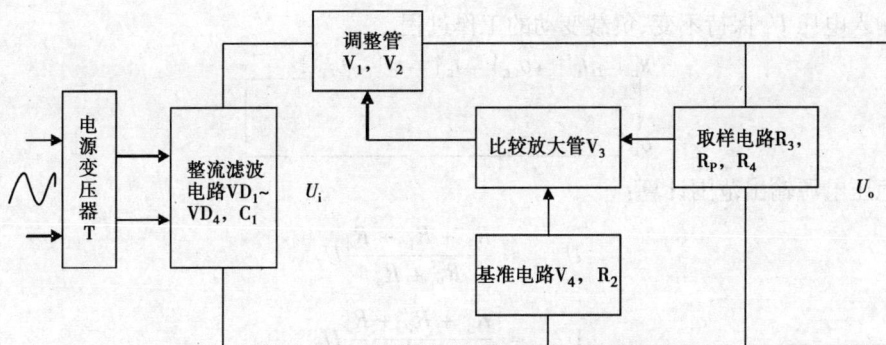

图 4.28 晶体管串联型稳压电路结构框图

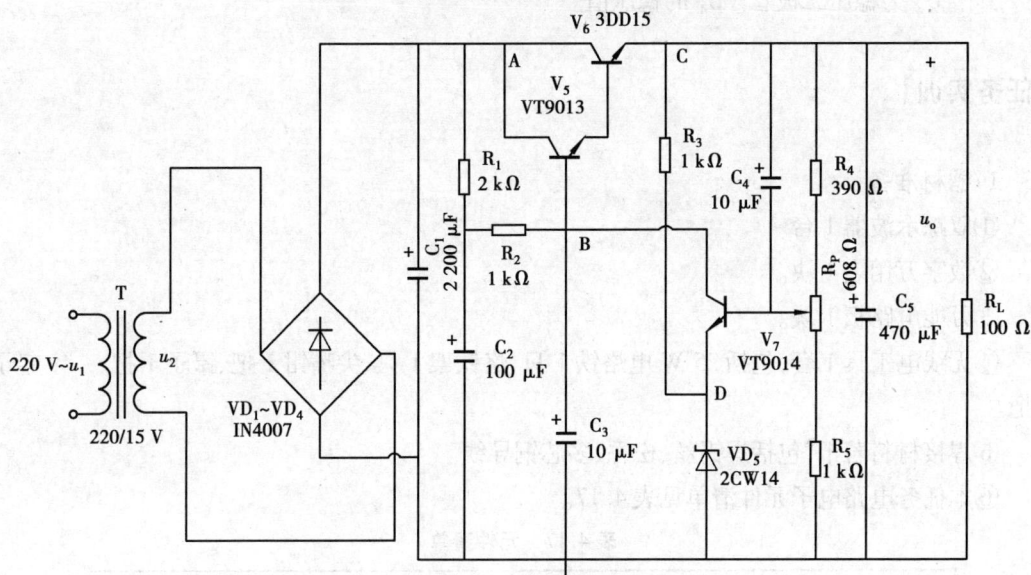

图 4.29 晶体管串联型稳压电路原理图

④比较放大电路:将取样电路送来的电压和基准电压进行比较放大,再去控制调整管以稳定输出电压。

⑤调整器件:是稳压电路的核心环节,一般采用工作在放大状态的大功率三极管。其基极电流受比较放大电路输出信号的控制。为增加调整效果,调整管常采用复合管,如图 4.28 所示的 V_1,V_2。

3)电路工作过程

引起电压不稳定的原因主要是由于电网电压的波动和负载的变动,下面就这两方面因素分析电路的工作过程。

①负载电阻 R_L 不变,电网电压升高,引起负载电压随之变大,有以下循环过程,使电压降低。

$$U_i \uparrow \rightarrow U_L \uparrow \rightarrow U_{BE} \downarrow \rightarrow I_B \downarrow \rightarrow I_C \downarrow \rightarrow U_{CE} \uparrow$$

$$U_L \downarrow$$

②输入电压 U_i 保持不变,负载变动的工作过程。

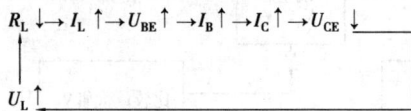

$$R_L \downarrow \to I_L \uparrow \to U_{BE} \uparrow \to I_B \uparrow \to I_C \uparrow \to U_{CE} \downarrow$$
$$U_L \uparrow$$

③稳压电源输出范围计算:

$$U_{omin} \approx \frac{R_3 + R_P + R_4}{R_P + R_4} U_Z \qquad (4.29)$$

$$U_{omax} \approx \frac{R_3 + R_P + R_4}{R_4} U_Z \qquad (4.30)$$

其中 U_Z 为稳压二极管 VD_4 的稳压值。

【任务实训】

1)器材准备

①双踪示波器1台。

②数字万用表1块。

③万能电路板1块。

④无线电工具1套,包括25 W电烙铁1只、烙铁架1只、尖嘴钳1把、镊子1把、一字起子1把。

⑤焊接材料若干,包括焊锡丝、松香、多芯铜导线。

⑥本任务电路电子元件清单见表4.17。

表4.17　元件清单

序　号	名　　称		规　格	数　量
1	二极管 $VD_1 \sim VD_4$		IN4007	4 只
2	稳压二极管 V_4		2CW76	1 只
	三极管	V_1	3DD15D	1 只
		V_2,V_3	VT9013	2 只
3	电解电容	C_1,C_3	470 μF/25 V	2
		C_2	10 μF/25 V	1 只
	电位器	R_L	2.2 kΩ	1 只
		R_P	2 kΩ	1 只
	电阻	R_1,R_2	1 kΩ	2 只
		R_3	1.5 kΩ	1 只
		R_4	510 Ω	1 只

2）实训内容

按如图 4.28 所示完成电路装调。

3）实训步骤

①对照电路图清单、识别、检测元件。

②元件脚成型加工,搪锡处理。

③照图安装、焊接、连线。

④电路检查。

4）**电路装接指导**

①识别、检测元件时注意判别元件的好坏、极性。

②元件脚成型加工时不损伤元件,成型符合横平竖直原则。

③电路安装要在照图安装基础上优选最合理方案,焊接连线要符合工艺要求,操作电烙铁应注意安全。

④指导学生对照原理图检查电路,借助万用表和示波器检测电路。

5）**电路测试**

电路测试观测并记录不同电路形式的波形及数据,并将结果填入表 4.18 中。

表 4.18

电路形式 ＼ 测试项目		变压器次级电压	C_1 两端电压	负载电压	测试条件
负载的影响	空载				R_P 置中间
	接负载				
电网电压波动影响	电网电压 180 V				R_P 置中间
	电网电压 220 V				
	电网电压 240 V				
稳压范围测量		$U_{omin} =$		$U_{omax} =$	电网电压为 220 V

【考核评价标准】

表 4.19　考核评价标准表

内　容	要　求	配　分	评分标准	扣　分	得　分
实训态度	积极参加实训,遵守安全操作规程和劳动纪律,有良好的职业道德和团队精神	20 分	不遵守安全操作规程酌情扣分		

续表

内　容	要　求	配　分	评分标准	扣　分	得　分
电路装接	电路安装正确、完整	10 分	不符合扣 10 分		
	正确识别设备和电路的元件	10 分	不会识别设备、元件每个扣 3 分；不会判别极性每个扣 2 分		
	布局、布线合理，能装接所要求的电路，电路符合规范要求，横平竖直，接线牢固，无虚焊，焊点符合要求	30 分	每一处不符合要求扣 2 分		
调试	查找并排除故障，使电路正常工作	10 分	不成功扣 10 分		
电路测试	能正确使用仪器仪表，完成所要求的参数与波形测试	20 分	每一处不符合扣 3 分		
合计		100 分	实训得分		

●思考与练习

1. 带放大环节的串联稳压电路主要包括 ＿＿＿＿＿＿＿＿、＿＿＿＿＿＿＿＿、＿＿＿＿＿＿＿＿ 和 ＿＿＿＿＿＿＿＿ 几部分。

2. 如图 4.30 所示，若 $R_3 = 5$ kΩ，$R_4 = 7$ kΩ，$R_1 = 200$ Ω，$U_1 = 16$ V，$U_Z = 6.3$ V，V_2，V_3 为硅三极管，其中 $\beta_1 = \beta_2 = 80$，求额定输出电压和电流。

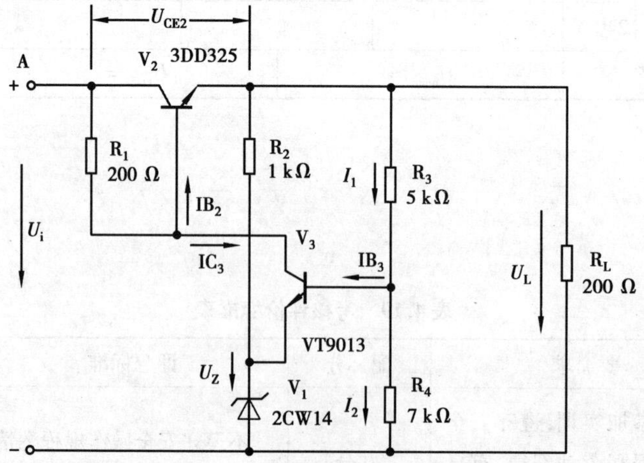

图 4.30

任务4.5　集成稳压电路的安装与调试

【任务引入】

随着半导体工艺的发展,稳压电路也制成了集成器件,因为集成稳压电路体积小,性能稳定,使用调整方便,因此应用日益广泛。集成稳压电路的类型很多,按其输出电压是否可调分为固定式和可调式;按引出端子个数不同可分为三端和多端稳压器,其中,三端集成稳压器只有3个端子,使用简单方便,实际应用中较为广泛。

【任务目标】

熟悉三端集成稳压块,熟练掌握集成直流稳压电源的制作与检测。

【相关理论基础知识】

4.5.1　集成稳压器

随着半导体工艺的发展,稳压电路也制成了集成器件。集成稳压器的种类很多,应根据设备对直流电源的要求来进行选择。对于大多数电子仪器、设备和电子电路来说,通常是选用串联线性集成稳压器。而在这种类型的器件中,又以三端式稳压器应用最为广泛。

三端集成稳压器按照性能和用途不同,可分为两大类:一类是固定输出三端集成稳压器,另一类是可调输出三端集成稳压器。

W7800,W7900系列三端式集成稳压器的输出电压是固定的,在使用中不能进行调整。W7800系列三端式稳压器输出正极性电压,一般有5,6,9,12,15,18,24 V共7个挡次,输出电流最大可达1.5 A(加散热片)。若要求负极性输出电压,则可选用W7900系列稳压器。

根据国家标准GB 3430—82,其型号意义如图4.31所示。

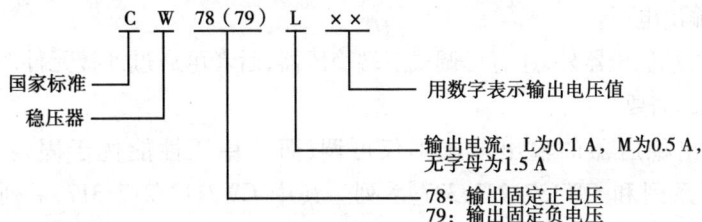

图4.31　三端集成稳压器的型号意义

图 4.32 为 W7800 系列的外形和接线图。它有 3 个引出端：

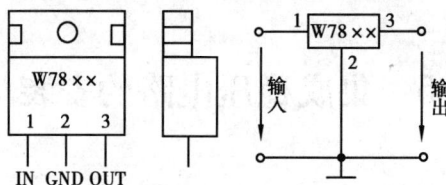

图 4.32   W78 系列外形和接线图

①输入端(不稳定电压输入端)　　　　标以"1"

②输出端(稳定电压输出端)　　　　　标以"3"

③公共端　　　　　　　　　　　　　标以"2"

图 4.33 为 W7900 系列(输出负电压)外形及接线图。

图 4.33   W79 系列外形和接线图

图 4.34 为正、负双电压输出电路,例如需要 $U_{01} = +15$ V, $U_{02} = -15$ V,则可选用 W7815 和 W7915 三端稳压器。

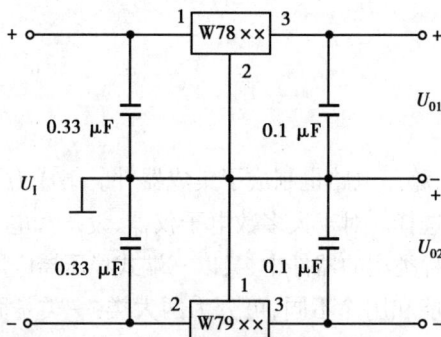

图 4.34   集成稳压双电压输出接法

当集成稳压器本身的输出电压或输出电流不能满足要求时,可通过外接电路来进行性能扩展。图 4.35 是一种简单的输出电压扩展电路。如 W7812 稳压器的 3、2 端间输出电压为 12 V,因此只要适当选择 R 的值,使稳压管 D_W 工作在稳压区,则输出电压 $U_0 = 12 + U_z$,可以高于稳压器本身的输出电压。

除固定输出三端稳压器外,还有可调式三端稳压器,后者可通过外接元件对输出电压进行调整,以适应不同的需要。

三端可调输出稳压器的输出电压不仅可调,而且稳压性能优于固定式。常用的有 CW7117/217/317 系列和 CW137/237/337 系列。其中 CW7117/217/317 系列输出正电压,CW137/237/337 系列输出负电压,它们的输出电压分别为 ±(1.2~37)V,连续可调。其型号意

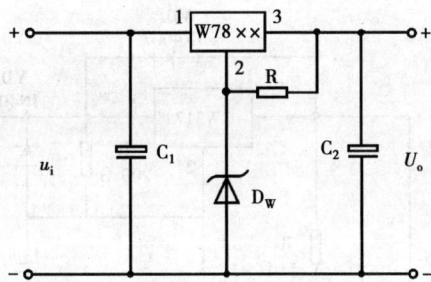

图 4.35　提高输出电压的稳压电路

义如图 4.36 所示。

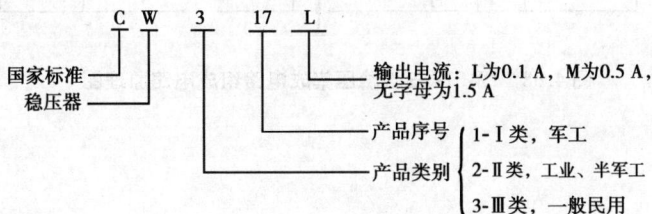

图 4.36　可调集成稳压器的型号意义

图 4.37 为可调输出正三端稳压器 W317 外形及接线图。

图 4.37　W317 外形及接线图

4.5.2　电路原理

如图 4.38 所示,在电路中,电容器 C_1,C_4 用作滤波以滤出输入、输出电压中的交流分量,还可防止出现过电压的现象,电容器 C_2 用以抵消线路的电感效应,防止产生自激振荡。输出端电容 C_3 用以滤除输出端的高频信号,改善电路的暂态响应。

由于可调式三端稳压器 CW317 输出端 3 脚与调整端 2 脚之间为 1.25 V 的基准电压,因此,输出 $U_o \approx 1.25(1 + R_P/R_2)$,改变 R_P 的阻值即可改变输出电压的大小。

当 $R_2 = 200\ \Omega$、$R_P = 4.7\ \text{k}\Omega$ 时,就可实现输出电压从 1.25 ~ 31 V 连续可调。

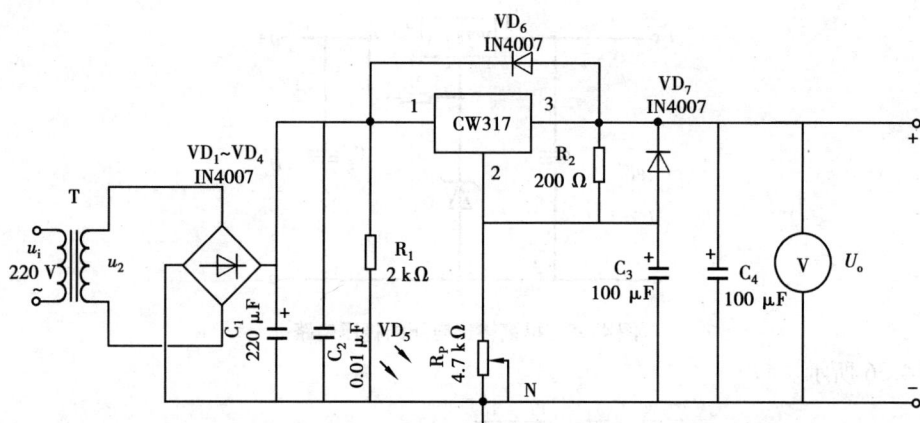

图 4.38　CW317 三端稳压集成电路组成电路原理图

【任务实训】

1)器材准备

①双踪示波器 1 台。

②数字万用表 1 块。

③万能电路板 1 块。

④无线电工具 1 套,包括 25 W 电烙铁 1 只、烙铁架 1 只、尖嘴钳 1 把、镊子 1 把、一字起子 1 把。

⑤焊接材料若干,包括焊锡丝、松香、多芯铜导线。

⑥本任务电路电子元件清单见表 4.20。

表 4.20　元件清单

序　号	名　　称		规　格	数　量
1	二极管 $VD_1 \sim VD_4$,VD_6,VD_7		IN4007	6 只
2	二极管 VD_5		发光二极管	1 只
3	三端可调式集成稳压块		CW317	1 块
4	电源变压器		220 V/15 V	1 只
5	电容	C_1	220 μF/50 V	1 只
6		C_2	10 μF	1 只
7		C_3	100 μF	1 只
8	电阻	R_1	2 kΩ	1 只
9		R_2	200 Ω	1 只
10		R_P	4.7 kΩ	1 只

2)实训内容

按如图4.38所示完成电路装调。

3)实训步骤

①对照电路图清单、识别、检测元件。

②元件脚成型加工,搪锡处理。

③照图安装、焊接、连线。

④电路检查。

4)电路装接指导

①识别、检测元件时注意判别元件的好坏、极性。

②元件脚成型加工时不损伤元件,成型符合横平竖直原则。

③电路安装要在照图安装基础上优选最合理方案,焊接连线要符合工艺要求,焊接集成电路时不宜时间过长,否则会烧坏集成电路,操作电烙铁应注意安全。

④指导学生对照原理图检查电路,借助万用表和示波器检测电路。

5)电路测试

①用调压器输入电压交流电压 U_1,模拟电网电压的波动,测试电路的稳压性能;记入表4.21中。

②测量可调稳压电源的输出稳压范围,记入表4.21中。

表4.21

	输入电压 u_1	变压器输出 u_2	电路输出 U_o	测试条件
稳压性能的测量	240 V			
	220 V			R_P 置于中间
	200 V			
	180 V			
输出稳压范围的测量	$U_{omax}=$ V		$U_{omin}=$ V	$u_1=220$ V,调节 R_P 测出

【考核评价标准】

表4.22 考核评价标准表

内 容	要 求	配 分	评分标准	扣 分	得 分
实训态度	积极参加实训,遵守安全操作规程和劳动纪律,有良好的职业道德和团队精神	20分	不遵守安全操作规程酌情扣分		

续表

内　容	要　求	配　分	评分标准	扣　分	得　分
电路装接	电路安装正确、完整	10分	不符合扣10分		
	正确识别设备和电路的元件,能正确识别可调式集成稳压器并判别管脚	10分	不会识别设备、元件每个扣3分;不会判别极性每个扣2分		
	布局、布线合理,能装接所要求的电路,电路符合规范要求,横平竖直,接线牢固,无虚焊,焊点符合要求	30分	每一处不符合要求扣2分		
调试	查找并排除故障,使电路正常工作	10分	不成功扣10分		
电路测试	能正确使用仪器仪表,完成所要求的参数与波形测试	20分	每一处不符合扣3分		
合计		100分	实训得分		

●思考与练习

1. 三端可调输出稳压器的三端是指_____、_____和_____三端。

2. 三端集成稳压器CW7912正常工作时输出电压为_____。

3. 三端可调输出稳压器CW117可以输出可调的_____,CW137可以输出可调的_____。

任务4.6　OTL音频功率放大器的安装与调试

【任务引入】

　　前面学习的放大电路主要任务是放大电压信号,实际应用中许多电子产品都要用到音频功率放大器,如音箱、电视机、收音机等,都要求放大电路的末级有足够的功率去推动扬声器发声。这类向负载提供足够信号功率的放大电路称为功率放大电路,是放大电路的一种典型应用。

【任务目标】

理解 OTL 功率放大器的工作原理,学会 OTL 电路的调试及主要性能指标的测试方法。

【任务相关理论基础知识】

4.6.1　功率放大器的性能要求

①要有足够的输出功率。
②效率要高。
③非线性失真要小。
④功率放大管的散热要好。

4.6.2　功率放大器与电压放大器的特点比较

①电压放大器主要是提供不失真的电压信号,技术指标包括:电压放大倍数、输入电阻、输出电阻等,而低频功率放大器要求输出足够大的不失真的功率信号,重点在于功率的大小和失真程度的强弱。

②功率放大器一般工作在大信号情况下,信号动态范围大,对三极管的应用往往处在线性的极限状态,因此,功放电路的电路组成、分析方法和元器件的选择都与小信号电压放大电路有明显的差别和要求。

常用的几种功放管如图 4.39 所示。

图 4.39　功率三极管外形图

4.6.3　功率放大器的分类

按功放管工作点的位置不同分为:甲类功放、乙类功放和甲乙类功放。

按功率放大电路的输出端特点分:变压器耦合功率放大器、无输出变压器功率放大器(OTL)、无输出电容功率放大器(OCL)和桥式电容功率放大器(BTL)。

按所用的有源器件不同分:晶体管功率放大器、场效应管功率放大器、集成电路功率放大器和电子管功率放大器等。

4.6.4 互补对称功率放大器(OTL)

选择功放管的静态工作点时,如果静态工作点位置适中时,功放管的输出波形失真小,但效率低。如果静态工作点偏上或偏下时,功放管的效率高,但是失真严重。

为了解决功放管效率和失真的矛盾,采用互补对称功率放大器,它能保证较小的失真并有效地提高功放电路的效率。

互补对称放大器:采用两支导电性相反的三极管,使它们都工作在乙类放大状态,分别在正半周和负半周工作,同时把两个输出波形加到负载上,在负载上得到完整的输出波形。

V_1,V_2两管为导电性能相反的管子,接成射极输出形式。

静态时,由于两管对称,所以$U_A = V_{CC}/2$,两管均处于截止状态,工作在乙类状态。

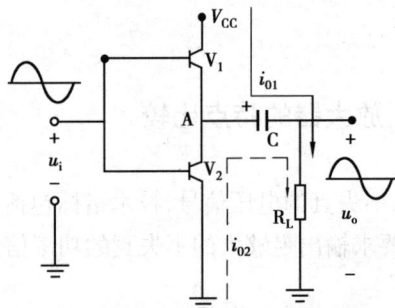

图 4.40 互补对功率电路示意图

输入信号正半周,V_1导通,V_2截止,电源V_{CC}通过V_1向电容C充电,如图4.40实线箭头所示;输入信号负半周,V_2导通,V_1截止,电容上的电压$V_{CC}/2$通过V_2向电容C放电,如图4.40虚线箭头所示。

功放管V_1和V_2在一个周期交替工作,在负载R_L上可获得正负半周完整的输出信号,实现了信号的功率放大。

4.6.5 交越失真

OTL功放电路工作在乙类状态,效率较高。但实际上由于三极管存在死区电压,会在信号的正、负半周交界处出现失真,这种失真称为"交越失真",如图4.41所示。

为消除交越失真,要给V_1,V_2的发射结加一个很小的偏置电压,使其在静态时处于微导通状态,这样,一旦加入输入信号,三极管就进入线性放大区,从而克服了交越失真。如图4.42中的二极管VD_3,VD_4就是为三极管V_1,V_2提供偏置电压电路,确保两只功放管工作于微导通状态。由V_5组成的激励级电路工作于甲类放大状态,R_2电阻构成电压并联负反馈,使U_A更稳定。

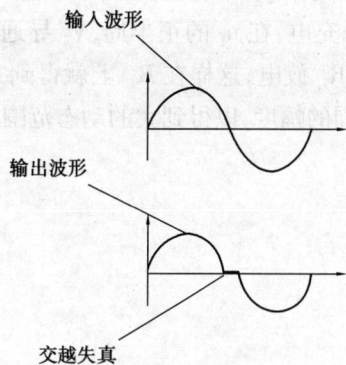

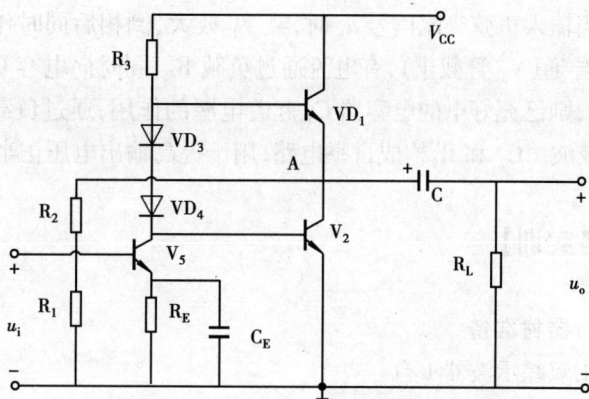

图 4.41　交越失真波形　　　　　　图 4.42　单电源供电的互补对称功放电路

4.6.6　电路原理

　　如图 4.43 是本任务电路原理图。其中由三极管 V_1 组成推动级(也称前置放大级), V_2, V_3 是一对参数对称的 NPN 和 PNP 型晶体三极管,它们组成互补推挽 OTL 功放电路。由于每一个管子都接成射极输出器形式,因此具有输出电阻低、负载能力强等优点,适合于作功率输出级。V_1 管工作于甲类状态,它的集电极电流 I_{C1} 由电位器 R_{P1} 进行调节。I_{C1} 的一部分流经电位器 R_{P2} 及二极管 VD_4,给 V_2, V_3 提供偏压。调节 R_{P2},可以使 V_2, V_3 得到合适的静态电流而工作于甲乙类状态,以克服交越失真。静态时要求输出端中点 A 的电位 $U_A = \dfrac{1}{2} V_{CC}$,可通过调节 R_{P1} 来实现,又由于 R_{P1} 的一端接在 A 点,因此在电路中引入交、直流电压并联负反馈,一方面能够稳定放大器的静态工作点,同时也改善了非线性失真。

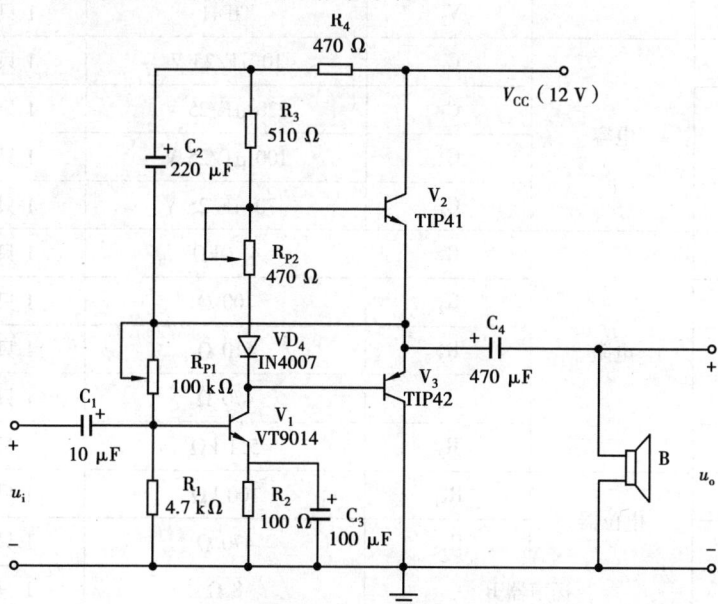

图 4.43　OTL 功率放大器原理图

当输入正弦交流信号 u_i 时,经 V_1 放大、倒相后同时作用于 V_2,V_3 的基极,u_i 的负半周使 V_2 管导通(V_3 管截止),有电流通过负载 R_L,同时向电容 C_4 充电,在 u_i 的正半周,V_3 导通(V_2 截止),则已充好电的电容器 C_4 起着电源的作用,通过负载 R_L 放电,这样在 R_L 上就得到完整的正弦波。C_2 和 R_4 构成自举电路,用于提高输出电压正半周的幅度,以得到大的动态范围。

【任务实训】

1)器材准备

①双踪示波器 1 台。

②直流稳压电源 1 台。

③函数信号发生器。

④交流毫伏表。

⑤数字万用表 1 块。

⑥万能电路板 1 块。

⑦无线电工具 1 套,电烙铁 1 只、烙铁架 1 只、尖嘴钳 1 把、镊子 1 把、一字起子 1 把。

⑧焊接材料若干,包括焊锡丝、松香、多芯铜导线。

⑨本任务电路电子元件,清单见表 4.23。

表 4.23　元件清单

序　号	名　　称		规　格	数　量
1	二极管 VD_4		IN4007	1 只
2	三极管	V_1	VT9014	1 只
3		V_2	TIP42	1 只
4		V_3	TIP41	1 只
5	电容	C_1	10 μF/25 V	1 只
6		C_2	220 μF/25 V	1 只
7		C_3	100 μF/25 V	1 只
		C_4	470 μF/25 V	1 只
8	电阻	R_1	4.7 kΩ	1 只
9		R_2	100 Ω	1 只
10		R_3	510 Ω	1 只
		R_4	470 Ω	1 只
		R_5	5.1 kΩ	1 只
	电位器	R_{P1}	100 kΩ	1 只
		R_{P2}	470 Ω	1 只
	扬声器 B		8 Ω	1 只

2）**实训内容**

按如图 4.43 所示完成电路装调。

3）**实训步骤**

①对照电路图清单、识别、检测元件。

②元件脚成型加工，搪锡处理。

③照图安装、焊接、连线。

④电路检查。

⑤电路装接指导。

⑥识别、检测元件时注意判别元件的好坏、极性。

⑦元件脚成型加工时不损伤元件，成型符合横平竖直原则。

⑧电路安装要在照图安装基础上优选最合理方案，焊接连线要符合工艺要求，焊接集成电路时不宜时间过长，否则会烧坏集成电路，操作电烙铁应注意安全。

⑨指导学生对照原理图检查电路，借助万用表和示波器检测电路。

4）**电路测试**

(1)静态工作点的测试

调节 R_{P1} 至 $U_A = 6$ V，再接入 1 kHz，100 mV 正弦交流信号，调节 R_{P2} 无交越失真和非线性失真，测量各级静态工作点，记入表 4.24。

表 4.24　静态工作点的测试

	VD_1	VD_2	VD_3
U_B/V			
U_C/V			
U_E/V			

(2)最大输出功率 P_{om} 和效率 η 的测试

①测量 P_{om}。输入端接 $f = 1$ kHz 的正弦信号 u_i，输出端用示波器观察输出电压 u_o 的波形。逐渐增大 u_i，使输出电压达到最大不失真输出，用交流毫伏表测出负载 R_L 上的电压 U_{om}，则 $P_{om} = \dfrac{U_{om}^2}{R_L}$。

②测量 η。当输出电压为最大不失真输出时，测出直流电源的电流值，此电流即为直流电源供给的平均电流 I_{CC}，由此可近似求得 $P_E = U_{CC}I_{CC}$，再根据上面测得的 P_{om}，即可求出 $\eta = \dfrac{P_{om}}{P_E}$。

(3)试听

输入信号改为 mp3 输出，输出端接音箱及示波器。开机试听音效，并观察语言和音乐信号的输出波形。

【考核评价标准】

表 4.25 考核评价标准表

内容	要求	配分	评分标准	扣分	得分
实训态度	积极参加实训,遵守安全操作规程和劳动纪律,有良好的职业道德和团队精神	20分	不遵守安全操作规程酌情扣分		
电路装接	电路安装正确、完整	10分	不符合扣10分		
	正确识别设备和电路的元件,能正确识别可调式集成稳压器并判别管脚	10分	不会识别设备、元件每个扣3分;不会判别极性每个扣2分		
	布局、布线合理,能接装所要求的电路,电路符合规范要求,横平竖直,接线牢固,无虚焊,焊点符合要求	30分	每一处不符合要求扣2分		
调试	查找并排除故障,使电路正常工作	10分	不成功扣10分		
电路测试	能正确使用仪器仪表,完成所要求的参数与波形测试	20分	每一处不符合扣3分		
合计		100分	实训得分		

●思考与练习

1. 为什么引入自举电路能够扩大输出电压的动态范围?

2. 交越失真产生的原因是什么?怎样克服交越失真?

任务 4.7　方波、三角波发生器的安装与调试

【任务引入】

电子设备中经常需要用到正弦信号和几种非正弦信号(方波、矩形波、三角波、锯齿波等),这些信号可以由振荡电路产生,产生并输出随时间周期性变化的、稳定电信号的电路称为信号发生器,实用的信号发生器多由集成运算放大器组成,本任务主要研究和制作集成运放组成的方波、三角波发生器。

【任务目标】

熟悉集成运放的符号及器件的引脚功能;掌握基本运算电路的结构及输出电压值的估算,掌握集成运放组成的波形发生电路的安装和调试。

【任务相关理论基础知识】

前面课程学习了集成运算放大器的基础知识和常见运算电路,这里主要介绍波形发生方面的知识。

4.7.1　方波发生器

方波发生器电路如图 4.44 所示,它由滞回比较器和具有延时作用的 RC 反馈网络组成。R_1 和 R_2 组成正反馈电路,R_f 和 C 组成负反馈电路,R_s 为限流电阻,双向稳压管 VS 使输出电压幅度限制在其稳压值 $\pm U_z$ 之内。

接通电源后,由于正反馈的作用,输出电压迅速达到饱和值 $\pm U_z$,因此,比较器参考电压(同相端电位)$u_{R2} = \pm [R_2/(R_1 + R_2)] U_z$。加到反相端的电压 u_c 与参考电压 V_{REF} 比较的结果决定输出电压 u_o 的极性。比较器输出 u_o 为矩形波。

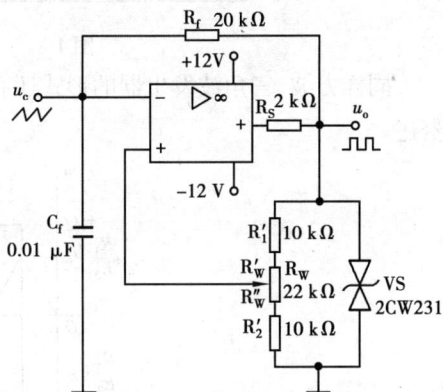

图 4.44　方波发生器电路图

上式中 $R_1 = R_1' + R_W'$，$R_2 = R_2'' + R_W''$

电路振荡频率

$$f_o = \cfrac{1}{2R_f C_f Ln\left(1 + \cfrac{2R_2}{R_1}\right)} \tag{4.31}$$

方波输出幅值

$$U_{om} = \pm U_z \tag{4.32}$$

三角波输出幅值

$$U_{cm} = \frac{R_2}{R_1 + R_2} U_z \tag{4.33}$$

调节电位器 R_W（即改变 R_2/R_1），可以改变振荡频率。

4.7.2　三角波和方波发生器

如把滞回比较器和积分器首尾相接形成正反馈闭环系统，如图 4.45 所示，则比较器 A_1 输出的方波经积分器 A_2 积分可得到三角波，三角波又触发比较器自动翻转形成方波，这样即可构成三角波、方波发生器。图 4.46 为方波、三角波发生器输出波形图。由于采用运放组成的积分电路，因此可实现恒流充电，使三角波线性大大改善。

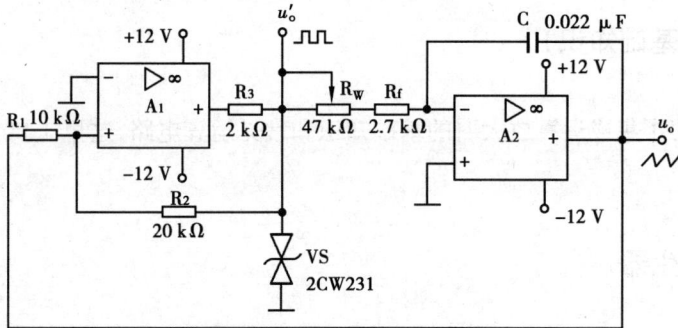

图 4.45　方波、三角波发生器电路图

同样方波、三角波发生器的形式还有很多，如图 4.46 所示。原理基本都差不多，在此不再赘述。

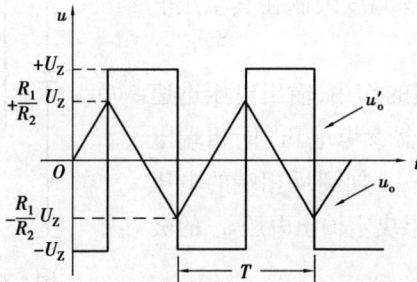

图 4.46　方波、三角波发生器波形图

电路振荡频率

$$f_o = \frac{R_2}{4R_1(R_f + R_W)C_f} \qquad (4.34)$$

方波幅值

$$U'_{om} = \pm U_Z \qquad (4.35)$$

三角波幅值

$$U_{om} = \frac{R_1}{R_2}U_Z \qquad (4.36)$$

调节 R_W 可以改变振荡频率,改变比值 $\frac{R_1}{R_2}$ 可调节三角波的幅值。

【任务实训】

1)器材准备

① ±12 V 直流电源。

② 双踪示波器。

③ 交流毫伏表。

④ 频率计。

⑤ 万能电路板 1 块。

⑥ 无线电工具 1 套,电烙铁 1 只、烙铁架 1 只、尖嘴钳 1 把、镊子 1 把、一字起子 1 把。

⑦ 焊接材料若干,包括焊锡丝、松香、多芯铜导线。

⑧ 本任务电路电子元件清单见表 4.26。

表 4.26　元件清单

序　号	名　　称		规　格	数　量
1	稳压二极管 VS		2CW231	1 只
2	集成运放	A1,A2	μA741	1 只
3	电容	C	0.022 μF	1 只
4		R_1	10 kΩ	1 只
5		R_2	20 kΩ	1 只
6	电阻	R_3	2 kΩ	1 只
7		R_f	2.7 kΩ	1 只
8	电位器	R_W	47 kΩ	1 只

2)实训内容

① 按图 4.45 连接实验电路。

②按图 4.47 焊接并测试电路。

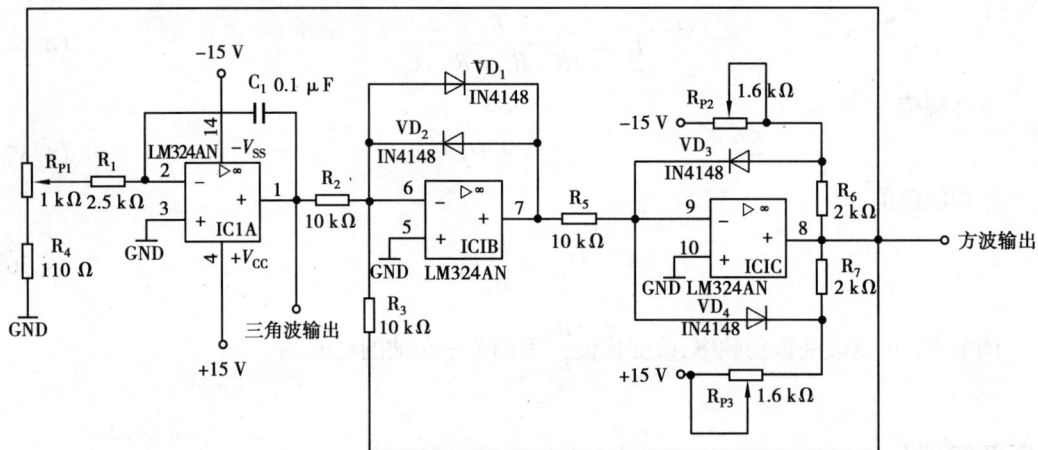

图 4.47　方波、三角波发生器

3)电路装接指导

①识别、检测元件时注意判别元件的好坏、极性。

②电路连接时特别注意运放 μA741 在插入槽中时,注意标记位置,不能接反,并保证可靠接触。

③按照要求布局、布线,电路安装好后才能通电。

4)电路测试

①将电位器 R_W 调至合适位置,用示波器观察并描绘三角波输出 u_o 及方波输出 u_o',测其幅值、频率及 R_W 值,并记录在坐标纸上。

②改变 R_W 的位置,观察对 u_o,u_o' 幅值及频率的影响。

③改变 R_1(或 R_2),观察对 u_o,u_o' 幅值及频率的影响。

【考核评价标准】

表 4.27　考核评价标准表

内　容	要　求	配　分	评分标准	扣　分	得　分
实训态度	积极参加实训,遵守安全操作规程和劳动纪律,有良好的职业道德和团队精神	20分	不遵守安全操作规程酌情扣分		
电路装接	电路安装正确、完整	10分	不符合扣10分		
	正确识别设备和电路的元件,能正确识别可调式集成稳压器并判别管脚	10分	不会识别设备、元件每个扣3分;不会判别极性每个扣2分		

内　容	要　求	配　分	评分标准	扣　分	得　分
电路装接	布局、布线合理,能装接所要求的电路,电路符合规范要求,横平竖直,接线牢固	30分	每一处不符合要求扣2分		
调试	查找并排除故障,使电路正常工作	10分	不成功扣10分		
电路测试	能正确使用仪器仪表,完成所要求的参数与波形测试	20分	每一处不符合扣3分		
合计		100分	实训得分		

●思考与练习

怎样改变图4.44、图4.45电路中方波及三角波的频率及幅值?

任务4.8　方波、三角波、正弦波发生器的安装与调试

【任务引入】

除了任务4.7中学习的方波、三角波发生器之外,正弦波也是常用的一种信号,正弦波可通过三角波信号处理得到,这样就形成了方波、三角波、正弦波电路。

【任务目标】

1.掌握用集成运放完成波形发生器的安装。
2.掌握波形发生器的调整和主要性能指标的测试方法。

【任务相关理论基础知识】

本任务中波形发生器电路组成框图如图4.48所示。

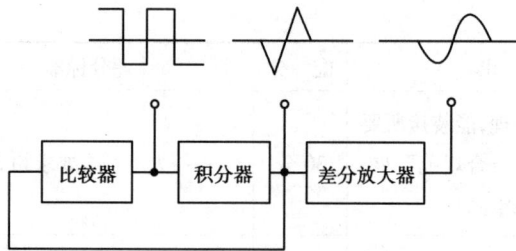

图 4.48　电路框图

由比较器和积分器组成方波—三角波产生电路,比较器输出的方波经积分器得到三角波,三角波到正弦波的变换电路主要由差分放大器来完成。差分放大器具有工作点稳定,输入阻抗高,抗干扰能力较强等优点。可以有效地抑制零点漂移,因此可将频率很低的三角波变换成正弦波。波形变换的原理是利用差分放大器传输特性曲线的非线性完成。

4.8.1　方波、三角波发生器

这部分电路和任务 4.7 电路相似,如图 4.49 所示。

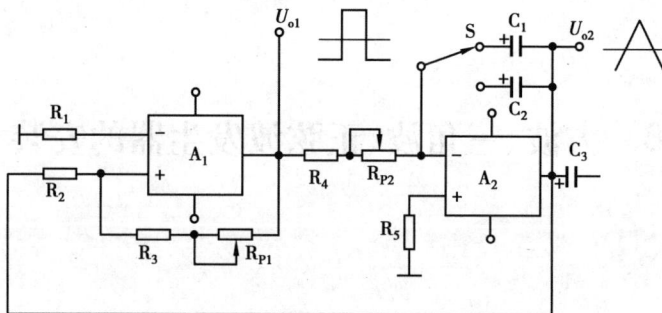

图 4.49　方波、三角波发生电路图

运放 A_1,R_1,R_2,R_3,R_P 组成电压比较器,产生 U_{o1} 方波信号。运放 A_2 组成反相输入的迟滞比较器,RC 回路既作为延迟环节,又作为反馈网络,通过 RC 充、放电实现输出状态的自动转换。同时 RC 电路作为积分电路,对方波积分产生 U_{o2} 三角波。开关 S 可实现两个频率段的转换。

4.8.2　正弦波发生器

正弦波信号由三角信号经过变换得到,三角波—正弦波的变换电路主要由差分放大电路来完成,如图 4.50 所示。

差分放大电路具有工作点稳定,输入阻抗高,抗干扰能力强等优点。特别是作为直流放大器,可以有效抑制零点漂移,因此可将频率很低的三角波变换成正弦波。波形变换的原理是利用差分放大器传输特性曲线的非线性。

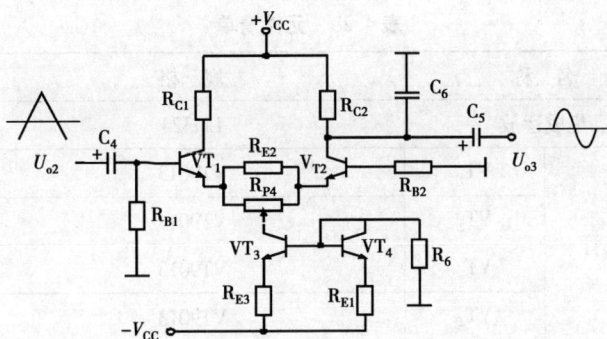

图4.50　三角波—正弦波变换电路图

4.8.3　方波、三角波、正弦波发生电路

将图4.49和图4.50结合,元件配置合适参数,就得到了方波、三角波、正弦波发生电路,如图4.51所示。

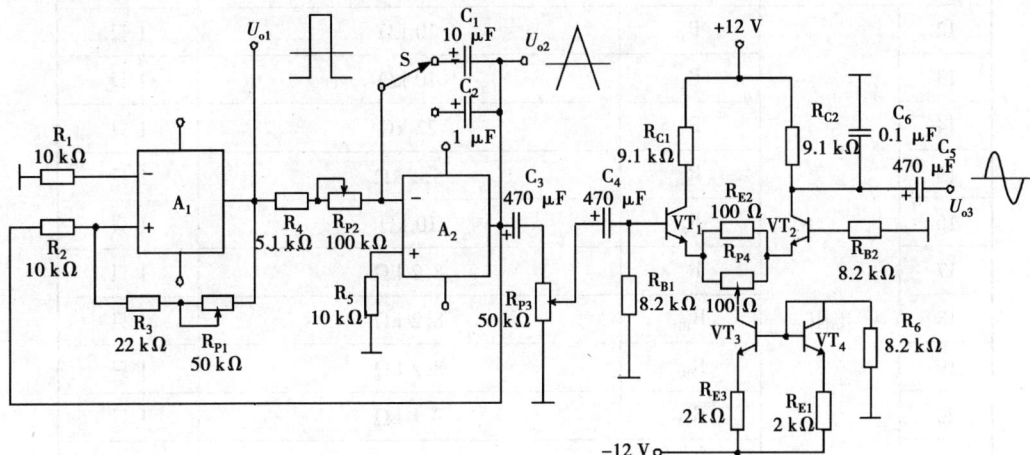

图4.51　方波、三角波、正弦波发生电路图

【任务实训】

1)器材准备

①双踪示波器1台、直流稳压电源1台、交流毫伏表1台。

②数字万用表1块。

③万能电路板1块。

④无线电工具1套,电烙铁1只、烙铁架1只、尖嘴钳1把、镊子1把、一字起子1把。

⑤焊接材料若干,包括焊锡丝、松香、多芯铜导线。

⑥本任务电路电子元件清单见表4.28。

表 4.28　元件清单

序　号	名　称		规　格	数　量
1	集成运放		LM324	1 块
2	三极管	VT_1	VT9013	1 只
3		VT_2	VT9013	1 只
4		VT_3	VT9013	1 只
5		VT_4	VT9013	1 只
6	电容	C_1	10 μF/25 V	1 只
7		C_2	1 μF/25 V	1 只
8		C_3	470 μF/25 V	1 只
9		C_4	470 μF/25 V	1 只
10		C_5	470 μF/25 V	1 只
11		C_6	0.1 μF	1 只
12	电阻	R_1	10 kΩ	1 只
13		R_2	10 kΩ	1 只
14		R_3	22 kΩ	1 只
15		R_4	5.1 kΩ	1 只
16		R_5	10 kΩ	1 只
17		R_6	8.2 kΩ	1 只
18		R_{B1}	8.2 kΩ	1 只
19		R_{B2}	8.2 kΩ	1 只
20		R_{C1}	9.1 kΩ	1 只
21		R_{C2}	9.1 kΩ	1 只
22		R_{E1}	2 kΩ	1 只
23		R_{E2}	100 Ω	1 只
24		R_{E3}	2 kΩ	1 只
25	电位器	R_{P1}	50 kΩ	1 只
26		R_{P2}	100 kΩ	1 只
27		R_{P3}	50 kΩ	1 只
28		R_{P4}	100 Ω	1 只
29	开关	S	单刀双掷	1 只

2）实训内容

①按如图 4.51 所示完成电路装调。

②实训步骤。

③对照电路图清单、识别、检测元件。

④元件脚成型加工，搪锡处理。

⑤照图安装、焊接、连线。

⑥电路检查。

3）电路装接指导

①识别、检测元件时注意判别元件的好坏、极性。

②元件脚成型加工时不损伤元件，成型符合横平竖直原则。

③电路安装要在照图安装基础上优选最合理方案，焊接连线要符合工艺要求，焊接集成电路时不宜时间过长，运放 LM324 要先安装焊接好插座再插入槽中，注意标记位置，不能接反，并保证可靠接触。否则会烧坏集成电路，操作电烙铁应注意安全。

④指导学生对照原理图检查电路，借助万用表和示波器检测电路。

4）电路测试

（1）方波、三角波的测试

①接入电源后，用示波器进行跟踪观察；

②调节 R_{P1}，使三角波的幅值满足指标要求；

③调节 R_{P2}，微调波形的频率；

④测出最大不失真方波、三角波的幅值和频率，在坐标纸上绘制波形。

（2）正弦波的测试

①接入直流电源后，把 C_4 接地，利用万用表测试差分放大电路的静态工作点；

②测试 V_1、V_2 的静态工作点，当不相等时调节 R_{P4} 使其相等；

③在 C_4 端接入信号源，利用示波器观察，通过 R_{P3} 逐渐增大输入电压，当输出波形刚好不失真时，测出最大不失真正弦波的幅值和频率，在坐标纸上绘制波形。

【考核评价标准】

表 4.29　考核评价标准表

内容	要求	配分	评分标准	扣分	得分
实训态度	积极参加实训，遵守安全操作规程和劳动纪律，有良好的职业道德和团队精神	20分	不遵守安全操作规程酌情扣分		

续表

内 容	要 求	配 分	评分标准	扣 分	得 分
电路装接	电路安装正确、完整	10 分	不符合扣 10 分		
	正确识别设备和电路的元件，能正确识别可调式集成稳压器并判别管脚	10 分	不会识别设备、元件每个扣 3 分；不会判别极性每个扣 2 分		
	布局、布线合理，能装接所要求的电路，电路符合规范要求，横平竖直，接线牢固，无虚焊，焊点符合要求	30 分	每一处不符合要求扣 2 分		
调试	查找并排除故障，使电路正常工作	10 分	不成功扣 10 分		
电路测试	能正确使用仪器仪表，完成所要求的参数与波形测试	20 分	每一处不符合扣 3 分		
合计		100 分	实训得分		

●思考与练习

1. 电路中 $R_{P1} \sim R_{P4}$ 四只电位器分别调节什么？

2. 产生正弦波失真时与哪些因素有关？

项目 5

基本电力电子技术技能训练

●项目思考讨论

电力电子技术是一门新兴的应用于电力领域的电子技术,就是使用电力电子器件(如晶闸管、GTO、IGBT 等)对电能进行变换和控制的技术。电力电子技术所变换的"电力"功率可大到数百兆瓦甚至基瓦,也可以小到数瓦,与以信息处理为主的信息电子技术不同,电力电子技术主要用于电力变换。

●项目实践意义

由于晶闸管具有体积小、质量轻、效率高、动作迅速、维护简单、操作方便等特点,在工业控制中,晶闸管广泛应用于可控整流电路来完成调压。

●项目学习目标

通过学习晶闸管的结构、工作原理、特性及参数,熟悉单结晶体管触发原理。完成几种晶闸管电路的装调,能排查电路故障。通过训练,具备应用所学知识解决问题的能力,培养良好的职业素养。

●项目任务分解

本项目从熟悉晶闸管和单结晶体管两种器件入手,完成电力电子技术中晶闸管的典型电路,由简到繁。涵盖单结晶体管触发电路,晶闸管单相可控调压,自动调压,三相整流电路。技能训练贯穿电路分析方法、电子仪器的使用、电子元器件的识别检测、焊接技术应用、电路检测等知识和技能。

任务 5.1　家用台灯调光电路的安装与调试

【任务引入】

作为本项目的入门电路,该任务主要熟悉单结晶体管触发电路和晶闸管的可控性,实现的是直观明了的晶闸管调光。

【任务目标】

熟悉晶闸管和单结晶体管两种器件的特性、识别检测方法,掌握单结晶体管触发原理和晶闸管可控整流原理,完成台灯调光电路的装调和故障排除。

【任务相关理论基础知识】

5.1.1　晶闸管

1)晶闸管的结构和符号

晶闸管的结构和符号如图 5.1 所示,常见的晶闸管实物图如图 5.2 所示。

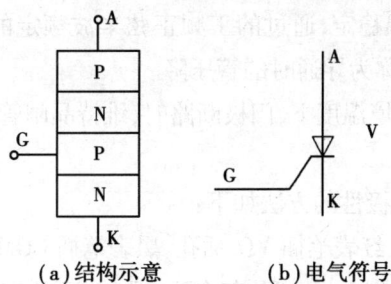

（a）结构示意　　　　　　（b）电气符号

图 5.1　晶闸管的结构和符号

2)晶闸管的特性

(1)晶闸管的导电特性

晶闸管具有可控单向导电性。

(2)晶闸管的导通条件

①阳极与阴极间加正向电压。

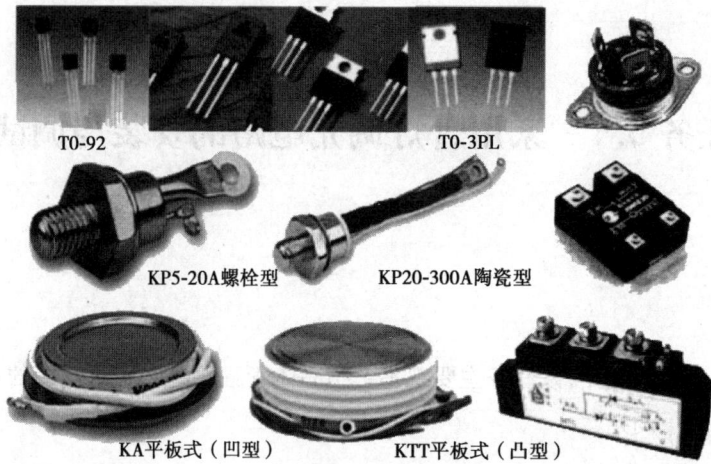

TO-92　　　　TO-3PL

KP5-20A螺栓型　　　KP20-300A陶瓷型

KA平板式（凹型）　　　KTT平板式（凸型）

图5.2　常见晶闸管实物图

②门极与阴极间加正向电压,这个电压称为触发电压。

（3）晶闸管的关断条件

①降低阳极与阴极间的电压,使通过晶闸管的电流小于维持电流 I_H。

②阳极与阴极间的电压减小为零。

③将阳极与阴极间加反向电压。

④注意:以上只要具备其中一个条件就可使导通的晶闸管关断。

3）晶闸管的主要参数

断态重复峰值电压 U_{DRM}:门极断开,允许重复加在晶闸管 A 与 K 间的正向峰值电压。

反向重复峰值电压 U_{RRM}:门极断开,允许重复加在晶闸管 A 与 K 间的反向峰值电压。

通态平均电流 $I_{T(AV)}$:在规定的环境温度和散热条件下,结温为额定值,允许通过的工频正弦半波电流的平均值。

通态平均电压 $U_{T(AV)}$:结温稳定,通过的工频正弦半波额定的平均电流,晶闸管导通时,A 与 K 间的电压平均值,习惯上称为导通时的管压降。

维持电流 I_{H1}:在规定的环境温度下,门极断路时,维持晶闸管导通所必须的最小电流。

4）晶闸管的测试

用数字万用表判断晶闸管极性的方法如下:

①将万用表拨到"⊢⊢"挡,红表笔插 VΩ 插孔,黑表笔插 COM 插孔;

②任意测量晶闸管两个管脚之间电阻,若有两个脚之间测量管压降为 0.5 ~ 0.7 V,则红表笔所接为晶闸管的 G 极,黑表笔所接为晶闸管的阴极 K,剩下一个脚为晶闸管的阳极 A。

5.1.2　单结晶体管

1）单结晶体管的结构和符号

单结晶体管的结构和符号、等效电路及实物图如图5.3 所示。

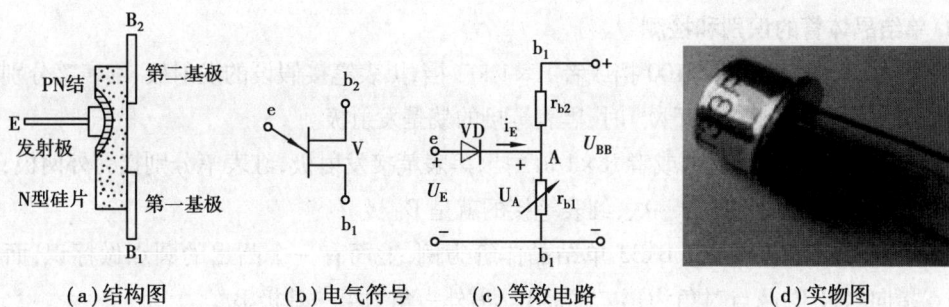

(a)结构图　　　　(b)电气符号　　　　(c)等效电路　　　　(d)实物图

图 5.3　单结晶体管结构和符号、等效电路及实物图

2)单结晶体管的特性

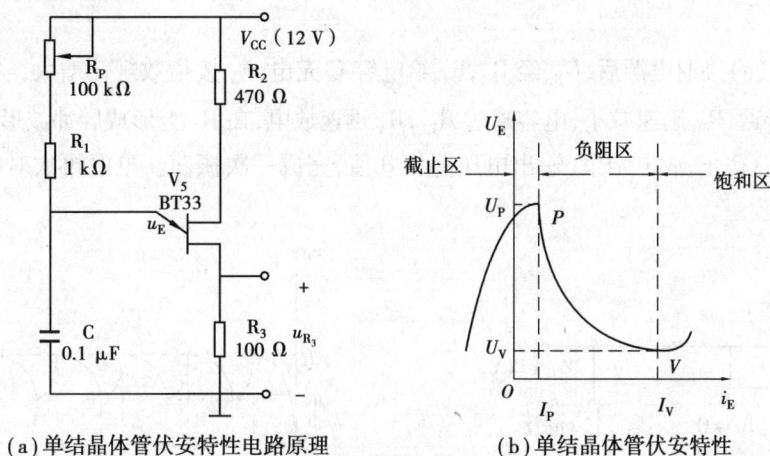

(a)单结晶体管伏安特性电路原理　　　　(b)单结晶体管伏安特性

图 5.4　单结晶体管的伏安特性

由图 5.4(a)可知：

当 $U_E < U_A$ 时，PN 结反偏，单结晶体管截止——截止区。

当 $U_E \geq U_A$ 时，PN 结正向导通，I_E 显著增加，R_{B1} 阻值迅速减小，U_E 相应下降。电压随电流增加而下降的特性，称为"负阻特性"——负阻区。管子由截止区进入负阻区的临界点 P，称为"峰点"，与其对应的发射极电压和电流，分别称为峰点电压 U_P 和峰点电流 I_P，其中 $U_P = \eta U_{BB} + U_D$，U_D 为二极管正向压降(约为 0.7 V)。

随着 I_E 上升，U_E 下降，当降到 V 点后，U_E 不再下降了，V 点称为"谷点"，与其对应的发射极电压和电流，称为谷点电压 U_V 和谷点电流 I_V。

过了 V 点后，单结晶体管又恢复正阻特性，即 U_E 随 I_E 增加而略有增加——饱和区。特性曲线如图 5.4(b)所示。

综上所述，单结晶体管具有如下特点：当发射极电压等于峰点电压 U_P 时，单结晶体管导通。导通后，发射极电压 U_E 减小，当发射极电压 U_E 减小到谷点电压 U_V 时，管子又由导通转变为截止。一般单结晶体管的谷点电压在 2～5 V。

单结晶体管的型号有 BT31，BT33，BT35 等，其中"B"表示半导体，"T"表示特种管，"3"表示 3 个电极，第 4 个数字表示耗散功率分别为 100,300,500 mW。

3)单结晶体管的识别和检测

检测:将万用表置于 R×100 挡或者 R×1 kΩ 挡,黑表笔接假设的发射极,红表笔分别接另外两极,当出现两次低阻(几千欧)时,黑表笔接的就是发射极。

把万用表置于 R×100 挡或者 R×1 kΩ 挡,黑表笔接发射极,红表笔分别接另外两极,两次测量中,电阻大(几百千欧)的一次,红表笔接的就是 B_1 极。

识别:对照图 5.3(d),以 BT33 单结晶体管为例,上面有一个凸出的圆点做标识,面向管脚,凸点指向射极 E,凸点对角为第二基极 B_2,另外一角为第一基极 B_1。

5.1.3 单结晶体管振荡电路

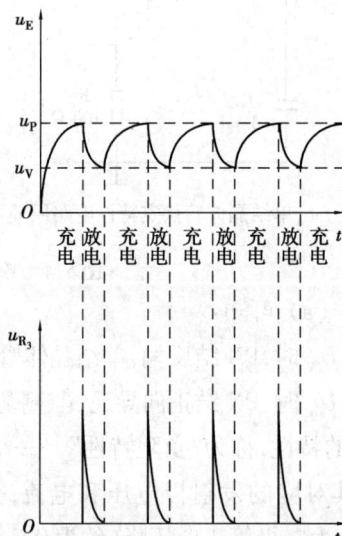

如图 5.5(a)接通电源后,U_{BB} 经 R_P,R_1 给电容 C 充电,u_C 按指数规律增大,当 $u_C = U_P$ 时,单结晶体管导通,R_{B1} 迅速减小,电容通过 R_{B1},R_3 迅速放电,在 R_3 上形成脉冲波形。当 $u_C = U_V$ 时,单结晶体管截止,放电结束,输出电压降为 0 值,完成一次振荡。电源再次对电容充电,并重复上述过程。

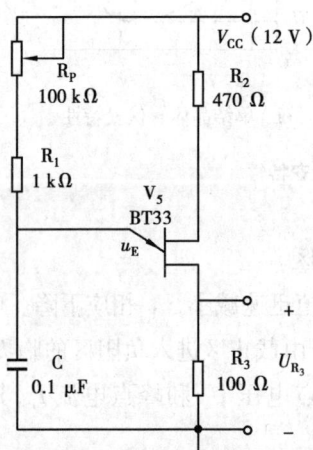

(a)单结晶体管振荡电路　　　　(b)单结晶体管振荡电路波形图

图 5.5 单结晶体管振荡电路图

改变 R_P 的阻值(或电容 C 的大小),可改变电容充电的快慢,使输出脉冲提前或移后,从而控制晶闸管触发导通的时刻。$\tau = RC$ 越大,触发脉冲后移,控制角增大,反之控制角减小。

利用单结晶体管的负阻特性和 RC 的充放电特性,组成频率可调的振荡电路。

5.1.4 电路原理

电路如图 5.6 所示,工作原理如下:

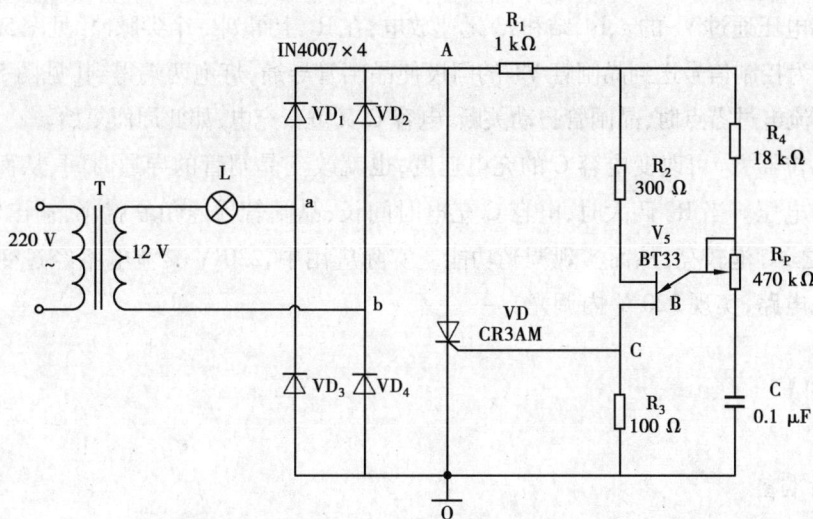

图 5.6　台灯调光电路

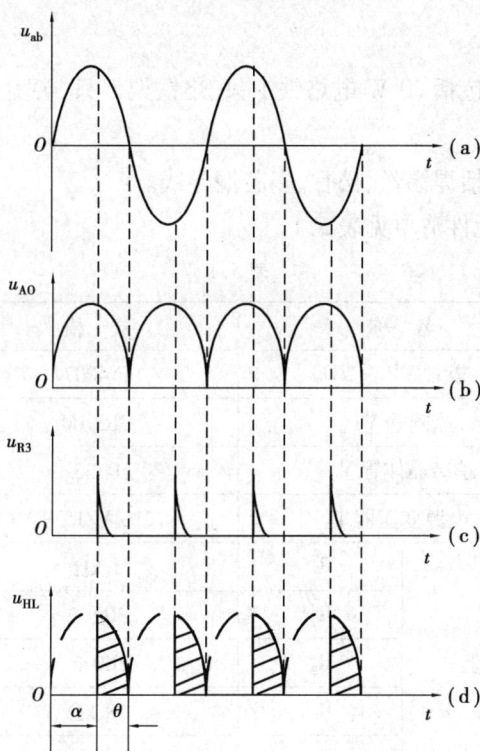

图 5.7　波形图

接通电源后,220 V 交流市电经变压器 T 变压得到 12 V 交流电[见图 5.7(a)],通过灯泡 L 经二极管 $VD_1 \sim VD_4$ 桥式整流,在晶闸管 VT 的 AO 两端形成一个脉动直流电压[见图 5.7 (b)],该电压由电阻 R_1 降压后作为触发电路的直流电源。在第一个半周期,脉动直流电通过 R_4,R_P 对电容 C 充电,当充电电压达到 V_5 的峰值电压 U_P 时,单结晶体管 V_5 由截止变为导通,电容 C 两端电压通过 V₅ 的 e、b1 结和 r3 迅速放电,在 R₃ 上得到一个尖脉冲[见图5.7(c)],这个尖脉冲作为控制信号送到晶闸管 VT 的门极使晶闸管导通,灯泡两端得到[见图5.7(d)]的电压。当交流电过零点时,晶闸管自动关断,电容 C 又重新充电,如此周而复始。

调节电位器 Rₚ 可改变电容 C 的充电速度,也就改变晶闸管的导通时间,从而控制整流电路的输出电压。当 Rₚ 调大时,电容 C 充电时间长,晶闸管导通角 θ 就小,输出电压低,灯泡较暗,反之,灯泡较亮,从而实现调光功能。实际应用中,220 V 交流电不经过变压器 T 直接接入整流电路,实现 220 V 内调光。

【任务实训】

1)器材准备
①双踪示波器1台。
②数字万用表1块。
③万能电路板1块。
④无线电工具1套,包括20 W 电烙铁1只、烙铁架1只、尖嘴钳1把、镊子1把、一字起子1把。
⑤焊接材料若干,包括焊锡丝、松香、多芯铜导线。
⑥本任务电路电子元件清单见表5.1。

表5.1

序 号	名 称		规 格	数量/只
1	二极管 VD₁~VD₄		IN4007	4
2	晶闸管 VT		CR3AM	1
3	单结晶体管 V₅		BT33	1
4	电源变压器 T		220 V/15 V	1
5	电阻	R₁	1 kΩ	1
		R₂	300 Ω	1
		R₃	100 Ω	1
		R₄	18 kΩ	1
		Rₚ	470 kΩ	1
6	电容	C	0.022 μF	1
7	灯泡 L		12 V	1

2)实训内容
按如图5.6所示完成电路装调。实训步骤:

①对照电路图清单、识别、检测元件。

②元件脚成型加工,搪锡处理。

③照图安装、焊接、连线。

④电路检查。

3)电路装接指导

①识别、检测元件时注意判别元件的好坏、极性。

②元件脚成型加工时不损伤元件,成型符合横平竖直原则。

③电路安装要在照图安装基础上优选最合理方案,焊接连线要符合工艺要求,焊接集成电路时不宜时间过长,否则会烧坏集成电路,操作电烙铁应注意安全。

④指导学生对照原理图检查电路,借助万用表和示波器检测电路。

4)电路测试

完成以下波形测试,并标出必要的坐标和基本测试参数。

①接通电源,调节 R_P 是否能顺时针调亮灯泡,若能,表明电路试车成功,若不能,要排查故障。

②用示波器观测如图 5.8 所示四点波形并记录。

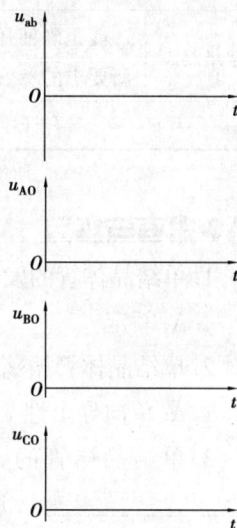

图 5.8　测试波形图

【考核评价标准】

表 5.2　考核评价标准表

内　容	要　求	配　分	评分标准	扣　分	得　分
实训态度	积极参加实训,遵守安全操作规程和劳动纪律,有良好的职业道德和团队精神	20分	不遵守安全操作规程酌情扣分		
电路装接	电路安装正确、完整	10分	不符合扣10分		
	正确识别设备和电路的元件能正确识别可调式集成稳压器并判别管脚	10分	不会识别设备、元件每个扣3分;不会判别极性每个扣2分		
	布局、布线合理,能装接所要求的电路,电路符合规范要求,横平竖直,接线牢固,无虚焊,焊点符合要求	30分	每处不符合要求扣2分		

续表

内　容	要　求	配　分	评分标准	扣　分	得　分
调试	查找并排除故障,使电路正常工作	10分	不成功扣10分		
电路测试	能正确使用仪器仪表,完成所要求的参数与波形测试	20分	每处不符合扣3分		
合计		100分	实训得分		

●思考与练习

1. 单结晶体管的发射极电压高于(　　)电压时就导通。

    A. 额定　　　　　B. 安全　　　　　C. 谷点　　　　　D. 峰点

2. 单结晶体管振荡电路是利用单结晶体管的(　　)特性完成的。

    A. 单向导电性　　B. 负阻特性　　C. 可控单向导电性　D. 放大特性

3. 单结晶体管的3个电极分别是＿＿＿＿＿＿＿＿、＿＿＿＿＿＿＿＿和＿＿＿＿＿＿＿＿,用字母＿＿＿＿＿＿＿＿、＿＿＿＿＿＿＿＿和＿＿＿＿＿＿＿＿表示。

4. 在本电路的安装焊接过程中,如果把晶闸管的 A,K 两电极接错,会出现什么情况?

任务5.2　单相可控调压电路的安装与调试

【任务引入】

调压电路广泛用于电动机调速、调光、调温、调光、电气设备的开关控制等。晶闸管调压与常规调压变压器调压相比,具有体积小、质量轻、易操作的特点,本任务是晶闸管调压的一典型应用电路。

【任务目标】

熟悉单结晶体管触发原理,掌握晶闸管半控桥式整流原理,完成电路的装调和故障排除。

【任务相关理论基础知识】

1)单相半控桥式整流电路

单相半控桥式整流电路及波形图分别如图 5.9 和图 5.10 所示。

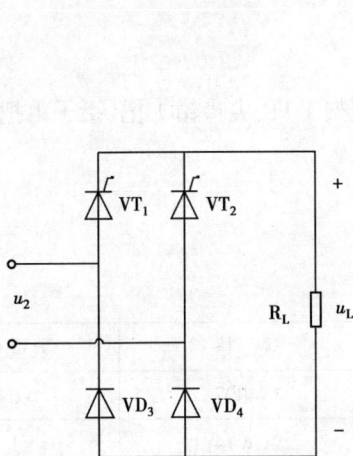

图 5.9 单相半控桥式整流电路图

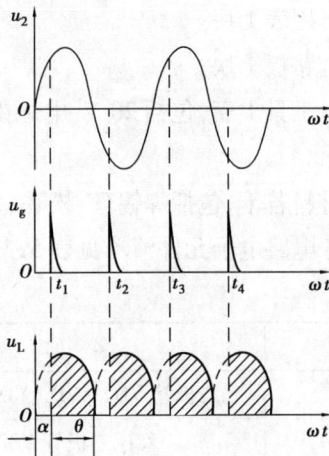

图 5.10 单相半控桥式整流电路波形图

2)工作原理

①U_2 正半周:晶闸管 VT_1 和二极管 VD_4 承受正向电压,晶闸管 VT_2 和二极管 VD_3 承受反向电压,若此时控制极没有触发电压,则负载电压 $U_o = 0$。

②在 t_1 时刻给控制极加触发电压 u_g,晶闸管 VT_1 导通,若忽略 V_1、VD_4 的正向管压降,负载电压 U_L 与 U_2 相等,极性上正下负。

③U_2 负半周:晶闸管 VT_2 和二极管 VD_3 承受正向电压,晶闸管 VT_1 和二极管 VD_4 承受反向电压。若在 t_2 时刻给控制极加触发电压 u_g,晶闸管 VT_2 导通,负载电压 U_o 的大小和极性与正半周相等。

其中控制角 α:晶闸管 VT 承受正向电压不导通的范围。

导通角 θ:晶闸管 VT 承受正向电压导通的范围为 $\alpha + \theta = \pi$。

3)负载电压

单相半控桥式整流电路的直流输出电压平均值为:

$$U_o = 0.9 U_2 \frac{(1 + \cos \alpha)}{2}$$

改变触发脉冲的控制角 α,即控制触发脉冲加入的时间,就可改变电路的输出电压,使其平均值在 $(0 \sim 0.9) U_2$ 范围变化,实现调压。

负载电流平均值为:

$$I_L = \frac{U_o}{R_L}$$

【任务实训】

1)**实训器材准备**

①双踪示波器 1 台。

②数字万用表 1 块。

③万能电路板 1 块。

④无线电工具 1 套,包括 20 W 电烙铁 1 只、烙铁架 1 只、尖嘴钳 1 把、镊子 1 把、一字起子 1 把。

⑤焊接材料若干,包括焊锡丝、松香、多芯铜导线。

⑥本任务电路电子元件清单见表 5.3。

表 5.3

序 号	名 称		规 格	数量/只
1	二极管 $VD_1 \sim VD_4$、VD_7、VD_8		IN4007	6
2	稳压二极管 VS_5		2CW14	1
3	晶闸管 VT_9、VT_{10}		CR3AM	2
4	单结晶体管 VU_6		BT33	1
5	同步变压器 T		220 V/双 15 V	1
6	电阻	R_1	1 kΩ	1
		R_2	5.1 kΩ	1
		R_3	330 Ω	1
		R_4	100 Ω	1
		R_5	47 Ω	1
		R_P	100 kΩ	1
7	电容	C	0.022 μF	1
8	灯泡 L		12 V	1

2)**实训内容**

按如图 5.11 所示完成电路装调。

3)**实训步骤**

①对照电路图清单、识别、检测元件。

②元件脚成型加工,搪锡处理。

③照图安装、焊接、连线。

④电路检查。

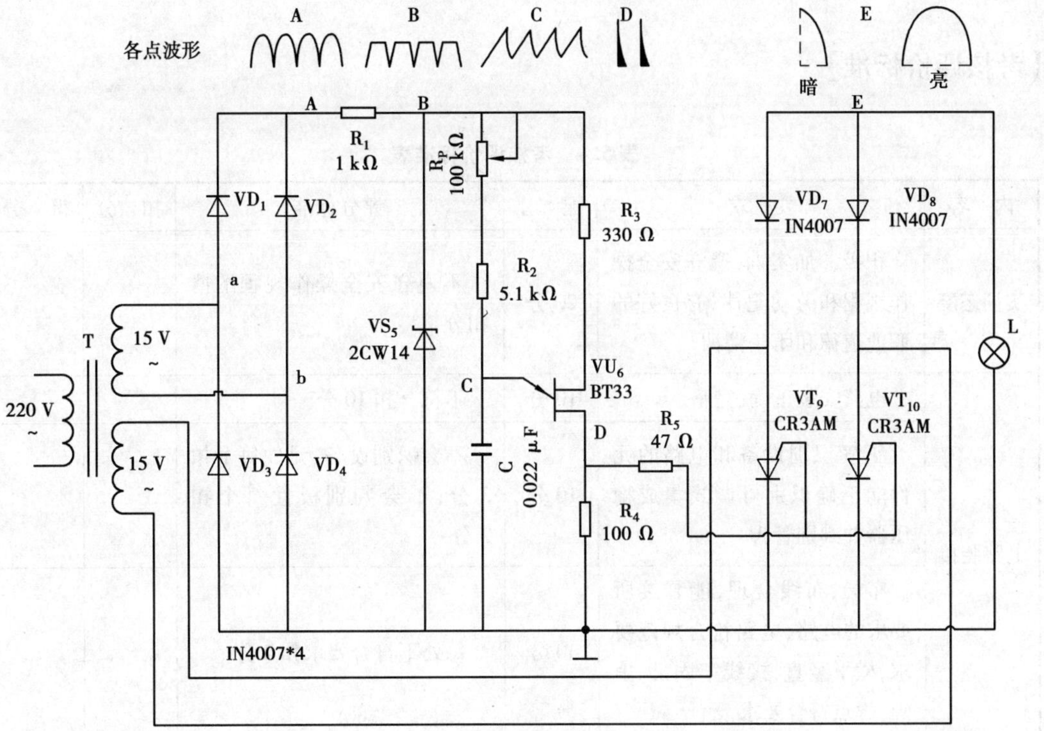

各点波形

图 5.11　单相可控调压电路

4）电路装接指导

①识别、检测元件时注意判别元件的好坏、极性。

②元件脚成型加工时不损伤元件，成型符合横平竖直原则。

③电路安装要在照图安装的基础上优选最合理方案，焊接连线要符合工艺要求，焊接集成电路时不宜时间过长，否则会烧坏集成电路，操作电烙铁应注意安全。

④指导学生对照原理图检查电路，借助万用表和示波器检测电路。

5）电路测试

①接通电源，调节 R_P 是否能顺时针调亮灯泡，若能，表明电路试车成功，若不能，要排查故障。

②用示波器观测以下五点波形并记录，调节 R_P 观察波形变化情况。

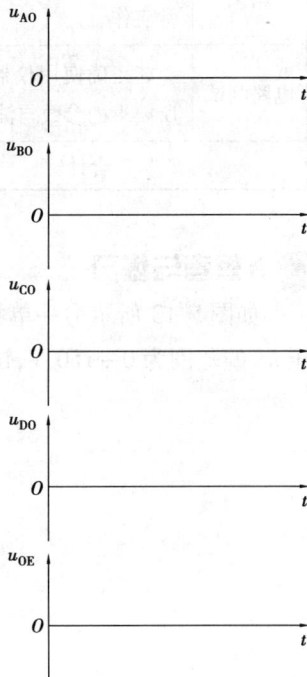

图 5.12　波形测试

【考核评价标准】

表 5.4　考核评价标准表

内　容	要　求	配　分	评分标准	扣　分	得　分
实训态度	积极参加实训,遵守安全操作规程和劳动纪律,有良好的职业道德和团队精神	20 分	不遵守安全操作规程酌情扣分		
电路装接	电路安装正确、完整	10 分	不符合扣 10 分		
	正确识别设备和电路的元件能正确识别可调式集成稳压器并判别管脚	10 分	不会识别设备、元件每个扣 3 分;不会判别极性每个扣 2 分		
	布局、布线合理,能装接所要求的电路,电路符合规范要求,横平竖直,接线牢固,无虚焊,焊点符合要求	30 分	每处不符合要求扣 2 分		
调试	查找并排除故障,使电路正常工作	10 分	不成功扣 10 分		
电路测试	能正确使用仪器仪表,完成所要求的参数与波形测试	20 分	每处不符合扣 3 分		
合计		100 分	实训得分		

思考与练习

　　如图 5.13 所示为一单相半控桥式整流电路,输入电压 $U_2 = 220\ V$, $R_L = 5\ \Omega$,要求输出电压 u_L 的范围为 $0 \sim 150\ V$,试求输出最大电流 I_{LM} 和晶闸管的导通角范围分别为多少?

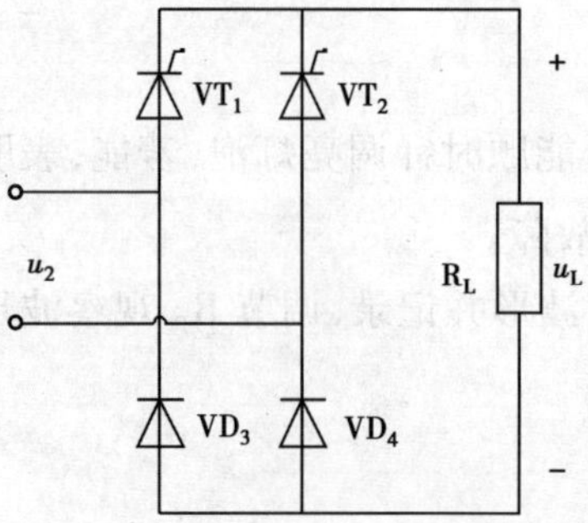

图 5.13　单相半控桥式整流电路

任务5.3 双向晶闸管恒温电路的安装与调试

【任务引入】

本任务主要学习双向晶闸管的应用,双向晶闸管具有触发电路简单,工作稳定可靠等优点,在无触点交流开关电路中经常使用。

【任务目标】

熟悉双向晶闸管工作原理,掌握自动恒温原理,完成电路的装调和故障排除。

【任务相关理论基础知识】

5.3.1 双向晶闸管

普通晶闸管(VS)实质上属于直流控制器件。要控制交流负载,必须将两只晶闸管反极性并联,让每只SCR控制一个半波,为此需两套独立的触发电路,使用不够方便。双向晶闸管是在普通晶闸管的基础上发展而成的,它不仅能代替两只反极性并联的晶闸管,而且仅需一个触发电路,是目前比较理想的交流开关器件。其英文名称TRIAC即三端双向交流开关之意。

双向晶闸管顾名思义可以双向导通。双向晶闸管具有触发电路简单,工作稳定可靠等优点,在无触点交流开关电路中被经常应用,其外观如图5.14所示。

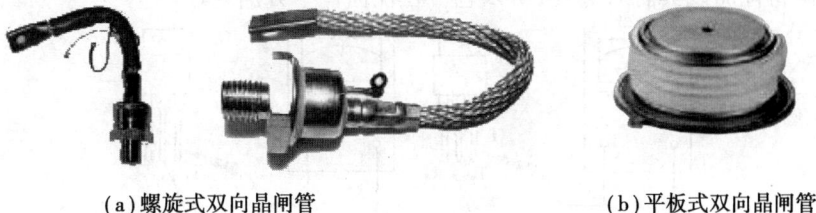

(a)螺旋式双向晶闸管 　　　　　　　　(b)平板式双向晶闸管

图5.14 双向晶闸管外形图

1)双向晶闸管的结构和符号

双向晶闸管由NPNPN 5层半导体构成,有3个电极:两个主电极 T_1, T_2 和一个门极 G,

如图 5.15(a)所示,电气符号如图 5.15(b)所示。

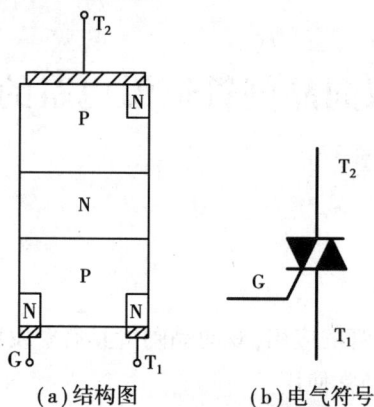

(a)结构图   (b)电气符号

图 5.15　双向晶闸管的结构和符号

2)双向晶闸管的特性

①门极上无触发时,双向晶闸管不导通。

②无论主电极电压极性如何,门极的触发信号无论是正的还是负的,只要电压足够大,均可触发导通。

③双向晶闸管一旦导通,门极便失去控制作用。

④主电极电流减小至维持电流时,双向晶闸管即关断。

3)构造原理

尽管从形式上可将双向晶闸管看成两只普通晶闸管的组合,但实际上它是由 7 只晶体管和多只电阻构成的功率集成器件。小功率双向晶闸管一般采用塑料封装,有的还带散热板,外形如图 5.15 所示。典型产品有 BCM1AM(1 A/600 V)、BCM3AM(3 A/600 V)、2N6075(4 A/600 V)、MAC218 - 10(8 A/800 V)等。大功率双向晶闸管大多采用 RD91 型封装。

双向晶闸管的结构与符号(见图 5.16)。它属于 NPNPN 五层器件,3 个电极分别是 T_1、T_2、G。因该器件可以双向导通,故除门极 G 以外的两个电极统称为主端子,用 T_1 和 T_2 表示,不再划分成阳极或阴极。其特点是:当 G 极和 T_2 极相对于 T_1 的电压均为正时,T_2 是阳极,T_1 是阴极。反之,当 G 极和 T_2 极相对于 T_1 的电压均为负时,T_1 变成阳极,T_2 为阴极。由于正、反向特性曲线具有对称性,所以它可在任何一个方向导通。

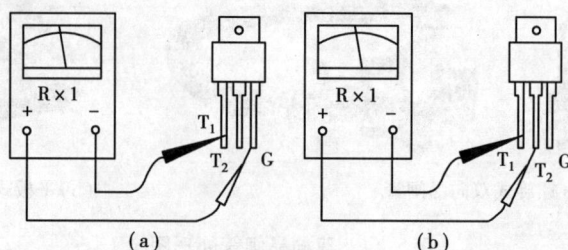

(a)   (b)

图 5.16　MF47 型万用表测量双向可控硅示意图

4）双向晶闸管的检测方法

下面介绍利用 MF47 型万用表的 R ×1 Ω 挡判定双向晶闸管电极的方法，同时还检查触发能力。

（1）判定 T_2 极

由图 5.14 双向晶闸管的结构和符号可见，G 极与 T_1 极靠近，距 T_2 极较远。因此，G-T_1 间的正、反向电阻都很小。在用 R ×1 Ω 挡测任意两脚之间的电阻时，只有在 G-T_1 间呈现低阻，正、反向电阻仅几十欧，而 T_2-G、T_2-T_1 间的正、反向电阻均为无穷大。这表明，如果测出某脚和其他两脚都不通，就肯定是 T_2 极。另外，采用 TO-220 封装的双向晶闸管，T_2 极通常与小散热板连通，据此也可确定 T_2 极。

（2）区分 G 极和 T_1 极

①找出 T_2 极之后，首先假定剩下两脚中某一脚为 T_1 极，另一脚为 G 极。

②把黑表笔接 T_1 极，红表笔接 T_2 极，电阻为无穷大。接着用红表笔尖把 T_2 与 G 短路，给 G 极加上负触发信号，电阻值应为 10 Ω 左右［见图 5.15（a）］，证明管子已经导通，导通方向为 T_1—T_2。再将红表笔尖与 G 极脱开（但仍接 T_2），若电阻值保持不变，证明管子在触发之后能维持导通状态［见图 5.15（b）］。

③把红表笔接 T_1 极，黑表笔接 T_2 极，然后使 T_2 与 G 短路，给 G 极加上正触发信号，电阻值仍为十欧左右，与 G 极脱开后若阻值不变，则说明管子经触发后，在 T_2—T_1 方向上也能维持导通状态，因此具有双向触发性质。由此证明，上述假定正确。否则是假定与实际不符，需再作出假定，重复以上测量。由此可见，在识别 G，T_1 的过程中，也就检查了双向晶闸管的触发能力。如果按假定去测量，都不能使双向晶闸管触发导通，证明管子已损坏。对于 IA 的管子，也可用 R ×10 挡检测，对于 3A 及 3A 以上的管子，应选 R ×1 挡，否则难以维持导通状态。

5）典型应用

双向晶闸管可广泛用于工业、交通、家用电器等领域，实现交流调压、电机调速、交流开关、路灯自动开启与关闭、温度控制、台灯调光、舞台调光等多种功能，它还被用于固态继电器（SSR）和固态接触器电路中。如图 5.17 所示是由双向晶闸管构成的接近开关电路。R 为门极限流电阻，JAG 为干式

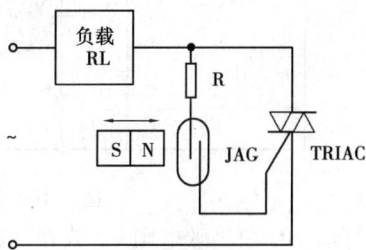

图 5.17　双向晶闸管构成的接近开关电路

舌簧管。平时 JAG 断开，双向晶闸管 TRIAC 也关断。仅当小磁铁移近时 JAG 吸合，使双向晶闸管导通，将负载电源接通。由于通过干簧管的电流很小，时间仅几微秒，所以开关的寿命很长。

图 5.18 是过零触发型交流固态继电器（AC-SSR）的内部电路。主要包括输入电路、光电耦合器、过零触发电路、开关电路（包括双向晶闸管）、保护电路（RC 吸收网络）。当加上输入信号 VI（一般为高电平）并且交流负载电源电压通过零点时，双向晶闸管被触发，将负载电源接通。固态继电器具有驱动功率小、无触点、噪声低、抗干扰能力强、吸合、释放时间

短、寿命长,能与 TTL\CMOS 电路兼容,可取代传统的电磁继电器。

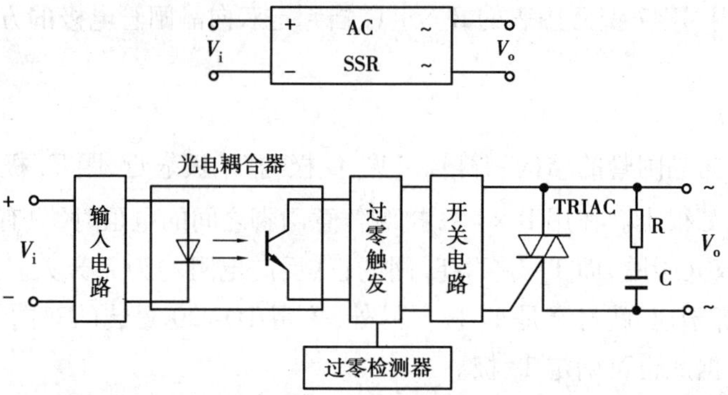

图 5.18　过零触发型交流固态继电器(AC-SSR)的内部电路

5.3.2　自动调压恒温原理

双向晶闸管自动调压恒温电路如图 5.19 所示,其工作原理如下:

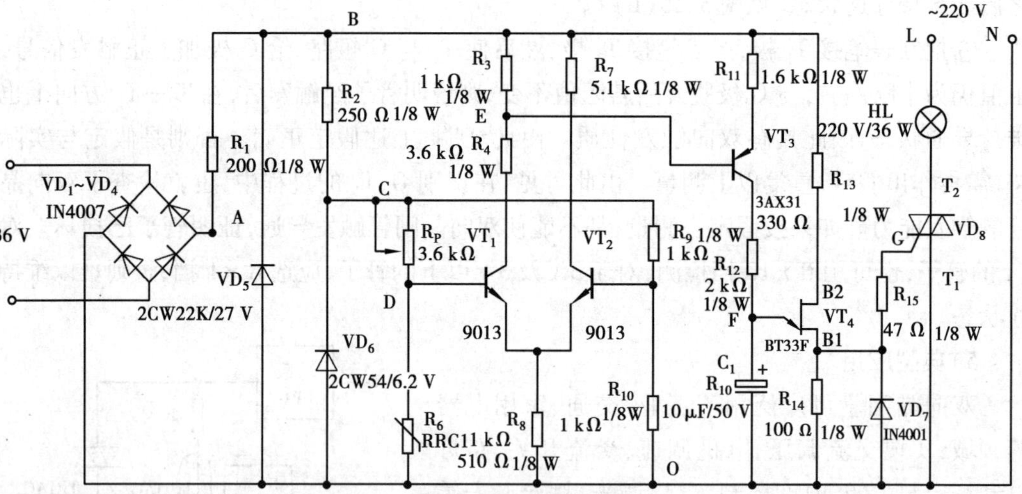

图 5.19　双向晶闸管自动调压恒温电路图

灯泡 HL 和热敏电阻 R_6 放在一起模拟恒温箱,热敏电阻探测到灯泡温度的变化变换为电阻值的变化,实现传感功能。

1)主电路

由双向晶闸管 V_9 的主电极 T_1,T_2 和 220 V 交流电源构成交流调压电路对灯泡供电。

2)控制电路

这是一个闭环的单结晶体管触发电路,由梯形波电路、比较电路、放大和脉冲触发电路组成。

(1)梯形波电路

36 V 交流电源经 VD_1 ~ VD_4 桥式整流,得到脉动直流电,经 R_1 和 V_5 削波电路得到梯形波信号。这种梯形波除了为单结晶体管电路供电外,还可增加触发脉冲的移向范围。

（2）比较电路

VT_1,VT_2 和 R_3,R_4,R_8 构成一差动放大电路。调节电阻 R_P、热敏电阻 R_6 和两个基准电阻 R_9,R_{10} 构成的平衡电桥组成差动放大电路的偏置电路。无论是手动调节 R_P 还是灯泡温度变化引起 R_6 变化,都会引起差值输入信号变化,从而使 E 点的输出信号改变。这里的平衡电桥由稳压二极管 VD_6 和电阻 R_2 二次稳压供电,可以防止外界电压波动对平衡电桥的影响。

（3）放大和脉冲触发电路

差动输出信号由 E 点经 VT_3 放大,转换为电容 C 的充电电流,差动输出信号的大小决定了电容充电的快慢,从而使脉冲信号前移或后移,达到改变控制角的目的。

3）**自动恒温过程**

R_6 是负温度特性的热敏电阻,即温度上升,阻值下降。当模拟恒温箱温度变化时,该电路可实现以下恒温过程:

若 R_P 不变,$T_0C \uparrow$ 时,则 $R_6 \downarrow \rightarrow U_{B1}(U_D) \downarrow \rightarrow I_{b1} \downarrow \rightarrow I_{c1} \downarrow \rightarrow U_E \uparrow \rightarrow U_{BE3} \downarrow \rightarrow I_{c3} \downarrow \rightarrow t_{充} \downarrow \rightarrow \alpha \uparrow \rightarrow u_1 \downarrow \rightarrow T_0C \downarrow \rightarrow R_6 \uparrow \rightarrow$ 恢复原有平衡。

【任务实训】

1）**器材准备**

①双踪示波器 1 台。

②数字万用表 1 块。

③万能电路板 1 块。

④无线电工具 1 套,包括 20 W 电烙铁 1 只、烙铁架 1 只、尖嘴钳 1 把、镊子 1 把、一字起子 1 把。

⑤焊接材料若干,包括焊锡丝、松香、多芯铜导线。

⑥本任务电路电子元件清单见表 5.5。

表 5.5

序 号	名 称		规 格	数量/只
1	二极管 $VD_1 \sim VD_4$,VD_8		IN4007	5
2	稳压二极管	VS_5	2CW22/27 V	1
		VS_6	2CW54/6.2 V	1
3	三极管	VT_1,VT_2	VT9013	2
		VT_3	VT9015	1
4	单结晶体管	VU_7	BT33F	1

续表

序 号	名 称		规 格	数量/只
5	双向晶闸管	V_9	MAC97A6	1
6	电源变压器	T	220 V/36 V	1
7	电阻	R_1	200 Ω/1W	1
		R_2	240 Ω	1
		R_3, R_9, R_{10}	1 kΩ	3
		R_4	3.6 kΩ	1
		R_7	5.1 kΩ	1
		R_8	510 Ω	1
		R_{11}	1.6 kΩ	1
		R_{12}	2 kΩ	1
		R_{13}	330 Ω	1
		R_{14}	100 Ω	1
		R_{15}	47 Ω	1
8	热敏电阻 R_6		1 kΩ	1
9	电容 C		1 μF	1
10	灯泡 L		220 V/60 W	1

2)实训内容

按照如图 5.19 所示电路完成电路装调。

3)实训步骤

①对照电路图清单、识别、检测元件。

②元件脚成型加工,搪锡处理。

③照图安装、焊接、连线。

④电路检查。

4)电路装接指导

①识别、检测元件时注意判别元件的好坏、极性。

②元件脚成型加工时不损伤元件,成型符合横平竖直原则。

③电路安装要在照图安装基础上优选最合理方案,焊接连线要符合工艺要求,焊接集成电路时不宜时间过长,否则会烧坏元件,操作电烙铁应注意安全。

④指导学生对照原理图检查电路,借助万用表和示波器检测电路。

5)电路测试

①先接通控制电路电源,不接主电源,用示波器观测 G 点波形,看是否有触发脉冲,调节

R_P 是否能移动触发脉冲。

②再接通主电路,观察灯泡闪烁情况,用示波器观测以下 A~G 点波形并记录,调节 R_P 观查波形变化情况。

【考核评价标准】

表 5.6 考核评价标准表

内　　容	要　　求	配　分	评分标准	扣　分	得　分
实训态度	积极参加实训,遵守安全操作规程和劳动纪律,有良好的职业道德和团队精神	20分	不遵守安全操作规程酌情扣分		
电路装接	电路安装正确、完整	10分	不符合扣 10 分		
	正确识别设备和电路的元件能正确识别可调式集成稳压器并判别管脚	10分	不会识别设备、元件每个扣 3 分;不会判别极性每个扣 2 分		
	布局、布线合理,能装接所要求的电路,电路符合规范要求,横平竖直,接线牢固,无虚焊,焊点符合要求	30分	每处不符合要求扣 2 分		
调试	查找并排除故障,使电路正常工作	10分	不成功扣 10 分		
电路测试	能正确使用仪器仪表,完成所要求的参数与波形测试	20分	每处不符合扣 3 分		
合计		100分	实训得分		

●**思考与练习**

1.双向晶闸管是在同一块晶片上,由_____层半导体组成的,实质上是两只_____联的单向晶闸管。它的 3 个电极分别是_____、_____和_____。

2.双向晶闸管具有_____都能控制导通的特性,常用于交流电路的_____。

3.双向晶闸管导通和关断条件是什么?

项目 6

数字基本逻辑电路安装与调试

●项目思考讨论

电子技术中的信号可分为模拟信号和数字信号两大类。模拟信号是指随时间连续变化的信号,如正弦波电压信号。数字信号是指在时间和数量上都不连续变化的信号,即离散的信号,如矩形电压信号。由于这两类信号的处理方法各不相同,因此电子电路也相应地分成两类:一是处理模拟信号的电路,亦即模拟电路,如交流、直流放大电路;二是处理数字信号的电路,亦即数字电路。前者,已在本书前几章作过详尽的叙述;后者,将是本章讨论的内容。

●项目实践意义

数字电路包括信号的传送、控制、记忆、计数、产生、整形等内容。数字电路在结构、分析方法、功能、特点等方面均不同于模拟电路。数字电路的基本单元是逻辑门电路,分析工具是逻辑代数,在功能上则着重强调电路输入与输出间的因果关系。

数字电路比较简单、抗干扰性强、精度高、便于集成,因而在无线电通信、自动控制系统、测量设备、电子计算机等领域获得了日益广泛的应用。

●**项目学习目标**

　1. 了解数字电路的基本知识和原理。

　2. 能够独立设计数字逻辑实验电路。

●**项目任务分解**

　1. 能熟练使用 MF47 型指针式万用表、DT-890 型数字万用表进行各种测量。

　2. 能正确使用信号发生器、双踪示波器以及直流稳压电源进行实际测量。

任务6.1 晶体管开关特性、限幅器与钳位器

【任务引入】

在数字电路中,二极管与三极管常常作为开关使用,为了在性能上逼近机械开关的效果,作为电子开关的晶体管必须工作在介质状态(相当于开关断开)或饱和状态(相当于开关接通)。利用二极管与三极管的非线性特性,可构成限幅器和钳位器。

【任务目标】

1. 观察晶体二极管、三极管的开关特性,了解外电路参数变化对晶体管开关特性的影响。

2. 掌握限幅器和钳位器的基本工作原理。

【任务相关理论基础知识】

6.1.1 晶体二极管的开关特性

由于晶体二极管具有单向导电性,故其开关特性表现在正向导通与反向截止两种不同状态的转换过程。

如图6.1所示的电路,输入端施加一方波激励信号 v_i,由于二极管结电容的存在,因而有充电、放电和存贮电荷的建立与消散的过程。因此当加在二极管上的电压突然由正向偏置($+V_1$)变为反向偏置($-V_2$)时,二极管并不立即截止,而是出现一个较大的反向电流 $-\dfrac{V_2}{R}$,并维持一段时间 t_s(称为存贮时间)后,电流才开始减小,再经 t_f(称为下降时间)后,反向电流才等于静态特性上的反向电流 I_0,将 $t_{rr}=t_s+t_f$ 称为反向恢复时间,t_{rr} 与二极管的结构有关,PN 结面积小,结电容小,存贮电荷就少,t_s 就短,同时也与正向导通电流和反向电流有关。

当管子选定后,减小正向导通电流和增大反向驱动电流,可加速电路的转换过程。

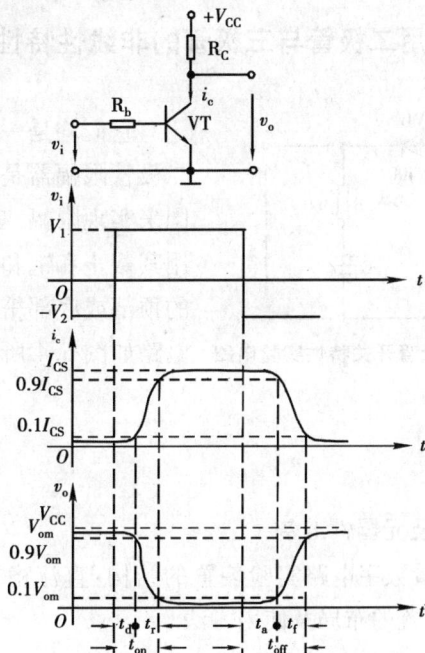

6.1.2　晶体三极管的开关特性

晶体三极管的开关特性是指它从截止到饱和导通,或从饱和导通到截止的转换过程,而且这种转换都需要一定的时间才能完成。

如图 6.1 所示。电路的输入端,施加一个足够幅度(在 $-V_2$ 和 $+V_1$ 之间变化)的矩形脉冲电压 v_i 激励信号,就能使晶体管从截止状态进入饱和导通,再从饱和进入截止。可见晶体管 T 的集电极电流 i_c 和输出电压 v_o 的波形已不是一个理想的矩形波,其起始部分和平顶部分都延迟了一段时间,其上升沿和下降沿都变得缓慢了,如图 6.2 所示,从 v_i 开始跃升到 i_c 上升到 $0.1I_{CS}$,所需时间定义为延迟时间 t_d,而 i_c 从 $0.1I_{CS}$ 增长到 $0.9I_{CS}$ 的时间为上升时间 t_r,从 v_i 开始跃降到 i_c 下降到 $0.9I_{CS}$ 的时间为存贮时间 t_s,而 i_c 从 $0.9I_{CS}$ 下降到 $0.1I_{CS}$ 的时间为下降时间 t_f,通常称 $t_{on} = t_d + t_r$ 为三极管开关的"接通时间",$t_{off} = t_s + t_f$ 称为"断开时间",形成上述开关特性的主要原因乃是晶体管结电容之故。

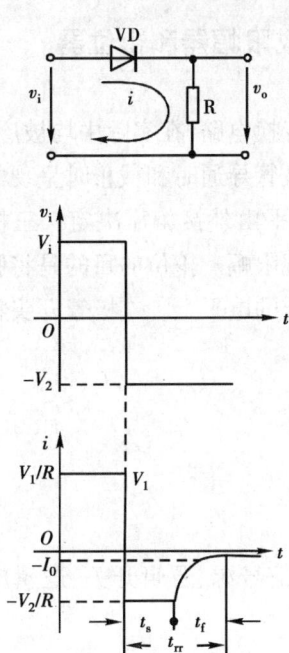

图 6.1　晶体二极管开关特性　　　图 6.2　晶体三极管开关特性

改善晶体三极管开关特性的方法是采用加速电容 C_b 和在晶体管的集电极加二极管 VD 箝位,如图 6.3 所示。

C_b 是一个约 100 pF 的小电容,当 v_i 正跃变期间,由于 C_b 的存在,R_{b1} 相当于被短路,v_i 几乎全部加到基极上,使 T 迅速进入饱和,t_d 和 t_r 大大缩短。当 v_i 负跃变时,R_{b1} 再次被短路,使 T 迅速截止,也大大缩短了 t_s 和 t_f,可见 C_b 仅在瞬态过程中才起作用,稳态时相当于开路,对电路无影响。C_b 既加速了晶体管的接通过程又加速了断开过程,故称为加速电容,这是一种经济有效的方法,在脉冲电路中得到广泛应用。

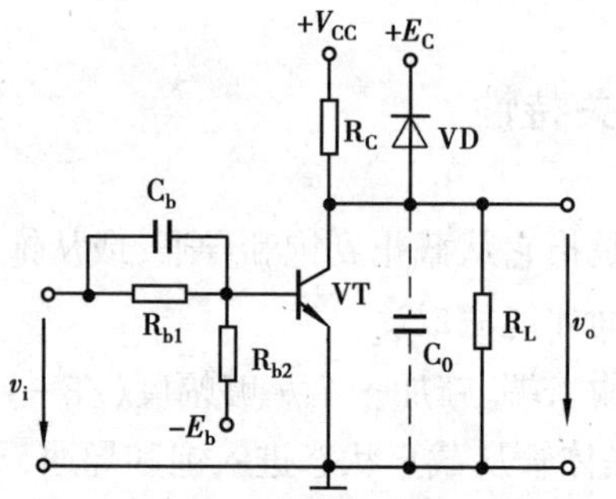

图 6.3　改善三极管开关特性的电路

箝位二极管 VD 的作用是当管子 T 由饱和进入截止时，随着电源对分布电容和负载电容的充电，v_o 逐渐上升。因为 $V_{CC} > E_C$，当 v_o 超过 E_C 后，二极管 VD 导通，使 v_o 的最高值被箝位在 E_C，从而缩短 v_o 波形的上升边沿，而且上升边的起始部分又较陡，所以大大缩短了输出波形的上升时间 t_r。

6.1.3　利用二极管与三极管的非线性特性，可构成限幅器和钳位器

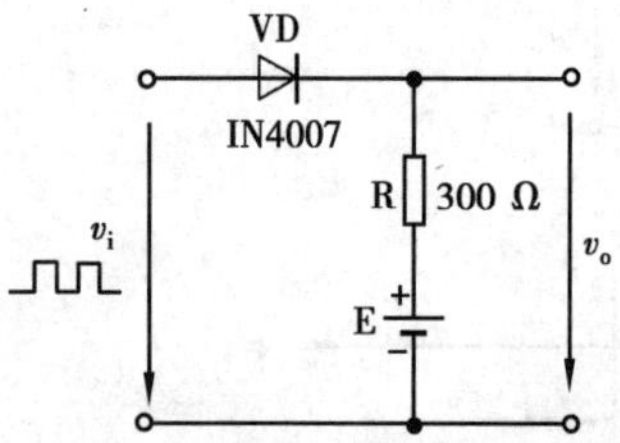

图 6.4　二极管开关特性实验电路

它们均是一种波形变换电路，在实际中均被广泛应用。二极管限幅器是利用二极管导通时和截止时呈现的阻抗不同来实现限幅，其限幅电平由外接偏压决定。三极管则利用其截止和饱和特性实现限幅。箝位的目的是将脉冲波形的顶部或底部箝制在一定的电平上。二极管开头特性试验电路如图 6.4 所示。

【任务实训】

1）工具及元器件准备

仔细查看数字电路实验装置的结构：直流稳压电源、信号源、逻辑开关、逻辑电平显示器、元器件位置的布局及使用方法。

①±5 V，+15 V 直流电源。

②双踪示波器。

③续脉冲源。

④音频信号源。

⑤直流数字电压表。

⑥IN4007，3DG6，3DK2，2AK2 及 R，C 元件若干。

2）实训内容

在实验装置合适位置放置元件，然后接线。

（1）二极管反向恢复时间的观察

按图6.5和图6.6接线，E为偏置电压（0～2 V可调）。

①输入信号v_i为频率$f = 100$ kHz、幅值$V_m = 3$ V方波信号，E调至0 V，用双踪示波器观察和记录输入信号v_i和输出信号v_o的波形，并读出存贮时间t_s和下降时间t_f的值。

②改变偏值电压E（由0变到2 V），观察输出波形v_o的t_s和t_f的变化规律，记录结果并进行分析。

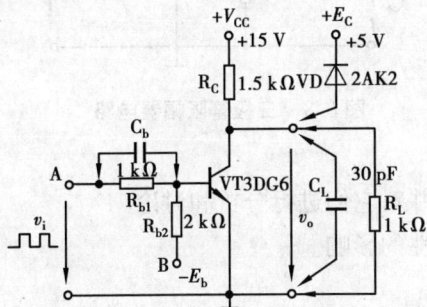

图6.5　三极管开关特性实验电路图　　　　图6.6　二极管限幅器电路

（2）三极管开关特性的观察

按图6.5接线，输入v_i为100 kHz方波信号，晶体管选用3DG6A。

①将B点接至负电源$-E_b$，使$-E_b$在0～-4 V内变化。观察并记录输出信号v_o波形的t_d, t_r, t_s和t_f变化规律。

②将B点换接在接地点，在R_{b1}上并-30 pF的加速电容C_b，观察C_b对输出波形的影响，然后将C_b更换成300 pF，观察并记录输出波形的变化情况。

③去掉C_b，在输出端接入负载电容$C_L = 30$ pF，观察并记录输出波形的变化情况。

④在输出端再并接一负载电阻$R_L = 1$ kΩ，观察并记录输出波形的变化情况。

⑤去掉R_L，接入限幅二极管VD（2AK2），观察并记录输出波形的变化情况。

（3）二极管限幅器

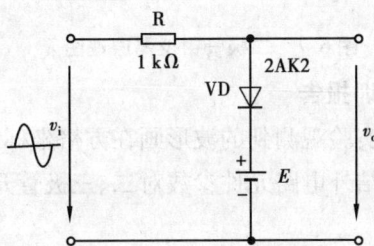

按图6.6中二极管限幅电路接线，输入v_i为$f = 10$ kHz，$V_{PP} = 4$ V的正弦波信号，令$E = 2, 1, 0, -1$ V，观察输出波形v_o，并列表记录。

（4）二极管钳位器

按图6.7接线，v_i为$f = 10$ kHz的方波信号，令$E = 1, 0, -1, -3$ V，观察输出波形，并列表记录。

（5）三极管限幅器

按图6.8接线，v_i为正弦波，$f = 10$ kHz，V_{PP}在0～5 V范围连续可调，在不同的输入信号幅度下，观察输出波形v_o的变化情况，并列表记录。

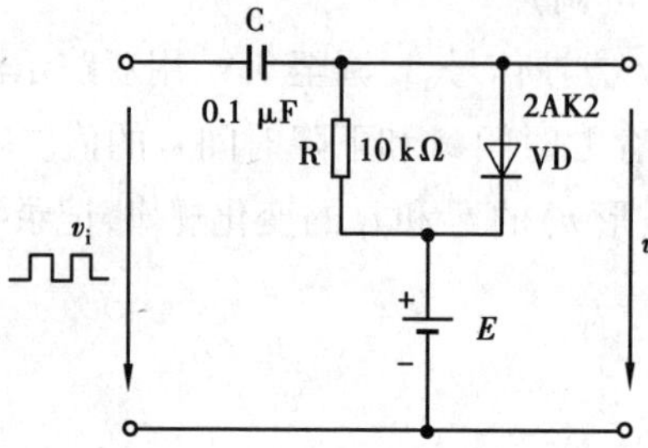

图 6.7　二极管钳位器原理图

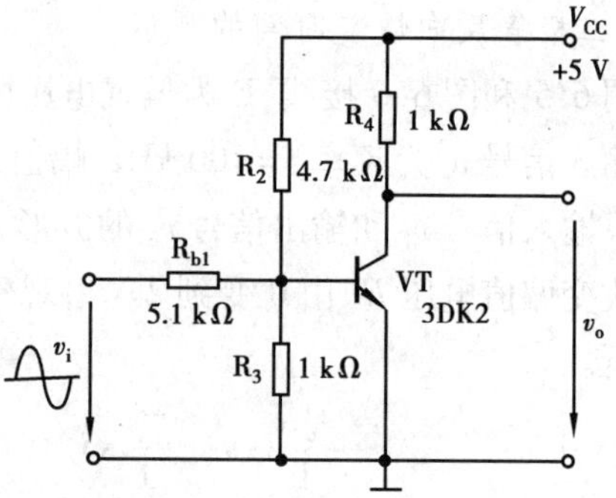

图 6.8　三极管限幅器电路

3）实训报告

①将实验观测到的波形画在方格坐标纸上，并对它们进行分析和讨论。

②总结外电路元件参数对二、三极管开关特性的影响。

【考核评价标准】

表 6.1　考核评价标准表

项　目	内　容	分　值	考核要求	加分标准	得　分
实训态度	操作的积极性，遵守安全操作规程，纪律及卫生情况	10 分	积极参加实训，遵守安全操作规程和劳动纪律，有良好的职业道德和团队精神	遵守安全操作规程加 15 分，其余酌情加分	
电路组装	在天煌数字实箱上完成电路组装	60 分	元件布局规整，接线美观大方，符合电气控制要求，工艺符合要求	每 处 不 合 理 扣 10 ~ 15 分	
电路测试	利用相关仪器仪表测试	20 分	能够熟练使用各仪表	操作不熟练扣 10 分，不会使用仪表扣 20 分	
安全文明生产	工位整理、操作规范、遵守车间纪律	10 分	操作全过程中，不符合安全用电要求立即停工并扣 5 ~ 10 分	不能够遵守安全规定酌情扣 5 ~ 10 分	
合计		100 分	实训得分		

任务6.2 TTL集成逻辑门的逻辑功能与参数测试

【任务引入】

目前,集成电路的种类越来越多,晶体管型(TTL电路)是数字集成电路最常用之一,因此认识与了解 TTL 集成门电路的逻辑功能和参数方面的基本知识有利于正确选择和应用 TTL 集成门电路。该任务学习掌握 TTL 集成逻辑门的逻辑功能与参数测试方法。

【任务目标】

1. 掌握 TTL 集成与非门的逻辑功能和主要参数的测试方法。
2. 掌握 TTL 器件的使用规则。
3. 进一步熟悉数字电路实验装置的结构、基本功能和使用方法。

【任务相关理论基础知识】

本实验采用四输入双与非门 74LS20,即在一块集成块内含有两个互相独立的与非门,每个与非门有 4 个输入端。其逻辑框图、符号及引脚排列如图 6.9 所示。

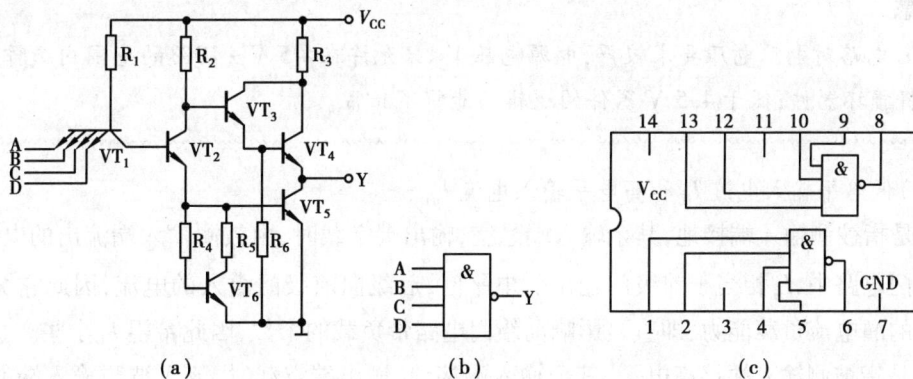

图 6.9 74LS20 逻辑框图、逻辑符号及引脚排列

6.2.1 与非门的逻辑功能

与非门的逻辑功能是:当输入端中有一个或一个以上是低电平时,输出端为高电平;只

有当输入端全部为高电平时，输出端才是低电平（即有“0”得“1”，全“1”得“0”。）其逻辑表达式为：

$$Y = \overline{AB}$$

6.2.2 TTL 与非门的主要参数

（1）低电平输出电源电流 I_{CCL} 和高电平输出电源电流 I_{CCH}

与非门处于不同的工作状态，电源提供的电流是不同的。I_{CCL} 是指所有输入端悬空，输出端空载时，电源提供器件的电流。I_{CCH} 是指输出端空载，每个门各有一个以上的输入端接地，其余输入端悬空，电源提供给器件的电流。通常 $I_{CCL} > I_{CCH}$，它们的大小标志着器件静态功耗的大小。器件的最大功耗为 $P_{CCL} = V_{CC} I_{CCL}$。手册中提供的电源电流和功耗值是指整个器件总的电源电流和总的功耗。I_{CCL} 和 I_{CCH} 测试电路如图 6.10(a)、(b)所示。

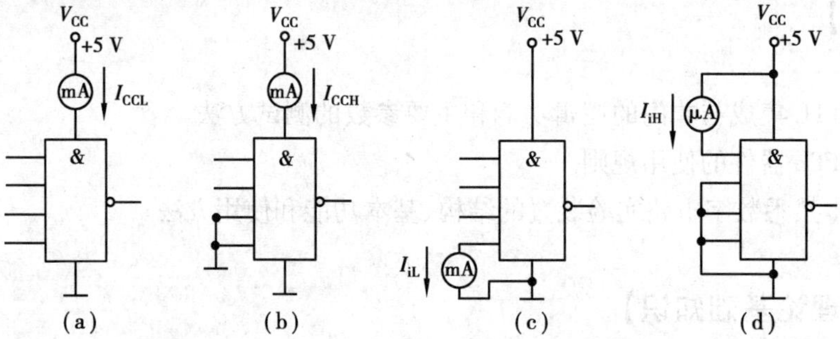

图 6.10 TTL 与非门静态参数测试电路图

⚠注意

TTL 电路对电源电压要求较严，电源电压 V_{CC} 只允许在 +5 V ± 10% 的范围内工作，超过 5.5 V 将损坏器件；低于 4.5 V 器件的逻辑功能将不正常。

（2）低电平输入电流 I_{iL} 和高电平输入电流 I_{iH}

I_{iL} 是指被测输入端接地，其余输入端悬空，输出端空载时，由被测输入端流出的电流值。在多级门电路中，I_{iL} 相当于前级门输出低电平时，后级向前级门灌入的电流，因此它关系到前级门的灌电流负载能力，即直接影响前级门电路带负载的个数，因此希望 I_{iL} 小些。

I_{iH} 是指被测输入端接高电平，其余输入端接地，输出端空载时，流入被测输入端的电流值。在多级门电路中，它相当于前级门输出高电平时，前级门的拉电流负载，其大小关系到前级门的拉电流负载能力，希望 I_{iH} 小些。由于 I_{iH} 较小，难以测量，一般免于测试。

I_{iL} 与 I_{iH} 的测试电路如图 6.10(c)、(d)所示。

（3）扇出系数 N_o

扇出系数 N_o 是指门电路能驱动同类门的个数，它是衡量门电路负载能力的一个参数，

TTL 与非门有两种不同性质的负载,即灌电流负载和拉电流负载,因此有两种扇出系数,即低电平扇出系数 N_{oL} 和高电平扇出系数 N_{oH}。通常 $I_{iH} < I_{iL}$,则 $N_{oH} > N_{oL}$,故常以 N_{oL} 作为门的扇出系数。

N_{oL} 的测试电路如图 6.11 所示,门的输入端全部悬空,输出端接灌电流负载 R_L,调节 R_L 使 I_{oL} 增大,V_{oL} 随之增高,当 V_{oL} 达到 V_{oLm}(手册中规定低电平规范值 0.4 V)时的 I_{oL} 就是允许灌入的最大负载电流,则

$$N_{oL} = \frac{I_{oL}}{I_{iL}} \quad 通常\ N_{oL} \geqslant 8$$

(4)电压传输特性

门的输出电压 v_o 随输入电压 v_i 而变化的曲线 $v_o = f(v_i)$ 称为门的电压传输特性,通过它可读得门电路的一些重要参数,如输出高电平 V_{oH}、输出低电平 V_{oL}、关门电平 V_{off}、开门电平 V_{oN}、阈值电平 V_T 及抗干扰容限 V_{NL},V_{NH} 等值。测试电路如图 6.12 所示,采用逐点测试法,即调节 R_W,逐点测得 V_i 及 V_o,然后绘成曲线。

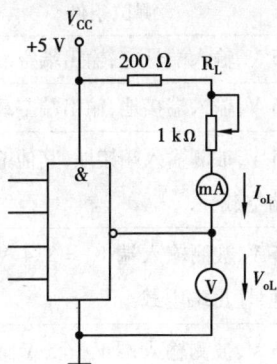

图 6.11　扇出系数试测电路　　　　图 6.12　传输特性测试电路

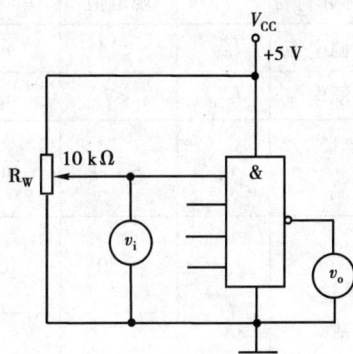

(5)平均传输延迟时间 t_{pd}

t_{pd} 是衡量门电路开关速度的参数,它是指输出波形边沿的 $0.5\ V_m$ 至输入波形对应边沿 $0.5\ V_m$ 点的时间间隔,如图 6.13 所示。

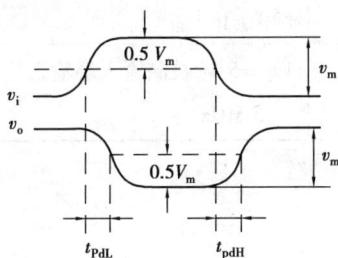

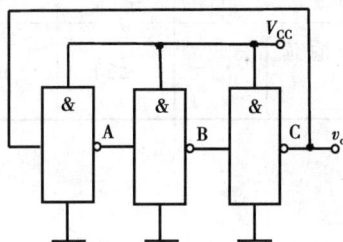

(a)传输延迟特性　　　　　　(b)t_{pd}的测试电路

图 6.13　传输特性

图 6.13 传输特性中的 t_{pdL} 为导通延迟时间,t_{pdH} 为截止延迟时间,平均传输延迟时间为

t_{pd}的测试电路如图6.13(b)所示,由于TTL门电路的延迟时间较小,直接测量时对信号发生器和示波器的性能要求较高,故实验采用测量由奇数个与非门组成的环形振荡器的振荡周期T来求得。其工作原理是:假设电路在接通电源后某一瞬间,电路中的A点为逻辑"1",经过三级门的延迟后,使A点由原来的逻辑"1"变为逻辑"0";再经过三级门的延迟后,A点电平又重新回到逻辑"1"。电路中其他各点电平也跟随变化。说明使A点发生一个周期的振荡,必须经过6级门的延迟时间。因此平均传输延迟时间为:

$$t_{pd} = \frac{1}{2}(t_{pdL} + t_{pdH})$$

$$t_{pd} = \frac{T}{6}$$

TTL电路的t_{pd}一般为10~40 ns。

74LS20主要电参数规范见表6.2。

表6.2 74LS20 主要电参数

参数名称和符号			规范值	单 位	测试条件
直流参数	通导电源电流	I_{CCL}	<14	mA	$V_{CC}=5$ V,输入端悬空,输出端空载
	截止电源电流	I_{CCH}	<7	mA	$V_{CC}=5$ V,输入端接地,输出端空载
	低电平输入电流	I_{iL}	≤1.4	mA	$V_{CC}=5$ V,被测输入端接地,其他输入端悬空,输出端空载
	高电平输入电流	I_{iH}	<50	μA	$V_{CC}=5$ V,被测输入端$V_{in}=2.4$ V,其他输入端接地,输出端空载
			<1	mA	$V_{CC}=5$ V,被测输入端$V_{in}=5$ V,其他输入端接地,输出端空载
	输出高电平	V_{oH}	≥3.4	V	$V_{CC}=5$ V,被测输入端$V_{in}=0.8$ V,其他输入端悬空,$I_{oH}=400$ μA
	输出低电平	V_{oL}	<0.3	V	$V_{CC}=5$ V,输入端$V_{in}=2.0$ V,$I_{oL}=12.8$ mA
	扇出系数	N_o	4~8	V	同V_{oH}和V_{oL}
交流参数	平均传输延迟时间	t_{pd}	≤20	ns	$V_{CC}=5$ V,被测输入端输入信号:$V_{in}=3.0$ V,$f=2$ MHz

【任务实训】

1)工具及元器件准备

① +5 V 直流电源。

② 逻辑电平开关。

③逻辑电平显示器。

④直流数字电压表。

⑤直流毫安表。

⑥直流微安表。

⑦74LS20×2,1 kΩ,10 kΩ 电位器,200 Ω 电阻器(0.5 W)。

2)实训内容

在合适的位置选取一个14P插座,按定位标记插好74LS20集成块,如图6.14所示。

(1)验证 TTL 集成与非门 74LS20 的逻辑功能

按图6.14接线,门的4个输入端接逻辑开关输出插口,以提供"0"与"1"电平信号,开关向上,输出逻辑"1",向下为逻辑"0"。门的输出端接由 LED 发光二极管组成的逻辑电平显示器(又称0-1指示器)的显示插口,LED 亮为逻辑"1",不亮为逻辑"0"。按表6.3的真值表逐个测试集成块中两个与非门的逻辑功能。74LS20 有 4 个输入端,有 16 个最小项,在实际测试时,只要通过对输入 1111、0111、1011、1101、1110 5 项进行检测就可判断其逻辑功能是否正常。

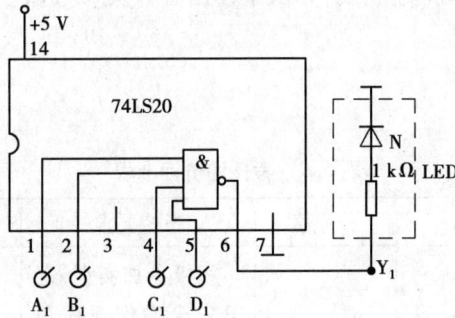

图6.14 TTL74LS20 逻辑功能测试

表6.3 TTL 集成与非门 74LS20 的逻辑功能测试表

输 入				输 出	
A_n	B_n	C_n	D_n	Y_1	Y_2
1	1	1	1		
0	1	1	1		
1	0	1	1		
1	1	0	1		
1	1	1	0		

(2)74LS20 主要参数的测试

①分别按图6.10、图6.11、图6.13(b)接线并进行测试,将测试结果记入表6.4主要参数测试中。

表 6.4　主要参数测试

I_{CCL}/mA	I_{CCH}/mA	I_{iL}/mA	I_{oL}/mA	$N_o = \dfrac{I_{oL}}{I_{iL}}$	$t_{pd} = \dfrac{T}{6}/ns$

②接图 6.12 接线,调节电位器 R_w,使 v_i 从 OV 向高电平变化,逐点测量 v_i 和 v_o 的对应值,记入表 6.5 中。

表 6.5

V_i/V	0	0.2	0.4	0.6	0.8	1.0	1.5	2.0	2.5	3.0	3.5	4.0	…
V_o/V													

3)实训报告

①记录、整理实验结果,并对结果进行分析。

②画出实测的电压传输特性曲线,并从中读出各有关参数值。

【考核评价标准】

表 6.6　考核评价标准表

项　目	内　容	分　值	考核要求	加分标准	得　分
实训态度	操作的积极性,遵守安全操作规程,纪律及卫生情况	10 分	积极参加实训,遵守安全操作规程和劳动纪律,有良好的职业道德和团队精神	遵守安全操作规程加 15 分,其余酌情加分	
电路组装	在天煌数字实箱上完成电路组装	60 分	元件布局规整,接线美观大方,符合电气控制要求,工艺符合要求	每处不合理扣 10 ~ 15 分	
电路测试	利用相关仪器仪表测试	20 分	能够熟练使用各仪表	操作不熟练扣 10 分,不会使用仪表扣 20 分	
安全文明生产	工位整理、操作规范、遵守车间纪律	10 分	操作全过程中,不符合安全用电要求立即停工并扣 5 ~ 10 分	不能够遵守安全规定酌情扣 5 ~ 10 分	
合计		100 分		实训得分	

任务 6.3　CMOS 集成逻辑门的逻辑功能与参数测试

【任务引入】

目前,集成电路的种类越来越多,场效应管型(CMOS 电路)是数字集成电路最常用之一,因此认识了解 CMOS 集成门电路的逻辑功能和参数方面的基本知识有利于正确选择和应用 CMOS 集成门电路,该任务学习掌握 CMOS 集成逻辑门的逻辑功能与参数测试方法。

【任务目标】

1. 掌握 CMOS 集成门电路的逻辑功能和器件的使用规则。
2. 学会 CMOS 集成门电路主要参数的测试方法。

【任务相关理论基础知识】

1)CMOS 集成电路

CMOS 集成电路是将 N 沟道 MOS 晶体管和 P 沟道 MOS 晶体管同时用于一个集成电路中,成为组合两种沟道 MOS 管性能的更优良的集成电路。CMOS 集成电路的主要优点是:

①功耗低,其静态工作电流在 10^{-9} A 数量级,是目前所有数字集成电路中最低的,而 TTL 器件的功耗则大得多。

②高输入阻抗,通常大于 10^{10} Ω,远高于 TTL 器件的输入阻抗。

③接近理想的传输特性,输出高电平可达电源电压的 99.9% 以上,低电平可达电源电压的 0.1% 以下,因此输出逻辑电平的摆幅很大,噪声容限很高。

④电源电压范围广,可在 +3 ~ +18 V 范围内正常运行。

⑤由于有很高的输入阻抗,要求驱动电流很小,约 0.1 μA,输出电流在 +5 V 电源下约为 500 μA,远小于 TTL 电路,如以此电流来驱动同类门电路,其扇出系数将非常大。在一般低频率时,无须考虑扇出系数,但在高频时,后级门的输入电容将成为主要负载,使其扇出能力下降,所以在较高频率工作时,CMOS 电路的扇出系数一般取 10 ~ 20。

2)CMOS 门电路逻辑功能

尽管 CMOS 与 TTL 电路内部结构不同,但它们的逻辑功能完全一样。本实验将测定与门 CC4081、或门 CC4071、与非门 CC4011、或非门 CC4001 的逻辑功能。各集成块的逻辑功能与真值表参阅教材及有关资料。

3）CMOS **与非门的主要参数**

CMOS 与非门主要参数的定义及测试方法与 TTL 电路相仿,从略。

4）CMOS **电路的使用规则**

由于 CMOS 电路有很高的输入阻抗,这给使用者带来一定的麻烦,即外来的干扰信号很容易在一些悬空的输入端上感应出较高的电压,以致损坏器件。CMOS 电路的使用规则如下:

①V_{DD} 接电源正极,V_{SS} 接电源负极（通常接地⊥）,不得接反。CC4000 系列的电源允许电压在 +3 ~ +18 V 范围内选择,实验中一般要求使用 +5 ~ +15 V。

②所有输入端一律不准悬空。闲置输入端的处理方法:

a. 按照逻辑要求,直接接 V_{DD}（与非门）或 V_{SS}（或非门）。

b. 在工作频率不高的电路中,允许输入端并联使用。

③输出端不允许直接与 V_{DD} 或 V_{SS} 连接,否则将导致器件损坏。

④在装接电路,改变电路连接或插、拔电路时,均应切断电源,严禁带电操作。

⑤焊接、测试和储存时的注意事项:

a. 电路应存放在导电的容器内,有良好的静电屏蔽;

b. 焊接时必须切断电源,电烙铁外壳必须良好接地,或拔下烙铁,靠其余热焊接;

c. 所有的测试仪器必须良好接地。

【任务实训】

1）**工具及元器件准备**

① +5 V 直流电源。

②双踪示波器。

③连续脉冲源。

④逻辑电平开关。

⑤逻辑电平显示器。

⑥直流数字电压表。

⑦直流毫安表。

⑧直流微安表。

⑨CC4011、CC4001、CC4071、CC4081、电位器 100 kΩ、电阻 1 kΩ。

2）**实训内容**

（1）CMOS 与非门 CC4011 参数测试（方法与 TTL 电路相同）

①测试 CC4011 1 个门的 I_{CCL},I_{CCH},I_{iL},I_{iH}。

②测试 CC4011 1 个门的传输特性（一个输入端作信号输入,另一个输入端接逻辑高电平）。

③将 CC4011 的 3 个门串接成振荡器,用示波器观测输入、输出波形,并计算出 t_{pd} 值。

(2)验证 CMOS 各门电路的逻辑功能,判断其好坏

验证与非门 CC4011、与门 CC4081、或门 CC4071 及或非门 CC4001 逻辑功能,其引脚见附录4。

以 CC4011 为例:测试时,选好某一个 14P 插座,插入被测器件,其输入端 A、B 接逻辑开关的输出插口,其输出端 Y 接至逻辑电平显示器输入插口,拨动逻辑电平开关,逐个测试各门的逻辑功能,并记入表 6.7 中。与非门逻辑功能测试如图 6.15 所示。

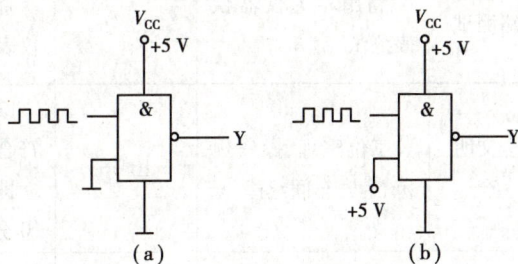

表 6.7

输　入			输　出		
A	B	Y_1	Y_2	Y_3	Y_4
0	0				
0	1				
1	0				
1	1				

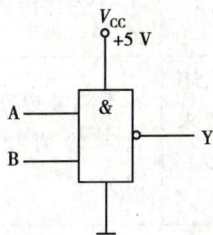

图 6.15　与非门逻辑功能测试　　　图 6.16　与非门对脉冲的控制作用

(3)观察与非门、与门、或非门对脉冲的控制作用

选用与非门按图 6.16(a),(b)接线,将一个输入端接连续脉冲源(频率为 20 kHz),用示波器观察两种电路的输出波形,记录之。然后测定"与门"和"或非门"对连续脉冲的控制作用。

3)**实训报告**

①整理实验结果,用坐标纸画出传输特性曲线。

②根据实验结果,写出各门电路的逻辑表达式,并判断被测电路的功能好坏。

【考核评价标准】

表 6.8　考核评价标准表

项　目	内　容	分　值	考核要求	加分标准	得　分
实训态度	操作的积极性,遵守安全操作规程,纪律及卫生情况	10 分	积极参加实训,遵守安全操作规程和劳动纪律,有良好的职业道德和团队精神	遵守安全操作规程加 15 分,其余酌情加分	
电路组装	在天煌数字实箱上完成电路组装	60 分	元件布局规整,接线美观大方符合电气控制要求,工艺符合要求	每处不合理扣 10 ~ 15 分	
电路测试	利用相关仪器仪表测试	20 分	能够熟练使用各仪表	操作不熟练扣 10 分,不会使用仪表扣 20 分	
安全文明生产	工位整理、操作规范、遵守车间纪律	10 分	操作全过程中,不符合安全用电要求立即停工并扣 5 ~ 10 分	不能够遵守安全规定酌情扣 5 ~ 10 分	
合计		100 分	实训得分		

任务 6.4　集成逻辑电路的连接和驱动

【任务引入】

集成逻辑电路的衔接在实际的数字电路系统中总是将一定数量的集成逻辑电路按需要前后连接起来。这时,前级电路的输出将余后级电路的输入相连并驱动后级电路工作。这就存在着电平的配合和负载能力这两个需要妥善解决的问题。

【任务目标】

1. 掌握 TTL、CMOS 集成电路输入电路与输出电路的性质。
2. 掌握集成逻辑电路相互衔接时应遵守的规则和实际衔接方法。

【任务相关理论基础知识】

1) TTL 电路输入输出电路性质

当输入端为高电平时,输入电流是反向二极管的漏电流,电流极小。其方向是从外部流入输入端。

当输入端处于低电平时,电流由电源 V_{CC} 经内部电路流出输入端,电流较大,当与上一级电路衔接时,将决定上级电路应具的负载能力。高电平输出电压在负载不大时约为 3.5 V。低电平输出时,允许后级电路灌入电流,随着灌入电流的增加,输出低电平将升高,一般 LS 系列 TTL 电路允许灌入 8 mA 电流,即可吸收后级 20 个 LS 系列标准门的灌入电流。最大允许低电平输出电压为 0.4 V。

2) CMOS 电路输入输出电路性质

一般 CC 系列的输入阻抗可高达 $10^{10}\Omega$,输入电容在 5 pF 以下,输入高电平通常要求在 3.5 V 以上,输入低电平通常为 1.5 V 以下。因 CMOS 电路的输出结构具有对称性,故对高低电平具有相同的输出能力,负载能力较小,仅可驱动少量的 CMOS 电路。当输出端负载很轻时,输出高电平将十分接近电源电压;输出低电平时将十分接近地电位。

在高速 CMOS 电路 54/74HC 系列中的一个子系列 54/74HCT,其输入电平与 TTL 电路完全相同,因此在相互取代时,不需考虑电平的匹配问题。

3) 集成逻辑电路的衔接

在实际的数字电路系统中总是将一定数量的集成逻辑电路按需要前后连接起来。这时,前级电路的输出将与后级电路的输入相连并驱动后级电路工作。这就存在着电平的配合和负载能力这两个需要妥善解决的问题。

可用下列几个表达式来说明连接时所要满足的条件:

V_{oH}(前级) $\geq V_{iH}$(后级)

V_{oL}(前级) $\leq V_{iL}$(后级)

I_{oH}(前级) $\geq n \times I_{iH}$(后级)

I_{oL}(前级) $\geq n \times I_{iL}$(后级)

n 为后级门的数目。

(1) TTL 与 TTL 的连接

TTL 集成逻辑电路的所有系列,由于电路结构形式相同,电平配合比较方便,不需要外接元件可直接连接,不足之处是受低电平时负载能力的限制。表 6.9 列出了 74 系列 TTL 电路的扇出系数。

表 6.9　74 系列 TTL 电路的扇出系数

	74LS00	74ALS00	7400	74L00	74S00
74LS00	20	40	5	40	5
74ALS00	20	40	5	40	5
7400	40	80	10	40	10
74L00	10	20	2	20	1
74S00	50	100	12	100	12

（2）TTL 电路驱动 CMOS 电路

TTL 电路驱动 CMOS 电路时,由于 CMOS 电路的输入阻抗高,故此驱动电流一般不会受到限制,但在电平配合问题上,低电平是可以的,高电平时有困难,因为 TTL 电路在满载时,输出高电平通常低于 CMOS 电路对输入高电平的要求,因此为保证 TTL 输出高电平时,后级的 CMOS 电路能可靠工作,通常要外接一个提拉电阻 R,如图 6.17 所示,使输出高电平达到 3.5 V 以上,R 的取值为 2~6.2 kΩ 较合适,这时 TTL 后级的 CMOS 电路的数目实际上是没有什么限制的。

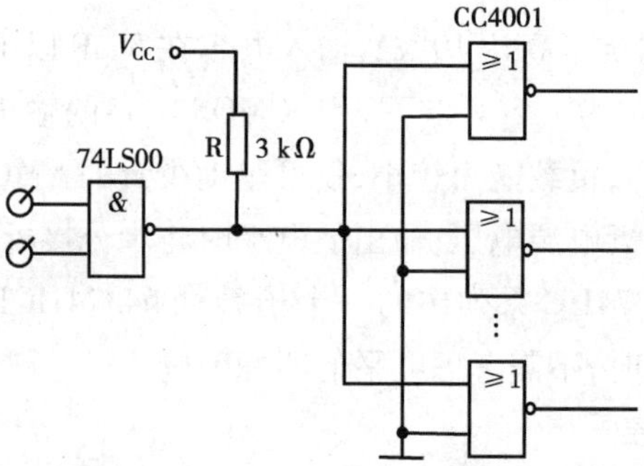

图 6.17　TTL 电路驱动 CMOS 电路

（3）CMOS 电路驱动 TTL 电路

CMOS 的输出电平能满足 TTL 对输入电平的要求,而驱动电流将受限制,主要是低电平时的负载能力。表 6.10 列出了一般 CMOS 电路驱动 TTL 电路时的扇出系数,从表中可见,除了 74HC 系列外的其他 CMOS 电路驱动 TTL 的能力都较低。

表 6.10　CMOS 电路驱动 TTL 电路时的扇出系数

	LS-TTL	L-TTL	TTL	ASL-TTL
CC4001B 系列	1	2	0	2
MC14001B 系列	1	2	0	2
MM74HC 及 74HCT 系列	10	20	2	20

既要使用此系列又要提高其驱动能力时,可采用以下两种方法:

①采用 CMOS 驱动器,如 CC4049,CC4050 是专为给出较大驱动能力而设计的 CMOS 电路。

②几个同功能的 CMOS 电路并联使用,即将其输入端并联,输出端并联(TTL 电路是不允许并联的)。

(4)CMOS 与 CMOS 的衔接

CMOS 电路之间的连接十分方便,不需另加外接元件。对直流参数来讲,一个 CMOS 电路可带动的 CMOS 电路数量是不受限制的,但在实际使用时,应当考虑后级门输入电容对前级门的传输速度的影响,电容太大时,传输速度要下降,因此在高速使用时要从负载电容来考虑,如 CC4000T 系列。CMOS 电路在 10 MHz 以上速度运用时应限制在 20 个门以下。

【任务实训】

1)工具及元器件准备

①+5 V 直流电源;

②逻辑电平开关;

③逻辑电平显示器;

④逻辑笔;

⑤直流数字电压表;

⑥直流毫安表;

⑦74LS00 ×2 CC4001 74HC00 电阻: 100 Ω 470 Ω 3 kΩ 电位器: 47 K 10 K 4.7 K。

2)实训内容

74LS00 与非门与 CC4001 或非门电路引脚排列如图 6.18 所示。

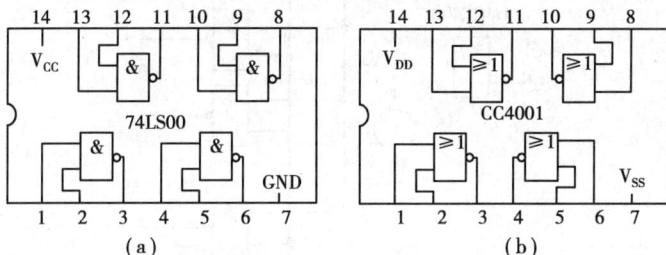

图 6.18 74LS00 与非门与 CC4001 或非门电路引脚排列

(1)测试 TTL 电路 74LS00 及 CMOS 电路 CC4001 的输出特性

测试电路如图 6.19 所示,图中以与非门 74LS00 为例画出了高、低电平两种输出状态下输出特性的测量方法。改变电位器 R_W 的阻值,从而获得输出特性曲线,R 为限流电阻。

①测试 TTL 电路 74LS00 的输出特性。

在实验装置的合适位置选取一个 14P 插座。插入 74LS00,R 为 100 Ω,高电平输出时,

R_W 为 47 kΩ,低电平输出时,R_W 为 10 kΩ,高电平测试时应测量空载到最小允许高电平(2.7 V)之间的一系列点;低电平测试时应测量空载到最大允许低电平(0.4 V)之间的一系列点。

(a)高电平输出　　　　　　　　(b)低电平输出

图6.19　与非门电路输出特性测试电路

②测试 CMOS 电路 CC4001 的输出特性,测试时 R 取为 470 Ω,R_W 取 4.7 kΩ。

高电平测试时应测量从空载到输出电平降到 4.6 V 为止的一系列点;低电平测试时应测量从空载到输出电平升到 0.4 V 为止的一系列点。

(2)TTL 电路驱动 CMOS 电路

用 74LS00 的 1 个门来驱动 CC4001 的 4 个门,实验电路如图 6.17 所示,R 取 3 kΩ。测量连接 3 kΩ 与不连接 3 kΩ 电阻时 74LS00 的输出高低电平及 CC4001 的逻辑功能,测试逻辑功能时,可用实验装置上的逻辑笔进行测试,逻辑笔的电源 $+V_{CC}$ 接 $+5$ V,其输入口 1NPVT 通过一根导线接至所需的测试点。

(3)CMOS 电路驱动 TTL 电路

电路如图 6.20 所示,被驱动的电路用 74LS00 的 8 个门并联。电路的输入端接逻辑开关输出插口,8 个输出端分别接逻辑电平显示的输入插口。先用 CC4001 的 1 个门来驱动,观测 CC4001 的输出电平和 74LS00 的逻辑功能。

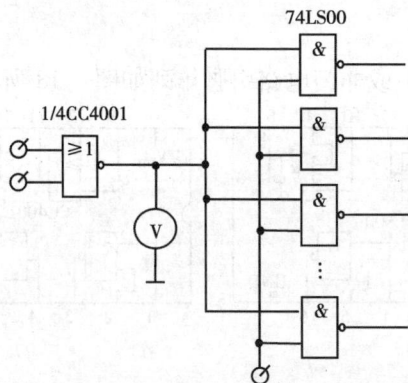

图6.20　CMOS 驱动 TTL 电路

然后将 CC4001 的其余 3 个门,一一并联到第一个门上(输入与输入、输出与输出并联),分别观察 CMOS 的输出电平及 74LS00 的逻辑功能。最后用 1/4 74HC00 代替 1/4 CC4001,测试其输出电平及系统的逻辑功能。

3）实训报告

①整理实验数据,作出输出特性曲线,并加以分析。

②通过本次实验,你对不同集成门电路的衔接得出什么结论?

【考核评价标准】

表6.11　考核评价标准表

项　目	内　容	分　值	考核要求	加分标准	得　分
实训态度	操作的积极性,遵守安全操作规程,纪律及卫生情况	10分	积极参加实训,遵守安全操作规程和劳动纪律,有良好的职业道德和团队精神	遵守安全操作规程加15分,其余酌情加分	
电路组装	在天煌数字实箱上完成电路组装	60分	元件布局规整,接线美观大方,符合电气控制要求,工艺符合要求	每处不合理扣10~15分	
电路测试	利用相关仪器仪表测试	20分	能够熟练使用各仪表	操作不熟练扣10分,不会使用仪表扣20分	
安全文明生产	工位整理、操作规范、遵守车间纪律	10分	操作全过程中,不符合安全用电要求立即停工并扣5~10分	不能够遵守安全规定酌情扣5~10分	
合计		100分	实训得分		

任务6.5　组合逻辑电路的设计与测试

【任务引入】

组合逻辑电路通常是由一些门电路级联而成的,有许多常用功能的组合电路,都已中规模集成为商品电路,如数据的编码和译码、选择和分配、比较和相加,以及奇偶校验码的产生和检测等功能组间。该任务学习掌握组合逻辑电路的设计与测试方法。

【任务目标】

掌握组合逻辑电路的设计与测试方法。

【任务相关理论基础知识】

1)设计组合电路

使用中、小规模集成电路来设计组合电路是最常见的逻辑电路。

设计组合电路的一般步骤如图6.21所示。

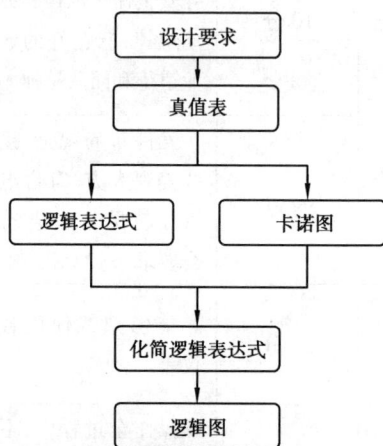

图6.21 组合逻辑电路设计流程图

根据设计任务的要求建立输入、输出变量,并列出真值表。然后用逻辑代数或卡诺图化简法求出简化的逻辑表达式。并按实际选用逻辑门的类型修改逻辑表达式。根据简化后的逻辑表达式,画出逻辑图,用标准器件构成逻辑电路。最后,用实验来验证设计的正确性。

2)组合逻辑电路设计举例

用"与非"门设计一个表决电路。当4个输入端中有3个或4个为"1"时,输出端才为"1"。

设计步骤:根据题意列出真值表见表6.12,再填入卡诺图表6.13中。

表6.12 真值表

D	0	0	0	0	0	0	0	0	1	1	1	1	1	1	1	1
A	0	0	0	0	1	1	1	1	0	0	0	0	1	1	1	1
B	0	0	1	1	0	0	1	1	0	0	1	1	0	0	1	1
C	0	1	0	1	0	1	0	1	0	1	0	1	0	1	0	1
Z	0	0	0	0	0	0	0	1	0	0	0	1	0	1	1	1

表 6.13　卡诺图表

DA / BC	00	01	11	10	
00					
01			1		
11		1	1	1	
10					

由卡诺图得出逻辑表达式,并演化成“与非”的形式。

$$
\begin{aligned}
Z &= ABC + BCD + ACD + ABD \\
&= \overline{\overline{ABC} \cdot \overline{BCD} \cdot \overline{ACD} \cdot \overline{ABC}}
\end{aligned}
$$

根据逻辑表达式画出用“与非门”构成的逻辑电路如图 6.22 所示。

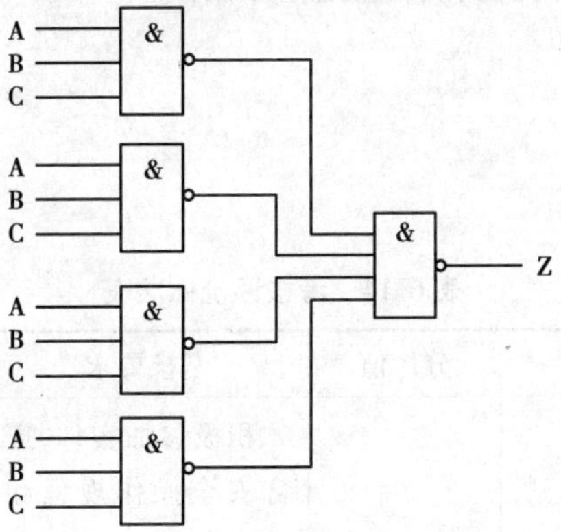

图 6.22　表决电路逻辑图

3)用实验验证逻辑功能

在实验装置适当位置选定 3 个 14P 插座,按照集成块定位标记插好集成块 CC4012。

按图 6.22 所示接线,输入端 A,B,C,D 接至逻辑开关输出插口,输出端 Z 接逻辑电平显示输入插口,按真值表(自拟)要求,逐次改变输入变量,测量相应的输出值,验证逻辑功能,与表 6.12 进行比较,验证所设计的逻辑电路是否符合要求。

【任务实训】

1)工具及元器件准备

①+5 V 直流电源;

②逻辑电平开关;

③逻辑电平显示器;

④直流数字电压表;

⑤元件清单：CC4011 × 2（74LS00），CC4012 × 3（74LS20），CC4030（74LS86），CC4081（74LS08）74LS54 × 2（CC4085），CC4001（74LS02）。

2）实训内容

①设计用与非门及用异或门、与门组成的半加器电路。要求按本文所述的设计步骤进行，直到测试电路逻辑功能符合设计要求为止。

②设计一个一位全加器，要求用异或门、与门、或门组成。

③设计一位全加器，要求用与或非门实现。

④设计一个对两个两位无符号的二进制数进行比较的电路；根据第一个数是否大于、等于、小于第二个数，使相应的 3 个输出端中的一个输出为"1"，要求用与门、与非门及或非门实现。

3）实验报告

①列写实验任务的设计过程，画出设计的电路图。

②对所设计的电路进行实验测试，记录测试结果。

③组合电路设计体会。

【考核评价标准】

表 6.14　考核评价标准表

项　目	内　容	分　值	考核要求	加分标准	得　分
实训态度	操作的积极性，遵守安全操作规程，纪律及卫生情况	10 分	积极参加实训，遵守安全操作规程和劳动纪律，有良好的职业道德和团队精神	遵守安全操作规程加 15 分，其余酌情加分	
电路组装	在天煌数字实箱上完成电路组装	60 分	元件布局规整，接线美观大方，符合电气控制要求，工艺符合要求	每处不合理扣 10 ~ 15 分	
电路测试	利用相关仪器仪表测试	20 分	能够熟练使用各仪表	操作不熟练扣 10 分，不会使用仪表扣 20 分	
安全文明生产	工位整理、操作规范、遵守车间纪律	10 分	操作全过程中，不符合安全用电要求立即停工并扣 5 ~ 10 分	不能够遵守安全规定酌情扣 5 ~ 10 分	
合计		100 分	实训得分		

任务6.6　触发器及其应用

【任务引入】

在数字系统中,常常需要一种具有记忆功能的电路,即任何时刻的输出状态不仅与当时输入状态有关,还与该电路以前所处的状态有关,这种具有记忆功能的电路就是时序逻辑电路。触发器则是组成逻辑时序电路的基本单元。该任务学习掌握基本触发器的逻辑功能和使用方法。

【任务目标】

1. 掌握基本 RS,JK,D 和 T 触发器的逻辑功能。
2. 掌握集成触发器的逻辑功能及使用方法。
3. 熟悉触发器之间相互转换的方法。

【任务相关理论基础知识】

触发器具有两个稳定状态,用以表示逻辑状态"1"和"0",在一定的外界信号作用下,可以从一个稳定状态翻转到另一个稳定状态,它是一个具有记忆功能的二进制信息存储器件,是构成各种时序电路的最基本逻辑单元。

1)基本 RS 触发器

图 6.23 为由两个与非门交叉耦合构成的基本 RS 触发器,它是无时钟控制低电平直接触发的触发器。基本 RS 触发器具有置"0"、置"1"和"保持"3 种功能。通常称 $\overline{S}$ 为置"1"端,因为 $\overline{S}=0(\overline{R}=1)$ 时触发器被置"1";$\overline{R}$ 为置"0"端,因为 $\overline{R}=0(\overline{S}=1)$ 时触发器被置"0",当 $\overline{S}=\overline{R}=1$ 时状态保持;$\overline{S}=\overline{R}=0$ 时,触发器状态不定,应避免此种情况发生,表 6.15 为基本 RS 触发器的功能表。

基本 RS 触发器。也可以用两个"或非门"组成,此时为高电平触发有效。

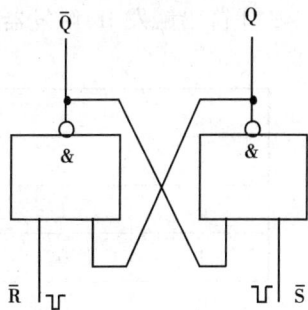

图 6.23　基本 RS 触发器

表 6.15　基本 RS 触发器的功能表

输　入		输　出	
$\overline{S}$	$\overline{R}$	Q^{n+1}	$\overline{Q}^{n+1}$
0	1	1	0
1	0	0	1
1	1	Q^n	$\overline{Q}^n$
0	0	ϕ	ϕ

2)JK 触发器

在输入信号为双端的情况下,JK 触发器是功能完善、使用灵活和通用性较强的一种触发器。本实验采用 74LS112 双 JK 触发器,是下降边沿触发的边沿触发器。引脚功能及逻辑符号如图 6.24 所示。

JK 触发器的状态方程为:

$$Q^{n+1} = J\,\overline{Q}^n + \overline{K}Q^n$$

J 和 K 是数据输入端,是触发器状态更新的依据,若 J 和 K 有两个或两个以上输入端时,组成"与"的关系。Q 与 $\overline{Q}$ 为两个互补输出端。通常把 $Q=0$、$\overline{Q}=1$ 的状态定为触发器"0"状态;而把 $Q=1$,$\overline{Q}=0$ 定为"1"状态。

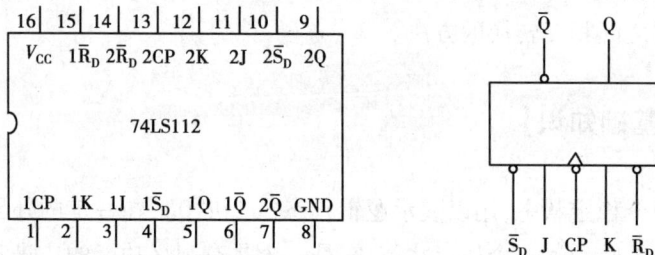

图 6.24　74LS112 双 JK 触发器引脚排列及逻辑符号

下降沿触发 JK 触发器的功能见表 6.16。

表 6.16　下降沿触发 JK 触发器的功能

输　入					输　出	
$\overline{S}_D$	$\overline{R}_D$	CP	J	K	Q^{n+1}	$\overline{Q}^{n+1}$
0	1	×	×	×	1	0
1	0	×	×	×	0	1
0	0	×	×	×	ϕ	ϕ
1	1	↓	0	0	Q^n	$\overline{Q}^n$
1	1	↓	1	0	1	0
1	1	↓	0	1	0	1

输　入					输　出	
1	1	↓	1	1	$\overline{Q^n}$	Q^n
1	1	↑	×	×	Q^n	$\overline{Q^n}$

注:×——任意态;↓——高到低电平跳变;↑——低到高电平跳变;

$Q^n(\overline{Q^n})$——现态;$Q^{n+1}(\overline{Q^{n+1}})$——次态;φ——不定态。

JK 触发器常被用作缓冲存储器,移位寄存器和计数器。

3)D 触发器

在输入信号为单端的情况下,D 触发器用起来最为方便,其状态方程为 $Q^{n+1}=D^n$,输出状态的更新发生在 CP 脉冲的上升沿,故又称为上升沿触发的边沿触发器,触发器的状态只取决于时钟到来前 D 端的状态,D 触发器的应用很广,可用作数字信号的寄存,移位寄存,分频和波形发生等。有很多种型号可供各种用途的需要而选用。如双 D 74LS74、四 D 74LS175、六 D 74LS174 等。74LS74 引脚排列及逻辑符号如图 6.25 所示。其功能见表6.17。

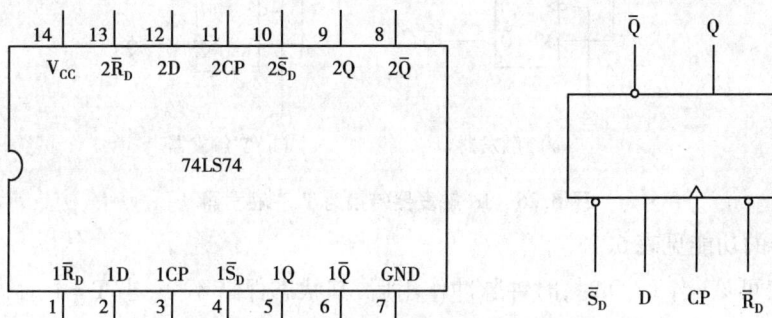

图 6.25　74LS74 引脚排列及逻辑符号

表 6.17　D 触发器功能表

输　入				输　出	
$\overline{S}_D$	$\overline{R}_D$	CP	D	Q^{n+1}	$\overline{Q}^{n+1}$
0	1	×	×	1	0
1	0	×	×	0	1
0	0	×	×	φ	φ
1	1	↑	1	1	0
1	1	↑	0	0	1
1	1	↓	×	Q^n	$\overline{Q}^n$

表 6.18　T 触发器功能表

输　入				输　出
$\overline{S}_D$	$\overline{R}_D$	CP	T	Q^{n+1}
0	1	×	×	1
1	0	×	×	0
1	1	↓	0	Q^n
1	1	↓	1	$\overline{Q}^n$

4)触发器之间的相互转换

在集成触发器的产品中,每一种触发器都有自己固定的逻辑功能。但可以利用转换的方法获得具有其他功能的触发器。例如将 JK 触发器的 J,K 两端连在一起,并认它为 T 端,就得到所需的 T 触发器,如图 6.26 所示,其状态方程为:

$$Q^{n+1} = T\overline{Q}^n + \overline{T}Q^n$$

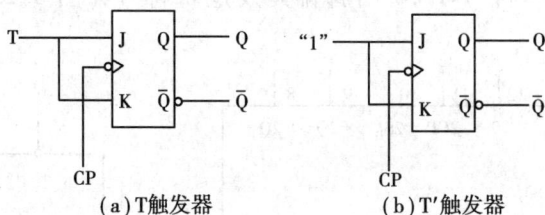

（a）T触发器　　　　　（b）T′触发器

图 6.26　JK 触发器转换为 T、T′触发器

T 触发器的功能见表 6.18。

由功能表可见,当 T = 0 时,时钟脉冲作用后,其状态保持不变;当 T = 1 时,时钟脉冲作用后,触发器状态翻转。所以,若将 T 触发器的 T 端置"1",如图 6.26(b)所示,即得 T′触发器。在 T′触发器的 CP 端每来一个 CP 脉冲信号,触发器的状态就翻转一次,故称为反转触发器,广泛用于计数电路中。

同样,若将 D 触发器 $\overline{Q}$ 端与 D 端相连,便转换成 T′触发器,如图 6.27 所示。

JK 触发器也可转换为 D 触发器,如图 6.28 所示。

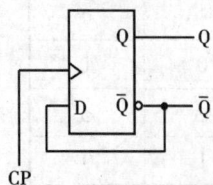

图 6.27　D 转成 T′

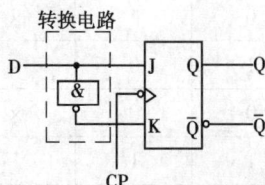

图 6.28　JK 转成 D

5)CMOS 触发器

(1)CMOS 边沿型 D 触发器

CC4013 是由 CMOS 传输门构成的边沿型 D 触发器。它是上升沿触发的双 D 触发器,表

6.19 为其功能表,图 6.29 为引脚排列。

表 6.19　CMOS 触发器功能表

输　入				输　出
S	R	CP	D	Q^{n+1}
1	0	×	×	1
0	1	×	×	0
1	1	×	×	ϕ
0	0	↑	1	1
0	0	↑	0	0
0	0	↓	×	Q^n

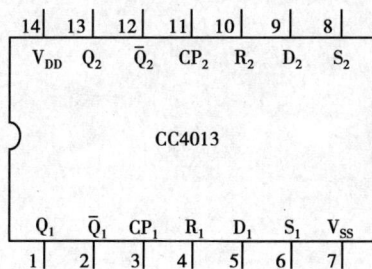

图 6.29　双上升沿 D 触发器

(2)CMOS 边沿型 JK 触发器

CC4027 是由 CMOS 传输门构成的边沿型 JK 触发器,它是上升沿触发的双 JK 触发器,表 6.20 为其功能表,图 6.30 为引脚排列。

表 6.20　双 JK 触发器功能表

输　入					输　出
S	R	CP	J	K	Q^{n+1}
1	0	×	×	×	1
0	1	×	×	×	0
1	1	×	×	×	ϕ
0	0	↑	0	0	Q^n
0	0	↑	1	0	1
0	0	↑	0	1	0
0	0	↑	1	1	$\overline{Q}^n$
0	0	↓	×	×	Q^n

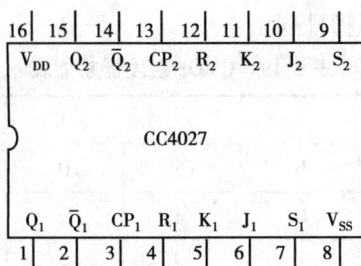

图 6.30 双上升沿 J-K 触发器

CMOS 触发器的直接置位、复位输入端 S 和 R 是高电平有效,当 S = 1(或 R = 1)时,触发器将不受其他输入端所处状态的影响,使触发器直接置 1(或置 0)。但直接置位、复位输入端 S 和 R 必须遵守 RS = 0 的约束条件。CMOS 触发器在按逻辑功能工作时,S 和 R 必须均置 0。

【任务实训】

1)工具及元器件准备

① +5 V 直流电源;

②双踪示波器;

③连续脉冲源;

④单次脉冲源;

⑤逻辑电平开关;

⑥逻辑电平显示器;

⑦元件清单:74LS112(或 CC4027),74LS00(或 CC4011),74LS74(或 CC4013)。

2)实训内容

(1)测试基本 RS 触发器的逻辑功能

按图 6.23 接线,用两个与非门组成基本 RS 触发器,输入端 $\overline{R}$, $\overline{S}$ 接逻辑开关的输出插口,输出端 Q, $\overline{Q}$ 接逻辑电平显示输入插口,按表 6.21 要求测试,并记录。

表 6.21

$\overline{R}$	$\overline{S}$	Q	$\overline{Q}$
1	1→0		
1	0→1		
1→0	1		
0→1	1		
0	0		

（2）测试双 JK 触发器 74LS112 逻辑功能

①测试 $\overline{R}_D$，$\overline{S}_D$ 的复位、置位功能。任取一只 JK 触发器，$\overline{R}_D$，$\overline{S}_D$，J，K 端接逻辑开关输出插口，CP 端接单次脉冲源，Q，$\overline{Q}$ 端接至逻辑电平显示输入插口。要求改变 $\overline{R}_D$，$\overline{S}_D$（J，K，CP 处于任意状态），并在 $\overline{R}_D = 0(\overline{S}_D = 1)$ 或 $\overline{S}_D = 0(\overline{R}_D = 1)$ 作用期间任意改变 J，K 及 CP 的状态，观察 Q，$\overline{Q}$ 状态。自拟表格并记录。

②测试 JK 触发器的逻辑功能。按表 6.22 的要求改变 J，K，CP 端状态，观察 Q，$\overline{Q}$ 状态变化，观察触发器状态更新是否发生在 CP 脉冲的下降沿（即 CP 由 1→0），并记录。

③将 JK 触发器的 J，K 端连在一起，构成 T 触发器。在 CP 端输入 1 Hz 连续脉冲，观察 Q 端的变化。

在 CP 端输入 1 kHz 连续脉冲，用双踪示波器观察 CP，Q，$\overline{Q}$ 端波形，注意相位关系，描绘之。

表 6.22

J	K	CP	Q^{n+1}	
			$Q^n = 0$	$Q^n = 1$
0	0	0→1		
		1→0		
0	1	0→1		
		1→0		
1	0	0→1		
		1→0		
1	1	0→1		
		1→0		

（3）测试双 D 触发器 74LS74 的逻辑功能

①测试 $\overline{R}_D$，$\overline{S}_D$ 的复位、置位功能。测试方法同实验内容（2）处的①，将结果记录在表 6.23 中。

表 6.23

J	K	CP	Q^{n+1}	
			$Q^n = 0$	$Q^n = 1$
0	0	0→1		
		1→0		

续表

J	K	CP	Q^{n+1}	
			$Q^n = 0$	$Q^n = 1$
0	1	0→1		
		1→0		
1	0	0→1		
		1→0		
1	1	0→1		
		1→0		

②测试 D 触发器的逻辑功能。按表 6.24 的要求进行测试,并观察触发器状态更新是否发生在 CP 脉冲的上升沿(即由 0→1),并记录。

表 6.24

D	CP	Q^{n+1}	
		$Q^n = 0$	$Q^n = 1$
0	0→1		
	1→0		
1	0→1		
	1→0		

③将 D 触发器的$\overline{Q}$端与 D 端相连接,构成 T′触发器。测试方法同实验内容(2)处的③,并记录。

(4)双相时钟脉冲电路

用 JK 触发器及与非门构成的双相时钟脉冲电路如图 6.31 所示,此电路是用来将时钟脉冲 CP 转换成两相时钟脉冲 CP_A 及 CP_B,其频率相同、相位不同。

分析电路工作原理,并按图 6.31 所示接线,用双踪示波器同时观察 CP,CP_A;CP,CP_B 及 CP_A,CP_B 波形,并描绘之。

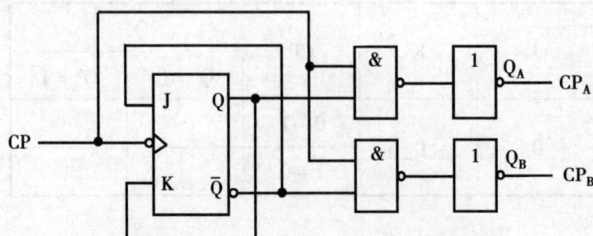

图 6.31 双相时钟脉冲电路

（5）乒乓球练习电路

电路功能要求：模拟两名运动员在练球时，乒乓球能往返运转。

提示：采用双 D 触发器74LS74 设计实验线路，两个 CP 端触发脉冲分别由两名运动员操作，两触发器的输出状态用逻辑电平显示器显示。

3）**实训报告**

（1）列表整理各类触发器的逻辑功能。

（2）总结观察到的波形，说明触发器的触发方式。

（3）体会触发器的应用。

（4）利用普通的机械开关组成的数据开关所产生的信号是否可作为触发器的时钟脉冲信号？为什么？是否可以用作触发器的其他输入端的信号？又是为什么？

【考核评价标准】

表 6.25　考核评价标准表

项　目	内　容	分　值	考核要求	加分标准	得　分
实训态度	操作的积极性，遵守安全操作规程，纪律及卫生情况	10 分	积极参加实训，遵守安全操作规程和劳动纪律，有良好的职业道德和团队精神	遵守安全操作规程加 15 分，其余酌情加分	
电路组装	在天煌数字实箱上完成电路组装	60 分	元件布局规整，接线美观大方，符合电气控制要求，工艺符合要求	每处不合理扣 10～15 分	
电路测试	利用相关仪器仪表测试	20 分	能够熟练使用各仪表	操作不熟练扣 10 分，不会使用仪表扣 20 分	
安全文明生产	工位整理、操作规范、遵守车间纪律	10 分	操作全过程中，不符合安全用电要求立即停工并扣 5～10 分	不能够遵守安全规定酌情扣 5～10 分	
合计		100 分	实训得分		

任务 6.7 计数器及其应用

【任务引入】

计数是人们日常生活中最常遇到的算术动作,也是其他算术操作的基础。例如,银行点钞、药片装瓶、流量统计及竞赛计时等,无不用到计数的功能。由于计数过程是一串单位信息的暂存及累加(减)动作,所以触发器成为计数器的基本单元。该任务学习用集成触发器构成计数器的方法等。

【任务目标】

1. 学习用集成触发器构成计数器的方法。
2. 掌握中规模集成计数器的使用及功能测试方法。
3. 运用集成计数计构成 1/N 分频器。

【任务相关理论基础知识】

计数器是一个用以实现计数功能的时序部件,它不仅可用来计脉冲数,还常用作数字系统的定时、分频和执行数字运算以及其他特定的逻辑功能。

计数器种类很多。按构成计数器中的各触发器是否使用一个时钟脉冲源来分,有同步计数器和异步计数器。根据计数制的不同,分为二进制计数器、十进制计数器和任意进制计数器。根据计数的增减趋势,又可分为加法、减法和可逆计数器。还有可预置数和可编程序功能计数器等。目前,无论是 TTL 还是 CMOS 集成电路,都有品种较齐全的中规模集成计数器。使用者只要借助于器件手册提供的功能表和工作波形图以及引出端的排列,就能正确地运用这些器件。

1)用 D 触发器构成异步二进制加/减计数器

图 6.32 是用 4 只 D 触发器构成的四位二进制异步加法计数器,它的连接特点是将每只 D 触发器接成 T′触发器,再由低位触发器的Q端和高一位的 CP 端相连接。

若将图 6.32 稍加改动,即将低位触发器的 Q 端与高一位的 CP 端相连接,即构成了一个四位二进制减法计数器。

2)中规模十进制计数器

CC40192 是同步十进制可逆计数器,具有双时钟输入,并具有清除和置数等功能,其引脚排列及逻辑符号如图 6.33 所示。

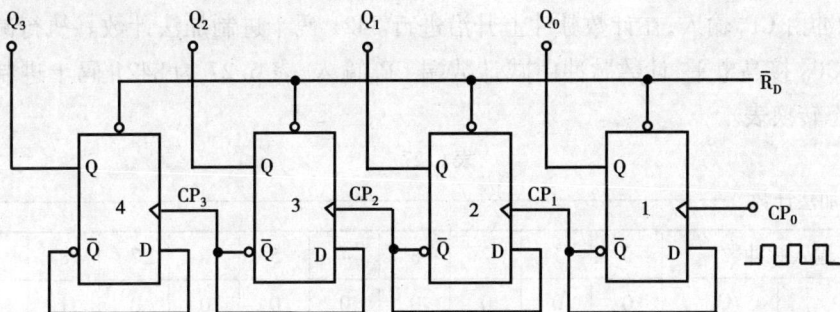

图 6.32　四位二进制异步加法计数器

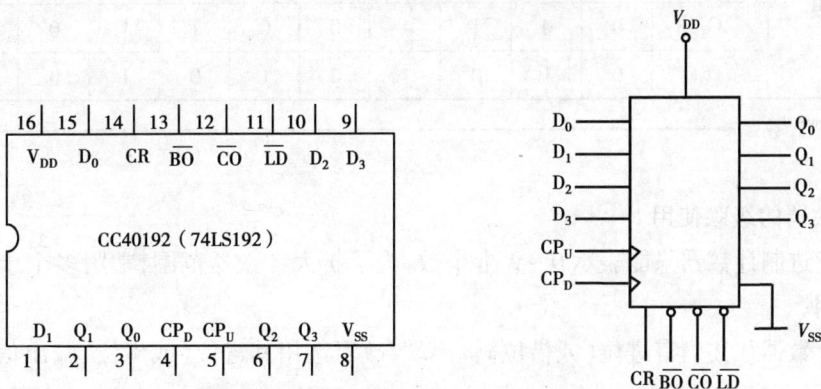

图 6.33　CC40192 引脚排列及逻辑符号

图 6.33 中，$\overline{LD}$——置数端；CP_U——加计数端；CP_D——减计数端；$\overline{CO}$——非同步进位输出端；$\overline{BO}$——非同步借位输出端；D_0，D_1，D_2，D_3——计数器输入端；Q_0，Q_1，Q_2，Q_3——数据输出端；CR——清除端；CC40192（同 74LS192，二者可互换使用）的功能见表 6.26，说明如下：

表 6.26

输　入								输　出			
CR	$\overline{LD}$	CP_U	CP_D	D_3	D_2	D_1	D_0	Q_3	Q_2	Q_1	Q_0
1	×	×	×	×	×	×	×	0	0	0	0
0	0	×	×	d	c	b	a	d	c	b	a
0	1	↑	1	×	×	×	×	加计数			
0	1	1	↑	×	×	×	×	减计数			

当清除端 CR 为高电平"1"时，计数器直接清零；CR 置低电平则执行其他功能。

当 CR 为低电平，置数端 $\overline{LD}$ 也为低电平时，数据直接从置数端 D_0，D_1，D_2，D_3 置入计数器。

当 CR 为低电平,$\overline{\text{LD}}$ 为高电平时,执行计数功能。执行加计数时,减计数端 CP_D 接高电平,计数脉冲由 CP_U 输入;在计数脉冲上升沿进行 8421 码十进制加法计数。执行减计数时,加计数端 CP_U 接高电平,计数脉冲由减计数端 CP_D 输入,表 6.27 为 8421 码十进制加、减计数器的状态转换表。

表 6.27

加法计数 ⟶

输入脉冲数		0	1	2	3	4	5	6	7	8	9
输出	Q_3	0	0	0	0	0	0	0	0	1	1
	Q_2	0	0	0	0	1	1	1	1	0	0
	Q_1	0	0	1	1	0	0	1	1	0	0
	Q_0	0	1	0	1	0	1	0	1	0	1

⟵ 减计数

3)计数器的级联使用

一个十进制计数器只能表示 0 ~ 9 十个数,为了扩大计数器范围,常用多个十进制计数器级联使用。

同步计数器往往设有进位(或借位)输出端,故可选用其进位(或借位)输出信号驱动下一级计数器。

如图 6.34 所示为 CC40192 级联电路,是由 CC40192 利用进位输出 $\overline{\text{CO}}$ 控制高一位的 CP_U 端构成的加数级联图。

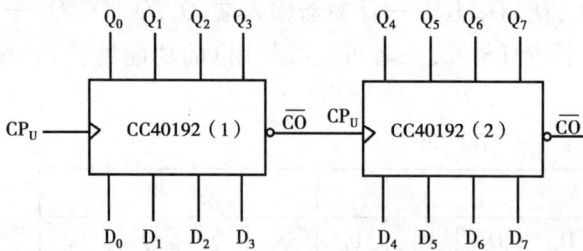

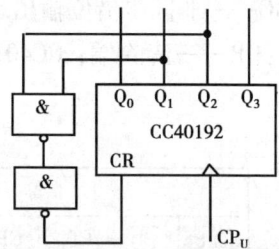

图 6.34　CC40192 级联电路　　　　图 6.35　六进制计数器

4)实现任意进制计数

(1)用复位法获得任意进制计数器

假定已有 N 进制计数器,而需要得到一个 M 进制计数器时,只要 M < N,用复位法使计数器计数到 M 时置"0",即获得 M 进制计数器。如图 6.35 所示为一个由 CC40192 十进制计数器接成的 6 进制计数器。

(2)利用预置功能获 M 进制计数器

如图 6.36 所示为用 3 个 CC40192 组成的 421 进制计数器。

外加的由与非门构成的锁存器可以克服器件计数速度的离散性,保证在反馈置"0"信号

CC40192×3

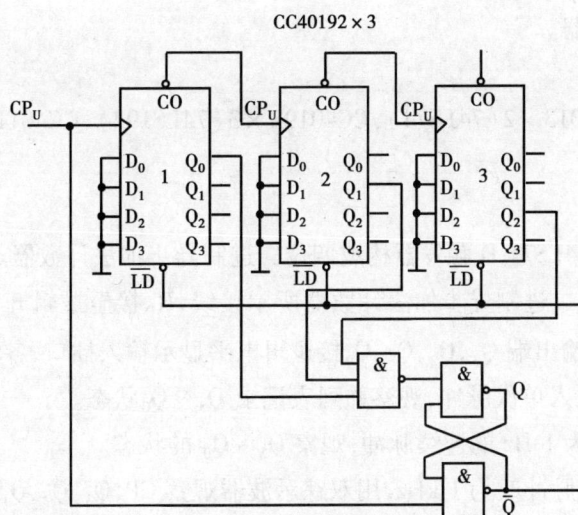

图 6.36　421 进制计数器

作用下计数器可靠置"0"。

　　如图 6.37 所示是一个特殊 12 进制的计数器电路方案。在数字钟里,对时位的计数序列是 1,2,…11,12,1,…是 12 进制的,且无 0 数。如图 6.37 所示,当计数到 13 时,通过与非门产生一个复位信号,使 CC40192(2)〔时十位〕直接置成 0000,而 CC40192(1),即时的个位直接置成 0001,从而实现了 1-12 计数。

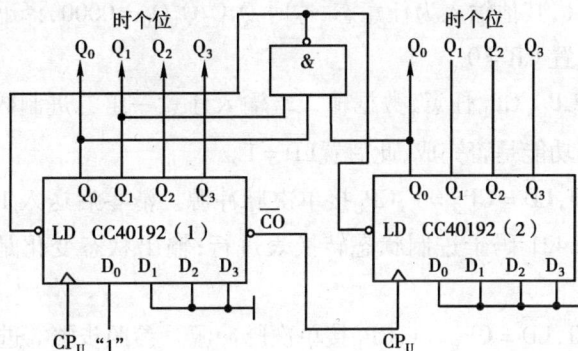

图 6.37　特殊 12 进制计数器

【任务实训】

1)工具及元器件准备

①+5 V 直流电源。

②双踪示波器。

③连续脉冲源。

④单次脉冲源。

⑤逻辑电平开关。

⑥逻辑电平显示器。

⑦译码显示器。

⑧元件清单：CC4013×2（74LS74），CC40192×3（74LS192），CC4011（74LS00），CC4012（74LS20）。

2）实训内容

①用 CC4013 或 74LS74 D 触发器构成四位二进制异步加法计数器。

a. 按图 6.32 四位二进制异步加法计数器所示接线，$\overline{R}_D$ 接至逻辑开关输出插口，将低位 CP_0 端接单次脉冲源，输出端 Q_3，Q_2，Q_3，Q_0 接逻辑电平显示输入插口，各 $\overline{S}_D$ 接高电平"1"。

b. 清零后，逐个送入单次脉冲，观察并列表记录 $Q_3 \sim Q_0$ 状态。

c. 将单次脉冲改为 1 Hz 的连续脉冲，观察 $Q_3 \sim Q_0$ 的状态。

d. 将 1 Hz 的连续脉冲改为 1 kHz，用双踪示波器观察 CP，Q_3，Q_2，Q_1，Q_0 端波形，描绘之。

e. 将图 6.32 四位二进制异步加法计数器电路中的低位触发器的 Q 端与高一位的 CP 端相连接，构成减法计数器，按实验内容②，③，④进行实验，观察并列表记录 $Q_3 \sim Q_0$ 的状态。

②测试 CC40192 或 74LS192 同步十进制可逆计数器的逻辑功能。

计数脉冲由单次脉冲源提供，清除端 CR、置数端 $\overline{LD}$、数据输入端 D_3，D_2，D_1，D_0 分别接逻辑开关，输出端 Q_3，Q_2，Q_1，Q_0 接实验设备的一个译码显示输入相应插口 A，B，C，D；$\overline{CO}$ 和 $\overline{BO}$ 接逻辑电平显示插口。按表 6.26 逐项测试并判断该集成块的功能是否正常。

a. 清除。令 CR = 1，其他输入为任意态，这时 $Q_3Q_2Q_1Q_0 = 0000$，译码数字显示为 0。

清除功能完成后，置 CR = 0。

b. 置数。CR = 0，CP_U，CP_D 任意，数据输入端输入任意一组二进制数，令 $\overline{LD} = 0$，观察计数译码显示输出，预置功能是否完成，此后置 $\overline{LD} = 1$。

c. 加计数。CR = 0，$\overline{LD} = CP_D = 1$，CP_U 接单次脉冲源。清零后送入 10 个单次脉冲，观察译码数字显示是否按 8421 码十进制状态转换表进行；输出状态变化是否发生在 CP_U 的上升沿。

d. 减计数。CR = 0，$\overline{LD} = CP_U = 1$，CP_D 接单次脉冲源。参照步骤③进行实验。

③如图 6.34 所示的 CC40192 级联电路，用两片 CC40192 组成两位十进制加法计数器，输入 1 Hz 连续计数脉冲，进行由 00 ~ 99 累加计数，并记录。

④将两位十进制加法计数器改为两位十进制减法计数器，实现由 99 ~ 00 递减计数，并记录。

⑤按图 6.35 所示电路进行实验，并记录。

⑥按图 6.36 所示或图 6.37 进行实验，并记录。

⑦设计一个数字钟移位 60 进制计数器并进行实验。

3）实训报告

①画出实验线路图，记录、整理实验现象及实验所得的有关波形，对实验结果进行分析。

②总结使用集成计数器的体会。

【考核评价标准】

表6.28 考核评价标准表

项 目	内 容	分 值	考核要求	加分标准	得 分
实训态度	操作的积极性,遵守安全操作规程,纪律及卫生情况	10分	积极参加实训,遵守安全操作规程和劳动纪律,有良好的职业道德和团队精神	遵守安全操作规程加15分,其余酌情加分	
电路组装	在天煌数字实箱上完成电路组装	60分	元件布局规整,接线美观大方,符合电气控制要求,工艺符合要求	每处不合理扣10~15分	
电路测试	利用相关仪器仪表测试	20分	能够熟练使用各仪表	操作不熟练扣10分,不会使用仪表扣20分	
安全文明生产	工位整理、操作规范、遵守车间纪律	10分	操作全过程中,不符合安全用电要求立即停工并扣5~10分	不能够遵守安全规定酌情扣5~10分	
合计		100分	实训得分		

任务6.8　555时基电路及其应用

【任务引入】

　　555集成电路是一种将模拟电路与数字电路结合在一起的中规模集成电路。该电路功能灵活,适用范围广泛,只要在外部配上几个阻容元件,就可以构成单稳态电路、多谐振荡器和施密特触发器等多种电路。该任务主要熟悉555时基集成电路的电路结构、原理及其应用。

【任务目标】

1. 熟悉 555 型集成时基电路结构、工作原理及其特点。
2. 掌握 555 型集成时基电路的基本应用。

【任务相关理论基础知识】

集成时基电路又称为集成定时器或 555 电路,是一种数字、模拟混合型的中规模集成电路,应用十分广泛。它是一种产生时间延迟和多种脉冲信号的电路,由于内部电压标准使用了 3 个 5 kΩ 电阻,故取名 555 电路。其电路类型有双极型和 CMOS 型两大类,二者的结构与工作原理类似。几乎所有的双极型产品型号最后的 3 位数码都是 555 或 556;所有的 CMOS 产品型号最后 4 位数码都是 7555 或 7556,二者的逻辑功能和引脚排列完全相同,易于互换。555 和 7555 是单定时器。556 和 7556 是双定时器。双极型的电源电压 V_{CC} = +5 ~ +15 V,输出的最大电流可达 200 mA,CMOS 型的电源电压为 +3 ~ +18 V。

1)555 电路的工作原理

555 电路的内部电路方框图如图 6.38 所示。它含有两个电压比较器,一个基本 RS 触发器,一个放电开关管 T,比较器的参考电压由 3 只 5 kΩ 的电阻器构成的分压器提供。它们分别使高电平比较器 A_1 的同相输入端和低电平比较器 A_2 的反相输入端的参考电平为 $\frac{2}{3}V_{CC}$ 和 $\frac{1}{3}V_{CC}$。A_1 与 A_2 的输出端控制 RS 触发器状态和放电管开关状态。当输入信号自 6 脚,即高电平触发输入并超过参考电平 $\frac{2}{3}V_{CC}$ 时,触发器复位,555 的输出端 3 脚输出低电平,同时放电开关管导通;当输入信号自 2 脚输入并低于 $\frac{1}{3}V_{CC}$ 时,触发器置位,555 的输出端 3 脚输出高电平,同时放电开关管截止。

$\overline{R_D}$ 是复位端(4 脚),当 $\overline{R_D}$ =0,555 输出低电平。平时 $\overline{R_D}$ 端开路或接 V_{CC}。

V_C 是控制电压端(5 脚),平时输出 $\frac{2}{3}V_{CC}$ 作为比较器 A_1 的参考电平,当 5 脚外接一个输入电压,即改变了比较器的参考电平,从而实现对输出的另一种控制,在不接外加电压时,通常接一个 0.01 μF 的电容器到地,起滤波作用,以消除外来的干扰,以确保参考电平的稳定。

T 为放电管,当 T 导通时,将给接于脚 7 的电容器提供低阻放电通路。

555 定时器主要是与电阻、电容构成充放电电路,并由两个比较器来检测电容器上的电压,以确定输出电平的高低和放电开关管的通断。这就很方便地构成从微秒到数十分钟的延时电路,可方便地构成单稳态触发器、多谐振荡器、施密特触发器等脉冲产生或波形变换电路。

图6.38　555定时器内部框图及引脚排列

2)555定时器的典型应用

(1)构成单稳态触发器

如图6.39(a)所示为由555定时器和外接定时元件R,C构成的单稳态触发器。触发电路由 C_1,R_1,D 构成,其中D为钳位二极管,稳态时555电路输入端处于电源电平,内部放电开关管T导通,输出端F输出低电平,当有一个外部负脉冲触发信号经 C_1 加到2端。并使2端电位瞬时低于 $\frac{1}{3}V_{CC}$,低电平比较器动作,单稳态电路即开始一个暂态过程,电容C开始充电,V_C 按指数规律增长。当 V_C 充电到 $\frac{2}{3}V_{CC}$ 时,高电平比较器动作,比较器 A_1 翻转,输出 V_o 从高电平返回低电平,放电开关管T重新导通,电容C上的电荷很快经放电开关管放电,暂态结束,恢复稳态,为下一个触发脉冲的来到作好准备。波形图如图6.39(b)所示。

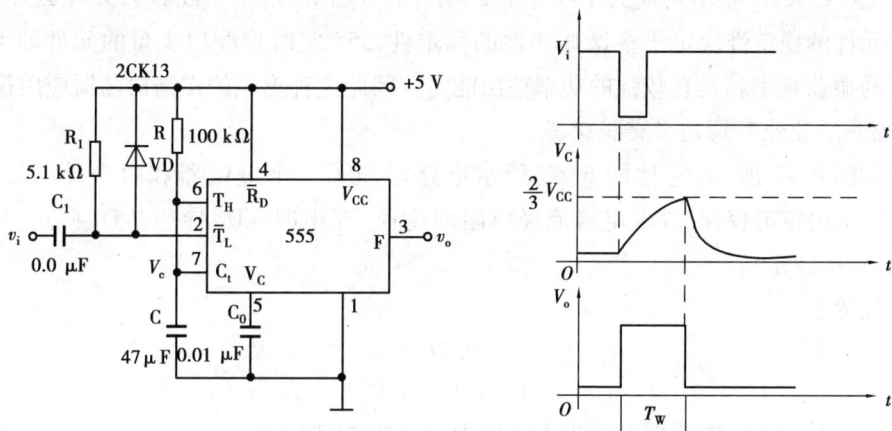

图6.39　单稳态触发器

暂稳态的持续时间 t_w(即为延时时间)决定于外接元件 R,C 值的大小。

$$t_w = 1.1RC$$

通过改变 R,C 的大小,可使延时时间在几微秒到几十分钟之间变化。当这种单稳态电路作为计时器时,可直接驱动小型继电器,并可以使用复位端(4 脚)接地的方法来中止暂态,重新计时。此外尚须用一个续流二极管与继电器线圈并接,以防继电器线圈反电势损坏内部功率管。

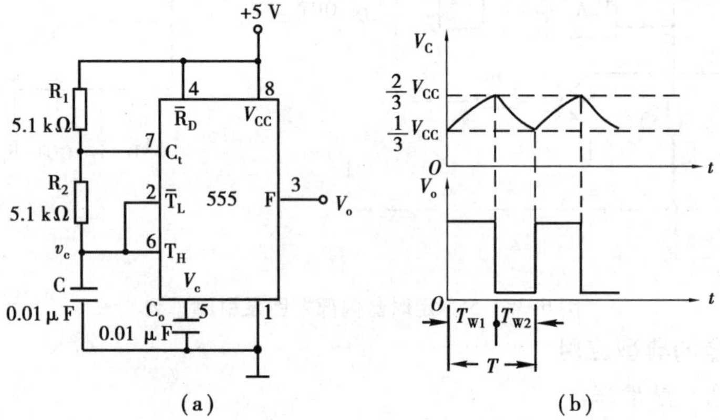

图 6.40　多谐振荡器

(2)构成多谐振荡器

如图 6.40(a)所示,由 555 定时器和外接元件 R_1,R_2,C 构成多谐振荡器,脚 2 与脚 6 直接相连。电路没有稳态,仅存在两个暂稳态,电路也不需要外加触发信号,利用电源通过 R_1,R_2 向 C 充电,以及 C 通过 R_2 向放电端 C_t 放电,使电路产生振荡。电容 C 在 $\frac{1}{3}V_{CC}$ 和 $\frac{2}{3}V_{CC}$ 之间充电和放电,其波形如图 6.40(b)所示。输出信号的时间参数为:

$$T = t_{w1} + t_{w2}, \quad t_{w1} = 0.7(R_1 + R_2)C, \quad t_{w2} = 0.7R_2C$$

555 电路要求 R_1 与 R_2 均应大于或等于 1 kΩ,但 $R_1 + R_2$ 应小于或等于 3.3 MΩ。

外部元件的稳定性决定于多谐振荡器的稳定性,555 定时器配以少量的元件即可获得较高精度的振荡频率和具有较强的功率输出能力。因此这种形式的多谐振荡器应用很广。

(3)组成占空比可调的多谐振荡器

电路如图 6.41 所示,它比图 6.40 所示电路增加了一个电位器和两个导引二极管。VD_1,VD_2 用来决定电容充、放电电流流经电阻的途径(充电时 VD_1 导通,VD_2 截止;放电时 VD_2 导通,VD_1 截止)。

占空比为:

$$P = \frac{t_{w1}}{t_{w1} + t_{w2}} \approx \frac{0.7R_AC}{0.7C(R_A + R_B)} = \frac{R_A}{R_A + R_B}$$

可见,若取 $R_A = R_B$ 电路即可输出占空比为 50% 的方波信号。

(4)组成占空比连续可调并能调节振荡频率的多谐振荡器

电路如图 6.42 所示。对 C_1 充电时,充电电流通过 R_1,D_1,R_{W2} 和 R_{W1};放电时通过 R_{W1},

R_{W2}，D_2，R_2。当 $R_1 = R_2$，R_{W2} 调至中心点，因充放电时间基本相等，其占空比约为 50%，此时调节 R_{W1} 仅改变频率，占空比不变。如 R_{W2} 调至偏离中心点，再调节 R_{W1}，不仅振荡频率改变，而且对占空比也有影响。R_{W1} 不变，调节 R_{W2}，仅改变占空比，对频率无影响。因此，当接通电源后，应首先调节 R_{W1} 使频率至规定值，再调节 R_{W2}，以获得需要的占空比。若频率调节的范围比较大，还可用波段开关改变 C_1 的值。

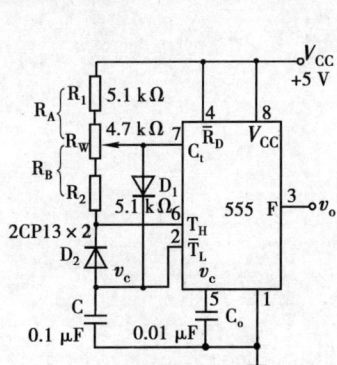

图 6.41　占空比可调的多谐振荡器　　　　图 6.42　占空比与频率均可调的多谐振荡器

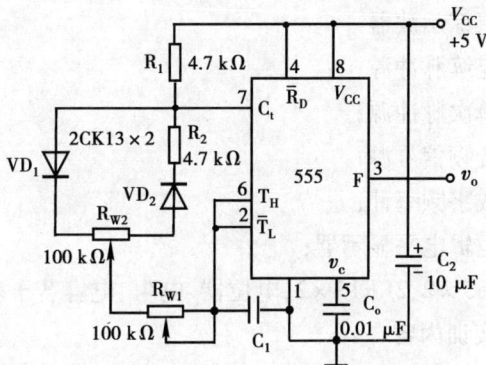

（5）组成施密特触发器

电路如图 6.43 所示，只要将脚 2，6 连在一起作为信号输入端，即得到施密特触发器。图 6.44 列示出了 v_s，v_i 和 v_o 的波形图。

设被整形变换的电压为正弦波 v_s，其正半波通过二极管 VD 同时加到 555 定时器的 2 脚和 6 脚，得 v_i 为半波整流波形。当 v_i 上升到 $\frac{2}{3}V_{CC}$ 时，v_o 从高电平翻转为低电平；当 v_i 下降到 $\frac{1}{3}V_{CC}$ 时，v_o 又从低电平翻转为高电平。电路的电压传输特性曲线如图 6.45 所示。

图 6.43　施密特触发器

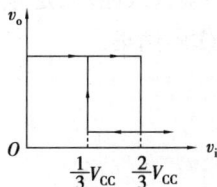

回差电压为：

$$\Delta V = \frac{2}{3}V_{CC} - \frac{1}{3}V_{CC} = \frac{1}{3}V_{CC}$$

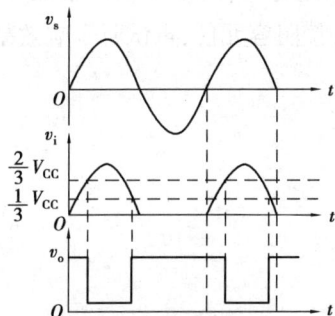

图 6.44　波形变换图　　　　　　　图 6.45　电压传输特性

【任务实训】

1）工具及元器件准备

① +5 V 直流电源；

② 双踪示波器

③ 连续脉冲源；

④ 单次脉冲源；

⑤ 音频信号源；

⑥ 数字频率计；

⑦ 逻辑电平显示器；

⑧ 555 ×2,2CK13 ×2,电位器、电阻、电容若干。

2）实训内容

（1）单稳态触发器

①按图 6.39 连线,取 $R = 100$ kΩ, $C = 47$ μF,输入信号 v_i 由单次脉冲源提供,用双踪示波器观测 v_i, v_c, v_o 波形。测定幅度与暂稳时间。

②将 R 改为 1 kΩ, C 改为 0.1 μF,输入端加 1 kHz 的连续脉冲,观测波形 v_i, v_c, v_o,测定幅度及暂稳时间。

（2）多谐振荡器

①按图 6.40 所示接线,用双踪示波器观测 v_c 与 v_o 的波形,测定频率。

②按图 6.41 所示接线,组成占空比为 50% 的方波信号发生器。观测 v_c, v_o 波形,测定波形参数。

③按图 6.42 所示接线,通过调节 R_{W1} 和 R_{W2} 来观测输出波形。

（3）施密特触发器

按图 6.43 所示接线,输入信号由音频信号源提供,预先调好 v_s 的频率为 1 kHz,接通电源,逐渐加大 v_s 的幅度,观测输出波形,测绘电压传输特性,算出回差电压 ΔU。

（4）模拟声响电路

按图 6.46 所示接线,组成两个多谐振荡器,调节定时元件,使 Ⅰ 输出较低频率,Ⅱ 输出较高频率,连好线,接通电源,试听音响效果。调换外接阻容元件,再试听音响效果。

3）实训报告

①绘出详细的实验线路图,定量绘出观测的波形。

②分析、总结实验结果。

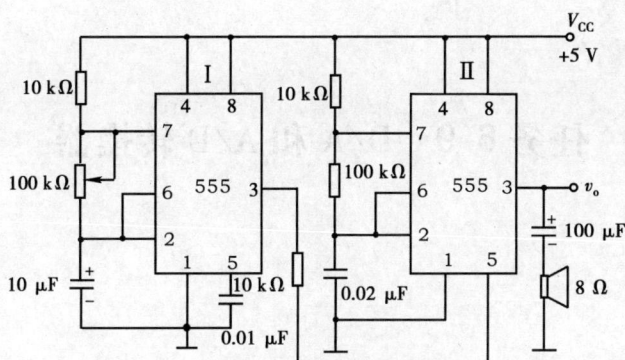

图 6.46　模拟声响电路

【考核评价标准】

表 6.29　考核评价标准表

项　目	内　容	分　值	考核要求	加分标准	得　分
实训态度	操作的积极性,遵守安全操作规程,纪律及卫生情况	10分	积极参加实训,遵守安全操作规程和劳动纪律,有良好的职业道德和团队精神	遵守安全操作规程加15分,其余酌情加分	
电路组装	在天煌数字实箱上完成电路组装	60分	元件布局规整,接线美观大方,符合电气控制要求,工艺符合要求	每处不合理扣10~15分	
电路测试	利用相关仪器仪表测试	20分	能够熟练使用各仪表	操作不熟练扣10分,不会使用仪表扣20分	
安全文明生产	工位整理、操作规范、遵守车间纪律	10分	操作全过程中,不符合安全用电要求,立即停工并扣5~10分	不能够遵守安全规定酌情扣5~10分	
合计		100分	实训得分		

任务 6.9　D/A 和 A/D 转换器

【任务引入】

在现实生活中,人们经常需要观察、测量并记录的物理量,如温度、压力、速度、位移及浓度等,均属连续变化的模拟量。若将它们转换成数字量后,便可利用数字技术,特别是电脑技术进行处理,就能快速而准确地取得结果。在某些场合下,还需将所得结果先反转换为其他模拟量,再通过执行元件,以完成对某个物理量的控制作用。本任务将讨论 D/A,A/D 转换器的基本工作原理,基本结构及其典型应用。

【任务目标】

1. 了解 D/A 和 A/D 转换器的基本工作原理和基本结构。
2. 掌握大规模集成 D/A 和 A/D 转换器的功能及其典型应用。

【任务相关理论基础知识】

在数字电子技术的很多应用场合往往需要把模拟量转换为数字量,称为模/数转换器(A/D 转换器,简称 ADC);或把数字量转换成模拟量,称为数/模转换器(D/A 转换器,简称 DAC)。完成这种转换的线路有多种,特别是单片大规模集成 A/D,D/A 转换器问世,为实现上述的转换提供了极大的方便。使用者可借助于手册提供的器件性能指标及典型应用电路,即可正确使用这些器件。本实验将采用大规模集成电路 DAC0832 实现 D/A 转换,ADC0809 实现 A/D 转换。

1)D/A 转换器 DAC0832

DAC0832 是采用 CMOS 工艺制成的单片电流输出型八位数/模转换器,如图 6.47 所示。器件的核心部分采用倒 T 形电阻网络的八位 D/A 转换器,如图 6.48 所示。它是由倒 T 形 R-2R 电阻网络、模拟开关、运算放大器和参考电压 V_{REF} 4 个部分组成。

运放的输出电压为:

$$V_o = \frac{V_{REF} \cdot R_f}{2^n R}(D_{n-1} \cdot 2^{n-1} + D_{n-2} \cdot 2^{n-2} + \cdots + D_0 \cdot 2^0)$$

由上式可见,输出电压 V_o 与输入的数字量成正比,这就实现了从数字量到模拟量的转换。

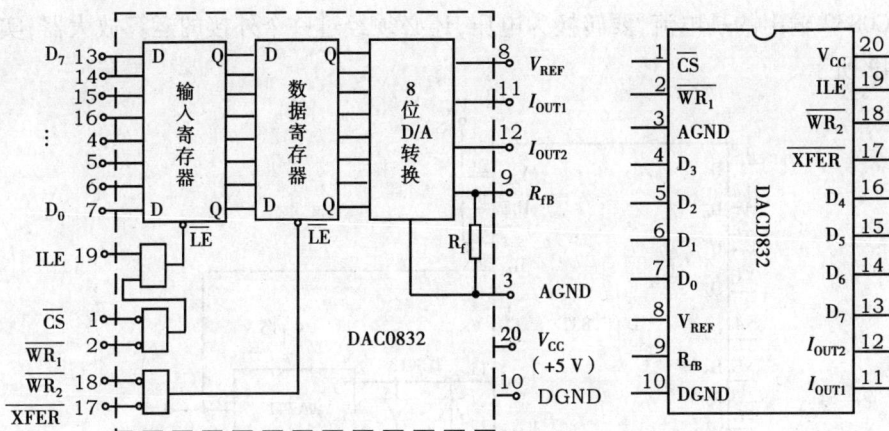

图 6.47 DAC0832 单片 D/A 转换器逻辑框图和引脚排列

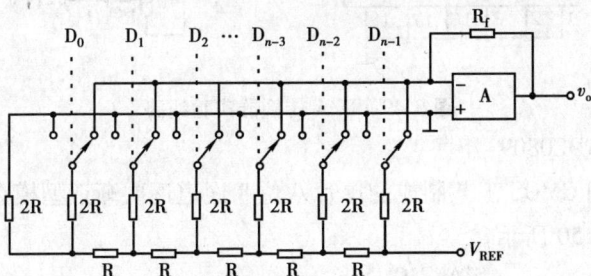

图 6.48 倒 T 形电阻网络 D/A 转换电路

一个八位的 D/A 转换器,它有 8 个输入端,每个输入端是八位二进制数的一位,有一个模拟输出端,输入可有 $2^8 = 256$ 个不同的二进制组态,输出为 256 个电压之一,即输出电压不是整个电压范围内任意值,而只能是 256 个可能值。

DAC0832 的引脚功能说明如下:

$D_0 \sim D_7$:数字信号输入端。

ILE:输入寄存器允许,高电平有效。

$\overline{CS}$:片选信号,低电平有效。

$\overline{WR_1}$:写信号 1,低电平有效。

$\overline{XFER}$:传送控制信号,低电平有效。

$\overline{WR_2}$:写信号 2,低电平有效。

I_{OUT1},I_{OUT2}:DAC 电流输出端。

R_{fB}:反馈电阻,是集成在片内的外接运放的反馈电阻。

V_{REF}:基准电压$(-10 \sim +10)$V。

V_{CC}:电源电压$(+5 \sim +15)$V。

AGND:模拟地	可接在一起使用
NGND:数字地	

DAC0832 输出的是电流,要转换为电压,还必须经过一个外接的运算放大器,实验线路如图 6.49 所示。

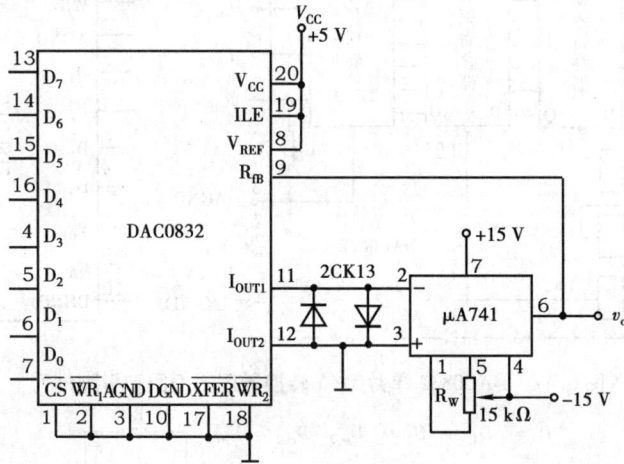

图 6.49 D/A 转换器实验线路

2)A/D 转换器 ADC0809

ADC0809 是采用 CMOS 工艺制成的单片八位 8 通道逐次渐近型模/数转换器,其逻辑框图及引脚排列如图 6.50 所示。

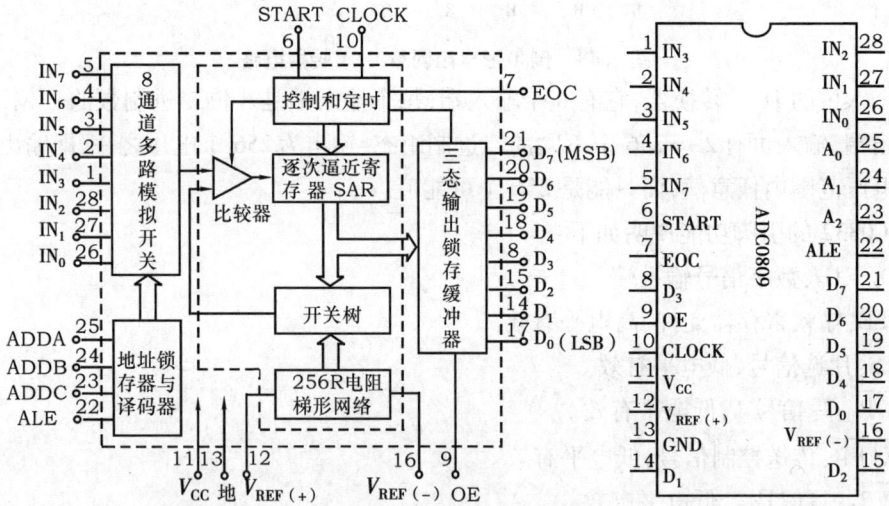

图 6.50 ADC0809 转换器逻辑框图及引脚排列

器件的核心部分是八位 A/D 转换器,它由比较器、逐次渐近寄存器、D/A 转换器及控制和定时 5 部分组成。

ADC0809 的引脚功能说明如下:

$IN_0 \sim IN_7$:8 路模拟信号输入端。

A_2,A_1,A_0:地址输入端。

ALE:地址锁存允许输入信号,在此脚施加正脉冲,上升沿有效,此时锁存地址码,从而选通相应的模拟信号通道,以便进行 A/D 转换。

START:启动信号输入端,应在此脚施加正脉冲,当上升沿到达时,内部逐次逼近寄存器复位,在下降沿到达后,开始 A/D 转换过程。

EOC:转换结束输出信号(转换结束标志),高电平有效。

OE:输入允许信号,高电平有效。

CLOCK(CP):时钟信号输入端,外接时钟频率一般为 640 kHz。

V_{CC}: +5 V 单电源供电。

$V_{REF(+)}$、$V_{REF(-)}$:基准电压的正极、负极。一般 $V_{REF(+)}$ 接 +5 V 电源,$V_{REF(-)}$ 接地。

$D_7 \sim D_0$:数字信号输出端。

(1)模拟量输入通道选择

8 路模拟开关由 A_2,A_1,A_0 三地址输入端选通 8 路模拟信号中的任何一路进行 A/D 转换,地址译码与模拟输入通道的选通关系见表 6.30。

表 6.30

被选模拟通道　　道		IN_0	IN_1	IN_2	IN_3	IN_4	IN_5	IN_6	IN_7
	A_2	0	0	0	0	1	1	1	1
地址	A_1	0	0	1	1	0	0	1	1
	A_0	0	1	0	1	0	1	0	1

(2)D/A 转换过程

在启动端(START)加启动脉冲(正脉冲),D/A 转换即开始。如将启动端(START)与转换结束端(EOC)直接相连,转换将是连续的,在使用这种转换方式时,开始应在外部加启动脉冲。

【任务实训】

1)工具及元器件准备

① +5 V、±15 V 直流电源;

②双踪示波器;

③计数脉冲源;

④逻辑电平开关;

⑤逻辑电平显示器;

⑥直流数字电压表;

⑦DAC0832、ADC0809、μA741、电位器、电阻、电容若干。

2)实验内容

(1)D/A 转换器-DAC0832

①按图 6.49 所示接线,电路接成直通方式,即 $\overline{CS}$,$\overline{WR_1}$,$\overline{WR_2}$,$\overline{XFER}$ 接地;ALE,V_{CC},V_{REF}

接 +5 V 电源;运放电源接 ±15 V;$D_0 \sim D_7$ 接逻辑开关的输出插口,输出端 v_o 接直流数字电压表。

②调零,令 $D_0 \sim D_7$ 全置零,调节运放的电位器使 μA741 输出为零。

③按表 6.31 所列的输入数字信号,用数字电压表测量运放的输出电压 V_0,并将测量结果填入表中,并与理论值进行比较。

表 6.31

输入数字量								输出模拟量 v_o/V
D_7	D_6	D_5	D_4	D_3	D_2	D_1	D_0	$V_{CC} = +5$ V
0	0	0	0	0	0	0	0	
0	0	0	0	0	0	0	1	
0	0	0	0	0	0	1	0	
0	0	0	0	0	1	0	0	
0	0	0	0	1	0	0	0	
0	0	0	1	0	0	0	0	
0	0	1	0	0	0	0	0	
0	1	0	0	0	0	0	0	
1	0	0	0	0	0	0	0	
1	1	1	1	1	1	1	1	

(2)A/D 转换器-ADC0809

按图 6.51 所示接线。

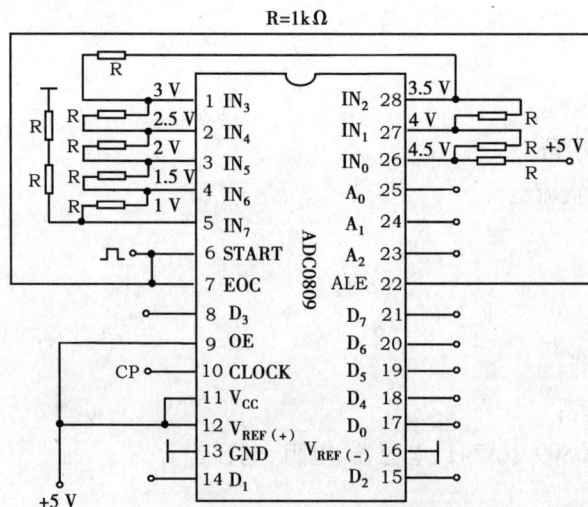

图 6.51 ADC0809 实验线路

①8 路输入模拟信号 1 ~ 4.5 V,由 + 5 V 电源经电阻 R 分压组成;变换结果 D_0 ~ D_7 接逻辑电平显示器输入插口,CP 时钟脉冲由计数脉冲源提供,取 $f = 100$ kHz;A_0 ~ A_2 地址端接逻辑电平输出插口。

②接通电源后,在启动端(START)加一正单次脉冲,下降沿一到即开始 A/D 转换。

③按表 6.32 的要求观察,记录 IN_0 ~ IN_7 8 路模拟信号的转换结果,并将转换结果换算成十进制数表示的电压值,并与数字电压表实测的各路输入电压值进行比较,分析误差原因。

表 6.32

被选模拟通道	输入模拟量	地 址			输出数字量								
IN	v_i/V	A_2	A_1	A_0	D_7	D_6	D_5	D_4	D_3	D_2	D_1	D_0	十进制
IN_0	4.5	0	0	0									
IN_1	4.0	0	0	1									
IN_2	3.5	0	1	0									
IN_3	3.0	0	1	1									
IN_4	2.5	1	0	0									
IN_5	2.0	1	0	1									
IN_6	1.5	1	1	0									
IN_7	1.0	1	1	1									

3)实训报告

整理实验数据,分析实验结果。

【考核评价标准】

表 6.33 考核评价标准表

项 目	内 容	分 值	考核要求	加分标准	得 分
实训态度	操作的积极性,遵守安全操作规程,纪律及卫生情况	10 分	积极参加实训,遵守安全操作规程和劳动纪律,有良好的职业道德和团队精神	遵守安全操作规程加 15 分,其余酌情加分	
电路组装	在天煌数字实箱上完成电路组装	60 分	元件布局规整,接线美观大方符合,电气控制要求,工艺符合要求	每处不合理扣 10 ~ 15 分	

续表

项　目	内　容	分　值	考核要求	加分标准	得分
电路测试	利用相关仪器仪表测试	20分	能够熟练使用各仪表	操作不熟练扣10分,不会使用仪表扣20分	
安全文明生产	工位整理、操作规范、遵守车间纪律	10分	操作全过程中,不符合安全用电要求立即停工并扣5~10分	不能够遵守安全规定酌情扣5~10分	
合计		100分	实训得分		

项目 7

电子技术综合应用

●项目思考讨论

    电子技术技能训练的任务是使学生具备作为在电子与信息技术领域生产、服务、技术和管理第一线工作的高素质劳动者和中高级专门人才必须的基本知识、基本技能和初步的职业技能,为学生学习专业知识,增强适应职业变化能力打下一定的基础。

    通过技能训练,学生应能了解电子产品设计与制作的一般过程,同时通过本门课程的学习和技能训练,学生应能够处理生产生活中的问题,如家庭功放、门铃、稳压电源、人体感应水龙头(照明灯)、通信设备和电子秒表等的设计与制作。

●项目实践意义

    电子技术课程是一门实践性很强的学科,学习电子技术的目的就是能对简单电子产品进行设计、制作和维护。本项目旨在通过进一步技能训练,学生应能了解电子产品设计与制作的一般过程和在电子产品中的实践锻炼,让学生更加熟练掌握电子技术技能。

●项目学习目标

学生能应用相关知识自己动手设计制作并安装门铃电路、电脑音频功率放大器设计和自动门电路等的制作与安装。

●项目任务分解

项目主要从模拟电子电路的一些高阶应用入手介绍常用电子电路的设计与制作,逐步讲解数字电路的应用。首先讲解模拟知了声多谐振荡电路安装与制作,了解振荡电路的理论知识与设计要点,其次介绍一些常用模拟电路如音乐门铃、音频功率放大器、红外线自动感应水龙头等,最后介绍数字电路的应用。

任务 7.1 模拟"知了"声电路设计、制作和安装调试

【任务引入】

随着电子技术的发展,脉冲与数字电路被广泛应用于计算机、工业自动化、通信、航天等高科技领域。而多谐振荡器、单稳态电路、双稳态电路、施密特触发器、门电路、数字触发器以及计数器等内容。课题设计坚持"以就业为导向,以能力为本位"的职业教育发展方向,在自主学习和"行为导向教学法"的思想指导下,以学生为中心,适应了技工学校电气、电子及相关专业学生普遍存在动手能力强这一特点。

在数字电路中,多谐振荡器广泛用作信号源,将多谐振荡器与其他单元电路组合,可做成许多实用电路和趣味电路。因此多谐振荡器的制作与分析是本次任务设计的重点,也是本教材的重点。模拟"知了"声电路由多谐振荡器与音频振荡电路两个比较典型的单元电路组成,是一项综合性的实训内容。该电路集声光于一体,趣味性强,又贴近学生生活实际,而且成功率高,能极大地激发学生的学习兴趣。

【任务目标】

1. 了解多谐振荡器的原理。
2. 学会设计简单多谐振荡器的设计方法和注意事项。
3. 了解音频振荡器的原理。
4. 了解分立元件多谐振荡组成及原理。
5. 掌握电路焊接要点、基本注意事项、软件绘图及综合调试方法。
6. 理解多谐振荡器的工作原理和振荡频率的改变方法。

【任务相关理论基础知识】

把模拟"知了"声电路的制作看成是一个在教师指导下由学生独立完成的项目。根据学生实际及模拟"知了"声电路教学任务,师生一起把该项目的实施过程精心设计成 6 个环节,每位同学必须独立完成项目。同时,又把全班学生分成 6 个小组,每小组负责一个环节的组织协调工作。项目实施的 6 个环节如图 7.1 所示。

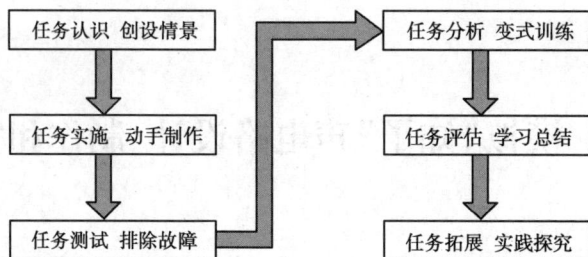

图 7.1　任务设计思路

1）任务认识　创设情景

第一小组同学在教师的指导下把第一环节分 2 步进行。

（1）在优美的音乐声中让学生欣赏三幅动画

三幅形象、生动、逼真的 FLASH 动画（会眨眼的小熊猫、轮流闪烁的装饰灯、会变光变音的救护车），从中引导学生关注这些实例灯光和声音变化，让学生理解振荡的概念及了解振荡电路在实际生活中的应用。

（2）电路实物展示并进行功能演示

展示轮流闪烁的三组彩灯电路和模拟"知了"声电路并进行演示，在演示过程中让全体同学知道振荡电路的作用及本次实训课的训练项目——模拟"知了"声电路的制作，如图 7.2 所示。

图 7.2　课件展示不断振荡闪烁的生活现象

通过电子作品的展示，进一步吸引学生的眼球，激发学生的学习兴趣和动手做的欲望，使学生尽快进入学习状态，为项目制作做好充分的准备。

这一环节让同学们看一看，认一认，主要解决"做什么"的问题。

2）任务实施：动手制作（测一测，做一做）

第二小组同学在教师的指导下把第二环节分三步进行。

（1）展示电路实物图和原理图

让学生通过实物图和原理图了解电路的结构和组成。

①对照实物图，识别元器件。（课件演示）

②对照原理图，弄懂各元器件符号及它们之间的连接关系。

采用的方法是学生问学生答，教师可适当提示，主要让学生掌握电路由哪几部分组成？

它有什么特点？以及有关电路结构性的知识,不当之处,由师生共同补充,让学生在动手制作前对所要制作电路的结构有初步的认识和了解。

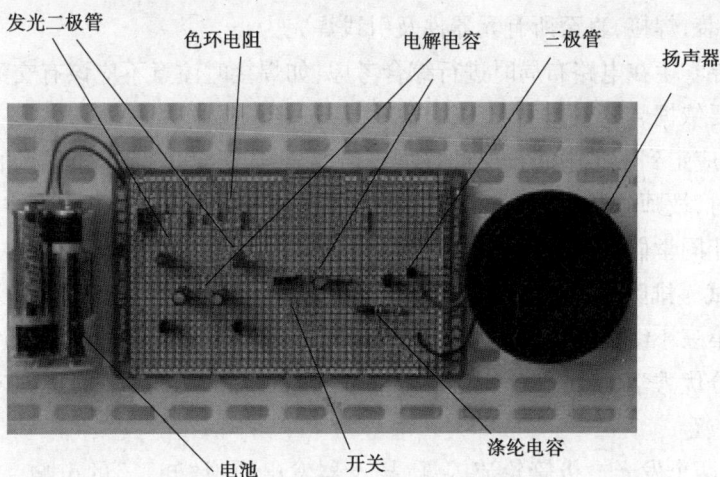

图 7.3 制作好的模拟"知了"声工件展示图

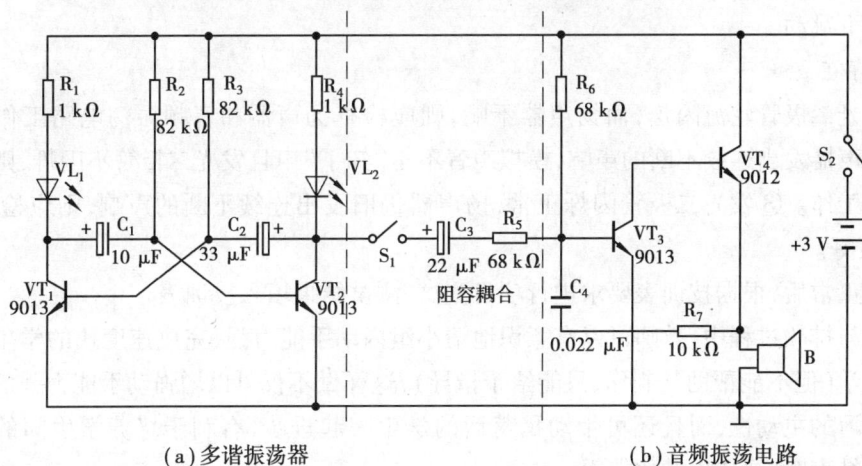

图 7.4 模拟"知了"声电路原理图

(2)元器件的识别与检测

元器件的识别与检测是电子技能训练中的一个重要环节,为了让同学较好地掌握元器件识别与检测方法,务必在课堂中进行一定的练习。第二小组的同学在教师的指导下设计了以下 6 个问题。

①色环电阻器如何识读?

②电解电容器的工作极性如何判别? 质量好坏如何检测?

③涤纶电容器的容量怎么识读?

④发光二极管的正负极性如何判别?

⑤三极管的管脚与类型怎样判断?

⑥扬声器的极性如何判别? 如何测试直流电阻值?

（3）电路的安装与制作

学生对元器件识别与检测完毕后，根据要求及已有的实践经验，在万能电路板上进行元器件的布局、安装、焊接，直至所有元器件及引线焊完为止。

教师要引导学生在电路布局时进行综合考虑，如焊接时注意不应该有交叉的连接导线；元器件的安装要依据装配工艺要求正确合理、规范一致等。

此时，教师应走到学生中间，进行巡视，分别指导，真正起咨询者、指导者的作用。

出现问题时，教师应及时引导学生自行解决问题，以达到学生对知识自主建构的目的。

这一环节让同学们主要解决"怎么做"的问题。

3）任务测试　排除故障（试一试，查一查）

本环节由第三小组同学负责。这一环节是电子实训课的重点，也是难点。开始时可先由教师指导部分优秀学生，待部分优秀学生基本掌握以后，再由他们指导第三小组同学。

（1）正常情况

接通电源，两个发光二极管轮流闪烁，扬声器发出模拟"知了"的声响。用万用表检测 VT_2 的集电极电位，现象：万用表指针来回偏转；用示波器观察 VT_2 的集电极电位，现象：直流电位上下跳动。

（2）存在故障

①发光二极管轮流闪烁，而扬声器不响，则应检查扬声器和音频振荡电路工作是否正常。②扬声器发出连续不断的声响，模拟声音不是"知了"声且发光二极管不闪烁，则是多谐振荡器不工作。③发光二极管闪烁正常，扬声器仍旧发出连续不断的声响，则应检查 C_3 和 R_5 是否良好。

电路正常后，根据技训表要求进行项目测试，测试结果填入技训表。

测试与排故过程中，教师可以有意识地请小组内动手能力强、完成速度快的学生指导未完成的同学（但不能帮助其制作，只能给予指导），这样做不仅可以增强动手能力强的学生自信心和学习的主动性，而且还可带动稍落后的学生一起进步，有利于培养学生间的深厚感情。在课结束时，评选出排故能手。

这一环节让同学们主要解决"如何测试与排故"的问题。

4）项目分析　变式训练（想一想，练一练）

本环节涉及电路的工作原理，是电子实训课的一个难点。第四小组同学在教师的指导下把这一环节分为两步。

（1）电路原理分析

项目完成以后，学生已有了一定的感性认识，此时应抓住机会，合理、巧妙地设置一些低起点的直观性和实践性问题，消除学生对于工作原理的恐惧和排斥心理，让学生在分析直观现象和实践性问题的过程中，理解电路的工作原理和工作过程。让学生不仅知其然，而且也知其所以然。

第四小组同学在教师的指导下设计了以下5个问题：

①整个电路由哪几部分组成？分别是什么电路？

②VL_1,VL_2亮,分别代表哪个三极管导通? VL_2亮时,VT_2的集电极电位是高电平还是低电平? 为什么?

③VT_1,VT_2两个三极管如何工作?

④电容C_1,C_2两端的电压如何变化? 它们各自有哪些特性?

⑤请说说多谐振荡器的工作过程。

同时,用FLASH动画直观演示振荡电路的工作原理,进一步降低学生理解的难度。

(2)变式训练

为进一步巩固对电路工作原理的理解,特设置以下一些实践性问题进行变式训练。

①改变C_1电容的值,可改变"知了"声响间隔时间。把C_1换成33 μF/10V电容,再通电时又听到"知了"声,比较前后两次声音有何变化?

②C_3和R_5在电路中是将前级振荡信号耦合至后级。断开开关S_1,前后级各自振荡,VL_1,VL_2正常闪烁,扬声器会发出怎样的叫声? 为什么?

③多谐振荡器的频率与哪些元件有关?

这一环节让同学们主要解决"为什么"的问题。

5)任务评估　学习总结(评一评,说一说)

第五小组同学负责项目评估、学习总结这一环节。

(1)项目评估

主要以自评与互评相结合的方式进行。项目完成以后,每位学生先对自己的作品进行评价,主要从元器件的排列、焊接技术、走线的合理性和总体布局等方面进行评价。然后在小组内互评,每小组各自评选出一致认为比较有代表性的2~3件作品。之后,请获选作品的学生在班内进行展示与交流,讲解其作品的特点,以达到组与组之间进行交流、同学之间互相学习及共同提高的目的。教师要对典型作品进行讲解,肯定成绩,同时指出作品中存在的问题,最后在讨论的基础上,师生共同评选出全班优秀作品。

(2)学习总结

请每小组的代表总结在制作过程中出现的故障及检查与排除这些故障的经验与方法,接着教师作总结。作为教师总结时主要肯定学生们的成绩和进步,如某些同学电路的一次成功、焊接技术的提高、元件布局的进步、速度的加快、帮助其他同学的行为等都应给予及时表扬,哪怕是一句鼓励的话,以激发学生学习与创作的热情,同时应指出一些需要改进的地方,如元器件位置摆放问题、布局问题等。最后,师生共同评选出全班排故能手。

通过自评与互评,师生、学生之间达到互相交流、学习的目的;通过总结,培养学生分析能力和自我反思能力,让每位学生看到自己与他人的优点与不足,在今后的制作过程中不断改进。

这一环节让同学们主要解决"做得怎么样,学得怎么样"的问题。

6)任务拓展　实践探究(找一找,探一探)

为了让学生对所学知识进行拓展和应用,提高学生的创新设计能力,第六小组同学在教师的指导下共同设计了以下3个问题:

①请同学们想一想振荡电路在生活中还有哪些应用?

②请同学们找一找还有哪些形式的振荡电路?（如与非门、555 振荡等）

③请每小组的同学课后通过上网、到阅览室查阅资料及自行设计等方式提供 1～2 个多谐振荡器的应用电路。要求:画出电路原理图;简述其工作过程;做成实物。

这一环节让同学们主要解决"知识拓展应用,创新设计"的问题。

本文所采用的项目教学法是在教师的引导和指导下,师生共同把需要完成的项目任务(即功能电路的制作与调试)精心设计成可供学生实际操作的 6 个步骤,让学生的学习过程一步一步按程序进行,旨在让学生在学习的过程中掌握电子专业技能的学习方法和技巧,学会学习,培养多方面的能力,重在凸显学生的主体地位,激发学生的学习兴趣,培养学生的主体精神,提高学生的自主学习能力,提升学生的电子专业技能水平,同时也提升教师自身的综合素质,本文所采取的项目教学法值得推广。

7）任务原理分析(学一学,进一步)

电路由 VT_1,VT_2 两晶体三极管及 R_1,R_2,R_3,R_4,C_1,C_2,VL_1,VL_2 等阻容元件和发光二极管构成多谐振荡器。输出信号从开关 S_1 通过电容器 C_3、电阻 R_5 送到 VT_3 管的基极。VT_3,VT_4 管以及 R_6,R_7,C_4 和扬声器等组成一音频振荡器,其振荡频率由 R_7,C_4 的数值决定并受多谐振荡器输出电压控制。当 VT_2 管由导通变为截止时,B 点电压由低电平迅速变高电平,这一正跳变脉冲加到 VT_3 管的基极和发射极之间,使 VT_3 管正偏压增大,音频振荡频率增高;反之,当 VT_2 管由截止变为导通时,使 VT_3 管正偏压减小,音频振荡频率变低。于是这一频率高低变化的音频信号经过扬声器后,即可发出连续不断的"知了"声音,发光二极管也是同时闪烁,增加动态美感。

【任务装配与调试】

1）器材准备

(1)基本工具准备(见表 7.1)

表 7.1

工具材料	图　片	数　量
基本电工工具 (无线电工具)准备		6

续表

工具材料	图 片	数 量
焊接材料	 	若干
连接导线和印刷板准备	 	2
焊接练习元件	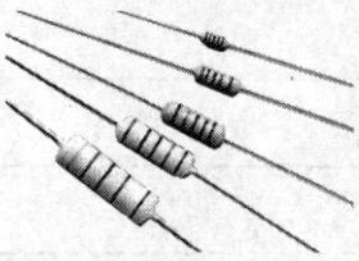  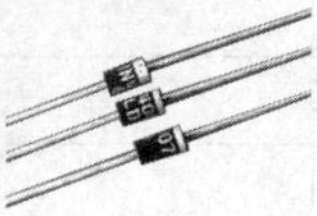	5 个电阻、1 个电容，4 个二极管

（2）本任务元器件准备清单（见表 7.2）

表 7.2

序 号	元件名称	型 号	数 量	备 注
1				
2				
3				
4				
5				
6				
7				
8				
9				
10				
11				
12				
13				
14				
15				

续表

序　号	元件名称	型　号	数　量	备　注
16				
17				
18				

（3）图纸分析

本电路原理图如图 7.4 所示，该电路由多谐振荡器和音频振荡器组成。在此具体原理不再赘述。请同学们自己分析并将结果填写如下。

_____

_____

_____

_____

（4）安装指导

本电路安装遵循前述安装方法，先安装小的元件电阻、二极管、电容再安装集成电路，完成下面工艺表的编制。完成表 7.3 的装配工艺卡片内容。

表 7.3　装配工艺卡

描述		装配工艺过程卡片		工序名称		产品图号
				插件		PCB. 20120628
	序号（位号）	装入件及辅助材料代号、名称、规格		数量	工艺要求	工装名称
		代号、名称	规　格			
						镊子、斜口钳、电烙铁等常用装接工具
	以上各元器件插装顺序是：					

【任务实训】

1）**实物安装及调试指导**

根据原理图7.4对变音门铃电路进行安装焊接。

2）**技能考核评分标准**

要求：在电路板上所焊接的元器件的焊点大小适中，无漏、假、虚、连焊，焊点光滑、圆润、干净、无毛刺；引脚加工尺寸及成型符合工艺要求；导线长度、剥头长度符合工艺要求，芯线完好，捻头镀锡。

评分参考：非SMT（贴片）焊接工艺按下面标准分级评分。

①A级：所焊接的元器件的焊点适中，无漏、假、虚、连焊，焊点光滑、圆润、干净，无毛刺，焊点基本一致，引脚加工尺寸及成型符合工艺要求；导线长度、剥头长度符合工艺要求，芯线完好，捻头镀锡。

②B级：所焊接的元器件的焊点适中，无漏、假、虚、连焊，但个别（1~2个）元器件有如下现象：有毛刺，不光亮，或导线长度、剥头长度不符合工艺要求，捻头无镀锡。

③C级：3~5个元器件有漏、假、虚、连焊，或有毛刺，不光亮，或导线长度、剥头长度不符合工艺要求，捻头无镀锡。

④不入级：有严重（超过6个元器件以上）漏、假、虚、连焊，或有毛刺，不光亮，导线长度、剥头长度不符合工艺要求，捻头无镀锡。

3）**实训报告**

按要求完成实训报告。

4）**任务总结**

表7.4　任务总结表

项　目	存在的问题及收获	备　注
实训任务收获	例：实践后才能明白其个中滋味。本次实践，通过组装、调试制作套件使我们增强了动手能力。制作过程是一个考验人细心与耐心的过程，绘制电路图要仔细，PCB板电路图的导入要严格按步骤进行，对电路进行波形仿真分析，在制作过程中也使我们熟悉了Protel 99 SE的基本应用 这次开发这个硬件项目，基于学校给的部分资料进行，应学校的要求而实现具体功能，提高系统某方面能力的需要。但作为一个硬件系统的设计者，未来的电子工程师，要主动去了解各个方面的需求，并且综合起来，提出最合适的硬件解决方案。高级方案未完成的原因也是我们平时对高频电子线路与电子技术基础的掌握不够问题，平时的认真学习加上最后的亲身实践才能最终带领我们走向电子设计的高峰	

续表

项　目	存在的问题及收获	备　注
实训任务完成情况		
实训存在的问题和需要改进的地方		
建议和意见		

任务7.2　变音门铃电路设计制作与安装调试

【任务引入】

本电路的主体是一块555时基电路集成块,整个电路由它和其他一些外围元件组成,工作原理是在触发后通过电容的充放电过程发出震荡信号,驱动扬声器发出"叮咚"的响声。

【任务目标】

1.了解555时基振荡电路的基本结构和工作原理。

2.掌握单稳态、双稳态和无稳压态的相关概念。

3.进一步熟练和提高电路装配技能。

4.掌握电路焊接要点、基本注意事项、软件绘图及综合调试方法。

【任务相关理论基础知识】

7.2.1　系统设计功能描述

变音门铃制作简单,成本低廉,电路主要是以一块555时基电路为核心组成的双音门铃,它在触发后能发出"叮咚"的声响。

7.2.2 系统设计

1)电路总体设计

门铃电路设计框图如图7.5所示。

图7.5 门铃电路设计思想图

2)电路原理图

根据以上总体设计框图,绘制出如图7.6所示的电路图。

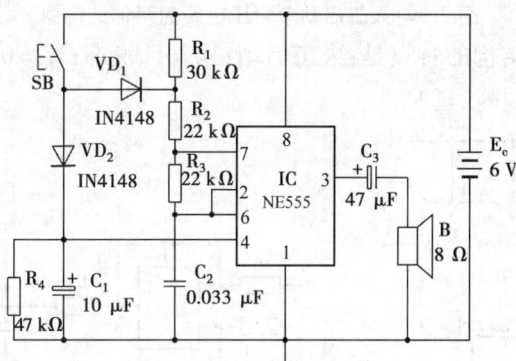

图7.6 变音门铃电路原理图

3)电路设计及图纸原理分析

我们知道,555电路在应用和工作方式上一般可归纳为3类。每类工作方式又有很多个不同的电路。

在实际应用中,除了单一品种的电路外,还可组合出很多不同电路,如多个单稳、多个双稳、单稳和无稳、双稳和无稳的组合等。这样一来,电路变的更加复杂。为了便于分析和识别电路,更好地理解555电路,这里按555电路的结构特点进行分类和归纳,把555电路分为3大类、8种、共18个单元电路。每个电路除画出它的标准图形,指出它们的结构特点或识别方法外,还给出了计算公式及它们的用途。方便大家识别、分析555电路。下面将分别介绍这3类电路。

①单稳类电路。单稳工作方式,可分为人工启动单稳电路和压控振荡器两种,如图7.7所示。

第1种(见图7.7)是人工启动单稳,又因为定时电阻定时电容位置不同而分为两个不同的单元,并分别以(a)和(b)为代号。它们的输入端的形式,也就是电路的结构特点,即"RT.6.2.CT"和"CT.6.2.RT"。

图(a)RT.6.2.CT结构的特点是:人工启动,$V_0 = 0$,稳态;$V_0 = 1$,暂稳态(t_d);公式 $t_d = 1.1RT * CT$;主要用途:定时、延时;

（a）RT.6.2CT结构　　　　（b）CT.6.2RT结构

图7.7　人工启动单稳压电路的两种结构图

图（b）CT.6.2.RT 结构的特点是：人工启动，$V_0 = 1$，稳态；$V_0 = 0$，暂稳态（t_d）；公式 $t_d = 1.1RT * CT$；主要用途：定时、延时；

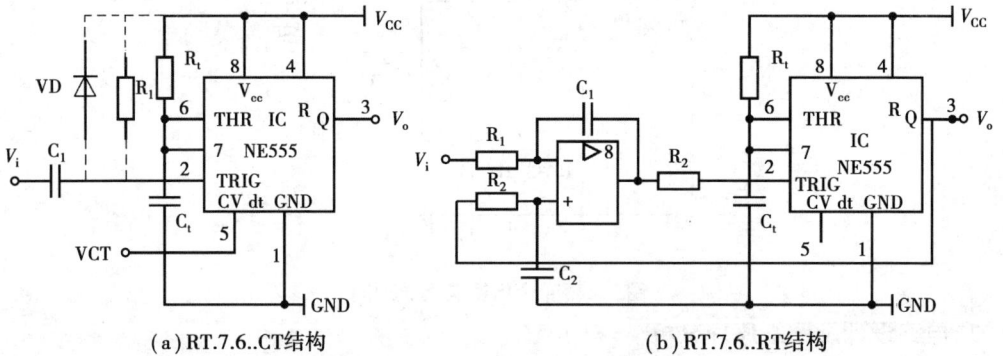

（a）RT.7.6..CT结构　　　　（b）RT.7.6..RT结构

图7.8　压控振荡器单稳压电路

第2种（见图7.8）是压控振荡器。单稳型压控振荡器电路有很多，都比较复杂。为简单起见，我们只把它分为两个不同的单元。不带任何辅助器件的电路如图7.8（a）所示；使用晶体管、运放放大器等辅助器件的电路如图7.8（b）所示。

图（a）特点是：RT.7.6..CT 结构；输入端加入调制脉冲，在5端加入调制信号 V_{ct}；主要用途：脉宽调制、压频变化、A/D 变换等；别名：PWM 系统。

图（b）特点是：RT.7.6..CT 结构，输入带 VT$_1$，运放等辅助器件；主要用途：脉宽调制、压频变化、A/D 变换等；别名：VFC 系统。

②双稳类电路。这里将对555 双稳电路工作方式进行总结、归纳。555 双稳电路可分为触发器电路和施密特触发器电路两种。

第1种（见图7.9）是触发电路，有双端输入（a）和单端输入（b）两个单元。单端比较器（a）可以是6端固定，2端输入；也可是2端固定，6端输入。

触发器的特点是：有 R 和 S 两个输入端，两输入阈值电压不同，输入无 C（电容）；用途：比较器、电子开关、检测电路、家电控制器等；别名：双限比较器、锁存器。

单端比较器的特点是：一端固定输入，也无输入 C；用途：比较器，电子开关，检测电路，家电控制器等;别名:检测比较器。

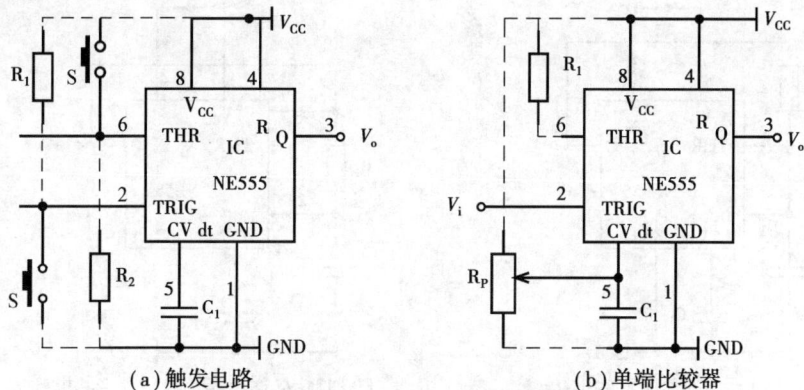

(a)触发电路   (b)单端比较器

图7.9 触发器和单端比较器型双稳电路

第2种(见图7.10)是施密特触发电路,有最简单形式的(a)和输入端电阻调整偏置或在控制端5加控制电压 V_{CT} 以改变阀值电压的(b)共两个单元电路。

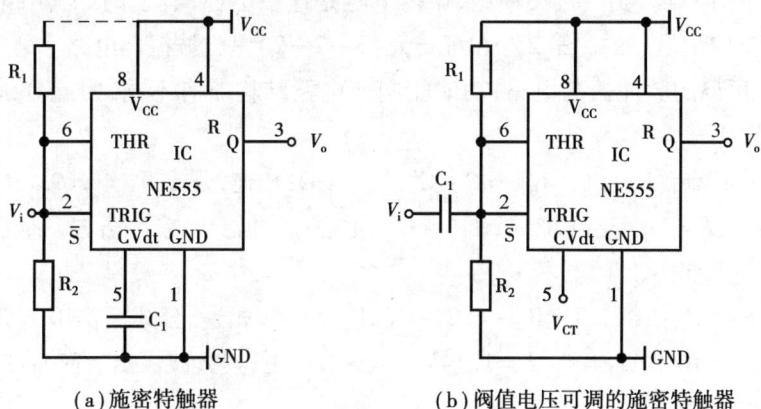

(a)施密特触发器   (b)阀值电压可调的施密特触发器

图7.10 施密特触发器原理图

双稳电路的输入端的输入电压端一般无定时电阻和定时电容。这是双稳工作方式的结构特点。图7.10(a)单元电路中的 C_1 只起耦合作用,R_1 和 R_2 起直流偏置作用。

图7.10(a)施密特触发器的特点:6.2端短接作输入,输入无C,有滞后电压 ΔV_i;用途:电子开关、监控告警、脉冲整形等;别名:滞后比较器、反相比较器。

图7.10(b)施密特触发器的特点:6.2端短接作输入,改变 R_1,R_2 的值或改变 V_{CT} 以调整阀值电压;用途:方波输出、脉冲整形。

③无稳类电路。第三类是无稳工作方式。无稳电路就是多谐振荡电路,是555电路中应用最广的一类。电路的变化形式也最多。为简单起见,也把它分为3种。

第1种(见图7.11)是直接反馈型,振荡电阻是连在输出端 V_o。

图7.11(a)的特点是:"R_A -6.2 - C"R_A 与 V_o 相连;公式:$T_1 = T_2 = 0.693 R_A * C$,$T = 0.722/R_A * C$;用途:方波输出,音响告警,电源变换等。

图7.11(b)的特点是:"7 - R_B -6.2 - C",7与 V_o 相连;公式:$T_1 = T_2 = 0.693 R_A * C$,$T =$

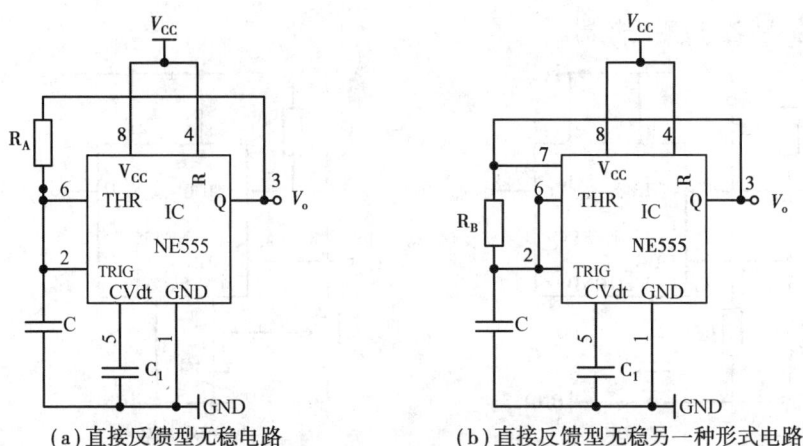

(a) 直接反馈型无稳电路 (b) 直接反馈型无稳另一种形式电路

图 7.11 直接反馈型无稳电路的两种形式

$0.722/R_A * C$;用途:方波输出,音响告警,电源变换等。

第 2 种(见图 7.12)是间接反馈型,振荡电阻是连在电源 V_{CC} 上的。其中第 1 个单元电路(3—2—1)是应用最广的。第 2 个单元电路(3—2—2)是方波振荡电路。第 3、4 个单元电路都是占空比可调的脉冲振荡电路,功能相同而电路结构略有不同,因此分别以 3—2—3a 和 3—2—3b 作代号。

图 7.12(a)特点:"$R_A - 7 - R_B - 6.2 - C$",R_A 与 V_{CC} 相连,公式:$T_1 = 0.693(R_A + R_B) * C$,$T_2 = 0.693R_B * C$,$F = 1.443/[(R_A + 2R_B) * C]$;用途:脉冲输出,音响告警,家电控制、电子玩具、检测仪器、电源变换、定时器等。

图 7.12(b)特点:"$R_A - 7 - R_B - 6.2 - C$",R_A 与 V_{CC} 相连,公式:$T_1 = 0.693R_A * C$,$T_2 = 0.693R_B * C$,$R_A = R_B$ 时 $T_1 = T_2$,$F = 1.443/(R_A * C)$;用途:方波输出,音响告警,家电控制、检测仪器、定时器等。

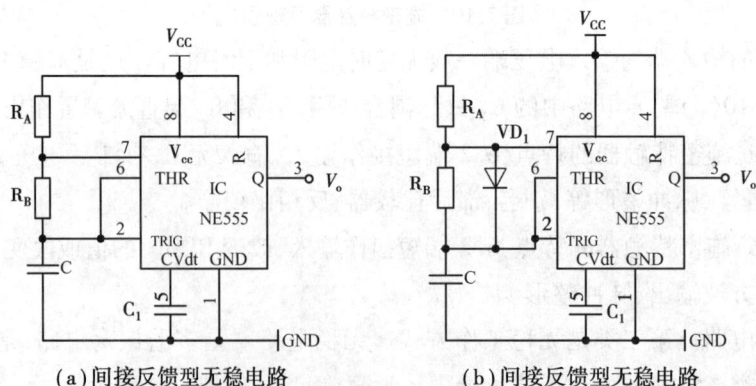

(a) 间接反馈型无稳电路 (b) 间接反馈型无稳电路

图 7.12 占空比不可调的无稳电路

图 7.13(a)特点:7 端和 6-2 端上下为 R_1 和 C,中间有 R 和 R_P 并联,$R_A = R + R_A'$,$R_B = R_2 + R_B'$,公式:$T_1 = 0.693R_A * C$,$T_2 = 0.693R_B * C$,$F = 1.443/[(R_A + R_B) * C]$;用途:脉冲输出,音响告警,家电控制、电子玩具、检测仪器、电源变换、定时器等。

（a）间接反馈型无稳电路　　　　（b）间接反馈型无稳电路

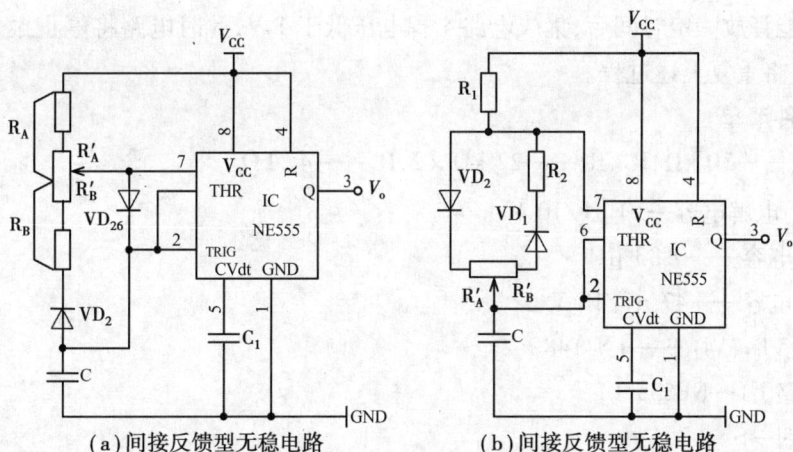

图7.13　占空比不可调的间接反馈型无稳电路（多谐振荡器）

图（b）特点：基本原理同图（a）所示。只是电路结构略有不同而已。

第3种（见图7.14）是压控振荡器。由于电路变化形式较复杂，为简单起见，只分成最简单的形式[见图（a）]和带辅助器件的[见图7.14（b）]两个单元。

无稳电路的输入端一般都有两个振荡电阻和一个振荡电容。只有一个振荡电阻的可以认为是特例。例如，图7.14（a）单元可以认为是省略 R_A 的结果。有时会遇上7,6,2三端并联，只有一个电阻 R_A 的无稳电路，这时可把它看成是图7.14（b）单元电路省掉 R_B 后的变形。

（a）无稳型VCO　　　　（b）带运放的无稳型VCO

图7.14　无稳型压控振荡器

以上归纳了555的3类8种18个单元电路，虽然它们不可能包罗所有555应用电路，俗话说：万变不离其宗，相信它对我们理解大多数555电路还是有帮助的。

4）电路设计及图纸原理分析

本电路是用NE555集成电路组成的多谐振荡器，如图7.14所示。当按下S，电源经过 VD_2 对 C_1 充电，当集成电路 U_1 的4脚（复位端）电压大于1 V时，电路振荡，扬声器中发出"叮"声。松开按钮S，C_1 电容储存的电能经 R_4 电阻放电，但集成电路4脚继续维持高电平而保持振荡，这是因 R_1 电阻接入振荡电路，振荡频率变低，使扬声器发出"咚"声。当 C_1 电容器上的电能释放一定时间后,集成电路4脚电压低于1 V,此时电路将停止振荡。再按一次按钮,电路将重复上述过程。

5)**元器件清单**

电阻:R_1——30 kΩ,R_2,R_3——22 kΩ×2,R_4——47 kΩ

电容:C_1 电解电容—10 μF/10 V

C_2 涤纶电容——0.33 μF

C_3 电解电容——47 μF/10 V

二极管:VD_1,VD_2——1N4148×2

集成电路 U1—NE555

门铃按钮—S

扬声器—B

电源——采用6 V 直流电源

6)**电路设计改进**

图 7.15 中在输出端加一个非门,对电路作了改进。并在一些元件参数上也作了适当调整。其中原理与前述设计电路基本没有什么变化。这个留给读者来作分析。

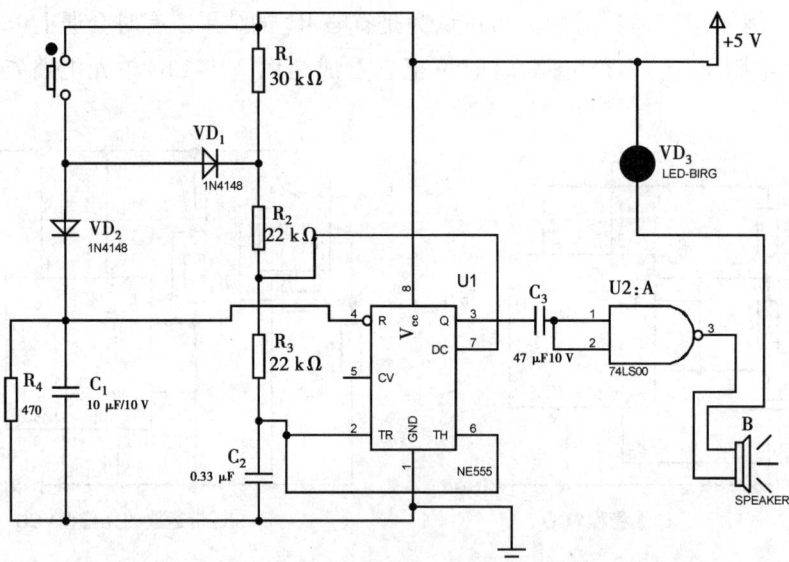

图 7.15 在输出端加入非门的改进型变音门铃电路

【任务装配与调试】

1)**电路仿真**

首先在计算机上用软件进行仿真,对不符合要求的地方进行修改,使电路能按照要求进行工作。

2）装配

①由于本电路装配非常简单，因此就可以根据电路原理图直接在万用 PCB 板上安装。先用数字集成测试仪测试 NE555 的好坏。

②整机装配完成后，必须仔细检查焊点和连线是否符合要求，每个元器件位置是否准确，电解电容的极性与图纸要求是否一致。经过检查无误后，方可将集成电路的4脚与电源相连，此时扬声器中有声音发出。

3）调试与检测

①按下 S 并调整 R_2，R_3 和 C_3 的数值可以改变声音的频率，C_2 的数值越小频率越高。断开 S，调整 R_1 的阻值，使扬声器中发出"咚"声。

②变声门铃余音的长短，由 C_1，R_4 的放电时间的长短决定，所以要改变断开 S_2 后余音的长短可以调整 C_1，R_4 的数值，一般余音不宜太长。

③本机整机电流，等待电流约为 3.5 mA，电流约为 35 mA。

④此电路装配无误即可发出声音，如果发出声音后不能停止，则应检查集成电路 NE555 的4脚电压值。因为4脚的电压大于 1 V，电路才振荡。如果用电压表测量4脚的电压时，振荡器过一段时间会停止振荡，而不接入电压表振荡器不停振，大多数原因是 R_4 电阻开路引起的。

⑤集成电路 NE555 的引脚电压参考值（单位：V），见表7.5。

表7.5

	1	2	3	4	5	6	7	8
鸣叫时	0	3.4	3.9	大于1	3.8	3.4	3.6	6
不鸣叫时	0	0	0	0	0	0	0	6

【任务考核】

1）器材准备

（1）基本工具准备

准备常用无线电工具一套：镊子、尖嘴钳、万用表、电烙铁、烙铁架、斜口钳、焊锡和松香等。

（2）完成以下元器件准备清单（见表7.6）

表7.6

序　号	元件名称	型　号	数　量	备　注
1				
2				

续表

序　号	元件名称	型　号	数　量	备　注
3				
4				
5				
6				
7				
8				
9				
10				
11				
12				
13				
14				
15				
16				
17				
18				

2)**图纸分析**

本电路原理图如图 7.6 和图 7.15 所示。电路是利用 555 时基集成电路接成无稳态电路(或称多谐振荡器)。当按下开关 S 时,电源经过 VD_2 对 C_1 充电,当集成电路 4 脚(复位端)电压大于 1 V 时,电路振荡,扬声器中发出"叮"声音。松开按钮 S,C 电容储存电能经 R_4 电阻放电,但集成电路 4 脚继续维持高电平而保持振荡,但这时因 R_1 电阻也接入振荡电路,振荡频率变低,使扬声器发出"咚"声。当 C_1 电容器上的电能释放一定时间后集成电路 4 脚电压低于 1 V,此时电路将停止振荡。再按一次按钮,电路将重复上述过程。

3)**安装指导**

本电路安装遵循前述安装方法,先安装小的元件电阻、二极管、电容,再安装集成电路,完成下面工艺表的编制,见表 7.7。

表 7.7　装配工艺卡

描述	装配工艺过程卡片			工序名称	产品图号	
				插件	PCB. 20120628	
	序号 （位号）	装入件及辅助材料 代号、名称、规格		数量	工艺要求	工装名称
		代号、名称	规格			
						镊子、斜口钳、电烙铁等常用装接工具
	以上各元器件插装顺序是：					

【任务实训】

1）实物安装及调试指导

根据原理图 7.6 对变音门铃电路进行安装焊接。

2）技能考核评分标准

要求：在电路板上所焊接的元器件的焊点大小适中，无漏、假、虚、连焊，焊点光滑、圆润、干净，无毛刺；引脚加工尺寸及成型符合工艺要求；导线长度、剥头长度符合工艺要求，芯线完好，捻头镀锡。

（1）SMT（贴片）焊接

评分参考：SMT（贴片）焊接工艺按下面标准分级评分。

①A 级：所焊接的元器件的焊点适中，无漏、假、虚、连焊，焊点光滑、圆润、干净，无毛刺，焊点基本一致，无歪焊现象发生。

②B 级:所焊接的元器件的焊点适中,无漏、假、虚、连焊,但个别(1~2个)元器件有下面现象:有毛刺,不光亮,或出现歪焊。

③C 级:3~5个元器件有漏、假、虚、连焊,或有毛刺,不光亮,歪焊。

④不入级:有严重(超过6个元器件以上)漏、假、虚、连焊,或有毛刺,不光亮,歪焊。

(2)非 SMT(贴片)焊接

评分参考:非 SMT(贴片)焊接工艺按下面标准分级评分。

①A 级:所焊接的元器件的焊点适中,无漏、假、虚、连焊,焊点光滑、圆润、干净,无毛刺,焊点基本一致,引脚加工尺寸及成型符合工艺要求;导线长度、剥头长度应符合工艺要求,芯线完好,捻头镀锡。

②B 级:所焊接的元器件的焊点适中,无漏、假、虚、连焊,但个别(1~2个)元器件有下面现象:有毛刺,不光亮,或导线长度、剥头长度不符合工艺要求,捻头无镀锡。

③C 级:3~5个元器件有漏、假、虚、连焊,或有毛刺,不光亮,或导线长度、剥头长度不符合工艺要求,捻头无镀锡。

④不入级:有严重(超过6个元器件以上)漏、假、虚、连焊,或有毛刺,不光亮,导线长度、剥头长度不符合工艺要求,捻头无镀锡。

3)实训报告

按要求完成实训报告。

4)任务总结

表 7.8

项　　目	存在的问题及收获	备　注
实训任务收获	例:实践后才能明白其个中滋味。本次实践,通过组装、调试制作套件使我们增强了动手能力。制作过程是一个考验人细心与耐心的过程,绘制电路图要仔细,PCB 板电路图的导入要严格按步骤进行,对电路进行波形仿真分析,在制作过程中也使我们熟悉了 Protel 99 SE 的基本应用 这次开发这个硬件项目,基于学校提供的部分资料进行,应学校的要求而实现具体功能,提高系统某方面能力的需要。但作为一个硬件系统的设计者,未来的电子工程师,要主动去了解各方面的需求,并且综合起来提出最合适的硬件解决方案。高级方案未完成的原因也是我们平时对高频电子线路与电子技术基础的掌握不够,平时的认真学习加上最后的亲身实践才能最终带领我们走向电子设计的高峰	
实训任务完成情况		
实训存在的问题和需要改进的地方		
建议和意见		

【任务功能实现情况评价】

这款变音门铃电路原理简单,装配调试比较容易,成本较低,只需一节6 V迭层电池即可工作,耗电量较低。

任务7.3　直流稳压电源过压、欠压和延时控制器的设计与制作

【任务引入】

施密特触发器能够把不规则的输入波形,整形成为适合于数字电路需要的矩形脉冲,而且具有回差电压,所以抗干扰能力较强。在波形变换和幅度鉴别的电路中,经常采用施密特触发器。本次任务主要是利用施密触发器完成稳压电源的过压和欠压保护,从而控制直流稳压电源的稳压而不至于因电压不稳而烧毁负载。

【任务目标】

本次实训的任务是完成串联型稳压电源的组装与调试。通过这次实训可以让我们更进一步理解巩固所学的基本理论和基本技能,培养运用仪器仪表检测元器件的能力以及焊接、布局、安装、调试电子线路的能力,培养及锻炼我们测试排查实际电子线路中故障的能力,加强对电子工艺流程的理解。

【任务相关理论基础知识】

7.3.1　电路原理图分析

具有过压、欠压保护和延时控制的串联型稳压电源如图7.16所示。

(1)电路基本功能分析

①供电延迟:接通电源时首先指示红灯亮,经过延时自动转为绿灯亮,表示正常供电。

②欠压保护:若电源电压过低时,电路自动转为红灯亮,待电压正常后,经过延时后自动转为绿灯亮,表示正常供电。

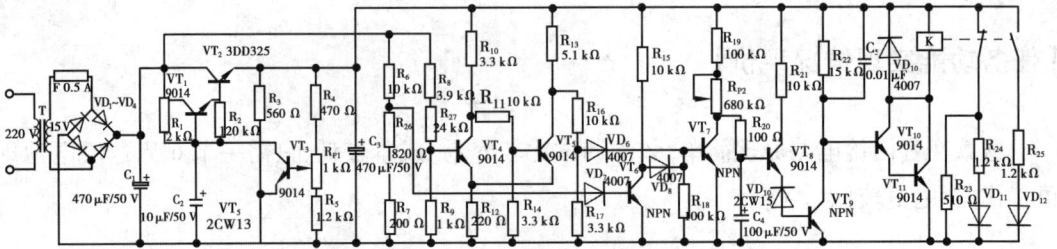

图7.16 具有过压、欠压保护和延时控制的串联型稳压电源

③过压保护:若电源电压过高时,电路自动转为红灯亮,待电压正常后,经过延时后自动转为绿灯亮,表示正常供电。

(2)电路组成及结构

①电路第一部分:典型串联型电源电路,如图7.17所示。

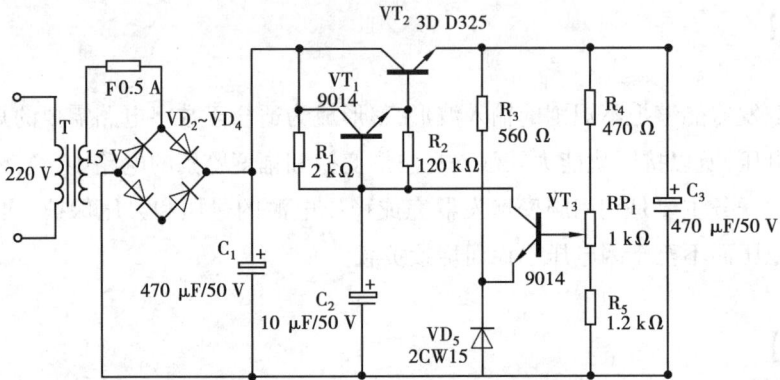

图7.17 电路第一部分(串联型稳压基础电路)

②电路第二部分:施密特实现的过压、欠压保护电路部分。本部分由施密特触发器和或门电路组成,如图7.18所示。

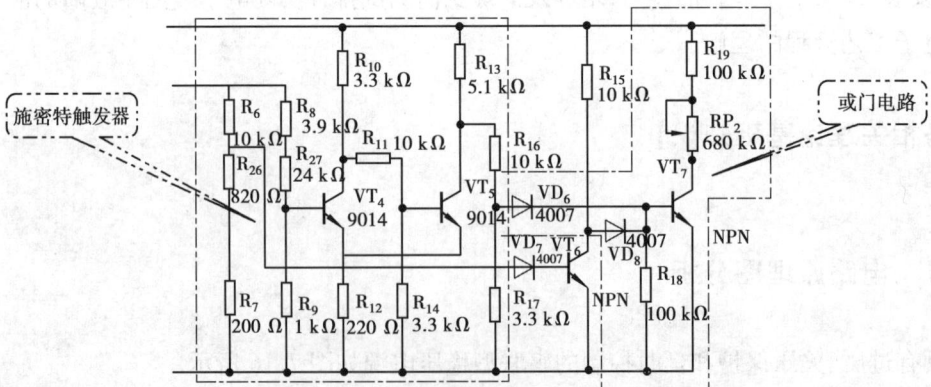

图7.18 过压、欠压保护电路部分

③电路第三部分:晶体管延时电路部分,如图7.19所示。

④电路第四部分:负载驱动,如图7.20所示。

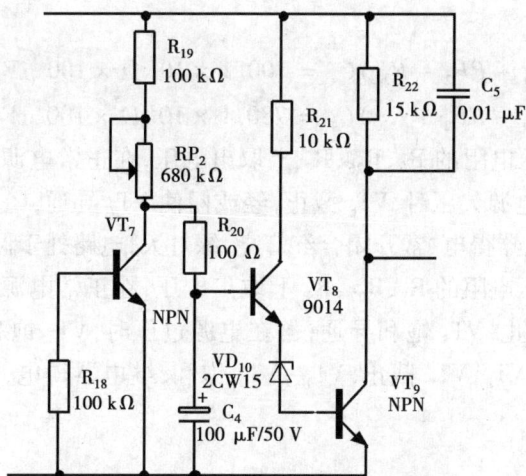

图 7.19　晶体管延时电路分部

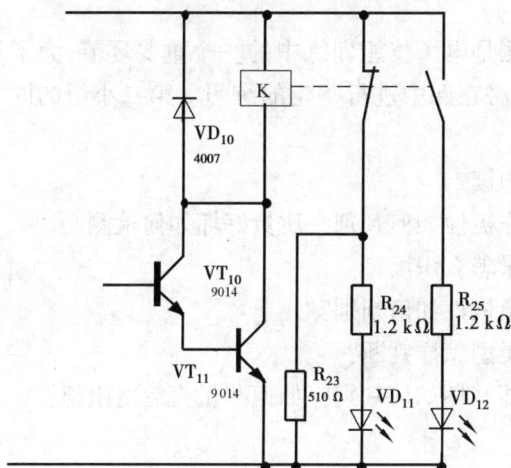

图 7.20　负载驱动部分

7.3.2　电路工作原理

电路组成:串联型稳压电源、施密特触发器、或门电路、单稳态电路和驱动电路组成。

工作过程:

①接通电源后,由于 C_4 上初始电压为 0 V,所以 VT_8,VT_9 两三极管截止,VT_{10},VT_{11} 两三极管导通,继电器 K 吸合,VD_{12} 红灯亮,电路处于延时阶段。

②在电网电压正常后,由 VD_6,VD_8,R_{18} 构成或门中的 VD_6,VD_8 的正极输入均为低电位,则 VT_7 截止,电源经 R_{19},RP_2,R_{20} 对 C_4 充电。C_4 两端电压逐渐上升,当上升到使 VD_9 导通时,VT_8,VT_9 饱和,VT_{10},VT_{11} 截止。继电器 K 失电,继电器常闭恢复,红灯灭,绿灯亮。

延迟时间计算:

$$\tau = RC = (R_{19} + RP_2 + R_{20})C_4$$

当 RP_2 为 0 时有：

$$\tau_{min} = RC = (R_{19} + RP_2 + R_{20})C_4 = 100.1 \times 10^3\ \Omega \times 100\ \mu F \times 10^{-6} = 10.1\ s$$

$$\tau_{max} = RC = (R_{19} + RP_2 + R_{20})C_4 = 780.1 \times 10^3\ \Omega \times 100\ \mu F \times 10^{-6} = 78.1\ s$$

③欠压分析：从分压电阻的 R_6，R_{26}，R_7 上取出电压，在正常电源电压供电时，应该能够使 VT_6 饱和导通；但在电源欠压时，VT_6 截止，经或门使 VT_7 导通，C_4 电容放电，VT_8，VT_9 截止，VT_{10}，VT_{11} 饱和，继电器得电，常开闭合红灯亮，绿灯灭，电路处于保护状态。

④过压分析：从分压电阻的 R_8，R_{27}，R_9 上取出电压，在正常电源电压供电时，应该能够使施密特触发器 VT_4 截止，VT_5 饱和导通；但在电源过压时，VT_4 饱和，VT_5 截止，经或门使 VT_7 导通，C_4 电容放电，VT_8，VT_9 截止，VT_{10}，VT_{11} 饱和，继电器得电，常开闭合红灯亮，绿灯灭，电路处于保护状态。

7.3.3　元器件的识别与检测

元器件的识别与检测是电子技能训练中的一个重要环节，为了让同学们较好地掌握元器件识别与检测方法，务必在课中进行一定的练习。第二小组的同学在教师的指导下设计了以下 6 个问题。

①色环电阻器如何识读？

②电解电容器的工作极性如何判别？质量好坏如何检测？

③涤纶电容器的容量怎么识读？

④发光二极管的正负极性如何判别？

⑤三极管的管脚与类型怎样判断？

⑥直流继电器的性能好坏如何判别？如何测量直流电阻值？

【任务装配与调试】

1）**器材准备**

（1）基本实训工具

准备常用无线电工具一套：镊子、尖嘴钳、万用表、电烙铁、烙铁架、斜口钳、焊锡和松香等。

（2）实训器材准备

准备配套元件一套。

2）**图纸分析**

本电路原理如图 7.16 所示。电路多谐振荡器和音频振荡器组成。在此具体原理不再赘述。请同学们自己分析并将结果填写在下面。

3）安装指导

本电路安装遵循前述安装方法,先安装小的元件电阻、二极管、电容,再安装集成电路,完成下面工艺表的编制,见表7.9。

表7.9 装配工艺卡

描述	装配工艺过程卡片			工序名称	产品图号	
				插件	PCB. 20120628	
	序号 （位号）	装入件及辅助材料 代号、名称、规格		数量	工艺要求	工装名称
		代号、名称	规格			
						镊子、斜口钳、电烙铁等常用装接工具
	以上各元器件插装顺序是：					

【任务实训】

1）实物安装及调试指导

①本电路安装遵循前述安装方法,先安装小的元件电阻、二极管、电容,再安装大功率三极管、继电器和大电容等。

②安装做好几个接线柱,要求安装好变压器接线柱和负载接线柱两对。

③调试时注意通电前认真检查无误后再试车。

④试车时认真观察现象:通电调整 RP_2 使延迟时间为5 s左右。按以下步骤试车:

a.将输出电压调整为12 V。

b.供电延迟调试。接通电源时首先指示红灯亮,经过延时5 s自动转为绿灯亮,表示正常供电,说明供电延迟电路正常工作。

c.欠压保护调试。用调压变压器逐渐减小电网电压至150 V左右,此时电源电压偏低,电路自动转为红灯亮,然后减增加电网电压使其恢复到市电电压220 V左右,电路会自动恢复并自动转为红灯亮,待电压正常后,经过延时后自动转为绿灯亮,表示正常供电,说明欠压保护正常工作。

d.过压保护调试。用调压变压器升高电网电压为300 V左右,此时电源电压过高,电路自动转为红灯亮,然后减小电网电压使其恢复到市电电压220 V左右,电压正常后,经过延时后自动转为绿灯亮,表示正常供电,说明过压保护正常工作。

2)技能考核评分标准

要求:在电路板上所焊接的元器件的焊点大小适中,无漏、假、虚、连焊,焊点光滑、圆润、干净,无毛刺;引脚加工尺寸及成型符合工艺要求;导线长度、剥头长度符合工艺要求,芯线完好,捻头镀锡。

评分参考:非SMT(贴片)焊接工艺按下面标准分级评分。

①A级:所焊接的元器件的焊点适中,无漏、假、虚、连焊,焊点光滑、圆润、干净,无毛刺,焊点基本一致,引脚加工尺寸及成型符合工艺要求;导线长度、剥头长度符合工艺要求,芯线完好,捻头镀锡。

②B级:所焊接的元器件的焊点适中,无漏、假、虚、连焊,但个别(1~2个)元器件有下面现象:有毛刺,不光亮,或导线长度、剥头长度不符合工艺要求,捻头无镀锡。

③C级:3~5个元器件有漏、假、虚、连焊,或有毛刺,不光亮,或导线长度、剥头长度不符合工艺要求,捻头无镀锡。

④不入级:有严重(超过6个元器件以上)漏、假、虚、连焊,或有毛刺,不光亮,导线长度、剥头长度不符合工艺要求,捻头无镀锡。

3)实训报告

按要求完成实训报告。

4)任务总结

表7.10　任务总结表

项　目	存在的问题及收获	备　注
实训任务收获		
实训任务完成情况		
实训存在的问题和需要改进的地方		
建议和意见		

任务 7.4 人体感应自动门开关电路的安装与调试

【任务引入】

随着社会的发展、科技的进步以及人们生活水平的逐步提高,自动门开始进入人们的日常生活,成为宾馆、超市、银行等现代建筑所必备之物,是建筑智能化水平的重要指标之一。它具有美观大方、防风、防尘、降低噪声等优点,同时方便了人们出入,也方便了管理,增强其安全性。其实用性强、功能齐全、技术先进,使人们相信这是科技进步的成果。它更让人类懂得,数字时代的发展将改变人类的生活,将加快科学技术的发展。控制系统是自动门的心脏,也是衡量其设计制造水平的重要指标,同时自动门控制系统逐渐向大型化、复杂化和智能化的方向发展。

本设计主要应用单片机 8051 作为控制核心,直流电机、热释电型红外传感器等相结合的系统。它充分发挥了单片机的性能,其优点硬件电路简单、软件功能完善、控制系统可靠、性价比较高等特点,具有一定的使用和参考价值。

【任务目标】

了解自动门的基本系统配置要求;了解自动门控制器相连的外围辅助控制装置,如开门信号源、门禁系统、安全装置、集中控制等;学会根据建筑物的使用特点,通过人员的组成,楼宇自控的系统要求等合理配备辅助控制装置。

【任务相关理论基础知识】

7.4.1 自动门发展历史

自动门从理论上理解应该是门的概念的延伸,是门的功能根据人的需要所进行的发展和完善。自动门是指:可以将人接近门的动作(或将某种入门授权)识别为开门信号的控制单元,通过驱动系统将门开启,在人离开后再将门自动关闭,并对开启和关闭的过程实现控制的系统。

自动门开始在建筑物上使用,是在 20 世纪年以后。20 年代后期,美国的超级市场的开放,自动门开始被使用,受此影响,世界第一自动门品牌多玛在 1945 年开发出油压式、空气式自动门,新建大楼的正门也开始使用了。到了 1962 年,电气式已开始出现,之后伴随着城市的建设,自动门技术的领域每年都在增加。当初,用供给建筑物用电源进行电动机的速度控制较难,只好进行油压、空压速度控制,转换但因能源利用效率较低,然而伴随着电气控制的技术发展,现在电气控制技术已经成熟,直接控制电动机的电气式自动门逐渐成为主流。各种用可识别控制的自动专用门,如感应自动门(红外感应、微波感应、触摸感应、脚踏感应)、刷卡自动门等。

21 世纪的今天,门更加突出了安全理念,强调了有效性:即有效地防范、通行、疏散,同时还突出了建筑艺术的理念,强调门与建筑以及周围环境整体的协调、和谐。门大规模专业化生产始于 150 年前,在不断发展和完善的过程中,涌现出大批独具规模的专业制造商。门的高级形式——自动门起源在欧美,迅速发展至今,已经形成了种类齐全、功能完善、做工精细的自动门家族。

7.4.2 单片机的发展及 89C51 系列的运用

担任本设计处理部分的是 89C52 单片机(89C51 系列)。目前单片机已渗透到生活中的各个领域,如导弹的导航装置,飞机上各种仪表的控制,计算机的网络通信与数据传输,工业自动化过程的实时控制和数据处理,广泛使用的各种智能 IC 卡,民用豪华轿车的安全保障系统,录像机、摄像机、全自动洗衣机的控制,以及程控玩具、电子宠物等,这些都离不开单片机。更不用说自动控制领域的机器人、智能仪表、医疗器械以及各种智能机械了。

随着半导体集成工艺的不断发展,单片机的集成度将更高、体积将更小、功能将更强。在单片机家族中,80C51 系列是其中的佼佼者,加之 Intel 公司将其 MCS-51 系列中的 80C51 内核使用权以专利互换或出售形式转让给全世界许多著名 IC 制造厂商,如 PHILIPS、NEC、Atmel、AMD、华邦等,这些公司都在保持与 80C51 单片机兼容的基础上改善了 80C51 的许多特性。这样,80C51 就变成有众多制造厂商支持的、发展出上百品种的大家族,现统称为 80C51 系列。80C51 单片机已成为单片机发展的主流。专家认为,虽然世界上的 MCU 品种繁多,功能各异,开发装置也互不兼容,但是客观发展表明,80C51 可能最终形成事实上的标准 MCU 芯片。

STC89C51RC 系列单片机是宏晶科技出的新一代高速/低功耗/超强抗干扰的单片机,指令代码完全兼容传统 8051 单片机,12 时钟/机器和 6 时钟/机器可选,HD 版本和 90C 版本内部集成 MAX810 专用复位电路。89C52 与 89C51 的区别在于 51 的程序空间为 4 kB,而 52 程序空间为 8 kB,其余性能与结构相同。本论文以 89C51RC 系列来进行讲述。

7.4.3 红外探测技术的发展

红外探测技术在军事技术、工业控制、安全保卫、家用电器以及人们的日常生活等诸多领域中都有着非常广泛的应用,而一些教学实验的测控系统也在教学中发挥了相当大的作用。红外探测技术利用红外光波(又称红外线)作为载波来传送测量信号或者控制指令,如红外遥控电视开关、红外报警器、自动玻璃门等。之所以采用红外光波作为测控光源,是由于红外发射器件与红外接收器件的发光与受光峰值波长一般为 0.88 ~ 0.94 μm,落在近红外波段内,而且二者的光谱恰好重合能够很好地匹配,可获得较高的传输效率及较高的可靠性。红外测控系统一般包括发射、接收以及处理部分。在本设计中,红外线探测器中的热电元件检测人体的存在或移动,并把热电元件的输出信号转换成电压信号。然后,对电压信号进行波形分析。于是,只有当通过波形分析检测到由人体产生的波形时,才输出检测信号。例如,在两个不同的频率范围内放大电压信号,且将被放大的信号用于鉴别由人体引起的信号。

7.4.4　系统总体方案

本章围绕系统的总体设计,介绍系统组成框图、主控芯片单片机的内部硬件资源及其接口技术、整个自动门系统所用到的其他 IC 介绍。

(1)系统总体规划

本系统主要由单片机及其外围电路、红外检测电路、直流电机控制电路等组成。正常工作时,单片机循环检测红外检测电路输出信号,据此产生直流电机控制信号,电动机带动门运行,当系统检测到控制方式发生改变时,系统进入相应式。如门在的控制方关门过程中遇到人或其他障碍物时门无条件朝相反方向打开。其原理方框如图 7.21 所示。

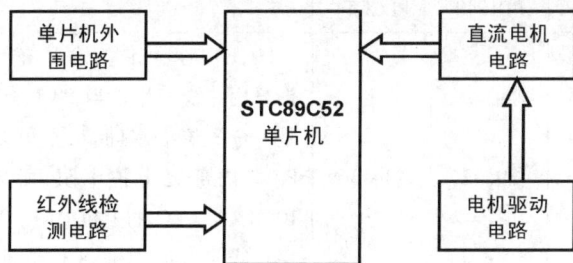

图 7.21　单片机组成原理方框图

(2)器件介绍

①单片机。单片机处理模块部分选用的芯片为 89C52RC,属于 89C51RC 系列。选用 STC 单片机的理由:降低成本,提升性能,原有程序直接使用,硬件无须改动。使产品更小、更轻,功耗更低用 STC 提供的专用工具可很容易的将 2 进制代码、16 进制代码下载进 STC 相关的单片机。

如图 7.22 为 89C52RC 的引脚图;各引脚功能见表 7.11。

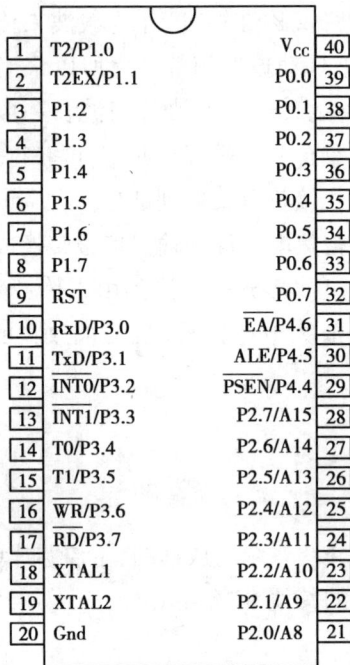

图 7.22 89C52RC 引脚图

表 7.11 89C52RC 引脚功能表

管脚	管脚编号			说 明	
	LQFP44	PDIP40	PLCC44		
P0.0 ~ P0.7	37.30	39.32	43 ~ 36	P0:P0 口既可作为输入/输出口,也可作为地址/数据复用总线使用。当 P0 口作为输入/输出口时,P0 是一个 8 位准双向口,上电复位后处于开漏模式。P0 口内部无上拉电阻,所以作 I/O 口必须外接 10 kΩ、4.7 kΩ 的上拉电阻。当 P0 作为地址/数据复用总线使用时,是低 8 位地址线[A0 ~ A7],数据线的[D0 ~ D7],此时无须外接上拉电阻	
P 1.0/T2	40	1	2	P 1.0	标准 I/O 口 PORT [0]
P1.0/T2	40		2	T2	定时器/计数器 2 的外部输入
P1.1/T2EX	41	2	3	P1.1	标准 I/O 口 PORT [1]
P1.1/T2EX	4	2	3	T2EX	定时器/计数器 2 捕捉/重装方式的触发控制
P 1.2	42	3	4	标准 I/O 口 PORT [2]	
P 1.3	43	4	5	标准 I/O 口 PORT [3]	
P 1.4	44	5	6	标准 I/O 口 PORT [4]	

管　脚	管脚编号			说　明	
P 1.5	1	6	7	标准 I/O 口 PORT [5]	
P 1.6	2	7	8	标准 I/O 口 PORT [6]	
P 1.7	3	8	9	标准 I/O 口 PORT [7]	
P2.0 ~ P2.7	18.25	21 .28	24.3	Port2:P2 口内部有上拉电阻,既可作为输入/输出口,也可作为高 8 位地址总线使用(A8 ~ A5)。当 P2 口作为输入/输出口时,P2 是一个 8 位准双向口	
P3.0/RXD	5	10	11	P3.0	标准 I/O 口 PORT3[0]
P3.0/RXD	5	0		RXD	串口 1 数据接收端
P3.1 /TXD	7	11	3	P3.1	标准 I/O 口 PORT3[1]
P3./TXD	7		3	TXD	串口 1 数据发送端
P3.2/INT0	8	12	14	P3.2	标准 I/O 口 PORT3[2]
P3.2/INT0	8	2	4	INT0	外部中断 0,下降沿中断或低电平中断
P3.3/INT	9	13	15	P3.3	标准 I/O 口 PORT3[3]
P3.3/INT	9	3	5	INT	外部中断 1,下降沿中断或低电平中断
P3.4/T0	10	14	16	P3.4	标准 I/O 口 PORT3[4]
P3.4/T0	0	4	6	T0	定时器/计数器 0 的外部输入
P3.5/T	11	15	17	P3.5	标准 I/O 口 PORT3[5]
P3.5/T		5	7	T1	定时器/计数器 1 的外部输入
P3.6/WR	12	16	18	P3.6	标准 I/O 口 PORT3[6]
P3.6/WR	2	6	8	WR#	外部数据存储器写脉冲
P3.7/RD	13	17	19	P3.7	标准 I/O 口 PORT3[7]
P3.7/RD				RD#	外部数据存储器读脉冲
P4.0	17		23	P4.0	标准 I/O 口 PORT4[0]
P4.1	28		34	P4.1	标准 I/O 口 PORT4[1]
P4.2/INT3#	39		1	P4.2	标准 I/O 口 PORT4[2]
P4.2/INT3#				INT3#	外部中断 3,下降沿中断或低电平中断
P4.3/INT2#	6		12	P4.3	标准 I/O 口 PORT4[3]
P4.3/INT2#				INT3#	外部中断 2,下降沿中断或低电平中断
P4.4/PSEN#	26	29	32	P4.4	标准 I/O 口 PORT4[4]
P4.4/PSEN#				PSEN#	外部程序存储器选通信号输出引脚

续表

管　脚	管脚编号			说　明	
P4.5/ALE	27	30	33	P4.5	标准 I/O 口 PORT4[5]
				ALE	地址锁存允许信号输出引脚/编程脉冲输入引脚
P4.6/EA#	29	31	35	P4.6	标准 I/O 口 PORT4[6]
				EA#	内外存储器选引脚
RST	4	9	10	RST	复位脚
XTAL1	15	19	21	\multicolumn{2}{l}{内部时钟电路反相放大器输入端,接外部晶振的一个引脚。当直接使用外部时钟源时,此引脚是外部时钟源的输入端}
XTAL2	14	18	20	\multicolumn{2}{l}{内部时钟电路反相放大器的输出端,接外部晶振的另一端。当直接使用外部时钟源时,此引脚可浮空,此时 XTAL2 实际将 XTAL1 输入的时钟进行输出}
V_{CC}	38	40	44	\multicolumn{2}{l}{电源正极}
GND	16	20	22	\multicolumn{2}{l}{电源负极,接地}

②时钟电路 STC89C52 内部有一个用于构成振荡器的高增益反相放大器,引脚 RXD 和 TXD 分别是此放大器的输入端和输出端。时钟可以由内部方式或外部方式产生。内部方式的时钟电路如图 7.23 所示,在 RXD 和 TXD 引脚上外接定时元件,内部振荡器就产生自激振荡。定时元件通常采用石英晶体和电容组成的并联谐振回路。晶体振荡频率可以在 1.2 ~ 12 MHz 选择,电容值在 5 ~ 30 pF 选择,电容值的大小可对频率起微调的作用。

外部方式的时钟电路如图 7.23(b)所示,RXD 接地,TXD 接外部振荡器。对外部振荡信号无特殊要求,只要求保证脉冲宽度,一般采用频率低于 12 MHz 的方波信号。片内时钟发生器把振荡频率两分频,产生一个两相时钟 P_1 和 P_2,供单片机使用。

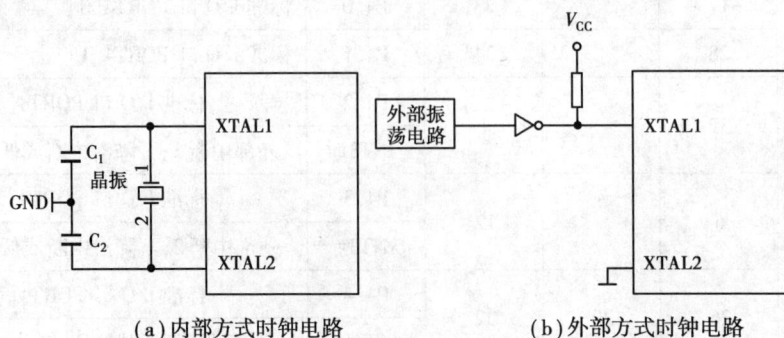

(a)内部方式时钟电路　　　　　(b)外部方式时钟电路

图 7.23　时钟电路

③复位及复位电路。

a. 复位操作。复位是单片机的初始化操作。其主要功能是把 PC 初始化为 0000H,使单片机从 0000H 单元开始执行程序。除了进入系统的正常初始化之外,当由于程序运行出错或操作错误使系统处于死锁状态时,为摆脱困境,也需按复位键重新启动。

除 PC 之外,复位操作还对其他一些寄存器有影响,其复位状态见表 7.12。

表 7.12　一些寄存器的复位状态

寄存器	复位状态	寄存器	复位状态
PC	0000H	TCON	00H
ACC	00H	TL0	00H
PSW	00H	TH0	00H
SP	07H	TL1	00H
DPTR	0000H	TH1	00H
P0 ~ P3	FFH	SCON	00H
IP	XX000000B	SBUF	不定
IE	0X000000B	PCON	0XXX0000B
TMOD	00H		

b. 复位信号及其产生。RST 引脚是复位信号的输入端。复位信号是高电平有效,其有效时间应持续 24 个振荡周期(即两个机器周期)以上。若使用频率为 6 MHz 的晶振,则复位信号持续时间应超过 4 μs 才能完成复位操作。产生复位信号的电路逻辑如图 7.24 所示。

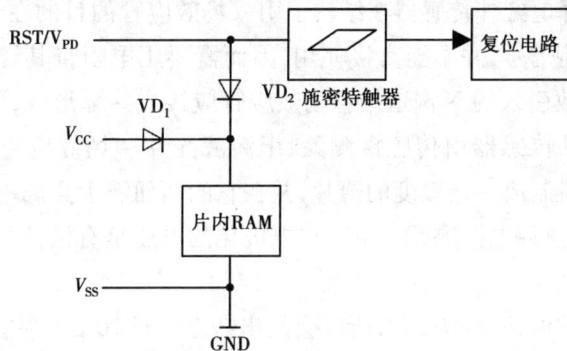

图 7.24　复位信号的电路逻辑图

整个复位电路包括芯片内、外两部分。外部电路产生的复位信号(RST)送至施密特触发器,再由片内复位电路在每个机器周期的 S5P2 时刻对施密特触发器的输出进行采样,然后才得到内部复位操作所需要的信号。

复位操作有上电自动复位、按键手动复位和按键脉冲复位 3 种方式。

上电自动复位是通过外部复位电路的电容充电来实现的,其电路如图 7.25(a)所示。这样,只要电源 V_{CC} 的上升时间不超过 1 ms,就可以实现自动上电复位,即接通电源就成了系统的复位初始化。

按键手动复位有电平方式和脉冲方式两种。其中,按键电平复位是通过使复位端经电阻与 V_{cc} 电源接通而实现的,其电路如图 7.25(b)所示;而按键脉冲复位则是利用 RC 微分电路产生的正脉冲来实现的,其电路如图 7.25(c)所示。

上述电路图中的电阻、电容参数适用于 6 MHz 晶振,能保证复位信号高电平持续时间大于两个机器周期。本系统的复位电路采用图 7.25(a)所示的上电复位方式。

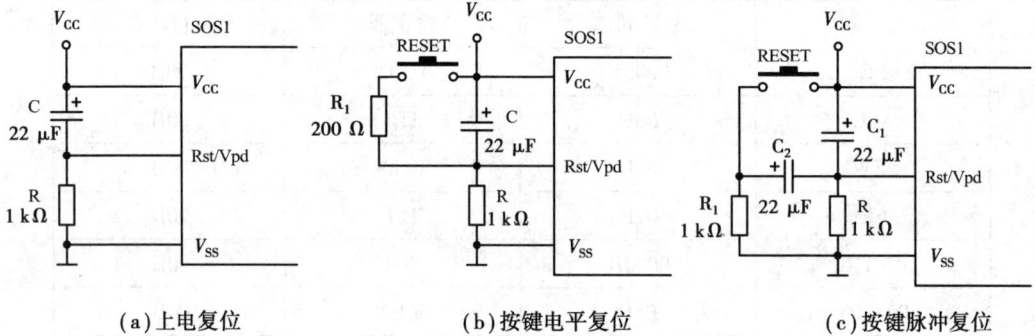

| (a)上电复位 | (b)按键电平复位 | (c)按键脉冲复位 |

图 7.25 复位电路

(3)热释电红外传感器

热释电红外传感器和热电偶都是基于热电效应原理的热电型红外传感器。不同的是热释电红外传感器的热电系数远远高于热电偶,其内部的热电元由高热电系数的铁钛酸铅汞陶瓷以及钽酸锂、硫酸三甘铁等配合滤光镜片窗口组成,其极化随温度的变化而变化。为了抑制因自身温度变化而产生的干扰,该传感器在工艺上将两个特征一致的热电元反向串联或接成差动平衡电路方式,因而能以非接触式检测出物体放出的红外线能量变化,并将其转换为电信号输出。热释电红外传感器在结构上引入场效应管的目的在于完成阻抗变换。由于热电元输出的是电荷信号,并不能直接使用,因而需要用电阻将其转换为电压形式,该电阻阻抗高达 10^4 MΩ,故引入的 N 沟道结型场效应管应接成共漏形式,即源极跟随器来完成阻抗变换。热释电红外传感器由传感探测元、干涉滤光片和场效应管匹配器 3 部分组成。设计时应将高热电材料制成一定厚度的薄片,并在它的两面镀上金属电极,然后加电对其进行极化,这样便制成了热释电探测元。由于加电极化的电压是有极性的,因此极化后的探测元也是有正、负极性的。

人体都有恒定的体温,一般为 37°,所以会发出特定波长 10 μm 左右的红外线,被动式红外探头就是靠探测人体发射的 10 μm 左右的红外线而进行工作的。人体发射的 10 μm 左右的红外线通过菲泥尔滤光片增强后聚集到红外感应源上。红外感应源通常采用热释电元件,这种元件在接收到人体红外辐射温度发生变化时就会失去电荷平衡,向外释放电荷,后续电路经检测处理后就能产生信号。

图 7.26 热释电红外传感器内部结构是一个双探测元热释电红外传感器的结构示意图。使用时 D 端接电源正极,G 端接电源负极,S 端为信号输出。该传感器将两个极性相反、特性一致的探测元串接在一起,目的是消除因环境和自身变化引起的干扰。它利用两个极性

相反、大小相等的干扰信号在内部相互抵消的原理来使传感器得到补偿。对于辐射至传感器的红外辐射,热释电传感器通过安装在传感器前面的菲涅尔透镜将其聚焦后加至两个探测元上,从而使传感器输出电压信号。

图 7.26　热释电红外传感器内部结构图

1—D 脚;2—S 脚;3—G 脚

制造热释电红外探测元的高热电材料是一种广谱材料,它的探测波长范围为 0.2 ~ 20 μm。为了对某一波长范围的红外辐射有较高的敏感度,该传感器在窗口上加装了一块干涉滤波片。这种滤波片除了允许某些波长范围的红外辐射通过外,还能将灯光、阳光和其他红外辐射拒之门外。

7.4.5　硬件设计

1)基本单片机系统

这是自动门系统的控制核心,一般情况下以单片机片内的基本硬件资源为主,有必要时再扩展部分外部器件。在本设计中需要完成的控制比较简单,以单片机片内的基本硬件资源完全可以实现,因此不需扩展。其单片机电路图如图 7.27 所示。

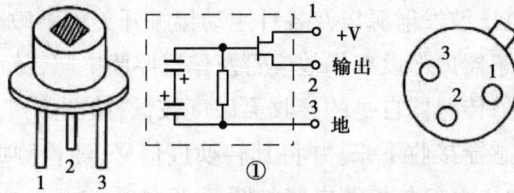

图 7.27　单片机电路图

2)红外检测电路

红外检测电路主要由热释电红外传感器和检测放大电路组成,核心元件是热释电红外传感器,它能以非接触形式检测人体辐射出的红外线能量变化,并将此变化转化为电压信号输出。不需要红外线和电磁波发射源以及各种主动接触开关由于敏感元件的输出电压极微弱且其阻抗很高,故在传感器内部设有场效应管及偏置厚膜电阻,从而构成信号放大及阻抗变换电路,一般热释电红外传感器自身的接收灵敏度较低,检测距离仅 2 m。当有人靠近自动门时,被热释电红外传感器接收下来,并将其转换成信号,经检测放大电路内部放大等处理后输出给单片机。其热电释红外检测电路如图 7.28 所示。

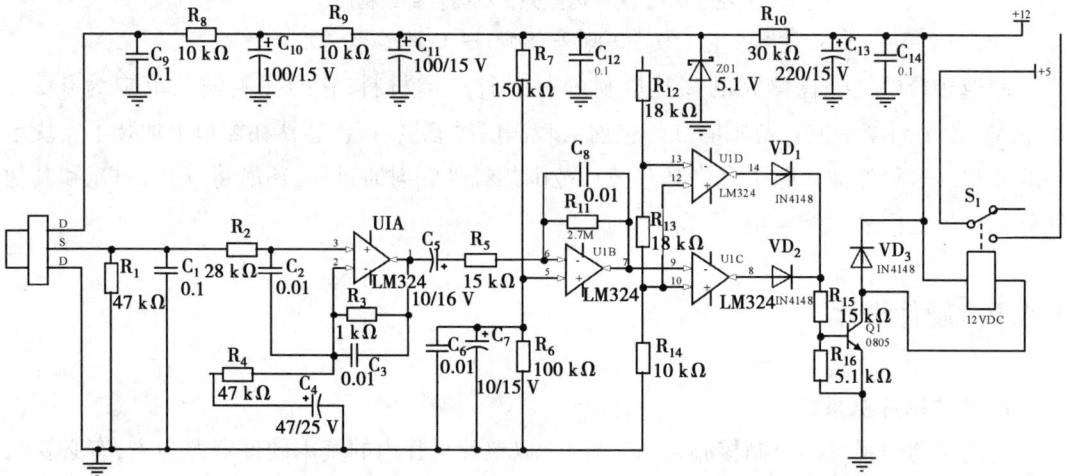

图 7.28　热电释红外检测电路

（1）放大信号电路

LM324 是四运放集成电路,它采用 14 脚双列直插塑料封装,IM324 原理图如图 7.29 所示。它的内部包含四组形式完全相同的运算放大器,除电源共用外,四组运放相互独立。

每一组运算放大器可用图 7.29（a）所示的符号来表示,它有 5 个引出脚,其中" + "" – "为两个信号输入端,"V_+""V_-"为正、负电源端,"V_o"为输出端。两个信号输入端中,$V_{i-(-)}$为反相输入端,表示运放输出端 V_o 的信号与该输入端的相位相反;$V_{i+(+)}$为同相输入端,表示运放输出端 V_o 的信号与该输入端的相位相同。IM324 引脚图如图 7.29 所示。

（a）LM324放大电路的符号　　　　（b）LM324引脚图

图 7.29　LM324 集成电路

当去掉运放的反馈电阻时,或者说反馈电阻趋于无穷大时（即开环状态）,理论上认为运放的开环放大倍数也为无穷大(实际上是很大,如 LM324 运放开环放大倍数为 100 dB,即 10 万倍)。此时运放便形成一个电压比较器,其输出如不是高电平(V_+),就是低电平(V_-或接地)。当正输入端电压高于负输入端电压时,运放输出低电平。

图 7.30 为 LM324 应用电路中使用两个运放组成一个电压上下限比较器,电阻 R_1,R'_1 组成分压电路,为运放 A_1 设定比较电平 U_1;电阻 R_2,R'_2 组成分压电路,为运放 A_2 设定比较电平 U_2。输入电压 U_i 同时加到 A_1 的正输入端和 A_2 的负输入端之间,当 $U_i > U_1$ 时,运放 A_1 输出高电平;当 $U_i < U_2$ 时,运放 A_2 输出高电平。运放 A_1,A_2 只要有一个输出高电平,晶体管 BG1 就会导通,发光二极管 LED 就会点亮。

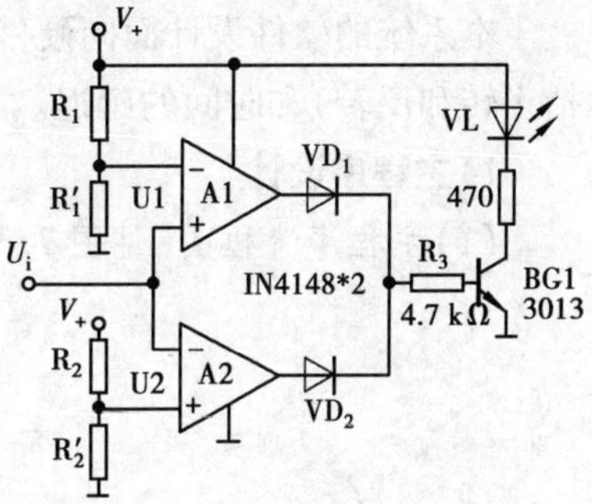

若选择 $U_1 > U_2$,则当输入电压 U_i 越出 $[U_2,U_1]$ 区间范围时,LED 点亮,这便是一个电压双限指示器。若选择 $U_2 > U_1$,则当输入电压在 $[U_2,U_1]$ 区间范围时,LED 点亮,这是一个"窗口"电压指示器。

图 7.30　LM324 应用电路图

此电路与各类传感器配合使用,稍加变通,便可用于各种物理量的双限检测、短路、断路报警等。

(2)电动机电路

所选用的电动机为普通的直流电机,在单片机的控制下,可接一个电机驱动芯片或通过其他的一些原件可使电机转动。本文为了设计简单,采用其他方式代替了电路驱动芯片。电动机电路图如图 7.31 所示。

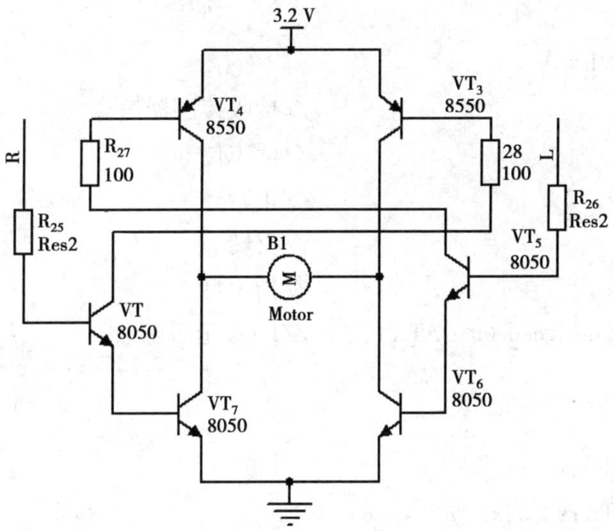

图 7.31　电动机电路图

7.4.6 控制系统软件设计

本系统的软件设计面向硬件,选用 C 语言编程。最主要部分是单片机控制电机转动(包括正转和反转)和时间的延迟。

1)主程序设计

(1)主程序流程图(见图 7.32)

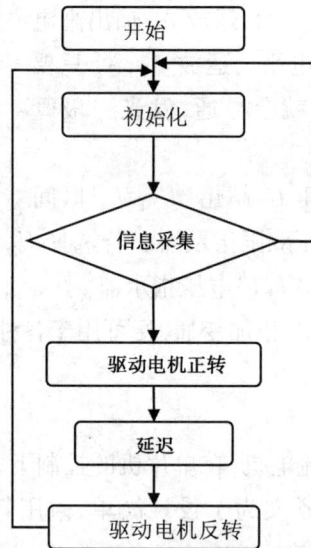

图 7.32 主程序流程图

(2)主程序

```c
#include < reg52. h >
sbit L = P1^0;                        //接收传感器信号
bit Flag;                             //标志位
sbit R = P1^3;                        //正转
sbit D = P1^4;                        //反转
sbit LED = P1^7;                      //指示灯
void Delay_1ms( unsigned int DATA)    //1 ms 延时函数

{
     unsigned int x,y;
     for( x = DATA;x >0;x.. )
         for( y =110;y >0;y.. );
}
void Ld_Display( )                    //显示 L 函数
```

```
    {
        if(L = = 1)
        {
            Delay_1ms(700);
            if(L = = 1)
            {
                Flag = 1;
            }
        }
        if(Flag = = 1)
        {
            R = 1;
            D = 0;
            Delay_1ms(3000);
            Delay_1ms(4000);
            R = 0;
            D = 0;
            Delay_1ms(2000);

            R = 0;
            D = 1;
            Delay_1ms(3000);
            Delay_1ms(4000);

        R = 0;
        D = 0;

            Flag = 0;

    }
}
void main()                         //主函数
{
        L = D = R = 0; LED = 1;
        Delay_1ms(6000);            //延时,减少传感器误差
        Delay_1ms(6000);
```

```
          Delay_1ms(5000);
          Delay_1ms(5000);
          L = D = R = 0; LED = 0;
          while(1)
        {
          L = D = R = 0; LED = 0;
          Ld_Display();
          L = D = R = 0; LED = 0;
        }
    }
```

2)调试

(1)硬件调试

首先,在 Protel 中画出电路的原理图,并绘制出 PCB 板接线图。接着根据 PCB 板接线图实物的制作。在制作过程中,事先根据元件的大小排版布局,以单片机为中心,从简单、线路少的元件开始着手,围绕单片机把所有元件焊接完毕。最后,焊接完毕之后需要检查调试。

首先通电观察电路板是否有异常,一般观察的是有无因接错产生短路而使电路冒烟,发热过高而使电路发烫甚至烧毁电路。如果出现异常现象,应立即关断电源,待排除故障后再通电重新检测。在第一步检测完毕无异常后,再输入信号,用万用表进行数据的检测。再与原始数据的对比,通过比较检查出出现错误的部分,再进行修改调试,直到未发现漏洞。通过调试,确保硬件接线合理安全,电路完整能够达到运行的标准。

(2)软件调试

首先,并不是把编号的程序直接烧进单片机,而先用 Keil C51 编译器进行调试。在使用 Keil C51 编译器时,对工程成功地进行编译(汇编)、连接以后,在主菜单中打开"调试"栏,单击"开始/停止调试模式"即可进入软件模拟仿真调试状态,Keil C51 内建了一个仿真 CPU 用来模拟执行程序,该仿真 CPU 功能非常强大,可以在没有硬件和仿真器的情况下进行程序的调试,但是在时序上,软件模拟仿真是达不到硬件的时序的。进入调试状态后,"调试"栏菜单项中原来不能用的命令现在已经可以使用了。调试程序看是否能仿真,如果运行正常再将在 Keil C51 编译器中调试好的程序烧写至单片机。

在接上电源时,观察整体电路是否按照预计设计的运作,电机是否正转,电机是否反转等。可根据电路的运行情况推测出程序出错的部分,修改程序后再经过 Keil C51 编译器调试后烧到单片机,反复检测直到能工作完全正常。

(3)调试中出现的问题

在调试的过程中,曾出现各种错误,包括硬件设备和软件程序。起初发现电路焊接未焊接牢固,出现过因接线口松动而反应不灵敏的情况,软件程序也修改了很多次才成功,最终在不断多次的调试后,电路板正常工作。

【任务实训】

1）工具准备

准备常用无线电工具一套：镊子、尖嘴钳、万用表、电烙铁、烙铁架、斜口钳、焊锡和松香等。

2）元器件准备

准备配套元件一套。

3）安装指导（略）

4）技能考核评分标准

要求：在电路板上所焊接的元器件的焊点大小适中，无漏、假、虚、连焊，焊点光滑、圆润、干净，无毛刺；引脚加工尺寸及成型符合工艺要求；导线长度、剥头长度符合工艺要求，芯线完好，捻头镀锡。

（1）SMT（贴片）焊接

评分参考：SMT（贴片）焊接工艺按下面标准分级评分。

①A级：所焊接的元器件的焊点适中，无漏、假、虚、连焊，焊点光滑、圆润、干净，无毛刺，焊点基本一致，没有歪焊。

②B级：所焊接的元器件的焊点适中，无漏、假、虚、连焊，但个别（1～2个）元器件有下面现象：有毛刺，不光亮，或出现歪焊。

③C级：3～5个元器件有漏、假、虚、连焊，或有毛刺，不光亮，歪焊。

④不入级：有严重（超过6个元器件以上）漏、假、虚、连焊，或有毛刺，不光亮，歪焊。

（2）非SMT（贴片）焊接

评分参考：非SMT（贴片）焊接工艺按下面标准分级评分。

①A级：所焊接的元器件的焊点适中，无漏、假、虚、连焊，焊点光滑、圆润、干净，无毛刺，焊点基本一致，引脚加工尺寸及成型符合工艺要求；导线长度、剥头长度符合工艺要求，芯线完好，捻头镀锡。

②B级：所焊接的元器件的焊点适中，无漏、假、虚、连焊，但个别（1～2个）元器件有下面现象：有毛刺，不光亮，或导线长度、剥头长度不符合工艺要求，捻头无镀锡。

③C级：3～5个元器件有漏、假、虚、连焊，或有毛刺，不光亮，或导线长度、剥头长度不符合工艺要求，捻头无镀锡。

④不入级：有严重（超过6个元器件以上）漏、假、虚、连焊，或有毛刺，不光亮，导线长度、剥头长度不符合工艺要求，捻头无镀锡。

5）实训报告

6）任务总结

表 7.13　任务总结表

项　目	存在的问题及收获	备　注
实训任务收获		
实训任务完成情况		
实训存在的问题和需要改进的地方		
建议和意见		

任务 7.5　TDA1521 集成 OCL 功率放大电路的制作与调试

【任务引入】

随着数字化步伐的加快,人们越来越追求高品质的音乐享受,在这一环境下,世界著名飞利浦公司紧跟时代步伐推出一大批高品质单片功率放大芯片,其中 TDA2030,TDA7294,TDA7293 和 TDA152 等就是其中著名芯片之一,深受全世界电子爱好者的喜爱。而其中 TDA1521 就是其中应用比较广泛的一块芯片。TDA1521 是飞利浦公司专门为数字音响在播放时的低失真度及高稳度而设计推出的功放芯片。用来接驳 CD 机直接输出的音质特别好。

【任务目标】

了解 TDA1521 功放集成电路的内部组成原理;了解 TDA1521 芯片的外围电路;学会设计、安装和检修 TDA1521 集成功率放大器。

【任务相关理论基础知识】

7.5.1　TDA1521 音频功率放大器简介

著名的 TDA1521 是荷兰飞利浦公司专为数字电路设计的集成电路音频功率放大器,在 ± 16.5 V 时能在 8 Ω 负载上产生 15 W×2 的正弦输出功率。而且应用电路极其简洁,可谓是有源音箱的首选器件。TDA1521A 采用九脚单列直插式塑料封装,具有输出功率大、两声道增益差小、开关机扬声器无冲击声及可靠的过热过载短路保护等特点。TDA1521A 既可用成正负电源供电 OCL 功率放大器,也可用作单电源供电的 OTL 功率放大器。双电源供电时,可省去两个音频输出电容,高低音音质更佳。单电源供电时,电源滤波电容应尽量靠近集成电路的电源端,以避免电路内部自激。一般制作功放电路时较多都接成 OCL 电路。

1)TDA1521 **内部原理图**

TDA1521 功率放大芯片内部原理图如图 7.33 所示。

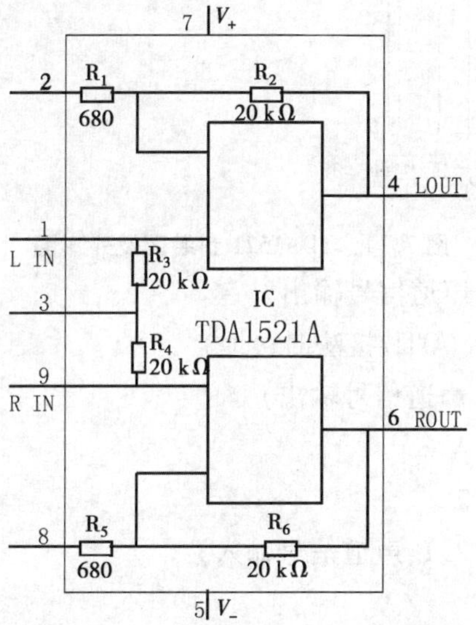

图 7.33　TDA1521 功率放大芯片内部原理图

2)TDA1521 **功能简介**

TDA1521 飞利浦公司专门为数字音响在播放时的低失真度及高稳度而设计推出的功放芯片。用来接驳 CD 机直接输出的音质特别好。

3)TDA1521 **主要特点**

①电路设有等待、静嘈状态,具有过热保护,低失调电压高纹波抑制,而且热阻极低,具有极佳的高频解析力和低频力度。

②音色通透纯正,低音力度丰满厚实,高音清亮明快,很有电子管的韵味。

③外围器件少,是"傻瓜"型的功放芯片,非常适合初级发烧友组装,只要按照电路图,不需调试就可获得很好的效果。

④由于该芯片的输入电平比较低,在制作时不需前置放大器,只需直接接到电脑声卡、光驱、随身听上即可。著名的电脑多媒体音箱漫步者也是采用这两种芯片。

TDA1521 引脚功能描述及封装如图 7.34 所示。

1 脚:11 V——反向输入 1(L 声道信号输入)

2 脚:11 V——正向输入 1

3 脚:11 V——参考 1(OCL 接法时为 0 V,OTL 接法时为 $1/2V_{cc}$)

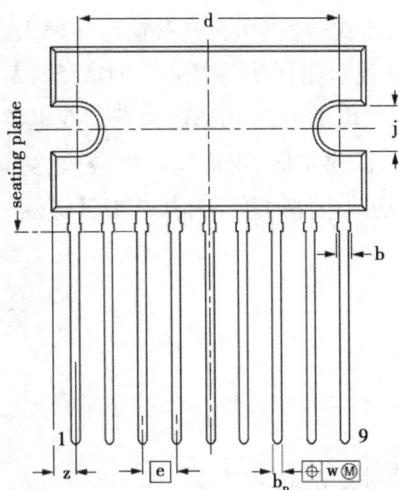

图 7.34　TDA1521 封装图及外形图

4 脚:11 V——输出 1(L 声道信号输出)

5 脚:0 V——负电源输入(OTL 接法时接地)

6 脚:11 V——输出 2(R 声道信号输出)

7 脚:22 V——正电源输入

8 脚:11 V——正向输入 2

9 脚:11 V——反向输入 2(R 声道信号输入)

4)TDA1521 主要参数

①TDA1521 在电压为 ±16 V、阻抗为 8 Ω 时,输出功率为 2×15 W,此时的失真仅为 0.5%。

②输入阻抗 20 kΩ,输入灵敏度 600 mV,信嘈比达到 85 dB。

7.5.2　TDA1521 典型应用电路

TDA1521 典型 OCL 电路应用如图 7.35 所示。此电路不带前置放大功能。

电路原理分析:

如图 7.35 所示,电路由整流滤波电路、双通道功率放大器 TDA1521、前置电路和发光二极管电平指示电路组成,整个电路结构简单,外围元件少。

功放电路部分工作原理分析如下:前置电路分别从 LIN 和 RIN 取样输入,电路 C_1、R_1,C_1 和 C_2、R_2、C_2 组成消振电路,去除杂音并起音调节的作用,而内部电路 TDA1521 在前述已经讲得很清楚,在此不再赘述。电平指示电路 $VD_1 \sim VD_6$ 共 6 颗整流二极管构成半波整流电路,给 $VD_7 \sim VD_{11}$ 共 5 颗发光二极管供电,并使电压逐级为衰减,A 点输入电压越高后到后面的发光二极管才能点亮,形成电平指示电路。

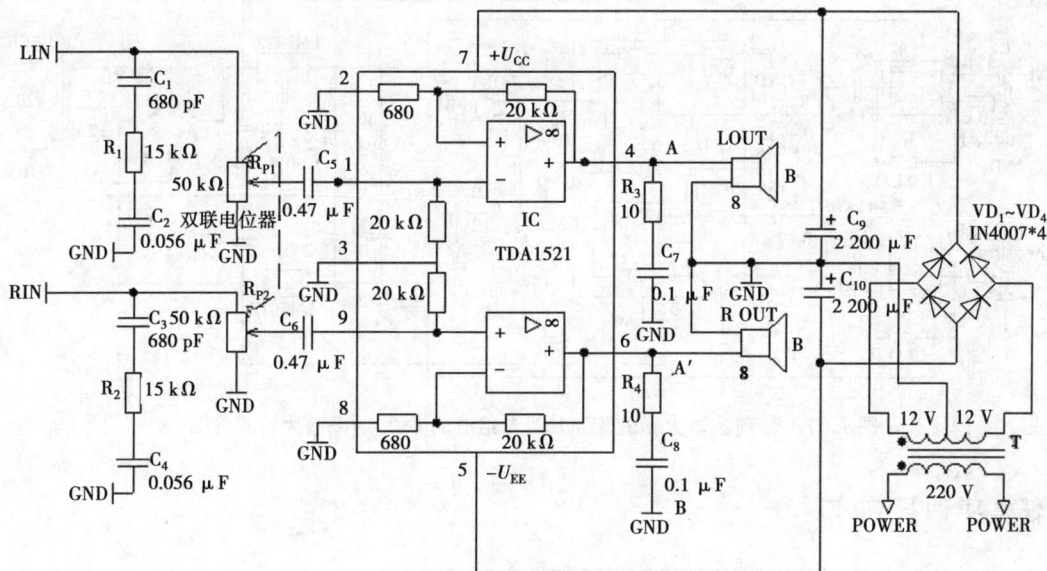

图 7.35 TDA1521 典型 OCL 电路应用

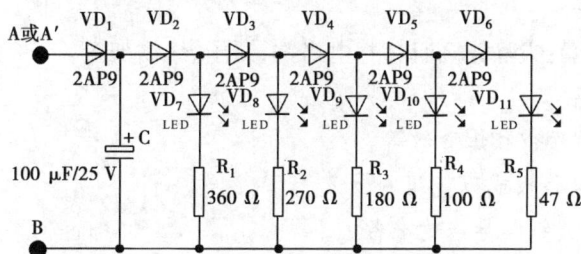

图 7.36 简易发光二极管电平指示电路

7.5.3 带前置放大器的 TDA1521 音频功率 OCL 放大器

1)前置放大及功率放大部分原理分析

前置放大部分选用"历史悠久"的运放之皇 NE5532 作 10 倍放大线路,耦合电容首选德国"威猛"的 MKP 系列,其次选用钽电解,电阻都为 1/8 W 金属膜电阻。TDA1521 的散热器应视箱内空间而定,尽量大些,且要涂上导热硅脂。NE5532 + TDA1521 电路图如图 7.37 所示。

2)电源部分原理分析

为了减小变压器体积又不降低其功率,选用了优质的环形变压器,35 W 双 12 V,体积相当小。给 NE5532 供电由 7815 和 7915 完成,大容量电解电容最好用 ELAN 或蓝精灵(nichicon)。在此用的是 4 700 μF/50 V 的 nichicon,效果相当不错,整流器用 3 A 全桥。

两部分改装后,把电源与线路板固定好,再在两音箱内壁上贴厚度 1 cm 左右的棉花作吸音材料,吸音棉的多少最好能一边听,一边调,直到音质最佳为止。

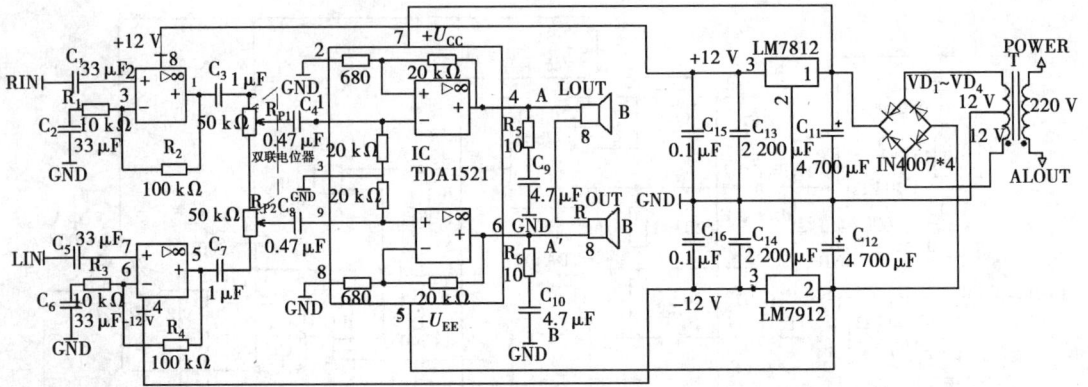

图 7.37　带前置放大器的 TDA1521A 组成的 OCL 功率放大器原理图

【任务实训】

1)器材准备

(1)基本工具准备

常用无线电工一套:尖嘴钳、斜口钳、电烙铁、镊子、烙铁架等。

(2)焊接材料准备

焊接材料主要是:松香和焊锡丝等。

(3)可焊接印制电路板或万能印刷板

(4)6 mm19 芯多股铜芯导线的准备

(5)元器件准备(见表7.14)

表 7.14

序　号	元件名称	型　号	数　量	备　注
1	整流桥堆	W08G	1	
2	集成功放芯片	TDA1521	1	
3	专业用运放芯片	NE5532	1	
4	钽电容	1 μF	4	
5	电容	0.1 μF	4	
6	电容	3 μF	2	
7	电解电容	33 μF	2	钽材料或铝材料
8	电解电容	2 200 μF	2	钽材料或铝材料
9	电解电容	4 700 μF	2	钽材料或铝材料
10	电解电容	100 μF	1	钽材料或铝材料
11	集成电路	LM7812	1	

序　号	元件名称	型　号	数　量	备　注
12	集成电路	LM7912	1	
13	金属膜电阻器	10 kΩ	2	
14	金属膜电阻器	100 kΩ	2	
15	金属膜电阻器	47 Ω	2	
16	碳膜电阻器	360 Ω	1	
17	碳膜电阻器	270 Ω	1	
18	碳膜电阻器	180 Ω	1	
19	碳膜电阻器	100 Ω	1	
20	碳膜电阻器	47 Ω	1	
21	WL滚珠式双联电位器	50 kΩ	1	
22	低音喇叭	8 Ω 15 W	2	
23	高音喇叭	8 Ω 15 W	2	
24	开关二极管	IN4148	6	
25	高亮度发光二极管	蓝色	5	
26	双12 V输出变压器		1	

2）图纸分析

如图7.37所示为带前置放大器的TDA1521A组成的OCL功率放大器原理图。其电路分析如下：

整机电路由3大部分组成：电源共电电路、功率放大电路和发光二极管电平指示电路。其中电源电路由整流变压器、整流桥堆、滤波电路和集成三端稳压器组成，原理很简单，在此不再赘述。功率放大电路由NE5532组成前置放大器，TDA1521为核心的电路组成后级推动放大器，该电路保真度高，失真小，音质混厚。缺点是此电路没有设置高低音调节电路。二极管电平指示电路与左右声道输出端连接，主要利用音频信号整流后供电点亮发光二极管，音量越大电平越高点这的发光二极管越多，此电路可以随着音乐的大小点亮不同数量发光二极管，具有明示的电平指示作用，优点是电路结构简单成本低。

3）安装指导

本电路安装遵循前述安装方法，先安装小的元件电阻、二极管、电容，再安装集成电路，完成下面工艺表的编制，见表7.15。

表 7.15　装配工艺卡

描述		装配工艺过程卡片		工序名称	产品图号
				插件	PCB. 20120628
	序号（位号）	装入件及辅助材料代号、名称、规格		数量	工艺要求	工装名称
		代号、名称	规格			
						镊子、斜口钳、电烙铁等常用装接工具
	以上各元器件插装顺序是：					

4）技能考核评分标准

5）实训报告

按要求完成实训报告。

6）任务总结（见表 7.16）

表 7.16　任务总结表

项　目	存在的问题及收获	备　注
实训任务收获		
实训任务完成情况		
实训存在的问题和需要改进的地方		
建议和意见		

【知识拓展】

本次任务所涉及电路最大的缺憾就是没有引入高、低音调节电路,为了部分同学的知识拓展要求,下面介绍高、低音电路原理。

所谓音调控制就是人为地改变信号里高、低频成分的比重,以满足听者的爱好、渲染某种气氛、达到某种效果、或补偿扬声器系统及放音场所的音响不足。这个控制过程其实并没有改变节目里各种声音的音调(频率),所谓"音调控制"只是个习惯叫法,实际上是"高、低音控制"或"音色调节"。高保真扩音机大都装有音调控制器。然而,从保真信号传送质量来考虑,音调控制倒不是必须的。

一个良好的音调控制电路,要有足够的高、低音调节范围,但又同时要求高、低音从最强到最弱的整个调节过程里,中音信号(通常指 1 000 Hz)不发生明显的幅度变化,以保证音量大致不变。

所谓提升或衰减高、低音,都是相对于中音而言的。先把中音作一个固定衰减(或加深负反馈)然后让高音或低音衰减小一些(或负反馈轻一些),就算是得到提升。因此,为了弥补音调控制电路的增益损失,常需增加一到两级放大电路。

音调控制电路大致可分为两大类:衰减式和负反馈式。衰减式音调控制电路的调节范围可以做得较宽,但因中音电平要作很大衰减,并且在调节过程中整个电路的阻抗也在变。所以噪声和失真大一些。负反馈式音调控制电路的噪声和失真较小,但调节范围受最大负反馈量的限制,所以实际的电路常和输入衰减联合使用,成为衰减负反馈混合式。

1)衰减式音调控制电路

衰减式音调控制典型电路如图 7.38 所示。

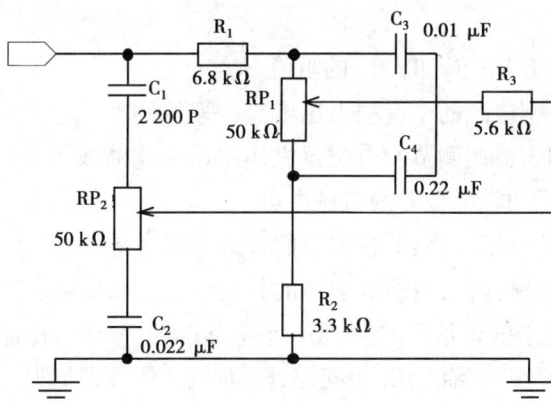

图 7.38　典型衰减式音调控制电路

高音、低音分开调节:C_1,C_2,RP_1 构成高音调节器,R_1,R_2,C_3,C_4,RP_2 构成低音调节器。RP_1 旋到 A 点时高音提升,旋到 B 点时高音衰减。RP_2 旋到 C 点时低音提升,旋到 D 点时低音衰减。组成音调电路的元件值必须满足下列关系:

①$R_1 \geqslant R_2$。

②RP_1 和 RP_2 的阻值远大于 R_1，R_2 的阻值。

③与有关电阻相比，C_1，C_2 的容抗在高频时足够小，在中、低频时足够大；而 C_3，C_4 的容抗则在高、中频时足够小，在低频时足够大。C_1，C_2 能让高频信号通过，但不让中、低频信号通过；而 C_3，C_4 则让高、中频信号都通过，但不让低频信号通过。

只有满足上述条件，衰减式音调控制电路才有足够的调节范围，并且 RP_1，RP_2 分别只对高音、低音起调节作用，调节时中音的增益基本不变，其值约等于 R_2/R_1。

R_1 与 R_2 的比值越大，高、低音的调节范围就越宽，但此时中音的衰减也越大。改变 R_1 或 R_2 后，如要保持原来的控制特性，有关电容器的容量也要作相应改变，为了避免高、低音调节时互相牵制，有的衰减式音调电路还加进了隔离电阻。作衰减式音调调节的电位器宜用指数型(Z 型)，此时，频响平直的位置大致在电位器的机械中点。

以下是一个实际的电路图，其中 $R_1 = 6.8\ \text{k}\Omega$，$R_2 = 3.3\ \text{k}\Omega$，$R_3 = 5.6\ \text{k}\Omega$，$C_1 = 2\ 200\ \text{pF}$，$C_2 = 0.022$，$C_3 = 0.01$，$C_4 = 0.22$，$RP_1 = RP_2 = 50\ \text{k}\Omega$，$R_3$ 是一个隔离电阻。

2) 衰减——负反馈式音调控制电路

RP_1 作高音控制，RP_2 作低音控制。RP_1 旋到 A 点时高音提升，旋到 B 点时高音衰减。RP_2 旋到 C 点时低音提升，旋到 D 点时低音衰减。为了使电路获得满意性能，必须具备以下条件：

①信号源的内阻(即前一级的输出阻抗)不大。

②用来实现音调控制的放大电路本身有足够高的开环增益。

③C_1，C_2 的容量要适当，其容抗跟有关电阻相比，在低频时足够大，在中、高频时又足够小；而 C_3 的选择却要使它的容抗在低、中频时足够大，在高频时足够小。粗略地说，就是 C_1，C_2 能让中、高频信号顺利通过而不让低频信号通过；C_3 则让高频信号顺利通过而不让中、低频信号通过。

④RP_1，RP_2 均远大于 R_1，R_2，R_3，R_4 的阻值。

当 $R_1 = R_2$ 时，该音调电路的中音频电压增益约等于1。

作衰减——负反馈式音调调节的电位器宜用阻值变化曲线为直线型(X 型)的电位器。此时，频响平直的位置大约在电位器的机械中点。

如图 7.39 所示为负反馈式高、低音调节的音调控制电路。

该电路调试方便、信噪比高，目前大多数的普及型功放都采用这种电路。图中 C_1，C_2 的容量大于 C_3 的容量，对于低音信号 C_1 与 C_2 可视为开路，而对于高音信号 C_3 可视为短路。低音调节时，当 RP_1 滑臂到左端时，C_1 被短路，C_2 对低音信号容抗很大，可视为开路；低音信号经过 R_1，R_3 直接送入运放，输入量最大；而低音输出则经过 R_2，RP_1，R_3 负反馈送入运放，负反馈量最小，因而低音提升最大；当 RP_1 滑臂到右端时，则刚好与上述情形相反，因而低音衰减最大。不论 RP_1 的滑臂怎样滑动，因为 C_1，C_2 对高音信号可视为是短路的，所以此时对高音信号无任何影响。高音调节时，当 RP_2 滑臂到左端时，因 C_3 对高音信号可视为短路，高音信号经过 R_4，C_3 直接送入运放，输入量最大；而高音输出则经过 R_5，RP_2，C_3 负反馈送入运放,负反馈量最小,因而高音提升最大;当 RP_2 滑臂到右端时,则刚好相反,因而高音衰减最大。不论 RP_2 的滑臂怎样滑动,因为 C_3 对中低音信号可视为是开路的,所以此时对中低音信号无任何影响。普及型功放一般都使用这种音调处理电路。使用时必须注意的是,为避免前级电路对音调调节的影响,接入的前级电路的输出阻抗必需尽可能地小,应与本级电路输入阻抗互相匹配。

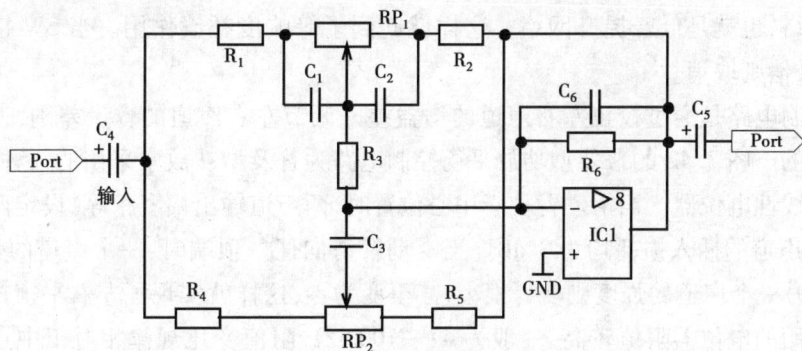

图 7.39 负反馈式高低音调节的音调控制电路

3)专用音调控制 IC 音调控制电路

目前,许多中高挡 AV 功放电路中都采用了专用音调控制 IC,如 M62411FP,TDA7315,TDA7449 等。如图 7.40 所示的 AV 功放电路,使用了 TDA7449,其内部含有高低音调节电路,它通过 I2C 总线由单板 CPU 输入控制数据来调节音调,高、低音调节范围均为 ±14 dB,调节步进台阶为 2 dB 每级;该电路外接元件少,控制简单、精确。

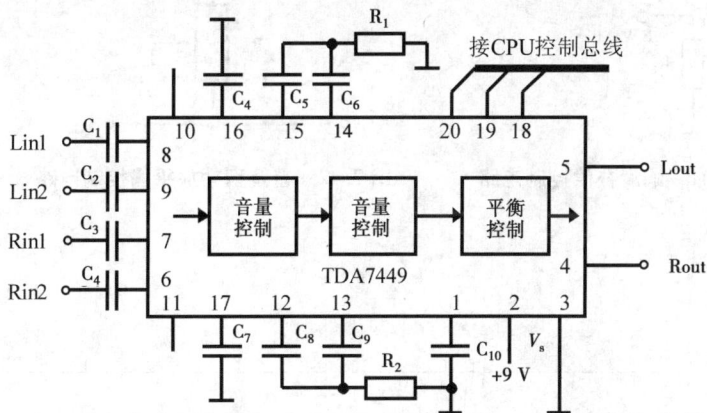

图 7.40 专用音调控制电路

4)音量、响度补偿、平衡控制等电路

常用的音量控制方式是信号衰减式,由电位器来完成。通过调节信号的衰减量,改变扩音系统输出功率的大小,从而使扬声器重放出来的声音强弱得到调节,实现音量控制。现在 AV 功放中一般都使用步进式双联同轴电位器作主声道音量控制。为实现遥控,也有采用双联马达电位器的。在中高挡机中则使用数字式电子音量控制的较多,通过可 360° 全方位旋转的脉冲电位器或按键与单片 CPU 来控制专用音量 IC,达到控制音量的目的。

响度补偿控制,是为了弥补人耳在音量小时对声音的低频域及高频域的听觉灵敏度下降的缺陷,而自动改变放大器频响的一种电路。常用方法是将特定的阻容网络接入音量电位器的抽头同构成响度控制,调节音量时使高、低音的提升量自动变化。图 7.41 响度补偿控制电路为普及型功放常采用的响度控制电路,当音量电位器关小且开关 SW 接通时,电位器 R_P 的上半部分与 C_1 构成并联高音提升网络,而电位器下半部分电阻与 C_2,R 并联构成中高频衰减网络,也就是低音提升网络。这样就起到了等响度补偿作用。当 SW 接到断开位置时,响度补偿则取消。

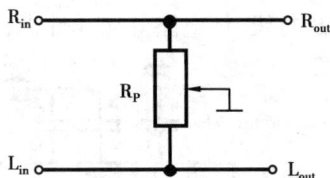

平衡控制电路是通过校正左右声道的增益差来调节左右声道的音量差别,达到校正声像偏移的目的。图 7.42 的普及型功放平衡控制电路为普及型功放常采用的一种控制方式,仅使用一个线性电位器。当滑动臂位于中心位置时,两声道输出幅度相等(设定两输入幅度相等),每个声道的插入损耗均为 3 dB。当滑动臂滑向任一顶端时,一个声道的强度增加 3 dB 左右,而另一个声道的强度则变得很小,甚至变为零,这样就实现了左右平衡控制。这种电路要求使用的电位器阻值较高,一般为 47 ~ 100 kΩ,阻值变化规律相对于中点具有对称性。在中高挡 AV 功放中则大多采用电子平衡控制电路,如图 7.40 专用音调控制电路所示的 TDA7449 其内部含有电子平衡控制电路,通过单片 CPU 输入控制数据来调节左右平衡量,能在 − 80 ~ 0 dB 范围内以 1 dB 每级的变化量调节左右声道的平衡变化。

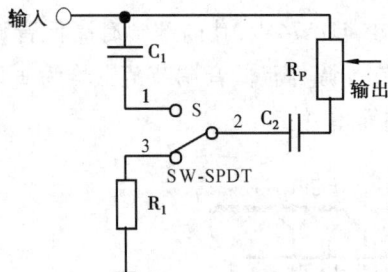

图 7.41　响度补偿控制电路　　　　图 7.42　普及型功放平衡控制电路

【任务小结】

_____

_____

_____

_____

_____

_____

任务7.6 红外线控制自动水龙头电路的设计安装与调试

【任务引入】

随着社会的发展、科技的进步以及人们生活水平的逐步提高,利用红外发射与接收电路设计的自动水龙头在公共场合应用越来越广泛。该类电路设计简单,使用方便,同时更利于节能,而"节能降耗"是我们追求的目标。传统的水龙头、卫生间供水等设施,使用起来不是特别方便,而且很浪费水资源。在此基础上设计了自动供水电路。不仅可以节约用水,使用方便外,且外形美观。红外线控制自动水龙头由红外发射电路、红外接收放大电路、控制电路、电磁阀、电源等组成。当人或事物靠近时,自动产生控制信号,继电器动作,使电磁阀得电吸合从而自动打开水源;反之,则自动关闭水源。

【任务目标】

1. 了解自动水龙头的原理和组成。
2. 了解常用传感器的种类和原理。
3. 学会设计、安装和检修常用自动水龙头。

【任务相关理论基础知识】

7.6.1 自动水龙头原理概述

随着电子技术的发展,当前数字系统的设计正朝着速度快、容量大、体积小、质量轻的方向发展。在其推动下,现代电子产品几乎渗透了社会的各个领域,有力地推动了社会生产力的发展和社会信息化程度的提高,同时也使现代电子产品性能进一步提高,产品更新换代的节奏也越来越快。

自动水龙头安装方便、灵敏度高、抗干扰能力强、使用寿命长、发出光均匀稳定。发出的二极管光为不可见光,当发出光被某一信号调制后,只有专门的解调电路才能收到。它可在强光下工作,给人们的生活带来了极大的方便,已成为人们日常生活中必不可少的必需品,其广泛用于家庭、商场、工厂、学校、餐厅等场所。而且大大地扩展了传统水龙头的功能。因此,研究红外线控制自动水龙头及其应用,有着非常重要的意义。

自动水龙头是一种以红外线自动控制的水龙头。采用了反射式红外传感器,这种传感器的发射与接收是一体化的。当人或事物靠近时,自动产生控制信号继电器动作,使电磁阀得电吸合从而自动放水。

本设计满足了人们对物质的需求,又提高了科学性。以适应当今品种多批量小的电子市场的需求,大大提高了产品的市场竞争力。

7.6.2 元器件方案

1) 传感器

目前市场上常用的传感器有 CCD 图像传感器、电容式传感器、超声波传感器、光电传感器 4 种。

(1) CCD 图像传感器

这种传感器可直接将光学信号转换为数字电信号,实现图像的获取、存储、传输、处理和复现。其显著特点是:

①体积小、质量轻;

②功耗小,工作电压低,抗冲击与震动,性能稳定,寿命长;

③灵敏度高,噪声低,动态范围大;

④响应速度快,有自扫描功能,图像畸变小,无残像;

⑤应用超大规模集成电路工艺技术生产,像素集成度高,尺寸精确,商品化生产成本低。因此,许多采用光学方法测量外径的仪器,把 CCD 器件作为光电接收器。

CCD 从功能上可分为线阵 CCD 和面阵 CCD 两大类。线阵 CCD 通常将 CCD 内部电极分成数组,每组称为一相,并施加同样的时钟脉冲。所需相数由 CCD 芯片内部结构决定,结构相异的 CCD 可满足不同场合的使用要求。线阵 CCD 有单沟道和双沟道之分,其光敏区是 MOS 电容或光敏二极管结构,生产工艺相对较简单。它由光敏区阵列与移位寄存器扫描电路组成,特点是处理信息速度快,外围电路简单,易实现实时控制,但获取信息量小,不能处理复杂的图像。面阵 CCD 的结构要复杂得多,它由很多光敏区排列成一个方阵,并以一定的形式连接成一个器件,获取信息量大,能处理复杂的图像。

(2) 电容式传感器

它是一种把被测的机械量,如位移、压力等转换为电容量变化的传感器。它的敏感部分就是具有可变参数的电容器。其最常用的形式是由两个平行电极组成、极间以空气为介质的电容器。若忽略边缘效应,平板电容器的电容为 $\varepsilon A/\delta$,式中 ε 为极间介质的介电常数,A 为两电极互相覆盖的有效面积,δ 为两电极之间的距离。δ,A,ε 3 个参数中任一个的变化都将引起电容量变化,并可用于测量。因此电容式传感器可分为极距变化型、面积变化型、介质变化型 3 类。极距变化型一般用来测量微小的线位移或由于力、压力、振动等引起的极距变化。面积变化型一般用于测量角位移或较大的线位移。介质变化型常用于物位测量和各种介质的温度、密度、湿度的测定。电容器传感器的优点是结构简单,价格便宜,灵敏度高,过载能力强,动态响应特性好和对高温、辐射、强振等恶劣条件的适应性强等。缺点是输出有非线性,寄生电容和分布电容对灵敏度和测量精度的影响较大,以及连接电路较复杂等。20 世纪 70 年代末以来,随着集成电路技术的发展,出现了与微型测量仪表封装在一起的电容式传感器。这种新型的传感器能使分布电容的影响大为减小,使其固有的缺点得到克服。电容式传感器是一种用途极广、很有发展潜力的传感器。

(3)超声波传感器

超声波传感器是利用超声波的特性研制而成的传感器。超声波是一种振动频率高于声波的机械波,由换能晶片在电压的激励下发生振动产生的,它具有频率高、波长短、绕射现象小,特别是方向性好、能够成为射线而定向传播等特点。超声波对液体、固体的穿透本领很大,尤其是在阳光不透明的固体中,它可穿透几十米的深度。超声波碰到杂质或分界面会产生显著反射形成反射成回波,碰到活动物体能产生多普勒效应。因此超声波检测广泛应用在工业、国防、生物医学等方面。超声波距离传感器可以广泛应用在物位(液位)监测,机器人防撞,各种超声波接近开关,以及防盗报警等相关领域,工作可靠,安装方便,防水型,发射夹角较小,灵敏度高,方便与工业显示仪表连接,也提供发射夹角较大的探头。

(4)光电传感器

光电传感器是各种光电检测系统中实现光电转换的关键元件,它是把光信号(红外、可见及紫外光辐射)转变成为电信号的器件。它包括一个可以发射红外光的固态发光二极管和一个用作接收器的固态光敏二极管(或光敏三极管)。

标准的光电传感器可分为漫反射型、反射型、对射型、槽型、光纤传感器、色标传感器、光通信、激光测距、光栅、防爆/隔爆型 10 种。具有以下 7 个特点:

①检测距离长。如果在对射型中保留 10 m 以上的检测距离等,便能实现其他检测手段(磁性、超声波等)无法检测。

②对检测物体的限制少。由于以检测物体引起的遮光和反射为检测原理,所以不像接近传感器等将检测物体限定在金属,它可对玻璃、塑料、木材、液体等几乎所有物体进行检测。

③响应时间短。光本身为高速,并且传感器的电路都由电子零件构成,所以不包含机械性工作时间,响应时间非常短。

④分辨率高。能通过高级设计技术使投光光束集中在小光点,或通过构成特殊的受光光学系统,来实现高分辨率,也可进行微小物体的检测和高精度的位置检测。

⑤可实现非接触的检测。可以无须机械性地接触检测物体实现检测,因此不会对检测物体和传感器造成损伤。因此,传感器能长期使用。

⑥可实现颜色判别。通过检测物体形成的光的反射率和吸收率根据被投光的光线波长和检测物体的颜色组合而有所差异。利用这种性质,可对检测物体的颜色进行检测。

⑦便于调整。在投射可视光的类型中,投光光束是眼睛可见的,便于对检测物体的位置进行调整。

因此,光电式传感器在检测和控制中得到广泛应用。通过几种传感器的辩证比较,这里选择了第4种——光电传感器,并采用其中的反射式光电传感器来作为设计的核心元件。

2)发光二极管(LED)

做传感器的 LED 要求亮度高,颜色合适,光斑形状合适。为了防止 LED 损坏,应该注意:

①LED 的伏安特性曲线很陡,测试和使用时一定要串联电阻限制电流。

②氮化镓材料的高亮度 LED 容易被反向电压、静电或电源尖峰击穿损坏,电源电压较高时不可反馈。

不同的管子允许的工作电流不同,红外的平均电流最大可以用到 100 μA,用作调制时几十微秒的窄脉冲峰值甚至可以接近 1 A。3 mm 的白色高亮度管子持续最大电流 20 μA,一般低亮度的管子要小一些,工作电流的限制一是发热限制平均电流,二是高电流下亮度饱和限制峰值电流,有些管子电流大了之后还会变色。

常用的 LED 有红外,红、橙、黄、黄绿、纯绿、蓝、紫、白等颜色,作为成品销售的"变色 LED"是在一个管壳里封装了多个不同颜色的 LED,红、绿、蓝三色的 LED 非常适合作颜色传感器的照明。红外线 LED 配合红外接收管抗干扰能力强,但是不适合用于识别颜色,因为物体在可见光下的颜色不能很好地代表它对红外线的反射率。

LED 发光的原理是半导体 PN 结中的电子与空穴复合时产生光子,不同的材料由于能带宽度不同,导致发光颜色和导通电压不同。另外,不同材料的发光效率(一般以量子效率衡量,量子效率 = 发射的光子数/流过的电子数)也有较大的差别(见表7.17)。

表 7.17 常用 LED 的参数比较

材 料	发光颜色	量子效率(与工艺有关)
砷化镓	红外	高,30%
磷砷化镓	红	中,10%
磷化镓(掺杂氮)	黄绿	低,不到1%
磷化镓(掺杂氧化锌)	红到黄	中低
铝砷化镓	鲜红	中高
铝镓铟磷	橙红	高,30%
氮化镓	从纯绿到紫外	高,20%

3)接收管

常用的接收管有硅光电二极管、硅光电三极管、光敏电阻 3 种。光电二极管产生的电流小,需要高倍放大,但是速度很快,可以高频调制,在遮光状态下的特性类似普通二极管,使用时加反向电压,输出与光照强度近似成正比的光电流。光电三极管一般基极不引出,只有两根管脚,购买的时候叫作光敏管。光电三极管产生的电流较大,无须前置高倍放大,但是速度较低,调制频率低于 100 kHz。遮光状态下正反向电阻都很大,用强光照射,可以测出一个方向的电阻明显变小,这个方向是正向,使用时加正向电压 >1 V,输出与光照强度近似成正比的光电流。

这些光电接收管的外壳有无色透明和黑色两种,黑色管壳几乎只透过红外光,与红外发光管配套使用。

光敏电阻的电特性是电阻而不是恒流,受到光照后电阻值大幅度减小,输出电流也较大,数量级类似光电三极管。工作频率一般较低,但也有高的。在使用上最重要的区别于光敏电阻接收光照的是一个平面,没有管壳聚光,方向性差,一般用在不区分光照方向或者要降低成本的电路里。

光电二极管,光电三极管都是半导体 PN 结光电元件,靠内光电效应接收光线,因此入射光子能量超过材料能带宽度才能接收,表现在它的光谱。灵敏度特性在长波方向有一个陡的截止。在短波方向如果波长太短,灵敏度也会下降。一般的硅管最适合用在红外到红黄光范围内,但是可以一直用到近紫外。

另类的应用,用发光二极管当充电二极管,它的材料能带较宽,只接收短波的可见光。理论上可用于识别颜色。

某些光敏电阻对于可见光中间部分的灵敏度较高。加装滤色片可方便地改变管子的光谱特性,以制造各种颜色传感器。

7.6.3 红外控制自动水龙头设计

1)水龙头的构成及传感器控制

水龙头采用了反射式红外传感器。红外线的发射和接收一般使用红外发光二极管和红外接收管来完成。当有物体靠近时,一部分红外光被发射到接收管。反射式红外传感器(见图 7.43)。

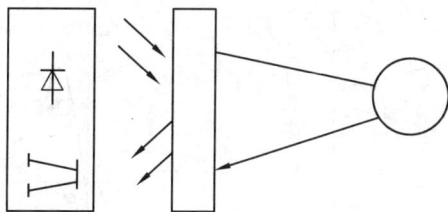

图 7.43 反射式红外传感器

反射式光电传感器可以用来检测地面明暗和颜色的变化,也可以探测有无接近的物体。这里设计的红外线控制自动水龙头就运用了它的这个特点。光谱范围、灵敏度、抗干扰能力、输出特性等都是反射式光电传感器的重要参数。这种光电传感器的基本原理是,当人或有物体接近时,遮挡了红外光,光敏元件接收到光信号,从而进行光电转换,电磁阀作用,使水源打开。红外线控制自动水龙头的控制过程是:当人或物体靠近自动水龙头时,红外发射光电管发出的红外经人和物体反射到红外接收光电管。接收光电管接收到的反射光信号自动转换为电信号,经过后续电路进一步放大、整形、译码,最后驱动电路控制电磁阀动作打开水源。当人手或物体离开自动水龙头时,接收光电管接收不到反射光信号,驱动电路断开电磁阀电源,从而关闭水源。

2)系统组成方框图

红外线自动控制水龙头整个控制过程分为5个部分。系统组成方框图如图7.44所示。

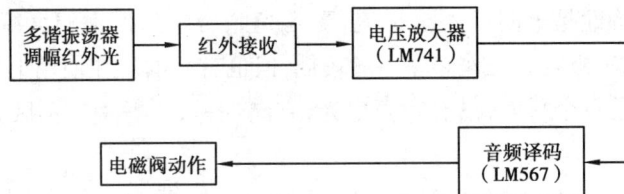

图7.44 系统组成方框图

3)红外反射式光电传感器特性与工作原理

反射式光电传感器的光源有多种,常用的有红外发光二极管,普通发光二极管,以及激光发光二极管,前两种光源容易受到外界光源的干扰,而激光二极管发出的光的频率比较集中,传感器只结合搜很窄的频率范围信号,不容易被干扰,但价格较贵。理论上光电传感器只要位于被测区域反射表面可受到光源照射,同时又能被接收管接收到的范围进行检测,然而这是一种理想的结果。因为光的反射受到多种因素的影响,如反射表面的形状、颜色、光洁度、日光灯照射等不确定因素。如果直接用发射和接收管进行测量,将会因为干扰而产生错误信号。采用对反射光强进行测量的方法可提高系统的可靠性和准确性。红外反射光强法的测量原理是将发射信号经调制后送给红外管发射,光敏管接收调制的红外信号(见图7.45)。

反射光强度的输出信号电压(V_{out})是反射面与传感器之间的距离(X)的函数,设反射面物质为同种物质时,X与V_{out}的响应曲线是非线性的(见图7.46)。设定出电压达到某一阀值时作为目标,不同的目标距离阀值,电压是不同的。

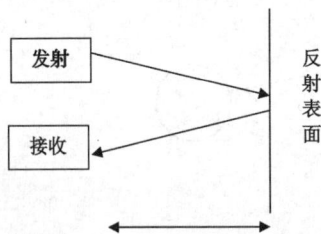

图7.45 红外发射接收原理图

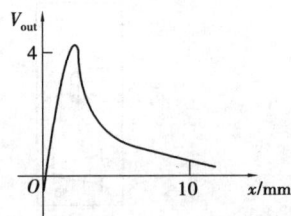

图7.46 光强度相应曲线图

4)红外线控制自动水龙头的工作原理

(1)红外线水龙头控制电路系统的组成

红外线水龙头控制电路包括发射电路和接收译码控制电路。其中发射电路由多谐振荡器和红外发射二极管;接收电路包括红外接收管 D_1 和 D_2、运算放大器(LM741)、音频译码器(LM567)、继电器 K、电源电路等组成。

(2)红外线水龙头控制电路的原理图

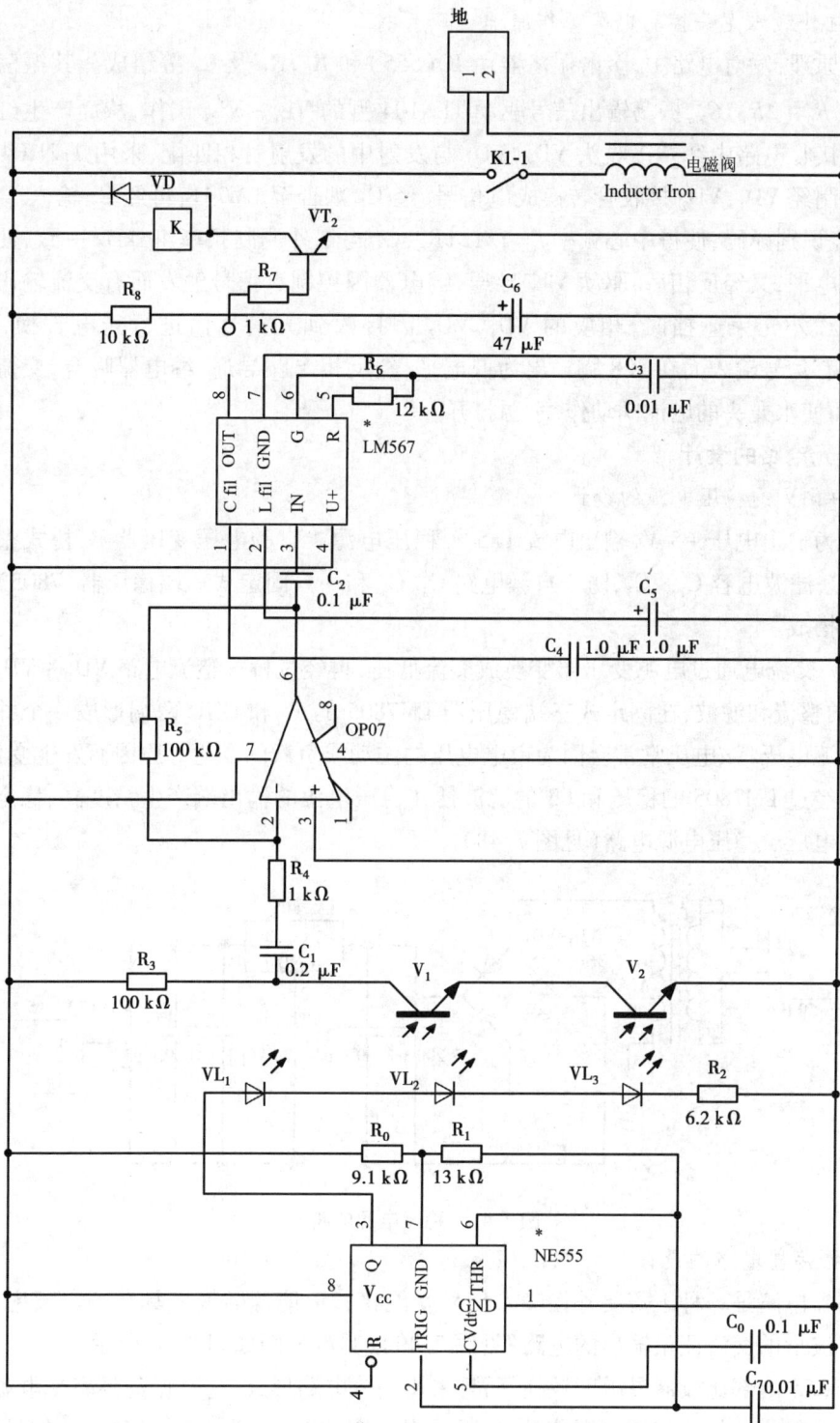

图 7.47 红外线水龙头控制电路

（3）红外线水龙头控制电路工作原理

工作原理：发射电路中，多谐振荡器由 IC（555）和 R_0，R_1 及 C_7 等组成。其振荡频率为 $f=1.44/(R_0+2R_1)C_7$，振荡输出信号驱动 TLN104 型的 $VL_1 \sim VL_3$ 工作，从而产生红外脉冲调制波。接收电路中红外接收头 VD_1，VD_2 与发射中的发射管相匹配，采用 TLN104 型。红外脉冲调制经 VD_1，VD_2 接收管转换成电信号，经 C_1 耦合至 LM741，再经 C_2 输入 LM567 的第 3 脚，经识别译码，使得中心频率 $f=1/1.1R_6$，C_3 与红外调制频率 40 kHz 一致，使第 8 脚输出为低电平，又经反相后，驱动 VT_2 导通，继电器因控制有信号触发而有交流输出。当有人洗手将红外光束遮挡时，相应的 VD_1，VD_2 因接收到光信号而进行光电转换，从而使 LM567 因有信号输入而在第 8 脚输出为低电平，经反相 VT_2 导通，继电器吸合，交流电压被接通，从而使水龙头的电池阀动作，水源打开。

5）单元电路的设计

（1）+5 V 的稳压电源的设计

电路为输出电压 +5 V，输出电流 1.5 A 稳压电源。它的电压变压器 B，桥式整流电路 $VD_1 \sim VD_4$，滤波电容 $C_1 \sim C_3$，防止自激电路 C_2，C_3 和一只固定式三端稳压器（7805）极为简捷方便的搭成。

200 V 交流电通过电源变压器变换成交流低压，再经过桥式整流电路 $VD_1 \sim VD_4$ 和滤波电容 C_1 的整流和滤波，在固定式三端稳压器 LM7805 的 V_{in} 和 GND 两端形成一个并不十分稳定的直流电压（该电压常常会因为市电电压的波动或负载的变化等原因而发生变化）。此直流电压经过 LM7805 的稳压和 C3 的滤波便在稳压电源的输出端产生精度高、稳定性好的直流输出电压。稳压电源电路（见图 7.48）。

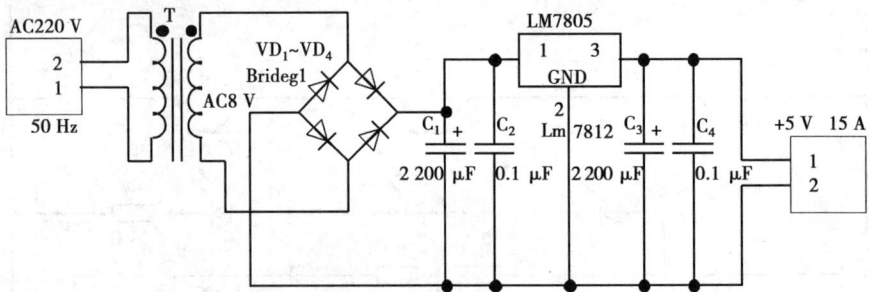

图 7.48　稳压电源电路

（2）振荡器电路的设计

振荡器电路是一种不需要外接输入信号就能将直流能源转换成具有一定频率、一定幅度和一定波形的交流能量输出的电路（见图 7.49），其波形图如图 7.50 所示。

由于 555 内部比较器灵敏度较高，而且采用差分电路形式，这时振荡频率受电源的温度变化的影响较小。故只需通过调节 R_1 的阻值来改变 f 来使其为 1 Hz 的秒脉冲信号，作为闸门信号。

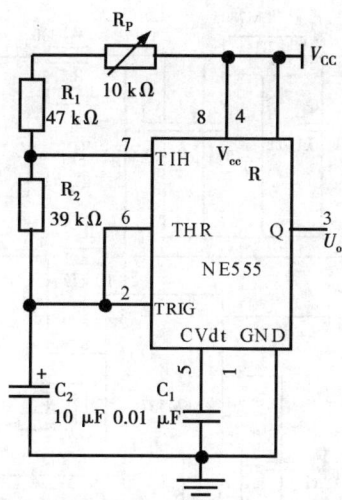

图 7.49　由定时 555 构成的多谐振荡器电路图

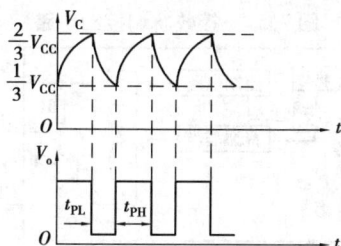

图 7.50　NE555 电路工作波形

（3）红外接收控制电路的设计

本电路是用小型一体化红外接收/解调块接收头 SFM506.38 和锁相环电路。它具有体积小，无须外部元件、抗光电干扰性能好、接收角度宽、功耗低、灵敏度高等优点。LM567、开关放大电路 VT9013、固态继电器 TAC08、电磁阀构成控制电路（见图 7.51）。

LM567 是 1 片锁相环音频解码电路，采用 8 脚双列直插塑封,3 脚为信号输入端，其工作频率由 5,6 脚上的阻容元件决定,8 脚为逻辑输出端。IC_2 与 R_7,C_{12}组成振荡器,R_7,C_{12}决定 IC_2 内部压控振荡器的中心频率,LM567 的 3 脚为信号端,8 脚为逻辑输出端,该输出是 1 个集电极开路的晶体管输出,最大管电流为 100 mA,LM567 的工作电压为 4.75 ~ 9 V,工作频率为 0.1 Hz ~ 500 kHz,静态工作电流为 8 mA。当无人洗手时,IC_1 接收到发射电路的红外脉冲经放大输出到 IC_2 的 3 脚后,IC_2 的 8 脚就会输出低电平,三极管 VT_1 截止,继电器 K 断电处于释放状态,电磁阀 Y 不动作,水龙头无自来水放出。当手放到水龙头下时,IC_1 不能接收红外线,IC_2 的 3 脚无信号输入,8 脚输出高电平,使得 VT_1 导通,继电器 K 吸合,使其常开触点闭合,接通电磁阀 Y 的 220VAC,Y 开始动作,使水龙头放出自来水,同时 LED 发出绿光,指示水龙头正工作于放水状态。洗涤完毕,手离开水龙头后,停止放水。SFM506.38 的内部原理图（见图 7.52）。

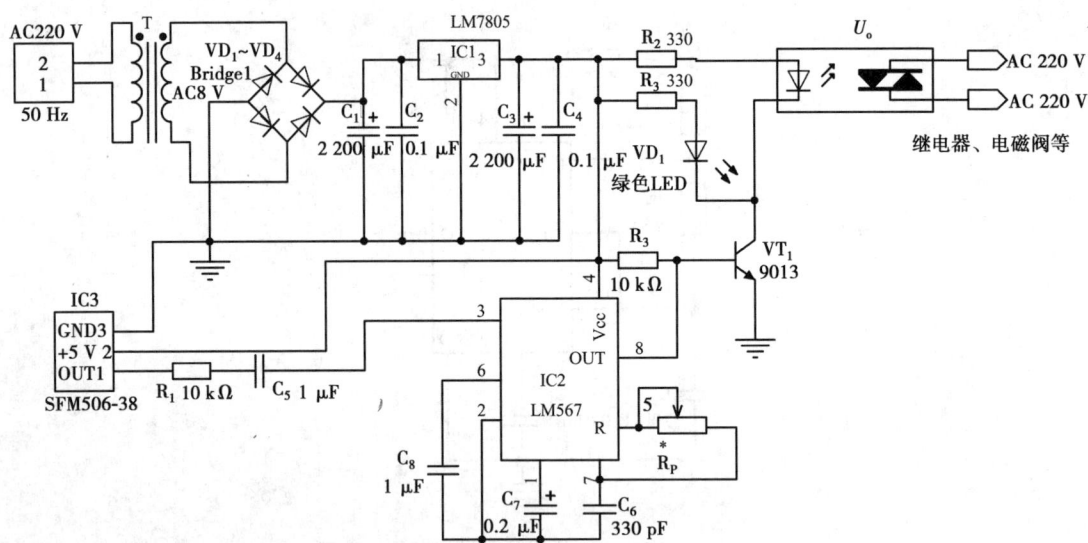

图 7.51　接收解调控制电路

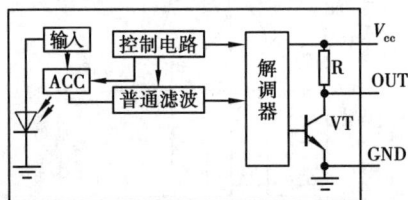

图 7.52　SFM506.38 的内部原理图

（4）电压放大电路的设计

电压放大电路采用 LM741 集成运算放大器，如图 7.53 所示。LM741 是高性能内补偿运算放大器、功耗低、无须外部频率补偿，具有短路保护和失调电压调零能力。

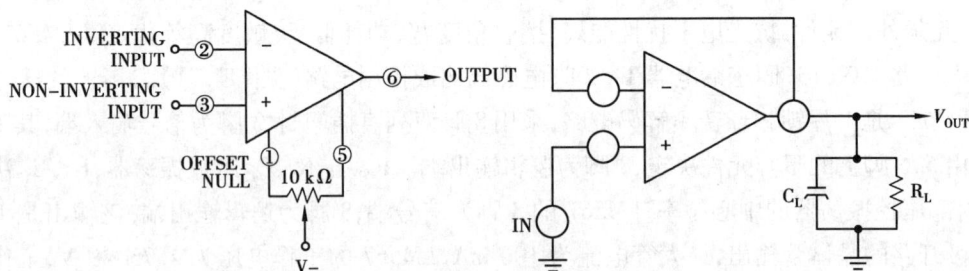

图 7.53　LM741 集成运算放大器

LM741 的管脚功能是：1 脚为调零端，2 脚为反相输入端，3 脚为同相输入端，4 脚为负电源端，5 脚为调零端，6 脚为输出端，7 脚为正电源端，8 脚为空脚端。此引脚图（见图 7.54）。内部原理图（见图 7.55）。

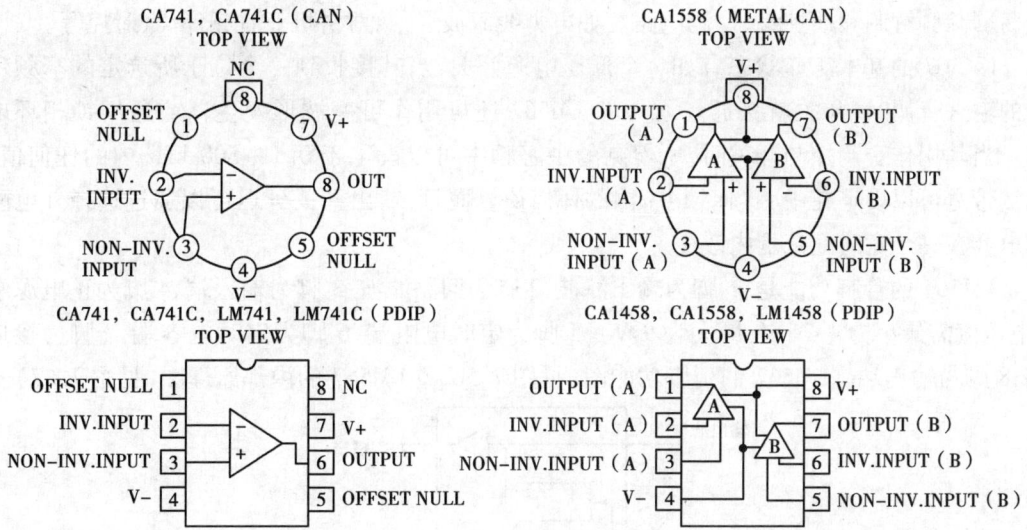

图 7.54   LM741 封装图及引脚功能图

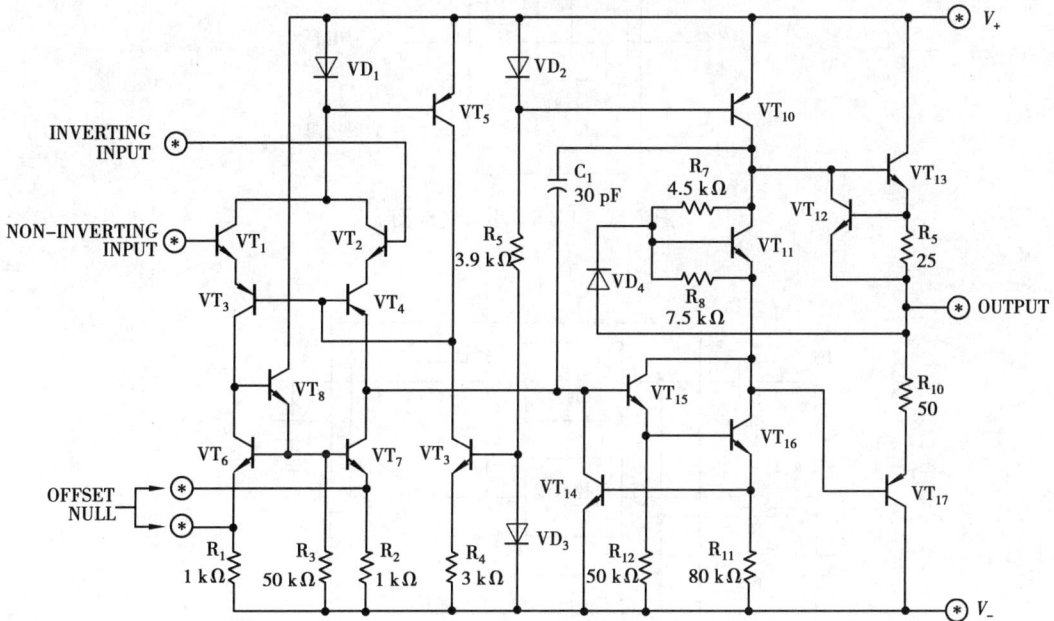

图 7.55   LM741 内部原理图

（5）音调译码器的设计

音调译码器采用 LM567 锁相环电路,锁相环内则包含一个电流控制振荡器(CCO)、一个鉴相器和一个反馈滤波器。此音调解码块包含一个稳定的锁相环路和一个晶体管开关,当在此集成块的输入端加上所选定的音频时,即可产生一个接地方波。当输入信号于通带内时提供饱和晶体管对地开关,电路由 I 与 Q 检波器构成,由电压控制振荡器驱动振荡器确定译码器中心频率。用外接元件独立设定中心频率带宽和输出延迟。音调译码器主要用于振荡、调制、解调和遥控编、译码电路。如电力线载波通信,对讲机亚音频译码、遥控等。

LM567 的基本工作状态有如一个低压电源开关,当其接收到一个位于所选定的窄频带内的输入音调时,开关就接通。通用的 LM567 还可用作可变波形发生器或通用锁相环电路。当其用作音调控制开关时,所检测的中心频率可以设定于 0.1 ~ 500 kHz 内的任何值,检测带宽可以设定在中心频率 14% 内的任何值。而且,输出开关延迟可以通过选择外电阻和电容在一个宽时间范围内改变。

LM567 的管脚功能是:1 脚为输出滤波,2 脚为回路滤波,3 脚为输入端,4 脚为正电源端(电压值需最小为 4.75 V,最大为 9 V),5 脚为定时电阻端,6 脚为定时电容端,7 脚为接地端,8 脚为输出端。LM567 的引脚功能图(见图 7.56)。LM567 的内部原理图(见图 7.57)。

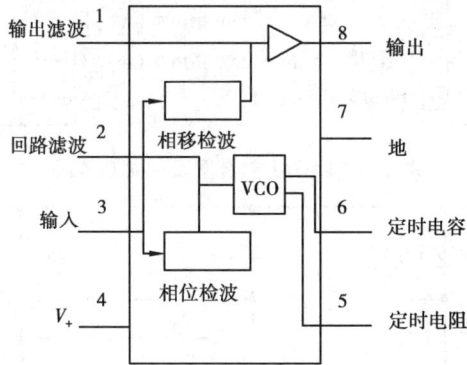

图 7.56　LM567 引脚功能图

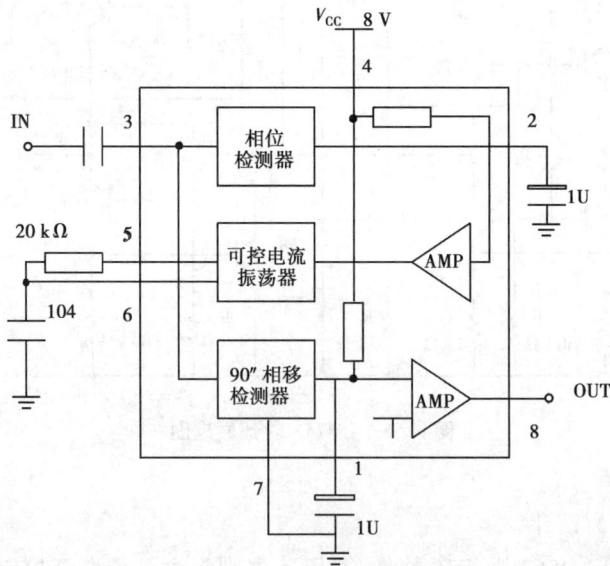

图 7.57　LM567 的内部电路图

(6)三端稳压器

三端稳压器是一种标准化、系列化的通用线性的稳压电源集成电路,以其体积小、成本低、性能好、工作可靠性高等特点,成为目前稳压电源中应用最广泛的一种单片式集成稳压器件。

三端稳压器的工作原理:原与一般分立元件组成的串联式的稳压电路基本相似,不同的是增加了启动电路、保护电路和恒流源。启动电路是为恒流源建立工作点而设置的,恒流源设置在基准电压形成和误差放大器的电路中,是为了使稳压器能够在比较大的电压变化范围内正常可靠的工作。在芯片内设置了两种较为完善的保护电路:一是过流保护,二是过热保护,R_{sc} 是过流保护的取样电阻。R_i,R_b 为输出采样电阻。R_b 两端上的电压(反映输出电压的大小的采样电压)与基准电压在误差放大器中进行比较和放大,产生误差电压去控制调整管的工作状态,从而稳定输出电压。

(7)LM567 调制传感器

LM567 是一种比较廉价的音频锁相环集成电路,利用它可以构造性能较好的反射式光电传感器。

由 LM567 的内部振荡器提供方波信号,点亮探头的 LED,由探头的光敏管接收反射光。经三极管放大,转换成电压信号后送到 LM567 的内部鉴相器 2 同步调解,然后由 LM567 内部的比较器转换为数字输出并联负反馈放大电路有若稳定的增益和低的输入阻抗,能消除光敏管电容的影响,获得良好的高频特性。这个电路的缺点是当多个探头同时使用时因为频率接近,一旦相邻单元的光斑出现部分重合就会有干扰造成输出抖动,另外 567 输出鉴相器参考信号是从振荡电容端引出的,与发射和接收信号几乎是正交的,解调效率非常低,前级需要高倍放大。

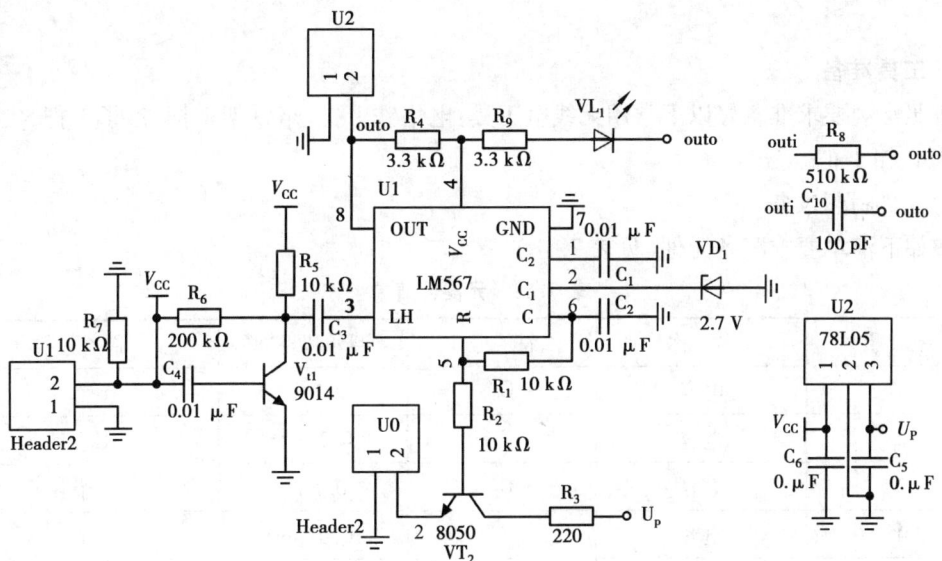

图 7.58 LM567 传感器原理图(一)

为了解决上述多个探头临近的问题,在使用多组传感器时,做了以下改动(见图 7.58):

单独用一个单元(见图 7.59)作振荡,给其余 4 个单元(图中只画了一个)提供同步的时钟信号,消除了差拍问题。而且时钟信号既接到振荡电容端又用来控制输出放大管点亮探头照明的 LED,使得参考信号与发射和接收信号的相差非常小,调节效率大大提高,最大探测距离有所增加。

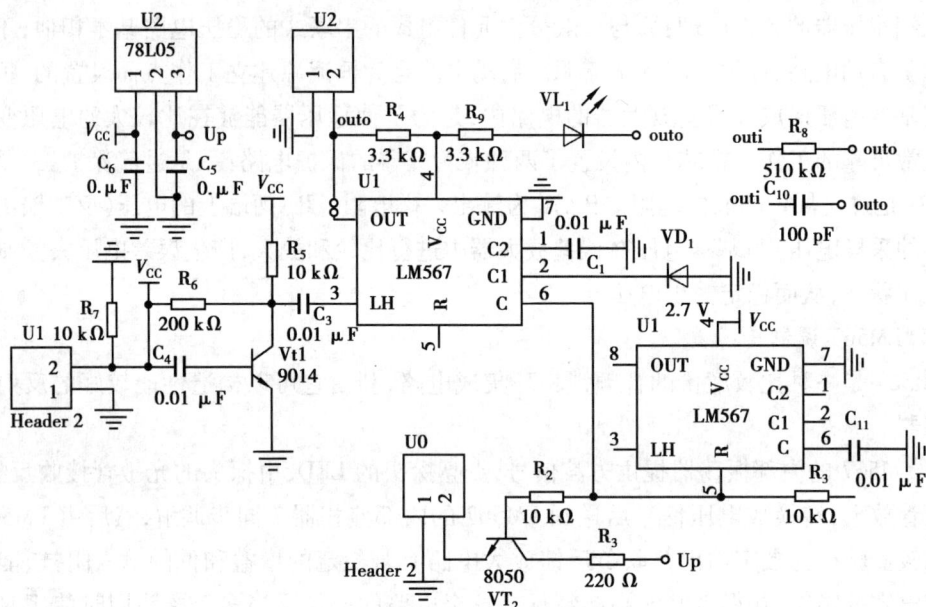

图 7.59 LM567 传感器原理图(二)

【任务实训】

1)工具准备

按照常规要求准备好以下常用无线电工具:电烙铁 1 把,烙铁架 1 把,镊子 1 把,尖嘴钳 1 把,斜口钳 1 把。

2)元件材料准备

按如下清单要求配备元件(见表 7.18)。

表 7.18 元器件清单

序 号	名 称	符 号	型号和规格	件 数
1	电容	C_0	0.1 uF	1个
2	电容	C_1	0.22 uF	1个
3	电容	C_2	0.1 uF	1个
4	电容	C_3	0.01 uF	1个
5	电容	C_4	2.2 uF	1个

续表

序 号	名 称	符 号	型号和规格	件 数
6	电容	C_5	1.0 uF	1个
7	电容	C_6	47 uF	1个
8	电阻	R_0	9.1 kΩ	1个
9	电阻	R_1	13 kΩ	1个
10	电阻	R_2	6.2 kΩ	1个
11	电阻	R_3	100 kΩ	1个
12	电阻	R_4	1 kΩ	1个
13	电阻	R_5	100 kΩ	1个
14	电阻	R_6	12 kΩ	1个
15	电阻	R_7	1 kΩ	1个
16	电阻	R_8	10 kΩ	个
17	晶体三极管	VT_2	9013	个
18	发光二极管	VL		3个
19	芯片	LM567		1个
20	集成运算放大器	LM741		1个
21	万能印刷板			1块

3）安装调试（略）

4）图纸分析

见前述基础部分，此不再赘述。

5）安装指导（略）

6）技能考核评分表

7）实训报告

8）任务总结

此次设计所选做的是红外自动控制水龙头的设计，红外线水龙头控制电路包括发射电路和接收译码控制电路。其中发射电路由多谐振荡器和红外发射二极管；接收电路包括红外接收管 D_1 和 D_2，运算放大器（LM741）、音频译码器（LM567）、继电器 K、电源电路等组成。

通过这次对红外线自动控制水龙头的设计，让其了解了设计电路的程序和有关水龙头的原理与设计理念。通过这次学习，让我们对各种电路都有了大概的了解。更重要的是，拓展了思路，开阔了视野，活跃了思想。

这次设计不仅使我们对相关专业知识有了更深的理解，而且还认识到了理论知识对工作实践的重大意义，学会理论联系实际。通过这次设计提高了认识问题、分析问题、解决问题的能力。

　　总之,这次设计既是对课程知识的考核,又是对思考问题、解决问题能力的考核,通过这次设计让我们受益匪浅。

任务7.7　远距离无线话筒的设计与制作

【任务引入】

　　信息传输是人类社会生活的重要内容。从古代的烽火到近代的旗语,都是人们寻求快速远距离通信的手段。直到19世纪电磁学的理论与实践已有坚实的基础后,人们开始寻求用电磁能量传送信息的方法。通信(Communication)作为电信(Telecommunication) 是从19世纪30年代开始。面向21世纪的无线通信,无线通信的系统组成、信道特性、调制与编码、接入技术、网络技术、抗衰落与抗干扰技术以及无线通信的新技术和新应用的发展更是一日千里,简易无线发射网络正是这些电路的基础,设计与调试发射电路能使我们快速步入电子设计的大门。

【任务目标】

　　了解无线调频话筒电路的组成、各元件的作用、电路工作原理;学会无线调频话筒电路的安装、调试、维修技术;进一步熟练和提高电路装配技能;通过熟悉调频发射原理、高频电路特点,改进、创新高频电路产品。

【任务相关理论基础知识】

　　1)基本无线调频电路组成与原理分析如下:

　　这是一种结构简单、性能良好的无线调频话筒电路,电路图如图7.60所示。高频晶体管 BG 与组成集电极谐振回路的 L、C_3、基极电容 C_2、集电极与发射极间电容 C_4 组成高频振荡电路,频率在调频波段的 87~108 MHz,振荡信号通过 C_5 耦合向空中发射。R_2 是晶体管的基极直流偏置电阻,为振荡提供合适的工作电流;R_3 是晶体管电路的电流负反馈电阻,起稳定工作点的作用;R_1 是话筒 MIC 的偏置电阻,为话筒提供合适的工作电流;C_1 是音频信号耦合电容,它的作用是传输音频信号,同时隔离高、低频电路,使它们的直流工作点互不影响。其基本原理是:声音信号通过话筒转变为音频电信号,通过 C_1 的耦合使基极电位随音频信号而变化,使极电结电容容量发生微小变化,从而影响高频振荡的频率随音频信号的变化而发生微小变化,这就实现了调频,即高频等幅波中"携带"了音频信号的信息。

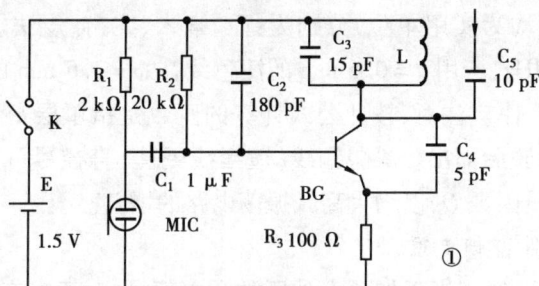

图 7.60 无线调频话筒基本电路原理图

2)元件选择与电路安装

线路安装板如图 7.61 所示,如安装数量不多,可采用刻制的线路板。BG 工作在高频状态,需选用截止频率大于 100 MHz 的高频硅材料三极管。经实验,若用 3DG204,3DG56,3DG80 等高频管,反不如用 3DG6,3DG201 易于调试成功,并且 3DG6,3DG201 的 fT 都大于 100 MHz,足以满足要求,稳定性也比较好。β 值宜选在 60 ~ 100。谐振线圈 L 需自制,可用 $d = 0.6$ mm 的漆色线在 $\phi = 3.5$ mm 的普通圆珠笔芯上绕制 9 匝。C_4 决定着频带宽度,一般选取 3 ~ 10 pF 以 5 ~ 8 pF 为宜,C_2 与调制深度有关,一般选择 100 ~ 200 pF,C_5 选取容量在 10 ~ 20 pF 即可。安装时,高频部分的元件,留脚一定要短,以减少干扰,有利于 LC 参数的稳定,使发射频率准确落在 80 ~ 108 MHz。元件布局要高低频分开,连线不要相互交叉,线路板上印刷线路间要留有大于 1 mm 的间隙,安一处焊一处,焊点要圆滑。

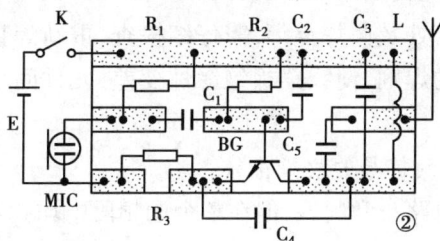

图 7.61 无线调频电路 PCB 原理图

【任务思考与启发】

无线调频话筒是最受学生欢迎的一种电子制作项目。由于初学者缺乏实践经验,虽按资料安装调试,却往往不能成功。下面就结合实例谈谈无线调频话筒的制作技巧和常见故障的排除方法,供电子专业学生和爱好者参考。

(1)正确计算和选择 LC 参数

LC 参数是决定电路是否振荡及发射频率高低的重要因素,尤其是谐振回路中的 L 与 C_3,它决定着调频接收范围,是制作成功与否的关键,笔者经过理论推导,精密测量安装验证,如用下面公式选择 LC 数值准确可行:$N = 2.565 \times 10^7 d/\phi^2 f^2 C$,其中,$N,d,\phi,f,C$ 分别表示线圈匝数、漆包铜线直径、线圈内径(即绕线圈所用临时骨架的直径)、发射频率、谐振回路电容值。式中所用单位均为实用单位,分别为:匝、毫米、兆赫、皮法。例如,谐振电容 C 选 15 pF,发射频率为 95 MHz,若用 $d = 0.6$ mm 的漆色线在 $\phi = 3.5$ mm 的普通圆珠笔芯上绕制线圈,经计算则需绕制 9 匝。注意,按此公式计算的匝数是指单层密绕,即匝与匝之间紧密排列,不留空隙,绕好后脱胎而出。漆包铜线(镀银线更佳)直径尽可能大些,这样可减小线圈的损耗电阻,提高品质因数 Q,以增大高频振荡电路的增益。

(2)谐振回路的元件留脚要短

L 或 C_3 的留脚过长,就相当于加了 L 的匝数和电感量,对于只有几匝的线圈,甚至相当于增加一二匝,从而降低谐振频率,这是不容忽视的。

(3)正确判断高频电路的工作状态

判断电路振荡的方便可行之办法是,在供电回路中串入毫安表观察整机电流,当手持螺丝刀金属杆触及 BG 集电极时,电流应有增大变化,离开后又复原值,即证明高频振荡工作正常;触及时,电流值变化大,说明振荡强;不变化,说明不振荡。电路不起振的原因有:

①直流工作点不合适:可通过调整 R_2 使整机电流为 2 ~ 3 mA(对 3 V 电源的电路可用 3 ~ 7 mA);

②BG 高频性能差或安装时已损坏,需更换;

③C_2,C_4 选择不当,偏离正常值太大;

④C_2,C_3,C_4 内部有短路,断路故障。对于短路,用一般方法很容易测出,对断路故障不用电容表是很难判断的,但此类故障可能性很小;

⑤线路板或焊点有短路处及假焊点等,需仔细检查,重新焊接。另外使用氯化锌溶液、焊锡膏等非绝缘或腐蚀性的焊剂,使线路板绝缘性变差,元件间漏电严重,此时可用纯酒精擦洗,待晾后再行调试。

(4)电路起振而接收不到信号的故障排除

如经上述方法已证明电路正常起振,但在整个调频段中均找不到接收点,可能是由于谐振回路中 L,C_3 数值选择不当,致使振荡频率超出了调频段的频率范围。可通过换试 C_3 或适当拉伸 L 得到解决。这种情况大多数是由于 C_3 的标称值误差造成的,若用电容表测试 C_3 的值代入公式计算并绕制 L 就不会出现上述现象。

(5)工作不稳定的故障排除

①BG 性能不良或 β 值过低;

②C_4 数值过大或过小;

③焊接处或元件内部接触不良;

④变换方位或手持不同位置时,工作频率不稳定是由于单管机易受人体感应,频率偏移所致可转动收音调频旋钮,找准频率,或加屏蔽罩加以解决。

(6)声音小、杂音大的故障排除

①高频振荡弱:发射功率太小或距接收机过远所致,可适当调整 R_2 及换 β 值稍高点的管,用直径大些的导线重绕制 L,加长发射天线等方法得到改善。

②话筒性能不好,或偏置电阻 R_1 的阻值不当(现象往往是声小而杂音不一定大),可调整 R_1 使点电压为电源电压的 1/2 左右,使声音最大且不失真为宜。

③接收机调谐不准,接收到的是寄生振荡频率。若在整个波段内均找不到无杂音的接收点,可按上述"电路振荡,但找不到台"的故障进行处理。

【任务开发环境介绍】

软件:Protel 99 SE/Protel DXP 2004。

通用电子设计自动化 EDA(Electronic Design Automation)已成为时代潮流,EDA 的设计思想因此普及。Protel 设计系统是一套建立于 IBM 兼容 PC 环境下的 EDA 电路集成设计系统;Protel 设计系统是世界上第一套将 EDA 环境引入 Windows 环境的 EDA 开发工具,是具有强大功能的电子设计 CAD 软件,以高度的集成性与扩展性著称于世。Protel 公司 2001 年推出的具有 PDM 功能的 EDA 综合设计环境 Protel 99 SE,是基于 Windows 98/200/NT/XP 环境的电路原理图辅助设计与绘制软件,是具有原理图设计、PCB 电路板设计、层次原理图设计、报表制作、电路仿真及逻辑器件设计等功能,是电子设计的有用软件之一。2004 年 2 月,Altium 公司推出了 Protel DXP 2004。Protel 2004 的功能在 Protel DXP 版本的基础上得到进一步增强,以支持 FPGA 及其他可编程器件设计及其在 PCB 集成。具有改进的稳定性、增强的图形功能和超强的用户界面等特点。Protel DXP 版共包含了 SCH(原理图)的设计系统、PCB(印制电路板)设计系统、FPGA 设计系统和 VHDL 设计系统。

【任务需求及应用分析】

无线话筒用途:

①无线话筒:用户在唱歌、讲话或者表演时可以 360°的任意转动和移动,不会有电线绊脚、出状况。

②无线广播:老师在讲课时进行现场转播,可以无数学生用收音机收听讲课,大大地增加了听课人数。

③无线叫卖器:在街上推销商品时,用无线话筒叫卖具有一定新颖性,会收到比普通话筒好的广告效果。

④无线助听器:具有比较好的隐蔽性和安全性,可在远处用收音机耳机收听。

⑤无线抱警器:实现一定距离的无人值守。例如可以在二楼监听一楼之门锁声音,起防盗报警器的作用。

⑥无线电子门铃:由于可无线传播声音,因此也可以无线传播门铃声音,配对还可以改装成无线对讲机。

⑦无线电子乐器:将口琴、二胡、吉他等乐器声音用收音机接收,或用功放扩大播出,可更好地欣赏音乐。

⑧电子助听器:通过调节收音机或者话筒的音量,将声音放大后再送入耳机,可以有效地改善老人听力。

⑨声控小彩灯:将大功率功放输出端的音箱改接成瓦数相当的 6 V,12 V 汽车电灯泡,调节音量至合适位置。

⑩读书记忆增强器:和助听器类似,将话筒对准自己,听自己的读书声来排除外界干扰,起集中注意力作用。

⑪小型广播电台:适合学校、工厂等单位自行举办各种节目,可以播放音乐、新闻、通知等,用收音机听。

⑫电视伴音转发器:看电视时用耳机听可不影响别人睡觉,但受耳机线长控制,本装置则可以不受此限制。

【设计方案】

主要设计在于振荡电路的产生,电容三点式:

①工作频率范围为几百千赫兹 ~ 几百兆赫兹;

②反馈信号取自于电容,其对 f_0 的高次谐波的阻抗很小,可以滤除高次谐波,所以输出波形好。

③容易起振。

【知识拓展】

由电容三点式振荡电路产生载波,该载波频率即为调频收音机的接收频率。声音信号通过麦克风转变为音频信号,由 C_1 耦合到三极管 BF374 的放大电路放大并使 c—b 结电容变化,振荡频率变化,从而实现频率调制。调制后由 L_1 线圈与电容组成的选频回路选频并通过天线向外辐射,改动 L_1 线圈就可实现变频。

1)原理及电路介绍

①原理。话筒先将声音信号变成音频电信号,这个电信号会去调制电子振荡器产生的高频信号。最后,高频信号通过天线发射到空中。具体描述如下:本电路由电容三点式振荡电路产生载波,该载波频率即为调频收音机的接收频率。声音信号通过麦克风转变为音频信号,由 C_1 耦合到三极管 BF374 的放大电路放大并使 c—b 结电容变化,振荡频率变化,从而实现频率调制。调制后由 L_1 线圈与电容组成的选频回路选频并通过天线向外辐射,改动 L_1 线圈就可实现变频。

将发射频率设计在 FM 收音机波段,因此可以配合任何 FM 收音机接收到该高频信号,并从该高频信号还原出声音信号,从而完成各种用途。

说明:这种调频话筒的调频原理是通过改变三极管的基极和发射极之间电容来实现调频的,当声音电压信号加到三极管的基极上时,三极管的基极和发射极之间电容会随着声音电压信号大小发生同步的变化,同时使三极管的发射频率产生变化,实现频率调制。

话筒 MIC 采用的是驻极体小话筒,灵敏度非常高,可以采集微弱的声音,同时这种话筒工作时必须要有直流的偏压才能工作,电阻 R_3 可以提供一定的直流偏压,R_3 的阻值越大,话筒采集声音信号通过 C_2 耦合和 R_2 匹配后送到三极管的基极,电路中 VD_1 和 VD_2 两个二极管反向并联,主要起一个双向限幅的功能,二极管的导通电压只有 0.7 V,如果信号电压超过 0.7 V 就会被二极管导通分流,这样可以确保声音信号的幅度可以限制在正负 0.7 V 之间,过强的声音信号会使三极管过调制,产生声音失真甚至无法正常工作。

②电路特点:

a. 调制采用直接调频法,三极管选用 BF374,频率稳定。

b. 采用驻极体电容式话筒。该话筒中含有一只场效应管组成射随器,灵敏度高,频响宽,不加音频放大器即可得到幅度适当的调制电压。

c. 有各类调整元件,调试方便。10 kΩ 的电阻可以麦克风音量大小,J3 的闭/合可改变频率,电感线圈 L 也可调节频率。

2)**使用 Protel 99 se 完成基本电路设计**

新建一个工程文件(.ddb),在 Documents 中新建一个 Schematic Document(原理图),加载库(Sim.ddb 与 Miscellaneous Devices.ddb)之后就可以开始摆放元件,连接好电路图。绘制好的电路原理图如图 7.62 所示。

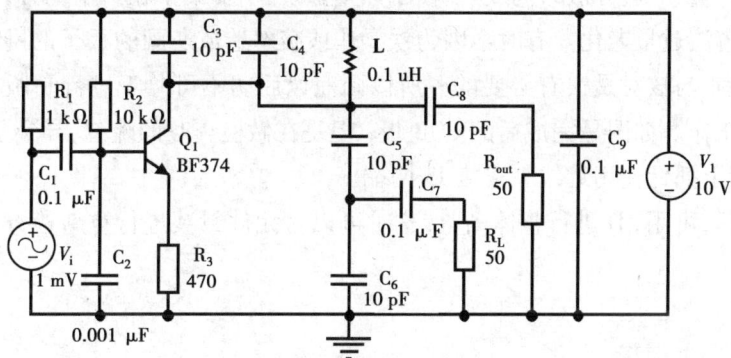

图 7.62　PROTEL 软件绘制好的电路图

接下来要将各分立元件进行封装,然后进行 PCB 印刷电路板的设计。当然也可以直接在 PCB 设计中进行各元件的封装,可以进行手动布线,也可以利用自动布线。

在 Documents 中新建一个 PCB 文件,将电路器件的封装网络结构调入 PCB 文件,再生成网络表,然后就可以将原理图导入到 PCB 中,如果在导入过程中出现了错误则须重新检查原理电路图,重新生成网络表。成功导入之后就要对元件进行手动排列,再自动布线,生成的PCB 板电路图,如图 7.63 所示。

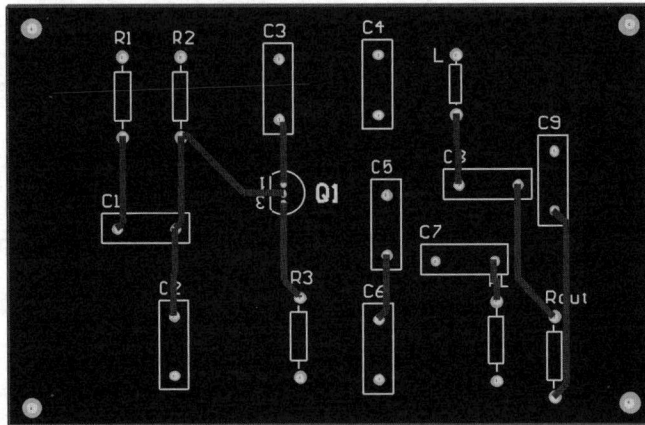

图 7.63　用 PROTEL 软件绘制好的 PCB 板图

　　PCB 元件的布局与走线对产品的寿命、稳定性、电磁兼容都有很大的影响,是应该特别注意的地方。如走线高频数字电路走线细一些、短一些好,但是太小又不利于进行焊烧,应尽量加大绝缘间距。大面积敷铜要用网格状的,以防止波焊时板子产生气泡和因为热应力作用而弯曲,但在特殊场合下要考虑 GND 的流向、大小,不能简单地用铜箔填充了事,而是需要走线。元件布局还要特别注意散热问题。对于大功率电路,应该将那些发热元件如功率管、变压器等尽量靠边分散布局放置,便于热量散发,不要集中在一个地方,也不要高电容太近以免使电解液过早老化。有时会因为误操作或疏忽造成所画的板子的网络关系与原理图不同,这时检查与核对是很有必要的。所以画完以后切不可急于进行制版,应先做核对,后再进行后续工作。如图是完成后的 PCB 板,但是在做检查时的疏忽,导致了 J3 开关的封装错误,只能焊上插针使用跳线来连接 J3 两端。

　　设计完成后,可用 3D 进行整体浏览,这时可以对元件封装进行重新检查。各分立元件大小暂为列清。

【实现方案】

　　调频无线话筒器件:电容 $C_1(104)$、$C_2(102)$、$C_3(10)$、$C_4(10)$、$C_5(10)$、$C_6(30)$、$C_7(104)$、$C_8(10)$、$C_9(10)$、电感 $L_1(3.5T)$、三极管 BF(374)、直流电源(两节五号干电池)、话筒、开关、跳线若干。

【任务实训】

1)器材准备

(1)基本工具准备

准备尖嘴钳、斜口钳、电烙铁等无线电常用工具一套。

（2）焊接材料准备

焊接材料如图7.64所示。

图7.64

（3）元器件准备（见表7.19）

表7.19

序　号	元件名称	型　号	数　量	备　注
1	整流桥堆	W08G	1	
2	集成功放芯片	TDA1521	1	
3	专业用运放芯片	NE5532	1	
4	钽电容	1 μF	4	
5	电容	0.1 μF	4	
6	电容	3 μF	2	
7	电解电容	33 μF	2	钽材料或铝材料
8	电解电容	2 200 μF	2	钽材料或铝材料
9	电解电容	4 700 μF	2	钽材料或铝材料
10	电解电容	100 μF	1	钽材料或铝材料
11	集成电路	LM7812	1	
12	集成电路	LM7912	1	
13	金属膜电阻器	10 kΩ	2	
14	金属膜电阻器	100 kΩ	2	
15	金属膜电阻器	47 Ω	2	
16	碳膜电阻器	360 Ω	1	
17	碳膜电阻器	270 Ω	1	
18	碳膜电阻器	180 Ω	1	
19	碳膜电阻器	100 Ω	1	
20	碳膜电阻器	47 Ω	1	
21	WL 滚珠式双联电位器	50 kΩ	1	
22	低音喇叭	8 Ω　15 W	2	
23	高音喇叭	8 Ω　15 W	2	
24	开关二极管	IN4148	6	
25	高亮度发光二极管	蓝色	5	
26	双 12 V 输出变压器		1	

2）**图纸分析**

电路图 7.60 和图 7.61 所示。分析如下：

整机电路由 3 大部分组成：电源共电电路、功率放大电路和发光二极管电平指示电路 3 部分。其中电源电路由整流变压器、整流桥堆、滤波电路和集成三端稳压器组成，原理很简单，在此不再赘述。功率放大电路由 NE5532 组成前置放大器，TDA1521 为核心的电路组成后级推动放大器，该电路保真度高、失真小、音质混厚。缺点是此电路没有设置高低音调节电路。二极管电平指示电路与左右声道输出端连接，主要利用音频信号整流后供电点亮发光二极管，音量越大、电平越高点的发光二极管越多，此电路可以随着音乐的大小点亮不同数量的发光二极管，具有明示的电平指示作用，优点是电路结构简单成本低。

3）**安装指导**

本电路安装遵循前述安装方法，先安装小的元件电阻、二极管、电容，再安装集成电路，完成下面工艺表的编制，见表 7.20。

表 7.20　装配工艺卡

		装配工艺过程卡片		工序名称		产品图号
				插　件		PCB.20120628
	序号（位号）	装入件及辅助材料代号、名称、规格		数量	工艺要求	工装名称
描述		代号、名称	规　格			镊子、斜口钳、电烙铁等常用装接工具
	以上各元器件插装顺序是：					

【任务实训】

1)实物安装及调试指导

根据原理图及封装电路板对无线话筒进行焊接,简易型的电路图如图7.65所示,FM无线光射话筒实物图如图7.65所示。

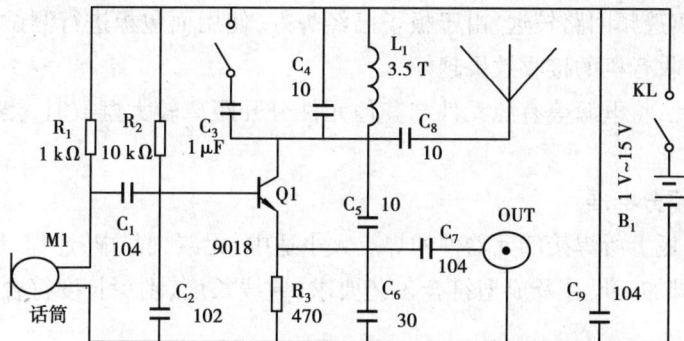

图7.65　安装图

图7.66　FM无线发射话筒实物图

调试说明:

把FM收(录)音机的电源和音量打开,将频率调在100 MHz左右无电台的地方。给无线话筒电路板通上电源,对准收音机,用螺丝刀调节振荡线圈 L_1 的稀疏(线圈匝间距离),直到收音机传出尖叫声。再慢慢移开话筒和收音机距离,同时适当调节收音机(或话筒板)的音量、调谐旋钮,直到声音最清晰、距离又最远为止。

上述步骤分别在88,98,108 MHz附近调试,这样即使无线话筒发射频率存在较大偏差,收音机也能收到。如果收音机仍不能收到,则应检查元件有没有装错,元件是否损坏,电源是否正常工作。

(1)注意事项

无线话筒线圈 L_1 匝间距离变近和换容量大一点的电容关联会使发射频率变低;要使发射频率变高,就需要采取相反的措施。和 L_1 并联的电容变化范围不可以太大和太小,否则发射频率会偏到离谱,甚至不会产生高频发射信号(电路不会起振)。如果想要更远的传输距离,给收音机和无线话筒增加更好的天线,并适当升高无线话筒的电源电压。简易型无线话筒中的 L_2 用铁线短路;调节增强型无线话筒中的 L_2,L_3 可以使距离达到最远。

（2）电路调整与改进

采用电抗干扰能力提高近20%，频率抖动不大。为此选择将天线与电源分在两边摆放。容三点式，简单可靠，起振容易。但一级放大电路虽然达到我们的设计目标，但是抗干扰等功能仍然有印象，毕竟这是用较少的一些分立元件组成的一个高频电路。将 R_1 偏置电阻的阻值减小使其对接收灵敏度提高，经测试，达到 15.20 m 的声音信号仍能正常接收（温度：20 ℃），而且这是在有很多电磁干扰的环境下进行的测试，测试效果良好。

天线输出距离选频回路较远，由于板子已经焊好，使用面包板进行测试，发现天线距离选频回路越近时，收音机的接收效果越好。

经测试还发现，将电源等有源元件与其他元件分开距离较大摆放时，接收的效果较好，频率较稳定。

2）技能考核评分标准

要求：在电路板上所焊接的元器件的焊点大小适中，无漏、假、虚、连焊，焊点光滑、圆润、干净，无毛刺；引脚加工尺寸及成型符合工艺要求；导线长度、剥头长度符合工艺要求，芯线完好，捻头镀锡。

（1）SMT（贴片）焊接

评分参考：SMT（贴片）焊接工艺按下面标准分级评分。

①A 级：所焊接的元器件的焊点适中，无漏、假、虚、连焊，焊点光滑、圆润、干净，无毛刺，焊点基本一致，没有歪焊。

②B 级：所焊接的元器件的焊点适中，无漏、假、虚、连焊，但个别（1～2 个）元器件有下面现象：有毛刺，不光亮，或出现歪焊。

③C 级：3～5 个元器件有漏、假、虚、连焊，或有毛刺，不光亮，歪焊。

④不入级：有严重（超过 6 个元器件以上）漏、假、虚、连焊，或有毛刺，不光亮，歪焊。

（2）非 SMT（贴片）焊接

评分参考：非 SMT（贴片）焊接工艺按下面标准分级评分。

①A 级：所焊接的元器件的焊点适中，无漏、假、虚、连焊，焊点光滑、圆润、干净，无毛刺，焊点基本一致，引脚加工尺寸及成型符合工艺要求；导线长度、剥头长度符合工艺要求，芯线完好，捻头镀锡。

②B 级：所焊接的元器件的焊点适中，无漏、假、虚、连焊，但个别（1～2 个）元器件有下面现象：有毛刺，不光亮，或导线长度、剥头长度不符合工艺要求，捻头无镀锡。

③C 级：3～5 个元器件有漏、假、虚、连焊，或有毛刺，不光亮，或导线长度、剥头长度不符合工艺要求，捻头无镀锡。

④不入级：有严重（超过 6 个元器件以上）漏、假、虚、连焊，或有毛刺，不光亮，导线长度、剥头长度不符合工艺要求，捻头无镀锡。

3）实训报告

按要求完成实训报告。

4）任务总结（见表 7.21）

表 7.21　任务总结表

项　目	存在的问题及收获	备　注
实训任务收获		
实训任务完成情况		
实训存在的问题和 需要改进的地方		
建议和意见		

附　录

附录1　PROTEL DXP 2004 元件库中的常用元件

使用时,只需在 Libary 中选择相应的元件库后,输入英文的前几个字母就可看到相应的元件了。通过添加通配符 * ,可扩大选择范围。下面这些库元件都是 DXP 2004 自带的,无须下载。

1）PROTEL DXP2004 下 Miscellaneous Devices. Intlib 元件库中常用元件

电阻系列(res *)排组(res pack *)

电感(inductor *)

电容(cap * ,capacitor *)

二极管系列(diode * ,d *)

三极管系列(npn * ,pnp * ,mos * ,MOSFET * ,MESFET * ,jfet * ,IGBT *)

运算放大器系列(op *)

继电器(relay *)

8 位数码显示管(dpy *)

电桥(bri * bridge)

光电耦合器(opto * ,optoisolator)

光电二极管、三极管(photo *)

模数转换、数模转换器(adc − 8 ,dac − 8)

晶振(xtal)

电源(battery)、喇叭(speaker)、麦克风(mic *)、小灯泡(lamp *)、响铃(bell)

天线(antenna)

保险丝(fuse *)

开关系列(sw *)、跳线(jumper *)

变压器系列(trans *)???? (tube *)(scr)(neon)(buzzer)(coax)

晶振(crystal oscillator)的元件库名称是 Miscellaneous Devices. Intlib,在 search 栏中输入 * soc 即可。

2）PROTEL DXP2004 下 Miscellaneous connectors. Intlib 元件库中常用元件

(con * ,connector *)

(header *)

(MHDR *)

定时器 NE555P 在库 TI analog timer circit. Intlib 中

电阻 AXIAL

无极性电容 RAD

电解电容 RB –

电位器 VR

二极管 DIODE

三极管 TO

电源稳压块 78 和 79 系列 TO-126H 和 TO-126V

场效应管和三极管一样

整流桥 D-44 D-37 D-46

单排多针插座 CON SIP

双列直插元件 DIP

晶振 XTAL1

电阻：RES1，RES2，RES3，RES4；封装属性为 axial 系列

无极性电容：cap；封装属性为 RAD-0.1 到 rad-0.4

电解电容：electroi；封装属性为 rb.2/.4 到 rb.5/1.0

电位器：pot1，pot2；封装属性为 vr-1 到 vr-5

二极管：封装属性为 diode-0.4（小功率）、diode-0.7（大功率）

三极管：常见的封装属性为 to-18（普通三极管）、to-22（大功率三极管）、to-3（大功率达林顿管）

电源稳压块有 78 和 79 系列；78 系列如 7805，7812，7820 等

79 系列有 7905，7912，7920 等

常见的封装属性有 to126h 和 to126v

整流桥：BRIDGE1，BRIDGE2：封装属性为 D 系列（D-44，D-37，D-46）

电阻：AXIAL0.3-AXIAL0.7 其中 0.4 ~ 0.7 指电阻的长度，一般用 AXIAL0.4

瓷片电容：RAD0.1-RAD0.3. 其中 0.1 ~ 0.3 指电容大小，一般用 RAD0.1

电解电容：RB.1/.2-RB.4/.8 其中.1/.2-.4/.8 指电容大小，一般 <100 uF 用 RB.1/.2，100 ~ 470 uF 用 RB.2/.4，>470 uF 用 RB.3/.6 二极管：DIODE0.4-DIODE0.7 其中 0.4-0.7 指二极管长短，一般用 DIODE0.4

发光二极管：RB.1/.2

集成块：DIP8-DIP40，其中 8-40 指引脚数，8 脚的就是 DIP8

贴片电阻 0603 表示的是封装尺寸与具体阻值没有关系但封装尺寸与功率有关，通常来说 0201 1/20 W 0402 1/16 W 0603 1/10 W 0805 1/8 W 1206 1/4 W

电容电阻外形尺寸与封装的对应关系是：

0402 = 1.0 × 0.5 0603 = 1.6 × 0.8 0805 = 2.0 × 1.2 1206 = 3.2 × 1.6 1210 = 3.2 × 2.5 1812 = 4.5 × 3.2 2225 = 5.6 × 6.5

关于零件封装我们在前面讲过,除了 DEVICE. LIB 库中的元件外,其他库的元件都已经有了固定的元件封装,这是因为这个库中的元件都有多种形式,以晶体管为例说明一下:

晶体管是我们常用的元件之一,在 DEVICE. LIB 库中,简简单单的只有 NPN 与 PNP 之分,但实际上,如果它是 NPN 的 2N3055,那它有可能是铁壳子的 TO-3,如果它是 NPN 的 2N3054,则有可能是铁壳的 TO-66 或 TO-5,而学用的 CS9013,有 TO-92A,TO-92B,还有 TO-5,TO-46,TO-5 2 等,千变万化。

还有一个就是电阻,在 DEVICE 库中,它也是简单地把它们称为 RES1 和 RES2,不管它是 100 Ω 还是 470 kΩ 都一样,对电路板而言,它与欧姆数根本不相关,完全是按该电阻的功率数来决定所选用的 1/4 W 和甚至 1/2 W 的电阻,都可以用 AXIAL0. 3 元件封装,而功率数大一点的话,可用 AXIAL0. 4,AXIAL0. 5 等。现将常用的元件封装整理如下:

电阻类及无极性双端元件:AXIAL0. 3-AXIAL1. 0

无极性电容:RAD0. 1-RAD0. 4

有极性电容:RB.2/.4-RB.5/1.0

二极管:DIODE0. 4 及 DIODE0. 7

石英晶体振荡器 XTAL1

晶体管、FET、UJT TO-×××(TO-3,TO-5)

可变电阻(POT1,POT2) VR1-VR5

当然,也可以打开 C:\Client98\PCB98\library\advpcb. lib 库来查找所用零件的对应封装。

这些常用的元件封装,大家最好能把它背下来,这些元件封装,可以把它拆分成两部分来记,如电阻 AXIAL0. 3 可拆成 AXIAL 和 0.3,AXIAL 翻译成中文就是轴状的,0.3 则是该电阻在印刷电路板上的焊盘间的距离也就是 300 mil,因为在电机领域里,是以英制单位为主的。同样地,对于无极性的电容,RAD0. 1-RAD0. 4 也是一样;对有极性的电容,如电解电容,其封装为 RB.2/.4,RB.3/.6 等,其中".2"为焊盘间距,".4"为电容圆筒的外径。

对于晶体管,那就直接看它的外形及功率,大功率的晶体管,就用 TO-3;中功率的晶体管,如果是扁平的,就用 TO-220,如果是金属壳的,就用 TO-66;小功率的晶体管,就用 TO-5,TO-46,TO-92A 等都可以。

对于常用的集成 IC 电路,有 DIP××,就是双列直插的元件封装,DIP8 就是双排,每排有 4 个引脚,两排间距离是 300 mil,焊盘间的距离是 100 mil. SIP×× 就是单排的封装等。

值得我们注意的是晶体管与可变电阻,它们的包装才是最令人头痛的,同样的包装,其管脚可不一定一样。例如,对于 TO-92B 之类的包装,通常是 1 脚为 E(发射极),而 2 脚有可能是 B 极(基极),也有可能是 C(集电极);同样地,3 脚有可能是 C,也有可能是 B,具体是哪个,只有拿到了元件才能确定。因此,电路软件不能硬性定义焊盘名称(管脚名称),同样地,场效应管、MOS 管也可用跟晶体管一样的封装,它可以通用于 3 个引脚的元件。

Q1-B,在 PCB 里,加载这种网络表时,就会找不到节点(对不上)。在可变电阻上也同样会出现类似的问题;在原理图中,可变电阻的管脚分别为 1、W 及 2, 所产生的网络表,就是 1、2 和 W,在 PCB 电路板中,焊盘就是 1,2,3。当电路中有这两种元件时,就要修改 PCB 与

SCH 之间的差异。最快的方法是在产生网络表后,直接在网络表中,将晶体管管脚改为1, 2,3;将可变电阻改成与电路板元件外形一样的1,2,3 即可。

附录2　集成逻辑门电路新、旧图形符号对照

名　　称	新国标图形符号	旧图形符号	逻辑表达式
与门	A — & ○—Y, B, C	A — ○—Y, B, C	$Y = ABC$
或门	A — ≥1 ○—Y, B, C	A — + ○—Y, B, C	$Y = A + B + C$
非门	A — 1 ○—Y	A — ○—Y	$Y = \overline{A}$
与非门	A — & —Y, B, C	A — —Y, B, C	$Y = \overline{ABC}$
或非门	A — ≥1 —Y, B, C	A — + —Y, B, C	$Y = \overline{A + B + C}$
与或非门	A — & ≥1 ○—Y, B, C, D	A — + ○—Y, B, C, D	$Y = \overline{AB + CD}$
异或门	A — =1 —Y, B	A — ⊕ —Y, B	$Y = A\overline{B} + \overline{A}B$

附录3 集成触发器新、旧图形符号对照

名 称	新国标图形符号	旧图形符号	触发方式
由与非门构成的基本 RS 触发器			无时钟输入,触发器状态直接由 S 和 R 的电平控制
由或非门构成的基本 RS 触发器			
TTL 边沿型 JK 触发器			CP 脉冲下降沿
TTL 边沿型 D 触发器			CP 脉冲上升沿
CMOS 边沿型 JK 触发器			CP 脉冲上升沿
CMOS 边沿型 D 触发器			CP 脉冲上升沿

附录4　部分集成电路引脚排列

1) 74LS 系列

74LS00四2输入与非门

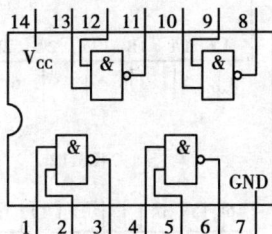

74LS86四2输入异或门

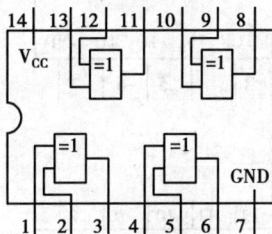

74LS03四2输入OC与非门

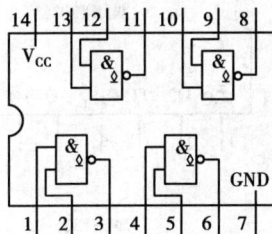

74LS04六反相器

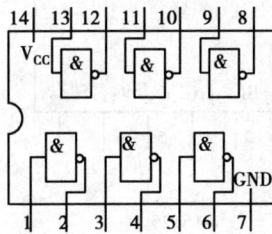

74LS08四2输入与门

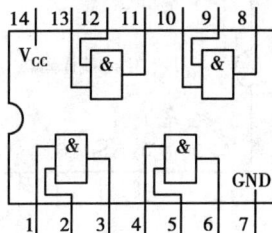

74LS02双4输入与门

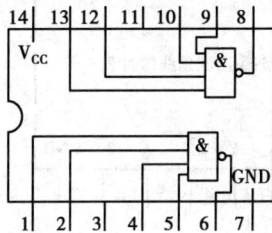

74LS32四2输入或门

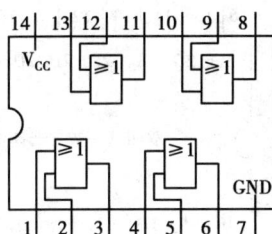

74LS54

四路2-3-3-2输入与或非门

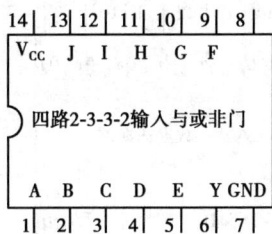

74LS74

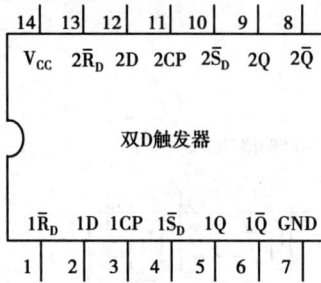

74LS02

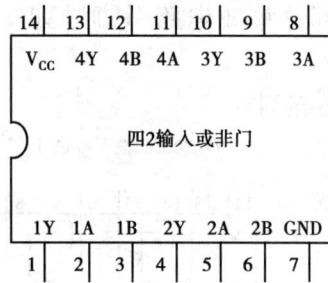

74LS90

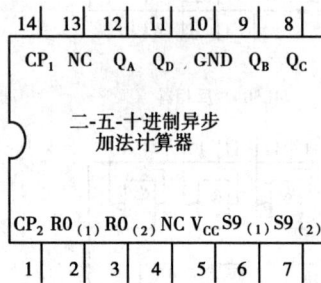

74LS112

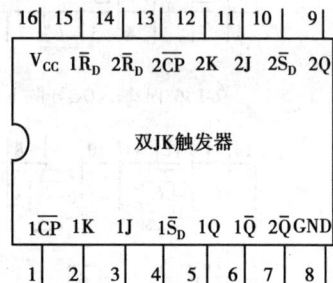

74LS125

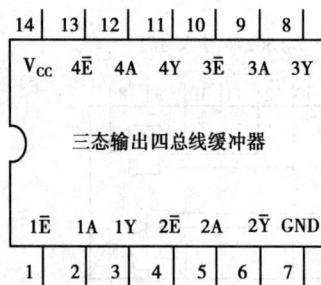

74LS138

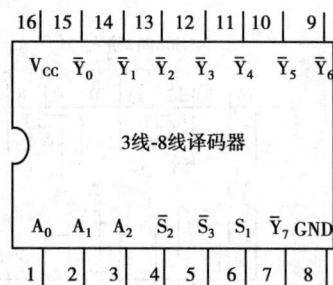

74LS151

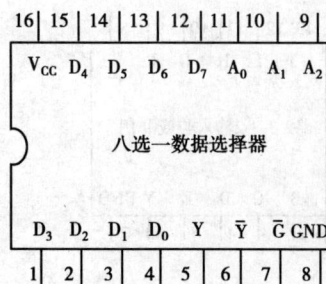

74LS153

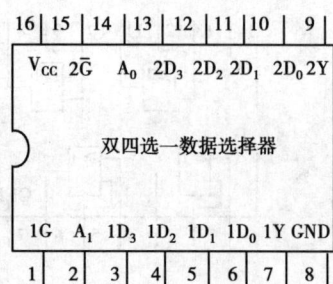

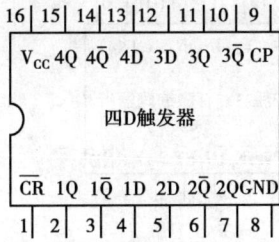

74LS175

四D触发器

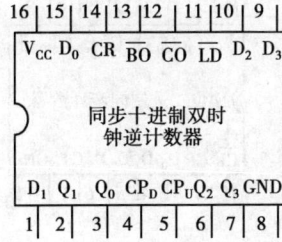

74LS192

同步十进制双时钟逆计数器

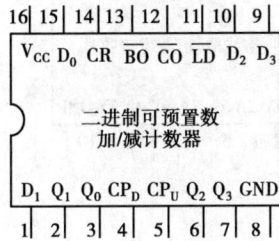

74LS193

二进制可预置数加/减计数器

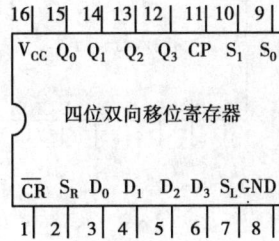

74LS194

四位双向移位寄存器

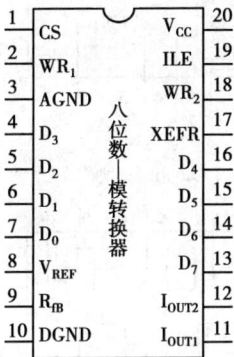

DAC0832

八位数—模转换器

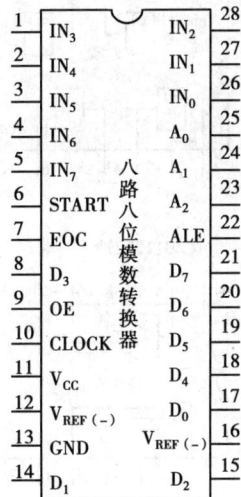

ADC0809

八路八位模数转换器

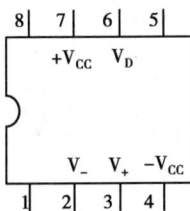

uA74运算放大器

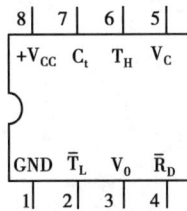

555时基电路

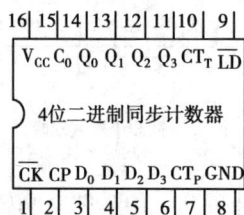

74LS161

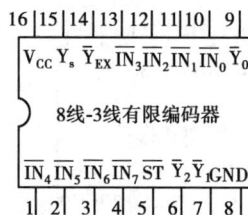

74LS148

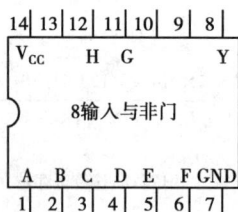

74LS30

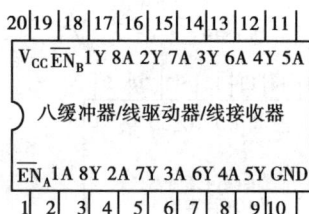

74LS244

2）CC4000 系列

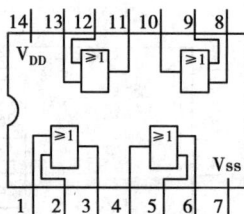

CC4011四2输入或非门

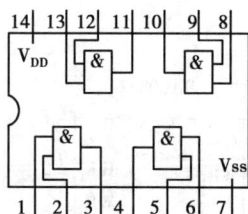

CC4011四2输入与非门

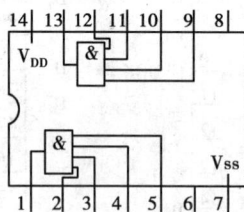

CC4011四2输入与非门

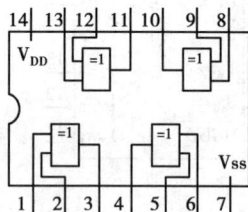

CC4030四异或门

CC4071四2输入或门

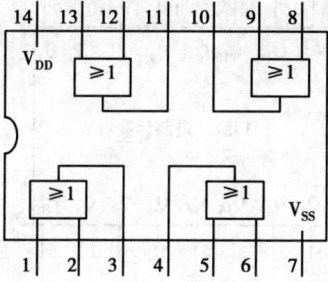

CC4081四2输入与门

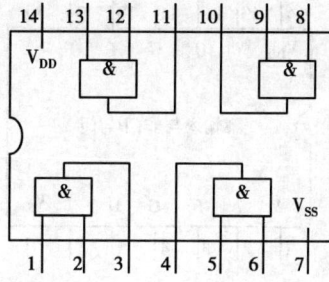

CC4069六反相器

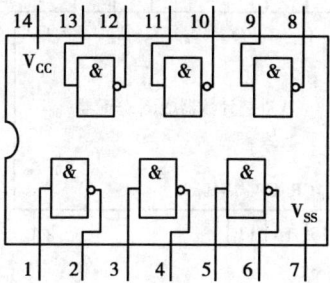

CC40106六施密特触发器

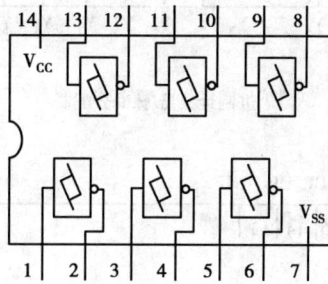

CC4027

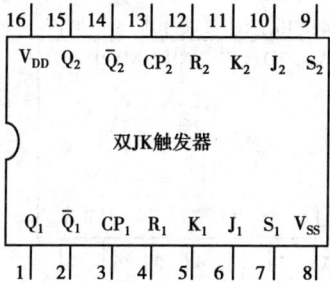

CC4028

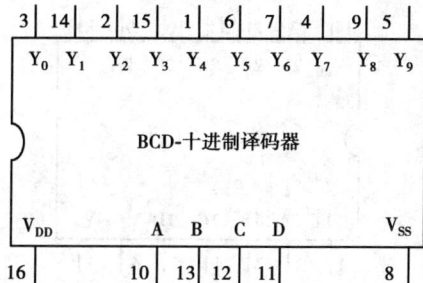

CC4013

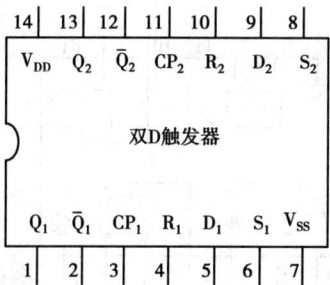

CC4042

CC4068

CC4020

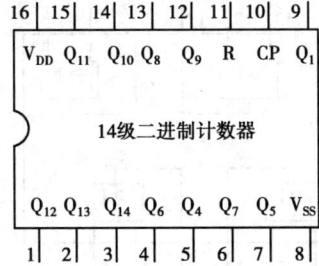

CC4017

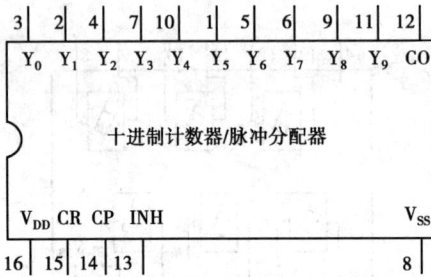

CC4022

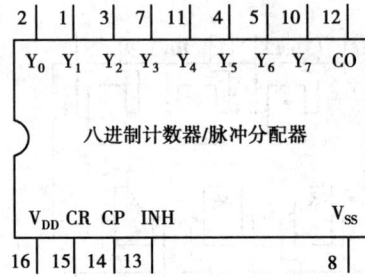

CC4082

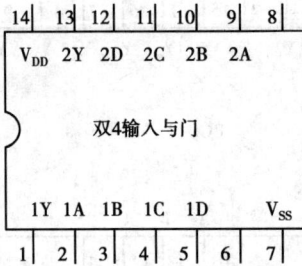

CC4085

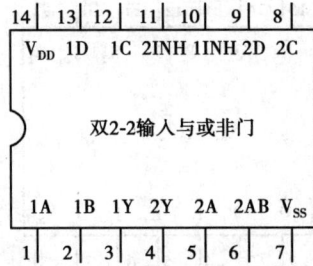

CC4086

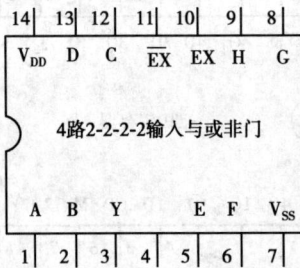

CC4093施密特触发器

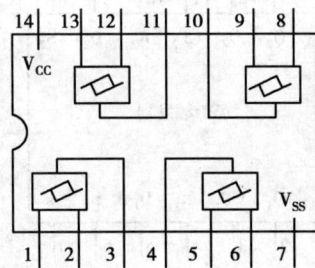

CC14528（CC4098）

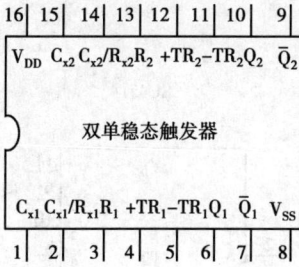

16	15	14	13	12	11	10	9
V_{DD}	C_{x2}	C_{x2}/R_{x2}	R_2	$+TR_2$	$-TR_2$	Q_2	$\bar{Q}_2$

双单稳态触发器

C_{x1}	C_{x1}/R_{x1}	R_1	$+TR_1$	$-TR_1$	Q_1	$\bar{Q}_1$	V_{SS}
1	2	3	4	5	6	7	8

双时钟BCD可预置数
十进制同步加/减计数器

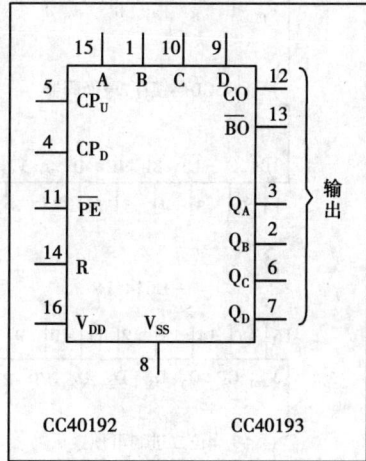

CC40192　　　CC40193

CC4024

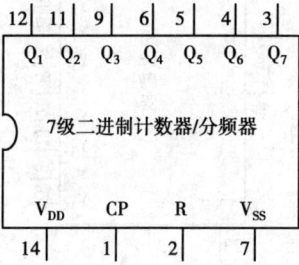

12	11	9	6	5	4	3
Q_1	Q_2	Q_3	Q_4	Q_5	Q_6	Q_7

7级二进制计数器/分频器

V_{DD}	CP	R	V_{SS}
14	1	2	7

CC40194

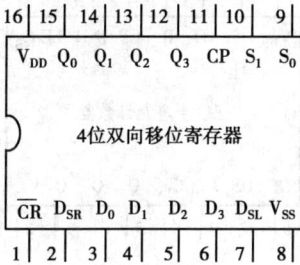

16	15	14	13	12	11	10	9
V_{DD}	Q_0	Q_1	Q_2	Q_3	CP	S_1	S_0

4位双向移位寄存器

$\overline{CR}$	D_{SR}	D_0	D_1	D_2	D_3	D_{SL}	V_{SS}
1	2	3	4	5	6	7	8

CC14433

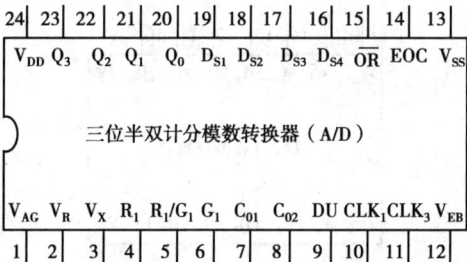

24	23	22	21	20	19	18	17	16	15	14	13
V_{DD}	Q_3	Q_2	Q_1	Q_0	D_{S1}	D_{S2}	D_{S3}	D_{S4}	$\overline{OR}$	EOC	V_{SS}

三位半双计分模数转换器（A/D）

V_{AG}	V_R	V_X	R_1	R_1/G_1	G_1	C_{01}	C_{02}	DU	CLK_1	CLK_3	V_{EB}
1	2	3	4	5	6	7	8	9	10	11	12

CC7107

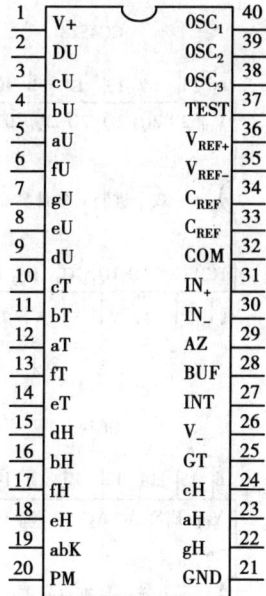

1	V+	OSC_1 40
2	DU	OSC_2 39
3	cU	OSC_3 38
4	bU	TEST 37
5	aU	V_{REF+} 36
6	fU	V_{REF-} 35
7	gU	C_{REF} 34
8	eU	C_{REF} 33
9	dU	COM 32
10	cT	IN_+ 31
11	bT	IN_- 30
12	aT	AZ 29
13	fT	BUF 28
14	eT	INT 27
15	dH	V_- 26
16	bH	GT 25
17	fH	cH 24
18	eH	aH 23
19	abK	gH 22
20	PM	GND 21

3) CC4500 系列

CC4511

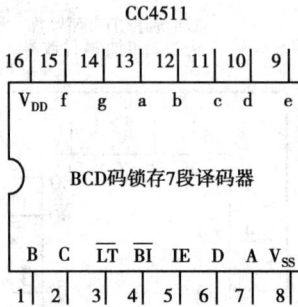

CC4514

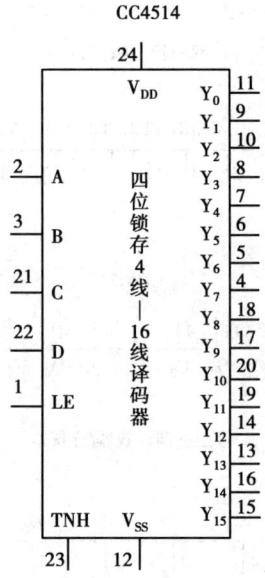

CC14516

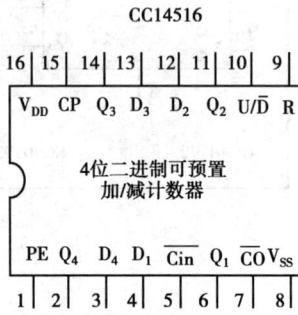

CC4518

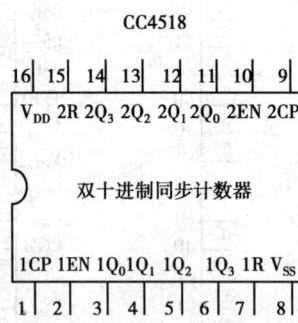

CC4553

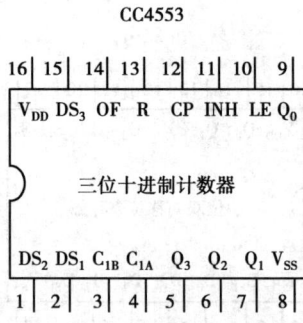

CC14512

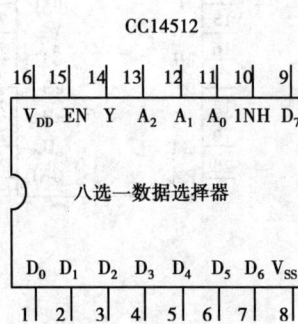

CC14539

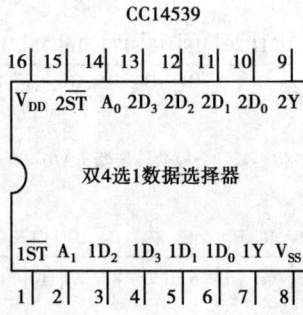

CC3130

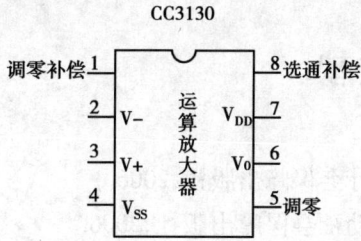

MC1413(ULN2003)
七路NPN达林顿列阵

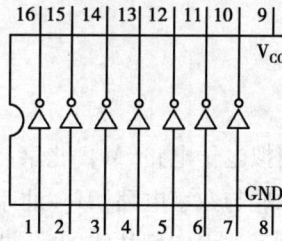

MC1403

CC4068

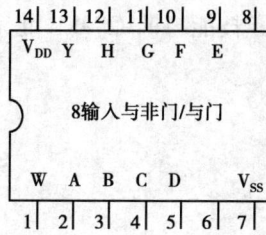

参考文献

［1］李建新.模拟电子电路[M].北京:中国劳动社会保障出版社,2006.

［2］朱春萍.脉冲与数字电路[M].北京:中国劳动社会保障出版社,2006.

［3］黄培鑫.电子技术应用技能[M].北京:中国劳动社会保障出版社,2006.

［4］杨元挺,陈晓文.电子技术技能训练[M].北京:高等教育出版社,2008.

［5］候守军,张首平.电子技能训练项目教程[M].北京:国防工业出版社,2011.

［6］朱国兴.电子技能与训练[M].北京:高等教育出版社,1999.